Sustainable Crafts

KB188706
D·M·C
ECO VITA
100% WOOD FIBRE
RAFFIA YARN
Sustainable crafts

#100% 우드 파이버

#라피아 / 2025 SS NEW

뜨앤_THANN

Value Your Knitting Time

뜨앤_THANN since2010

web

@ann.knitting

D·M·C®
ECO VITA

100% WOOD FIBRE
RAFFIA YARN

Japan 일본

톰 데일리의 자유로운 뜨개 세계

도쿄 올림픽 때 입었던 재킷과 그가 딴 메달 중 일부.

작년 11월, '뜨개 왕자'로 일약 스타덤에 오른 영국 다이빙 금메달리스트 톰 데일리의 첫 니트 전시회 'Made with Love by Tom Daley'가 도쿄 시부야의 파르코 뮤지엄에서 열렸습니다.

행사장 입구에서는 경기를 기다리며 뜨개하는 톰의 모습이 담긴 대형 사진이 관람객들을 맞이했습니다. 들어가자마자 바로 보이는 공간에는 뜨개 메시지 오브제가 있었고, 관람객들이 그의 영상 메시지를 보면서 자유롭게 뜨개를 즐길 수 있는 공간도 마련되어 있었습니다. 털실과 뜨개바늘도 비치되어 있어 행사장에서 뜬 작품을 메시지와 함께 벽에 붙일 수 있었습니다.

이번 전시는 톰의 마음속 풍경을 니트로 표현했다고 합니다. 코로나19 때문에 연습도 못 하고 미래가 보이지 않던 날들의 우울하고 어두운 심경을 다크한 편물로 표현했는데, 이를 헤치듯 나아가면 밝은 빛이 나타납니다. 톰의 실제 경험을 바탕으로 뜨개를 만나 구원받은 기분을 표현한 것입니다. 빛을 반사하는 반짝이는 스팽글과 라메 실이 인상적이었죠. 봉쇄 시기에 뜨개를 시작한 그가 어떻게 마음의 평안을 찾고 미래에 대한 불안을 극복했는지 느낄 수 있었습니다. 행사장을 장식한 뜨개 제작에는 일본수예보급협회, 보그학원 나고야 지점, 아틀리에 K's K 여러분이 협력하셨다고 합니다. 물론 그가 직접 뜬 니트웨어도 전시되어 있었습니다. 뜨개를 시작한 지 불과 몇 년 지나지 않았다는 것이 믿기지 않을 만큼 완성도가 높았고, 그의 자유로운 정신을 느낄 수 있을 만큼 컬러풀했습니다. 그가 활약했던 올림픽 다이빙 풀을 형상화한 전시도 있었고, 도쿄 올림픽 때 입었던 '도쿄(東京)'가 새겨진 니트 블루종에는 메달들이 걸려 있었습니다. 2008년 최연소 선수로 베이징 올림픽에 출전한 톰 데일리는 2012년 런던과 2016년 리우데자네이루에서 동메달, 2021년 도쿄에서 금메달, 그리고 2024년 파리에서 은메달을 따는 등 훌륭한 성적을 거두고 현역에서 은퇴했습니다. 새로운 분야에 뛰어들어, 또 다른 매력을 보여줄 그의 모습을 기대해 봅니다.

"뜨개는 제 인생에서 중요한 부분을 차지하고 있어요. 마음을 진정시켜주고 제 능력을 끌어내 주죠. 만드는 즐거움과 더불어 뜨개가 주는 편안함을 더 많은 사람과 나누고 싶어요."라고 말하는 톰. 그의 자유분방한 매력으로 가득 찬 전시였습니다.

취재/케이토다마 편집부

일본으로 가는 비행기 안에서 뜬 재킷. 오른쪽은 관람객들이 남긴 메시지 보드.

올림픽 출전 당시 뜨개하는 모습으로 이목을 끈 톰. 오른쪽은 파리 올림픽 때 뜬 스웨터.

오른쪽/끝없이 이어지는 다채로운 그의 작품. 벌을 형상화한 노란색과 검정색이 섞인 니트는 벌에 쏘인 것을 계기로 뜨게 됐다고. 오른쪽 아래/어두운 톤에서 빛이 흘러넘치는 밝은 영역으로. 뜨개를 만난 기쁨을 표현했다고 한다. 왼쪽 위/전시회의 오리지널 굿즈. 인기가 많아 매진 행렬이 이어졌다고. 왼쪽 아래/톰의 영상 메시지를 보며 관람객들이 자유롭게 뜨개할 수 있는 공간.

Sweden 스웨덴

스웨덴, 뜨개의 현주소

위/행사장에 들어서자마자 통로를 지나가기 힘들 정도로, 사람들로 북적이고 있었다. 아래/'놀바인딩(Nålbindning) 식 코바늘뜨기' 워크숍도 열렸다.

작년 10월 말, 스톡홀름에서 개최된 소잉 페스티벌(Sy och hantverksmässa)에 오랜만에 다녀왔습니다. 단추, 비즈, 자수 키트, 원단 같은 재료부터 수예 서적, 재봉틀 같은 도구에 이르기까지, 모든 것이 모여 있는 이 페스티벌에서 제가 원한 건 오직 하나, 털실이었습니다.

손뜨개의 인기가 시들었을까 걱정하며 행사장에 발을 들여놓은 순간 그런 불안은 싹 사라질 정도로, 사람들로 가득 차 있어서 저도 모르게 흥이 오르더군요. 최근에 설립된 흥미로운 소규모 양모 방적 공장이 몇 군데 있었는데 모두 스웨덴 토종 양, 심지어 지역 토종 품종에서 얻은 양모를 취급한다고 합니다. 그렇지 않아도 인터넷과 SNS로 접하고 궁금했었는데 직접 그 털실을 보고 만질 수 있어서 감격스러웠습니다. 소위 메이저라 불리는 제조업체들이 전시 참여를 자제할 정도로 소규모 방적 공장의 털실을 많이 볼 수 있었습니다. 스웨덴의 손뜨개 산업은 아직 굳건하다는 생각이 들어 힘이 났습니다.

행사장에는 스웨덴, 더 나아가 북유럽의 뜨개 전통을 보존하기 위해 신설된 단체가 운영하는 부스도 있었습니다. 스웨덴 손뜨개 산업의 유명 인사들이 강사로 참여하는, '스웨덴 각지의 전통 뜨개'과 '북유럽 장갑'이라는 온·오프라인 강의가 2025년 봄부터 일 년에 걸쳐 진행될 예정이라고 하네요.

핀란드와 노르웨이의 제조업체들도 참가했으나, 대기업과는 차별화된 소규모 방적 공장만의 털실 베리에이션은 스웨덴 쪽이 더욱 풍부한 것 같더군요. 이 행사는 스톡홀름에서는 연 2회, 말뫼·예테보리·우메오에서는 연 1회 개최됩니다. 각지의 소규모 방적 공장을 두루 둘러볼 기회를 놓치지 마세요.

털실 손염색 체험, 컬러풀한 양모 카딩기 등 재미있는 볼거리가 한가득.

취재/마쓰바라 히로코(happy sweden)
Instagram:happy_sweden

Finland 핀란드

핀란드 뜨개 선수권 대회

myssy

위/대회 키트, 털실, 뜨개바늘 등 대회 관련 용품이 들어 있다. 아래/미시파르미 본사 건물 앞에 있는 대형 털모자.

작년 8월 25일에 핀란드 서부에 있는 포이튀에(Pöytyä)라는 작은 마을에서 핀란드 뜨개 선수권 대회가 열렸습니다. 핀란드 할머니들이 직접 만든 손뜨개 액세서리로 유명한 '미시파르미(MYSSYFARMI)'가 주최한 대회입니다. 자신의 실력을 확인해 보려는 니터들이 한데 모였습니다. 대회가 열린 교회 안의 별실에는 음료와 간식이 준비되어 있었고, 털실과 도구들도 판매되고 있었습니다.

작년에는 청키한 실로 모자를 뜨는 대회였으나, 이번에는 스프린트(Sprintti)와 엘리트(Eliitti)라는 두 가지 종목으로 나뉘어 진행되었습니다. 스프린트는 청키한 실로 터번을, 엘리트는 가늘고 긴 실로 미니 숄을 뜨는 것입니다. 뜨개를 마치고 심사위원석에 제출할 때까지 걸린 시간을 겨룹니다. 편물 짜임새 및 마무리 상태도 평가하며, 숙련된 니터이기도 한 할머니 심사위원들이 채점합니다. 종목별로 50명씩 참가하는데, 젊은 사람들부터 노년층까지 연령대가 다양했습니다. 인근 마을뿐만 아니라 북극권과 가까운 마을에서 온 참가자들, 심지어 미국과 노르웨이에서 온 참가자들도 있었습니다.

참가자들은 접수처에서 번호표와 대회 키트가 담긴 가방을 받고서 종목별로 자리에 앉습니다. 키트에 들어 있는 뜨개 방법은 핀란드어 또는 영어로 적혀 있습니다.

가족과 친구들을 위한 응원석도 마련되었는데, 선수들이 뜨개를 마치고 일어서면 종종 응원석에서 환호성이 터져 나오기도 했습니다. 스프린트에서는 대회 시작 후 20분 20초 만에 뜨개를 마친 선수가 나왔습니다. 엘리트의 1등은 1시간 59분 35초가 걸렸으나, 두 선수가 거의 동시에 제출했기 때문에 비디오 판독을 통해 우승자를 가렸습니다. 이 두 선수가 작년 우승자와 준우승자였습니다.

이 뜨개 선수권 대회는 올해도 8월 하순에 열릴 예정입니다. 더 자세한 정보는 인스타그램에서 확인하세요.

대회 시작 전 번호표를 달고 대기 중인 참가자들.

Instagram:myssyfarm
취재/란카라 미호코

Aardvark_handmade

Aardvark is an endangered animal, but it continues to survive in the wild

Aardvark is a nocturnal mammal native to sub-Saharan Africa

www.instagram.com/aardvark_handmade_

털실타래 keitodama 2025 vol.11 [봄호]

Contents

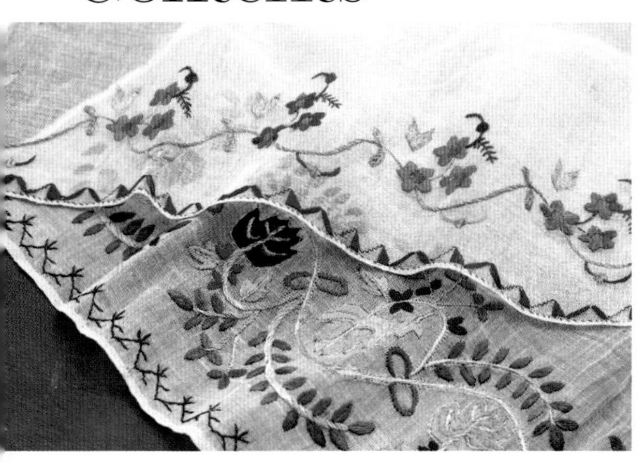

knit design Saori Okada
photograph Shigeki Nakashima
styling Kuniko Okabe, Yuumi Sano
hair&make-up Chie Ishikawa
model Aurore
book design Fumie Terayama

Basic Croch

베이직한 크로셰 웨어

봄볕이 느껴지면 코트를 벗고 가벼운 옷차림으로 외출해요.
비침무늬 크로셰 웨어는 봄나들이 옷으로 그만이랍니다.
기본 디자인이라 돌려 입기 좋아서 지금부터 크게 활약할 옷들을 맘껏 즐겨보세요!

photograph Shigeki Nakashima styling Kuniko Okabe,Yuumi Sano hair&make-up Chie Ishikawa model Aurore(175cm) Tema(184cm)

et Wear

우아한 윤기가 흐르는 실크 혼방 코튼 레이온 실로 뜨는 고급스러운 이너와 카디건 세트는 어때요? 이너로 입기 좋은 슬리브리스에 두루두루 활용하기 좋은 카디건은 최강의 콤비. 정성껏 떠서 오래 애용하고 싶은 세트랍니다.

Design／오쿠즈미 레이코
How to make／P.87
Yarn／퍼피 포슈

Basic Crochet Wear

품질이 뛰어난 코튼 리넨 실은 매력적인 색깔들만 모아놨습니다. 시크한 퍼플 바탕에 배색하면서 여러 기법으로 뜹니다. 낙낙한 유니섹스 사이즈의 앞트임 베스트는 여성이 입으면 프렌치슬리브 카디건 느낌으로도 연출할 수 있어요.

Design／yohnKa
How to make／P.92
Yarn／퍼피 생 질

Sunglasses／글로브 스펙스 에이전트

Basic Crochet Wear

부드러운 색감의 그러데이션 실을 핑크 계열로 사용해 봄 느낌을 물씬 담았어요. 적당히 매끈하면서 보송보송 쾌적한 실로 팝콘뜨기를 사선으로 나열해 다이아몬드형 비침무늬를 만듭니다. 목둘레에 꽃무늬를 줄줄이 수놓은 듯한 V트임 헨리넥이 신선해요.

Design／기시 무쓰코
How to make／P.101
Yarn／다이아몬드 모사 다이아 시트론

Sunglasses／글로브 스펙스 에이전트

단조롭지 않은 믹스 얀으로 멋을 더한 크로셰 베스트. 옆선은 직선형이라서 뜨기 수월합니다. 입고 벗거나 레이어드 하기 편하도록 목둘레는 크게 냈습니다. 원피스와 스커트에도 받쳐 입기 좋은 만능 아이템입니다.

Design／다케다 아쓰코
Knitter／이즈카 시즈요
How to make／P.129
Yarn／다이아몬드 모사 다이아 코스타 소르베

목둘레부터 뜨는 톱다운 풀오버는 심플한 두길 긴뜨기 무늬로 베이직하게. 래글런선에 사슬뜨기를 넣어서 코를 늘리므로 뜨기 쉬운 데다 입기도 편합니다. 편물을 잇거나 꿰매는 과정이 없는 점도 기쁜 포인트.

Design／YOSHIKO HYODO
Knitter／유키에
How to make／P.105
Yarn／하마나카 리치모어 사사메유키

Basic Crochet Wear

무난한 실로 뜨는 기본 풀오버는 키 넥이 라서 착용하기 편하고 인상적이에요. 어떤 옷에도 잘 어울려 다른 색으로 여러 장 뜨고 싶어질 거예요. 소매는 몸판에서 주워 뜨기 때문에 따로 달지 않아도 되고, 길이도 자유롭게 바꿀 수 있어요.

Design／바람공방
How to make／P.108
Yarn／하마나카 워시 코튼 '크로셰'

차분하게 색이 바뀌는 그러데이션 실에서 2가지 색깔을 골라 심플한 모티브를 떠서 연결한 다음 따로 뜬 요크 부분과 휘감쳐 완성합니다. 목둘레는 뒤트임을 내서 단추로 고정합니다. 하이넥이라서 목이 파인 옷이 불편한 사람에게 특히 권하고 싶어요.

Design／가와이 마유미
Knitter／이시카와 기미에
How to make／P.97
Yarn／스키 얀 스키 크로네

Basic Crochet Wear

감촉이 매끄러운 울 리넨 실로 캐주얼한 풀오버를 떴습니다. 두길 긴뜨기와 짧은 뜨기로 변화를 주면서 코튼 실을 배색해 보더 무늬를 만들었어요. 약간 올라온 목 둘레가 스타일리시해요. 유니섹스 디자인으로 2사이즈를 소개했으니 남성용도 떠 보세요.

Design／가사마 아야
How to make／P.112
Yarn／스키 얀 스키 부케, 스키 수피마 코튼

Basic Crochet Wear

울이지만 리넨 혼방이라서 아직 쌀쌀한 초봄에 안성맞춤이에요. 몸판은 보텀업으로 오른쪽 앞판에서 뒤판, 왼쪽 앞판으로 이어서 뜨고, 따로 뜬 소매와 함께 코를 주워 요크를 뜹니다. 편물 2가지를 보더 형태로 배치해서 단순하지만 사랑스러운 분위기로 완성했어요. 디테일한 부분에도 신경 썼습니다.

Design／간노 나오미
How to make／P.115
Yarn／Keito 우루리

옆 페이지와 같은 울 리넨으로 뜬 카디건. 배색 모티브와 단색 모티브의 배치에 신경 쓰고, 모티브 중심에 도트 무늬가 나타나게 한 디자인이 훌륭합니다. 모눈뜨기와의 조합과 대바늘을 사용한 마무리 등 세세한 부분에서 센스가 돋보입니다.

Design／우노 지히로
How to make／P.142
Yarn／Keito 우루리

photograph Toshikatsu Watanabe styling Akiko Suzuki

How to make／P.56
Yarn／DMC 콜도넷 스페셜 no.80

루나 헤븐리의 꽃 소식 *vol.6*

행복을 주고받는 날

바람에 나부낄 때마다 딸랑딸랑 맑고 경쾌한 방울 소리가 들려올 것만 같습니다.
동글동글 작고 귀여운 은방울꽃은 모든 이의 마음을 부드럽게 어루만져주는 느낌이 듭니다.
이 모습을 최대한 충실하게 실로 재현하고 싶어서 끝도 없이 뜨다가 가까스로 뜨개 도안을 완성했어요.
은방울꽃의 청초하고 가련한 모습을 오롯이 담고 싶어서 은방울꽃만으로 심플한 리스를 만들어보았습니다.
프랑스에서 5월 1일은 '은방울꽃의 날'로 사랑하는 사람에게 은방울꽃 꽃다발을 선물하는 전통이 있다고 해요.
네잎클로버를 찾으면 행운이 온다는 말이 있듯이 은방울꽃에도 그와 비슷한 이야기가 담겨 있지요.
한 줄기에 13송이의 꽃이 달린 은방울꽃은 더욱 커다란 행복을 가져다준다고 하네요.
사랑하는 사람에게 행복을 가져다주기를 바라며 꽃을 주고받는 것. 이런 풍습이 우리 마음에도 뿌리내리면 좋겠습니다.

Lunarheavenly

나가자토 가나

레이스 뜨개 작가. 2009년 Lunarheavenly를 설립. 극세 레이스실로 만든 꽃으로 정교한 액세서리를 만들어 개인전을 열거나 이벤트에 출품해 전시하고 있다. 꽃을 완성한 후에 염색하는 방식으로 섬세한 그러데이션 색 연출과 귀여운 작품으로 정평이 나 있다. 보그학원 강사로 활동 중이다. 저서로 《루나 헤븐리의 코바늘로 뜬 꽃 장식》외 다수가 있다.

Instagram: lunarheavenly

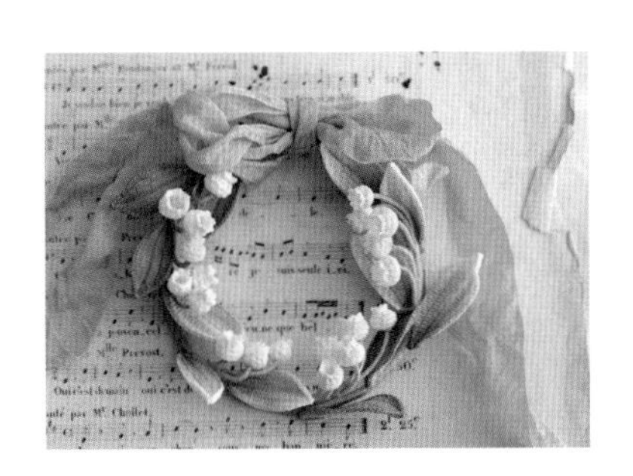

hikaru noguchi
DARNING

노구치 히카루의 다닝을 이용한 리페어 메이크

'리페어 메이크'에는 수선하는 일과 그 과정을 통해 더 발전하고 진보하고자 하는 마음을 담았습니다.

노구치 히카루(野口光)

'hikaru noguchi'라는 브랜드를 운영하는 니트 디자이너. 유럽의 전통적인 의류수선법 '다닝(Darning)'에 푹 빠져서 다닝 기법을 가르치는 한편 오리지널 다닝 기법을 연구하는 등 왕성하게 활동하고 있다. 심혈을 기울여 오리지널 다닝 머시룸(다닝용 도구)까지 개발했다. 저서로는 《노구치 히카루의 다닝으로 리페어 메이크》, 제2탄 《수선하는 책》등이 있다.
http://darning.net

【이번 타이틀】

심하게 손상된 스웨터

before

어느새
여기저기 구멍이……

photograph Toshikatsu Watanabe styling Akiko Suzuki

2023년 7월에 지인이 아끼는 스웨터라며 영국에 가면서 맡긴 스웨터는 아주 입기 편해 보이고 트위드 네프 실로 뜬 것이었습니다. 시간이 흐르면서 해지는 바람에 "옆구리에 커다란 구멍이 뚫려서 수예를 좋아하는 딸이 초록색 실로 가터뜨기해서 구멍은 막았는데 다른 쪽도 뻥 구멍이 났지, 뭐야. 이제 딸이 독립해서 고쳐줄 사람도 없고 너무 아까워"라고 이야기하는, 가족의 사랑이 느껴지는 멋진 작품입니다. 옆구리의 큰 구멍을 어떡하면 좋을지 막연히 생각하는 사이에 세월이 흘러 비닐봉지에 넣어 놓은 스웨터는 고온다습한 일본의 여름을 두 해나 넘겼습니다. 작년 가을에 봉투에서 꺼냈더니 옆구리 구멍은 물론이거니와 자잘한 구멍이 여기저기에 나서 스웨터가 너덜너덜해진 것이 아니겠습니까? 좀이 슨 건가 싶어서 살펴보니 벌레는 그림자조차 보이지 않고 소맷부리와 앞판에 하얗게 곰팡이가 펴서 울이 분해됐습니다. 맡은 물건을 망가뜨린 스스로가 정말 부끄러웠습니다. 얼른 빨아서 네프와 비슷한 색깔의 캐시미어실을 사용해 수평이동 허니콤 스티치로 다닝을 했습니다. 천연 소재는 분해된다는 사실을 새삼 실감한 사건이었어요. 섬유가 분해되고 변화해가는 '노화'의 섭리를 다닝으로 조금 거슬러 봤습니다.

DARNING by HIKARU NOGUCHI
www.darning.net

이번에는 '다닝 구라게'를 사용했습니다.

michiyo의 4 사이즈 니팅

봄이 왔습니다!
이번 봄호에서는 추위가 풀릴 때부터 초여름까지 오랫동안 입을 수 있는 베스트를 소개하겠습니다.

photograph Shigeki Nakashima styling Kuniko Okabe, Yuumi Sano hair&make-up Hitoshi Sakaguchi model Julianne(160cm)

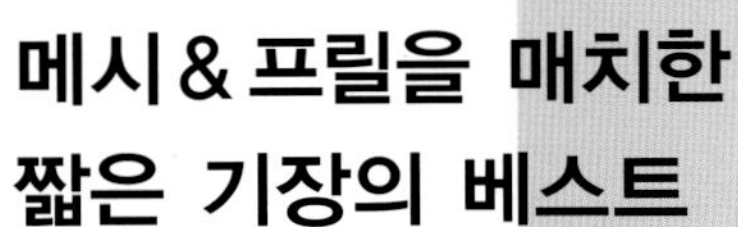

메시&프릴을 매치한 짧은 기장의 베스트

봄이 왔지만 날씨가 푸근해지기까지 아직 시간이 남아서 이번에는 레이어드해서 입는 베스트를 만들어봤습니다. 옷 전체에 입체적으로 비침무늬를 넣고 기장은 짧고 품은 넉넉하게 디자인했습니다.
클래식한 초록색 덕분에 너무 귀엽지 않으면서도 레이스 같은 무늬로 무겁지 않게 연출해서 다양하게 코디할 수 있는 베스트를 완성했습니다. 색깔에 따라서 분위기가 달라지는 것도 재미있습니다. 풀오버로 입어도 되고 1년 내내 블라우스나 원피스, 티셔츠에 받쳐 입기 편한 형태입니다.
보기보다 무늬나 제도가 간단하지만 술술 떠나갈 수 있는 무늬가 아니라서 차분히, 천천히 리듬을 타면서 뜨면 좋을 것 같습니다.
어느새 빠져드는 무늬랍니다.

기초코와 1코 고무뜨기 코막음을 하는 법은 본인의 취향에 따라서 고르면 됩니다.

프릴 소매라서 한 벌 만들면 풀오버로도 활용 가능합니다. 이번에 사용한 실은 하마나카 '케이폭 코튼'입니다. 좀 생소한 케이폭은 환경 부담이 적은 친환경 섬유로 주목받고 있다고 하는데 가볍고 촉감이 좋아서 뜨는 내내 즐거웠습니다. 저는 시크한 초록색을 골랐지만 여러분은 취향대로 즐겨보세요.

How to make／P.126
Yarn／하마나카 케이폭 코튼(Kapok Cotton)
Glasses／글로브 스펙스 에이전트

목둘레

목 파임은 S와 M, L와 XL이 각각 같은데
목둘레를 주울 때 콧수는 다릅니다.

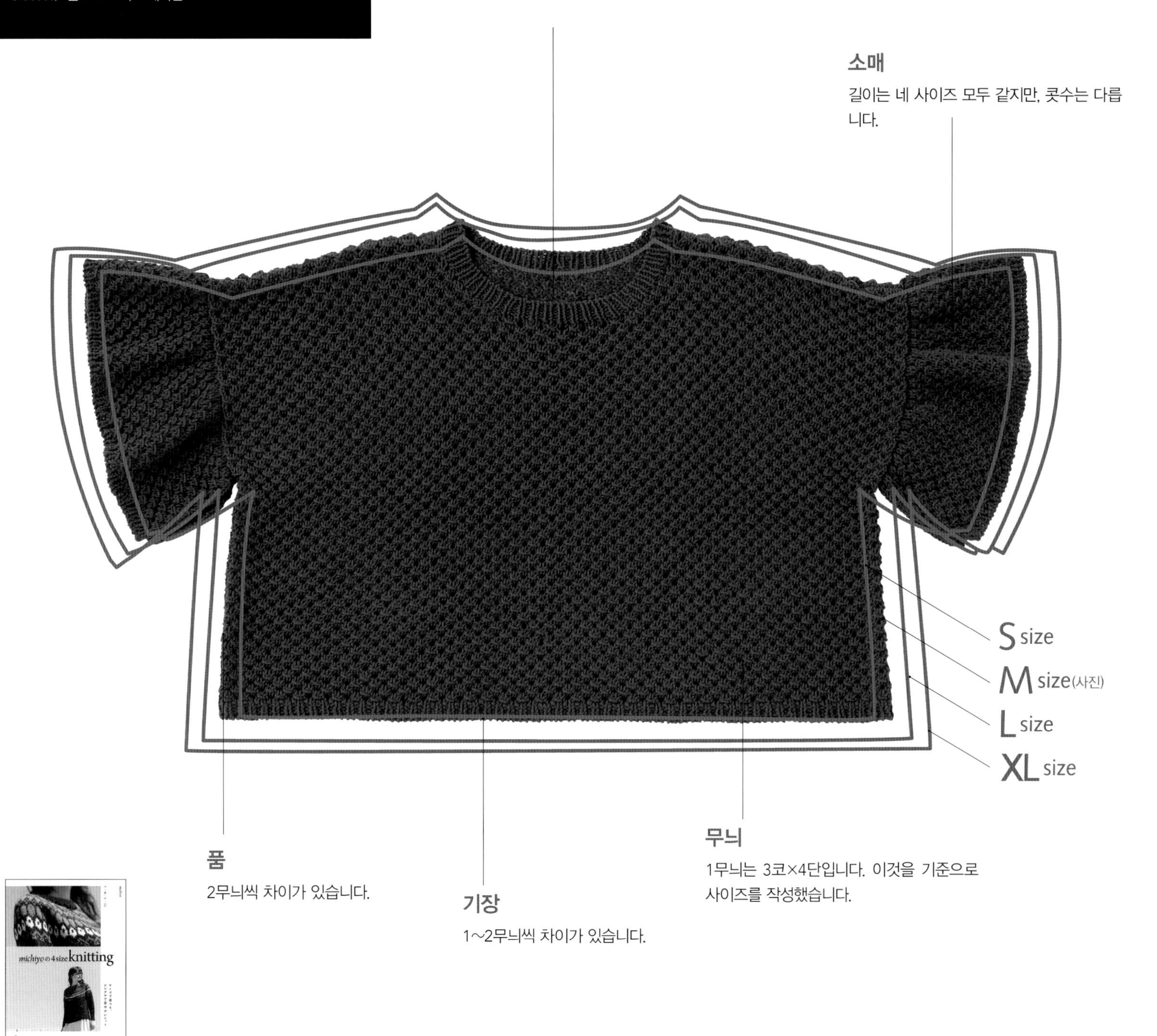
S size
M size(사진)
L size
XL size

소매

길이는 네 사이즈 모두 같지만, 콧수는 다릅니다.

품

2무늬씩 차이가 있습니다.

기장

1~2무늬씩 차이가 있습니다.

무늬

1무늬는 3코×4단입니다. 이것을 기준으로
사이즈를 작성했습니다.

michiyo

어패럴 메이커에서 니트 기획 업무를 하다가 현재는 니트 작가로 활동하고 있다. 아기 옷부터 성인 옷까지, 여러 권의 저서가 있다. 현재는 온라인 숍(Andemee)을 중심으로 디자인을 발표하고 있다. 〈털실타래〉에 실린 작품을 모아서 엮은 책 《michiyo의 4사이즈 니팅》이 일본과 한국에서 출간되었다.
Instagram: michiyo_amimono

※ 무늬를 기준으로 사이즈를 작성해서 치수 차이는 균등하지 않습니다.

니트로 미래를 향해 징검다리 놓기

미타 아키코

photograph Bunsaku Nakagawa text Hiroko Tagaya

20년 전에 만든
까또나주 케이스

온수팩 커버도
학생이 떠줬다

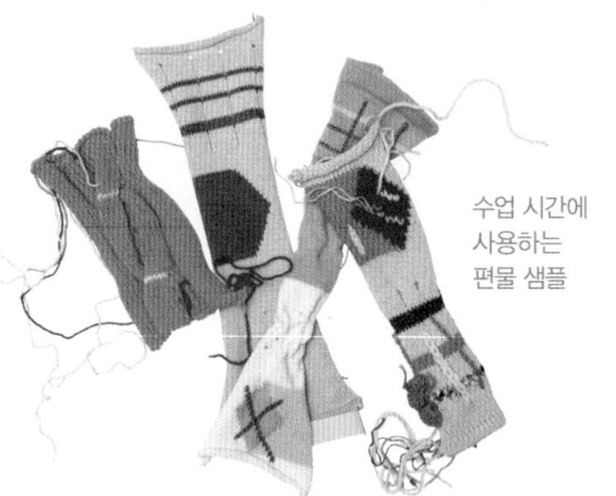

수업 시간에
사용하는
편물 샘플

학생이 떠준
카네이션과 꽃다발

수업용 미니어처
니트를 많이 뜬다

미타 아키코(御田昭子)

일본 도쿄 출신. 문화복장학원 니트 디자인학과 졸업. 문화복장학원의 전임 교수로 재직 중. 양품점의 손녀로 태어나서 어린 시절부터 수공예를 접했다. 텍스타일에 대한 관심이 니트의 길로 이끌었다. 25년 이상 니트 업계를 이끌어온 인재를 꾸준히 키워냈다. '배우는 것'을 좋아해서 현재 프랑스어에 도전하고 있다. 양말 소믈리에, TES(섬유제품 품질관리사) 자격이 있다. 뜨면서 이어지는 웹진 〈amimono〉에서 '학생들의 꿈을 뜨다'를 연재하고 있다.

https://www.bunka-fc.ac.jp(문화복장학원)

이번 게스트는 문화복장학원 니트 디자인학과의 미타 아키코 선생님입니다. 대학에서는 텍스타일을 전공했습니다. 좀 더 깊이 있게 공부하고 싶어서 졸업 후에 문화복장학원의 문을 두드렸습니다.

"졸업한 후에 복장학원의 조교, 강사를 하다 보니 여기까지 왔네요. 되돌아보면 25년이 넘는 세월이 흘렀어요. 요즘은 SNS에서 손쉽게 정보를 얻을 수 있으니 우리들이 가르치는 방법도 달라져야 한다고 생각해요."

코로나 팬데믹 이후 뜨는 법을 가르치기 위해서 온라인 동영상도 찍었습니다. 교실 테이블에는 구조를 보여주기 위해 만든 미니어처 스웨터가 한가득입니다. 그 색 조합이 정말 근사합니다.

"실 색을 조합해보는 걸 좋아하거든요. 뜨개할 때는 온 신경을 집중하고 고요 속에서 하고 싶어요. 나이를 생각하면 앞으로 100벌 정도 뜰 것 같은데 뜨다가 만 작품이 없도록 하고 있죠. 은사님이 스웨터를 뜨다가 돌아가시는 바람에 뜨던 실을 풀어서 몸판만 남기고 다시 뜬 적이 있어요. 그래서 지금은 자투리 실도 남기지 않고 작품 하나하나 소중하게 다루고 있어요."

은사님과의 추억을 물었습니다.

"니트디자인과에서 배우기 시작했을 때 저는 왼손잡이라서 오른손으로 대바늘뜨기하는 데 애를 먹고 있는데 선생님이 제 손을 잡고서는 함께 뜨는 연습을 했어요. '손에 땀이 났구나' 하고 말씀하시고는 땀으로 축축해진 제 손을 꼭 쥐고 가르쳐주셔서 너무 감사했지요. 팬데믹 이후에는 힘들어졌지만, 저도 늘 학생들 뒤에 서서 마치 '백허그로 음식 먹여주는 게임' 같은 모습으로 함께 뜨개 연습을 하곤 했어요."

지금까지 뜬 작품 사이에 소중히 간직해놓은 것은 바로 선물로 받은 니트 작품들입니다.

"니트 부적이나 온수팩 커버, 카네이션은 입원했을 때 학생이 만들어준 거예요. 꽃다발도 조교 선생님이 학생 때 반 학생 모두가 함께 만들어줬고요. 다른 사람을 위해 뭔가를 만드는 작업은 그 사람을 생각하면서 만드는 시간이 있기 때문에 마음이 고스란히 전해져요."

뜨개바늘을 보관하는 도구상자는 까또나주(cartonnage, 판지로 상자를 만들어 천으로 장식하는 유럽 공예 중 하나:역주)로 20년 전에 만든 것입니다.

"앞으로도 꾸준히 뜨개를 하고 싶어서 필라테스도 다니고, 학생 때 패션에 관심이 많아서 시작한 프랑스어도 30년 만에 다시 시작했어요. 수업 시간에는 제가 말하는 시간이 기니까 그 이상으로 배우는 학생 입장에 서고 싶어요."

수업 시간에 중요하게 여기는 것 중 하나를 소개했습니다.

"반드시 마감 시간을 정하는 거예요. 일을 하게 되면 엄격한 마감이 기다리고 있으니까요. 이런 기본적인 것을 지금 가르치고 싶어요."

선생님에게 받은 것들을 이제는 자기가 젊은 사람들에게 돌려줄 나이가 된 것 같다고 느낀다고 합니다. 눈에 보이는 것보다 더 많은 것을 사람에게 건네줄 수 있는 것이 바로 니트입니다.

"프랑스어 수업에서도 뜨개를 좋아하는 사람이 있어서 니트 이야기로 분위기가 고조되기도 해요. 늘 제 삶의 중심에 뜨개가 있기에 바깥세상에 나가도 뜨개가 징검다리가 돼주는 것 같아요."

스승에게서 젊은이에게로. 따뜻한 온기가 이어져서 널리 퍼져 갑니다.

1／니트 디자인과 학생들은 전공 교과서를 바탕으로 한 이론과 실기(손뜨개, 기계 뜨개, 산업용 기계)로 철저하게 니트에 대해 배운다. 2／코로나 이후 마이크와 동영상을 활용해 학생에게 가르치는 일도 많다고 한다. 3／학생은 작품 제작 과제를 통해서 기술을 익힌다. 4／노로 얀을 좋아한다. 혼합실 색깔에 눈을 뗄 수 없다고 한다. 5／학생이 제출한 과제를 칠판에 붙여 놓았다. 6／수업 짬짬이 자기 작품을 뜬다고 한다. 7／학생들은 니트 제품의 마무리 공정에서 사용하는 링킹 등도 배울 수 있다. 8／때로는 학생 옆에 앉아서 직접 지도한다. 9／조교가 학생 때, 반 친구들과 함께 만들어 줬다.

어른의 귀여움

니트와 프릴의 근사한 관계

행복은 좋아하는 옷을 몸에 걸치기만 해도 간단히 손에 넣을 수 있습니다. 살포시 흔들리는 프릴의 마법으로 오늘 옷차림에 풍성함을 더해보세요.

photograph Hironori Handa styling Masayo Akutsu
hair&make-up AKI model Tola(175cm)

물이 흐르는 듯한 비침무늬에 3단 프릴을 달아서 만든 화사한 풀오버. 흰 셔츠에 받쳐 입은 코디가 중세 유럽의 블라우스 같은 분위기를 자아냅니다. 클래식하면서 단정해 보이는 인상이 멋스러운 디자인입니다.

Design/가마타 에미코
Knitter/고바야시 도모코
How to make/P.132
Yarn/스키얀 스키 리넨 실크

Blouse/하라주쿠 시카고(하라주쿠/진구마에 점)
Skirt/하라주쿠 시카고 하라주쿠 점
Glasses/SLOW 오모테산도 점

무늬를 활용해서 풍성해 보이는 스캘럽, 발랄한 색깔에 나부끼는 실루엣이 매력 넘칩니다. 세트로 맞춘 스톨의 밑단은 사슬과 피코뜨기를 빽빽하게 떠서 프린지로 연출해 색다른 느낌을 즐길 수 있습니다.

Design／오타 신코
Knitter／스토 데루요
How to make／P.120
Yarn／스키얀 스키 부케

Blouse／산타모니카 하라주쿠
Skirt／SLOW 오모테산도
Bangle／하라주쿠 시카고(하라주쿠/진구마에 점)

Pullover, Pants／SLOW 오모테산도 점
Bangle／하라주쿠 시카고(하라주쿠/진구마에 점)

셔링 효과가 있는 고무뜨기에서 퍼져나가는 비침 무늬가 아름다우며 모헤어를 합사해 부드러운 풀오버. 털실로 짜는 프릴은 도안대로 뜨면 간단하고 깔끔하게 개더링할 수 있는 부분도 매력 포인트입니다.

Design／오쿠즈미 레이코
How to make／P.134
Yarn／올림포스 시젠노 쓰무기 mofu

Earring／SLOW 오모테산도 점

프릴이 지닌 당당하고 기품이 넘치는 디자인이 근사합니다. 목 주변의 프릴은 목선을 아름답게 보여주고, 소맷부리의 프릴은 팔이 날씬해 보이도록 커버해주는 효과도 있습니다. 마음에 드는 색으로 떠서 어른을 위한 프릴 니트를 멋지게 소화해보세요.

Design／가와이 마유미
Knitter／호리구치 미유키
How to make／P.125
Yarn／올림포스 시젠노 쓰무기 mofu

Skirt／하라주쿠 시카고 하라주쿠 점
Bangle／하라주쿠 시카고(하라주쿠/진구마에 점)
Earring／산타모니카 하라주쿠 점

말라브리고로 뜨는

아름다운 색의 아우터

남미 우루과이에서 찾아왔습니다.
환경에도 양한테도 사람에게도 이로운 손염색 실이 연주하는 유일무이한 색의 하모니를 즐겨보세요!

photograph Shigeki Nakashima styling Kuniko Okabe, Yuumi Sano hair&make-up Chie Ishikawa model Aurore(175cm)

예상하기 힘든 색과의 만남으로 두근두근 설레는 그러데이션 얀과 코바늘뜨기를 조합했습니다. 개성 넘치는 그러데이션 얀을 절묘하게 보더로 배치해서 복잡한 색의 변화를 즐겨봤습니다.

Design／오카 마리코
How to make／P.137
Yarn／말라브리고 모라

대바늘뜨기라서 가능한 리드미컬한 그러데이션 보더를 즐길 수 있는 마가렛입니다. 밝은 초록색을 포인트로 한 색 조합이 산뜻하고 봄을 느끼게 합니다. 비침무늬가 사다리 모양 레이스처럼 보이며 발랄함을 더하는 디자인입니다.

Design／YOSHIKO HYODO
Knitter／구라타 시즈카
How to make／P.136
Yarn／말라브리고 실크 파카

일본에서 서쪽으로 약 9,000km, 유럽과 아시아의 경계에 자리한 튀르키예 공화국. 그 전신은 중동에서 아프리카·유럽에 걸친 광활한 지역을 통치한 오스만 제국(1299년~1922년)입니다. 그리고 이 시대에 발전해서 성숙한 예술 공예 중 하나가 오스만리 자수(Osmanli nakiş, 오스만리 나크시)입니다. 영어로 'Ottoman embroidery'라서 오스만 자수라고도 부릅니다.

궁정의 공방 직인과 여성이 놓는 자수는 술탄(황제)과 왕후 귀족의 의상과 장식품, 집기까지 생활용품 전반을 굉장히 정교한 기술로 꾸몄습니다. 꽃과 나무, 거리 풍경, 배, 문자에 이르기까지 소재가 풍성한 오스만리 자수의 다양한 모티브는 알록달록한 명주실, 금실은실, 메탈 리본을 사용해서 섬세하면서도 호화롭게 표현했습니다.

오스만리 자수의 대표 작품에는 야룩크(Yağlik, 장식 손수건)라는 자수천이 있습니다. 이것은 날개옷처럼 아주 얇은 직사각형(가로 40~60cm, 세로 160cm 정도) 천의 양쪽 가장자리에 겉과 안이 같은 무늬로 보이게 자수를 놓은 것으로 여성이 머리에 쓰거나 실내 장식 등 다양한 용도로 활용했습니다. 야룩크를 비롯한 자수 제품은 유럽으로 건너가 오스만리 자수라는 이름을 세계 각지에 알렸습니다.

튀르키예 남서부 에개해 지방의 오데미슈 바자르에 늘어선 오스만리 자수 야룩크와 보자기들. 이 바자르에는 혼수품과 앤틱 제품을 찾는 사람이 많이 방문합니다.

세계 수예 기행 「튀르키예 공화국」

오스만 제국에서 계승된 예술 공예

오스만리 자수

취재·글·현지 사진/히라오 나오미 스튜디오 사진/모리야 노리아키 편집 협력/가스가 가즈에

한편 오스만리 자수는 궁정에서 바자르로, 바자르에서 가정으로 전해지며 방방곡곡 여성에게 널리 전파됐습니다. 궁정과 가정이라는 다른 두 환경에서 여성의 오락거리 중 하나로 만들어진 오스만리 자수는 당시 유행과 여성의 사회성을 반영하면서 결혼의 혼수품·체이즈(Çeyiz)로서 의복이나 장식천, 가구나 샌들처럼 생활에 밀접한 온갖 물건에 들어갔습니다. 그런 까닭에 제국 시대의 궁전 스타일을 이어가면서 독자적인 기법과 양식이 세대를 초월해 계승됐습니다. 현재 튀르키예의 여러 지역에서 자수학교나 시민 강좌를 통해 오스만리 자수는 육성되고 있습니다.

오스만리 자수와의 만남

처음으로 오스만리 자수를 직접 본 것은 2013년 여름입니다. 이네오아(iğneoya, 튀르키예 자수바늘로 뜨는 레이스뜨기)와 관련된 일을 하던 때였습니다. 개성 넘치는 색상에 신기한 형태의 모티브가 수놓아진 천 한 장이었습니다. 굉장히 얇은 바탕천에 처음으로 보는 바둑판무늬, 중간중간에는 먹색의 금속선 같은 것이 빛났습니다.

"이건 튀르키예의 오스만 제국 시대의 자수로 앞과 뒤가 같은 모양이 되도록 수놓은 거예요. 100년도 더 됐을 거예요."

작품에 대해 가르쳐준 사람은 튀크키예에서 살며 골동 수공예품에 조예가 깊은 노나카 이쿠미 씨였습니다. 겉과 안이 같다고? 어떻게 수놓는 거지? 머릿속에 물음표가 가득 떠오르는 동시에 이름만 알고 있던 오스만리 자수가 무척 궁금해졌습니다. 곧장 오스만리 자수에 관한 책 몇 권(튀르키예가 아니라 영어권에서 출간)을 사서 순서대로 자수를 놓았는데 이유를 모르겠지만 뭔가 달랐습니다. 결국 기법에 관한 구체적인 방법을 찾지 못한 채 5년이 지난 2018년 여름이었습니다. 부르사에서 자수를 배울 기회가 생겼습니다.

자수를 배우러 이윽고 부르사로

부르사는 오스만 제국의 첫 수도로 이스탄불의 남쪽, 직선거리로 약 100km 떨어진 마르마라해 맞은편에 있습니다. 예로부터 로마로 향하는 실크로드의 마지막 경유지로서 진상 무역으로 번성한 마을이며 세계 유산이나 고고학·예술·전통공예에 관련된 박물관이 시내에 곳곳에 있고 우르바 산맥과 도시 안을 가득 채운 초록 수풀이 아름다운 데에서 이에시르 부르사(Yeşil Bursa, 초록의 부르사)라는 애칭으로 불렸습니다. 오스만 제국의 주요 도시로 오스만리 자수를 비롯해 다양한 수공예가 발전한 고대 도시 부르사에서는 지금도 텍스타일 산업이나 실 제조업이 성행하고 자수나 이네오야 같은 전통공예에 많은 사람이 종사하고 있습니다.

이곳의 오스만리 자수학교에는 20~30명의 여성이 자수 강사 자격을 취득하기 위해서 배우고 있는데 이네오야를 통해서 맺은 인연으로 저도 함께 수놓을 기회를 얻었습니다.

오스만리 자수는 하마무(한증막) 문화와 함께 발전한 측면도 있다. 이것은 오스만 제국 시대에 만들어진 금속제 하마무 가방과 금속 자수를 놓은 목욕 타월이다. 하마무 가방에는 샌들과 비누 등이 들어 있었다.

A／귀족 저택에서 사용한 야룩크. 명주실, 메탈 리본, 금속실을 사용한 식물무늬가 겉면과 안면에 조금의 차이도 없이 정교하게 수놓아져 있다. 꽃잎은 세 가지가 넘는 색으로 그러데이션을 표현했다. 튀르키 이시. 19세기 중기~후기. B／튀르키 이시에 사용하는 원단과 같은 분위기의 페센트. C／꽃병 가운데의 옅은 하늘색 부분이 바둑판 무늬인 무샤바크. D／히사프 이시를 수놓는 여성의 손. 2023년 아이든 코차르르에서. E／메탈 리본, 금속실을 사용한 튀르키 이시. 메탈 리본에는 평평한 전용 바늘을 사용한다.

자수학교에서 직접 본 '앞뒤 모양이 같아지도록 수놓는' 자수 기법은 책을 읽으며 상상한 것과 달리 무척 간단했습니다. 단순하기 때문에 실과 소재의 아름다움, 바늘땀의 정교함이 더욱 눈에 띄고, 간단하기 때문에 오히려 실력을 감추기가 어렵습니다. 그리고 얇은 천에 빽빽하게 수놓는 어려움은 '오스만리 자수를 놓는 가장 큰 매력'이지 않을까 싶습니다. 그렇게 어려운데도 불구하고 '언젠가 아름다운 수를 놓고 싶다!'라는 마음이 쭉 이어지고 있습니다.

오스만리 자수 기법에 관해서

오스만리 자수의 돋보이는 특징에 '천의 겉면과 안면이 같아 보이도록 수놓기'가 있는데 이것은 크게 튀르키 이시(türk işi, 터키 기법)와 히사프 이시(hesap işi, 구한 기법)로 나뉘고 야룩크 같은 자수천에 주로 사용하는 기법입니다.

●튀르키 이시

천에 도안을 그리고 수를 놓습니다. 튀르키 이시에 주로 사용하는 스티치는 페센트(pesent)라고 불리는데 가장 오랫동안 사용된 오스만리 자수 고유의 스티치입니다. 원단의 무늬를 자수로 표현하기 위한 기법이라고 합니다. 천의 날실과 씨실의 모양에 따라서 올을 세면서 더블 러닝 스티치로 도안 양면을 수놓습니다. 더블 러닝 스티치로 왕로·귀로와 똑같은 운침로를 되짚어가면 천의 겉면과 안면이 같아집니다. 천의 올 수와 바늘땀이 나오는 위치를 바꿔가면 자수 놓은 부분에 다양한 무늬가 생깁니다. 오스만리 자수에서 흔히 보는 꽃잎 한 장에 구름무늬처럼 그러데이션을 표현하는 것도 페센트 기법입니다.

●히사프 이시

천에 도안을 그리지 않고 올을 세서 수를 놓습니다. 홀바인 스티치 같은 구한 자수 기법으로 천의 올을 세서 놓는 자수입니다. 운침 방향은 도안에 따라 대각선, 가로, 세로로 다양합니다. 왕로에서 천의 겉면을 통과한 실은 귀로에서는 안면으로, 왕로에서 안면을 통과한 실은 귀로에서는 겉면으로 나와서 천의 겉면과 안면에 같은 무늬가 수놓아집니다.

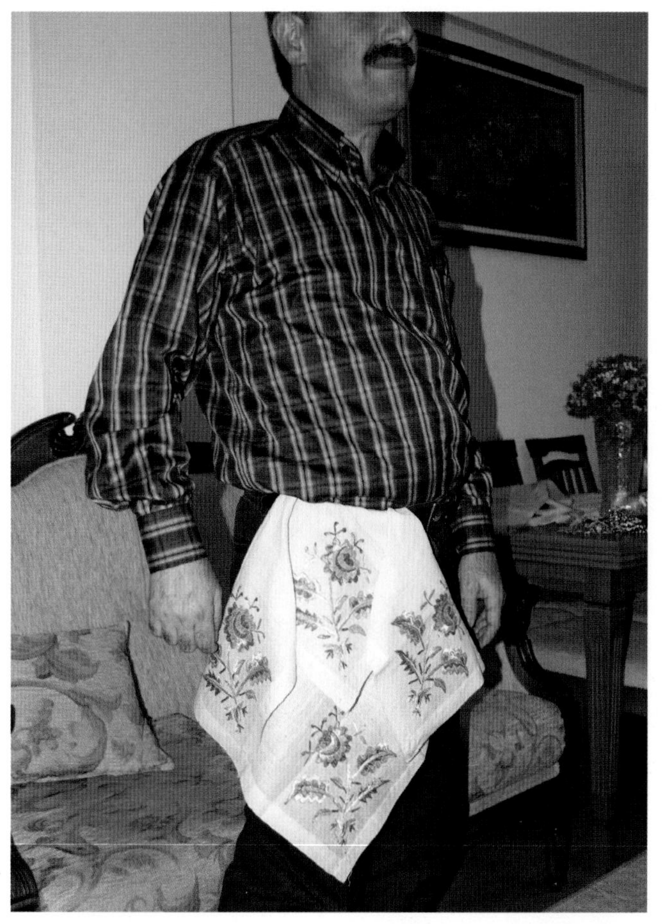
자수 손수건의 사용 예. 남성은 결혼식 같은 세레모니에서 허리에 자수 손수건을 장식한다.

●금실·은실과 메탈 리본 자수

호화롭고 화사한 분위기를 더해주는 은 합금 실(sim)과 가늘고 평평한 메탈 리본(tel)도 오스만리 자수에 빠질 수 없는 재료입니다. 각자 기법에 따라서 수놓는 법으로 튀르키 이시, 히사프 이시에 사용합니다. 메탈 리본은 전용 바늘을 사용해서 수놓는데 리본 다루기가 어려워서 아름답게 수놓으려면 숙련된 기술이 필요합니다.

●무샤바크(muşabak)

천의 올을 세서 수놓는 오스만리 자수만의 독자적인 스티치입니다. 대각선, 위아래, 좌우로 진행하는 독특한 운침으로 왕로·귀로에 수를 놓으면 바둑판 상태의 무늬가 나타납니다. 튀르키 이시, 히사프 이시에 모두 사용합니다.

오스만리 자수에는 현재 알려진 것만 해도 30종류의 스티치가 있고, 다양하게 조합하면서 풍성한 자수 표현이 가능합니다.

오스만리 자수의 변천

16세기쯤에는 스티치 종류도 적고 빨간색, 파란색, 초록색, 노란색, 검은색 명주실과 가는 메탈 리본으로 자연계 모티브(주로 큼지막한 튤립이나 이파리, 꽃 덩굴 같은 문양)가 이슬람 양식으로 수놓아졌습니다. 17~18세기가 되자 오스만리 자수의 독자적인 스티치가 발전하고 이에 따라서 표현 방법이 확대되면서 명주실의 색 수가 늘고 금실은실까지 추가됩니다. 또 유럽 자수 기법을 도입해서 더욱 더 사실적이고 섬세한 표현이 가능해졌습니다. 자연계의 모티브에 더해서 생활 모습, 코란 구절, 건물, 배 등 수놓는 여성의 경험과 정서, 생활하는 지역에 따른 특징이 자수에 반영됐습니다. 자연계의 모티브는 자연에 대한 사랑, 꽃병의 꽃이나 바구니에 담긴 과일, 집 등에는 풍요로운 생활을 바라는 희망, 코란 구절과 모스크는 신에게 비는 기원과 감사하는 마음 등 많은 모티브가 인생의 기쁨을 의미합니다. 또한 배는 선원의 아내나 약혼자라는 것을, 사당은 사랑하는 사람을 잃은 여성이라는 것을 의미하는 등 그 사람의 처지나 마음도 자수로 표현했습니다.

19세기에 자수는 로코코풍으로 바뀌고 벨벳처럼 두툼한 천에 금실은실을 사용한 자수 기술이 발달했습니다. 19세기 말에서 20세기가 되자 유럽에서 들어온 고운 색깔의 면 자수실, 비즈, 귀석을 사용하며 유럽풍 자수로 바뀝니다. 또 자수 재봉틀이 등장하며 자수가 기계화되는 가운데 전통적인 오스만리 자수는 일부 지역에서만 만들게 됩니다.

제국의 이름을 내건 자랑스러운 자수

부르사의 자수학교에는 세 번 찾아갔는데 그때마다 모두가 오스만리 자수를 자랑스러워한다는 인상을 받았습니다. 부르사는 제국 시대부터 현재에 이르기까지 오스만리 자수가 계속 만들어진 마을 가운데 하나입니다. 제국의 이름을 내걸고 궁전에서 시작해서 더욱 특별한 예술 공예인 '오스만리 자수'에 종사하는 것에 높은 긍지가 담긴 듯합니다.

자수학교에서는 '아름다운 자수는 아름다운 행동에서 나온다'는 마음가짐도 배웠습니다. 아름다운 행동이란 재료나 도구를 소중히 다루는 것, 바른 자세로 수놓는 것, 평안하고 선한 마음으로 수놓는 것이라고 들었는데 이 말에도 오스만리 자수를 자랑스러워하는 마음이 느껴졌습니다.

2023년 여름, 아이든(튀르키예 남서부·에게해 지방)의 산간 마을을 방문했을 때 뜻하지 않게 히사프 이시를 수놓는 여성과 만났습니다. 한 치의 흔들림 없이 움직이는 손과 정갈한 바늘땀이 무척 아름다웠는데 예전에 궁전에서 가정으로 전해졌다는 오스만리 자수가 일상생활에 자리한 모습으로 그곳에 있는 듯한 광경이었습니다.

튀르키예 각지에서 시대를 초월해 전해져온 오스만리 자수. 이를 사랑하는 모든 사람의 마음이 아름다운 자수를 육성하고 미래 세대에 계승하겠지요. 저는 힘껏 정진하면서 다시 튀르키예에서 아름다운 오스만리 자수와 만날 날을 즐겁게 기다리고 있습니다.

부르사의 울루 자미. 오스만 왕조 초기인 1396년부터 1399년에 걸쳐서 건설된 모스크. 세계유산.

H
G
F
J
I
L
K

F/처음 본 오스만리 자수. 무샤바크를 메인으로 수놓은 모티브는 '꽃병에 꽂은 꽃'. 19세기 후기~20세기 초엽. G/수놓은 보자기. 매우 얇은 삼베의 네 귀퉁이에 같은 모티브가 수놓여 있다. 튀르키 이시. 20세기 중엽. H/메탈 리본을 다양하게 사용한 야룩크. 꽃과 과일 외에도 분수 같은 건조물이 아름답게 수놓여 있으며, 메탈 리본을 심에 말아서 만든 테두리 장식 트림이 장식되어 있는 등 화려하게 만들었다. 튀르키 이시. 19세기 중기~후기. I/위: 나비 모티브 보자기. 아래: 생명의 나무를 모티브로 한 식탁보. 둘 다 히사프 이시. 20세기 전기~중엽. J/출산을 기원하는 물건을 싸기 위한 보자기. 인생의 행복을 기원하며 귀여운 작은새와 꽃다발 모티브를 수놓았다. 튀르키 이시. 20세기 중엽. K/타타르인의 마을에서 만들어진, 고운 색감이 매력적인 야룩크. 무늬와 바늘땀은 크지만 명주실과 금속실을 사용해 안면과 겉면이 같은 무늬가 되도록 수놓았다. 튀르키 이시. 20세기 중기~후기. L/삼베에 명주실과 메탈 리본, 금속실로 수놓은 야룩크. 드론 워크와 비슷하지만 겉면과 안면이 같도록 수를 놓았다. 20세기 전기~중엽.

히라오 나오미(平尾直美)

일본 가가와현 다카마쓰 거주 중. 이네오야(튀르키예 전통의 바늘로 뜨는 레이스뜨기) 작가이자 강사다. 2018년부터 튀르키예에서 오스만리 자수를 배우기 시작했다. 온라인을 비롯해 일본 전국을 돌며 이네오야와 오스만리 자수에 관한 수업과 워크숍을 개최한다. 저서로 《이네오야로 만드는 작은 잡화와 액세서리》가 있다. linktree/igneoyaRosette

제비의 육아

3월 초순 무렵 찾아와 처마 밑에 둥지를 틀기 시작하는 봄을 알리는 새, 제비예요.
행복을 불러들이는 제비 가족을 우리 집에도 맞이해 행복한 봄을 시작해봐요!

photograph Toshikatsu Watanabe styling Akiko Suzuki

S^T JULIEN

부모 제비

아기들을 위해 둥지를 틀고 바지런히 먹이를 나르는 모습에 마음이 훈훈해집니다. 새 사랑이 넘치는 완벽한 재현을 즐겨보세요.

Design／마쓰모토 가오루
How to make／P.140
Yarn／하마나카 소노모노 헤어리, 워시 코튼 《크로셰》

아기 제비들

보송보송한 솜털이 난 사랑스러운 모습이에요. 5월 초 무렵에는 다 같이 커다란 입을 벌리고 먹이를 조르는 모습을 볼 수 있어요.

Design／마쓰모토 가오루
How to make／P.140
Yarn／하마나카 소노모노 헤어리, 워시 코튼 ≪크로셰≫, DARUMA 마 끈

ST JULIEN

검은 날개와 흰 배, 인상적인 빨간 이마, '연미복'의 유래가 된 쭉 째진 긴 꼬리, 날개 안쪽의 흰 부분까지 재현한 부모 제비는 새를 좋아하지 않더라도 뜨는 법은 흥미진진합니다. 쉘 스티치로 스캘럽 무늬를 표현한 펼친 날개가 아름다워요. 다리는 와이어로 실을 감아 만들고, 입에 문 먹이도 제대로 떴습니다! 아기 제비들의 입은 와이어 처리를 해 열거나 닫을 수 있어요. 부스스한 솜털은 말할 수 없이 사랑스러워 절로 마음이 훈훈해집니다. 촉감도 훌륭해 계속 쓰다듬고 싶어요. 마 끈으로 뜨는 둥지도 잊지 마시길!

Enjoy Keito

어떤 날은 쌀쌀했다가 또 어떤 날은 햇빛이 따갑게 내리비치기도 하는 봄. 이번에는 그런 변덕스러운 봄 날씨에 입기 좋은 아이템을 소개합니다.

photograph Hironori Handa styling Masayo Akutsu hair&make-up AKI model Tola(175cm)

HASEGAWA
Graceful day with silk.
create your own story

HASEGAWA SEIKA12

Silk HASEGAWA 세이카12

모헤어 60%, 실크 40%, 색상 수/40, 1볼/25g, 실 길이/약 300m, 실 종류/극세, 권장 바늘/대바늘 6호(2가닥)
한여름을 제외한 모든 시즌에 즐길 수 있는 실크 모헤어 실로, 풍부한 컬러 베리에이션이 돋보입니다. 고급스러운 실크의 광택감에 모헤어의 부드러움과 가벼움도 갖추었습니다. 다른 실의 굵기를 조절할 때 세이카12 1가닥을 같이 뜨는 것을 추천합니다.

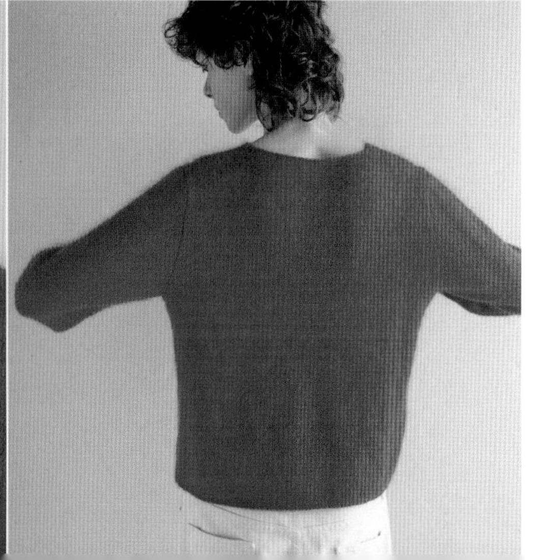

모헤어 느낌을 살린 심플 풀오버

얇은 브이넥으로, 단독으로 입기에도 좋고 레이어드해서 입기에도 좋은 얇은 브이넥 풀오버. 실크 모헤어로 떠서 가볍고 부드러운 데다가 포근하게 감싸줍니다. 다섯 가지 사이즈로 디자인했으며, 기본 색상부터 컬러풀한 색상까지 40가지 색상이 있으니, 마음에 드는 컬러를 골라 떠보세요.

Design/Keito
Knitter/스토 데루요
How to make/P.144
Yarn/Silk HASEGAWA 세이카12
Pants/하라주쿠 시카고 하라주쿠점

ALP NATURAL

FEZA
Alp Natural

페자 앨프 내추럴

코튼 40%, 레이온 30%, 리넨 20%, 실크 10%, 색상 수/12, 1타래/110g, 실 길이/약 210m, 실 종류/병태, 권장 바늘/대바늘 6~7호

같은 색감의 코튼을 메인으로 한 다른 소재가 끊임없이 이어지는 매력적인 실입니다. 입고 시기에 따라 섞여 있는 실의 종류가 다른, 세상에 단 하나뿐인 실이라서 소재의 배분 및 구성, 실 길이가 다를 수 있습니다.

saredo
RE re Ly

사레도 리리리

리사이클 코튼 100%, 색상 수/12, 1콘/100g, 실 길이/약 280m, 실 종류/합태, 권장 바늘/코바늘 7/0호(2가닥)

일본의 방적 공장에서 생긴 솜 부스러기(미사용 섬유) 100%를 사용한 리사이클 코튼의 릴리 얀. 'MADE IN JAPAN'의 친환경 리사이클 소재입니다.

가볏하게 물결치는 모자

물결치는 브림(챙)이 귀여움을 더해주는 튤립햇 스타일의 모자. 쓱 접어서 가방에 넣어 다닐 수 있다는 점도 매력이지요. 코튼 소재의 팬시 얀이 이어진 앨프 내추럴은 한길 긴뜨기로 뜬 심플한 모자에 독특함을 더해준답니다.

Design/Keito
Knitter/스토 데루요
How to make/P.128
Yarn/페자 앨프 내추럴, 사레도 리리리
Shirt, Salopette Skirt/하라주쿠 시카고 하라주쿠점

Flower Motif
꽃 모티브와 함께 피어나는 봄

풍부한 색채로 봄이 왔음을 알리며 따사로운 햇살 아래 피어나는 밝고 화사한 꽃들을 떠서 연결하고 입어보세요!

photograph Shigeki Nakashima styling Kuniko Okabe,Yuumi Sano
hair&make-up Hitoshi Sakaguchi model Julianne(160cm)

올록볼록한 구슬뜨기가 포인트인 8개의 꽃잎 모티브. 화이트로 모티브 주위를 두르고 대각선으로 연결했어요. 모티브 형태를 살린 밑단과 소맷부리의 디자인이 활동적인 느낌을 연출합니다. 밸런스 좋은 짧은 기장의 디자인이라 더욱 스타일리시한 풀오버입니다.

Design／오카다 사오리
Knitter／ATELIER SAI
How to make／P.145
Yarn／DMC 나투라

꽃잎이 한가득 들어 있는 선명한 색감의 모티브. 임팩트 있는 모티브를 가로로 한 줄 배열하고 나머지 바탕은 심플한 무늬로 떠서 깔끔한 이미지를 연출했어요. 같은 모티브의 모자도 함께 떠서 세트로 코디해보세요. 따뜻해지기만을 손꼽아 기다리게 만드는 근사한 아이템이 되어 줄 거예요.

Design／ATELIER *mati*
How to make／P.149
Yarn／DMC 나투라

Glasses／글로브 스펙스 에이전트

Flower Motif

산뜻한 컬러가 인상적인 작은 꽃 모티브입니다. 중앙의 작은 꽃은 컬러를 맞추고 바깥쪽 꽃잎은 세 가지 색을 번갈아 떠서 사각 모티브와 연결했어요. 러블리한 캐미솔과 바부슈카의 조합은 트렌디한 Y2K 패션에 제격이랍니다. 뉴트로 스타일의 아이템을 즐겨보세요.

Design／오카 마리코
Knitter／미즈노 준
How to make／P.152
Yarn／올림포스 에미 그란데, 에미 그란데 〈컬러즈〉

여러 꽃잎이 입체적으로 겹쳐 있는 꽃 모티브입니다. 덩굴처럼 연출한 네트뜨기 위로 피어난 입체 모티브가 강력한 존재감을 드러내지요. 단색으로 뜨면 레트로 시크 무드를 연출할 수 있어요. 캐주얼한 코디에 플라워 액세서리 느낌으로 곁들이면 더욱 세련돼 보인답니다.

Design／오카모토 게이코
Knitter／혼타니 지에코
How to make／P.156
Yarn／올림포스 에미 그란데

Flower Motif

귀여운 스타플라워 모티브입니다. 별을 닮은 꽃잎 6장을 잎으로 연결하며 뜹니다. 가볍게 두를 수 있는 스톨은 평소 입던 옷에 매치하기만 해도 봄바람을 실어와 줄 것만 같아요. 직접 뜨는 즐거움과 코디의 귀여움을 함께 느낄 수 있는 패셔너블한 아이템이랍니다.

Design／호비라 호비레
How to make／P.162
Yarn／호비라 호비레 코튼 필 파인

스타플라워 모티브를 더 많이 연결해서 블랭킷을 만들었습니다. 뜨는 데는 시간이 더 걸리지만 완성하고 나면 화사한 분위기를 한껏 즐길 수 있지요. 어깨에 걸치거나 무릎담요로 쓸 수도 있고 소파에 둘러 거실 인테리어로 활용할 수도 있어요.

Design／호비라 호비레
How to make／P.162
Yarn／호비라 호비레 코튼 필 파인

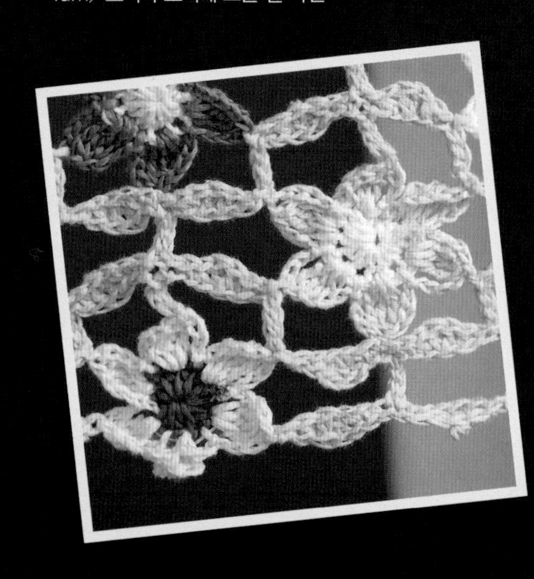

컬을 넣은 듯한 여러 꽃잎에 마음을 빼앗기게 되는 사랑스러운 꽃 모티브입니다. 4색 줄무늬를 넣은 레이스 느낌의 편물 한쪽 가장자리에 세 가지 스타일의 꽃 모티브를 번갈아 배열해서 경쾌하면서도 따스한 색감의 스톨을 완성했어요. 작은 꽃 모티브에는 잎을 곁들여 변화를 주었답니다.

Design／호비라 호비레
How to make／P.164
Yarn／호비라 호비레 파인 리넨

Yarn Catalogue

봄·여름 실 연구

가벼움과 소재감에 신경 쓴 매력적인 실을 소개합니다.

photograph Toshikatsu Watanabe styling Akiko Suzuki

ANNO 18^6
1664
FLOWER SHOP
CHOCOLATS
BELGIUM

스키 크로네
스키 모사

차분한 톤의 단염색과 금 라메의 반짝임이 특징으로, 봄여름다운 편물로 완성됩니다. 갈라짐이 적은 드라이한 감촉의 뜨기 좋은 실이에요.

Data

폴리에스테르 68%, 코튼 32%, 색상 수/7, 1볼/30g · 약 112m, 실 종류/합태, 권장 바늘/4~5호(대바늘) · 4/0~6/0호(코바늘)

Designer's Voice

코바늘로 떠도 부드럽고, 두께도 신경 쓰이지 않았어요. 라메와 단염색이 살짝 들어간 고운 실이에요. 나이에 상관없이 폭넓은 연령층이 즐길 수 있는 뜨기 좋은 실입니다.(가와이 마유미)

스키 부케
스키 모사

리넨과 울 혼용의 범용성 높은 실이에요. 산뜻한 촉감으로 겨울을 제외한 모든 계절에 사용할 수 있습니다. 탄성이 있어 보기보다 굵은 바늘로 술술 뜰 수 있어요.

Data

울 50%, 리넨 50%, 색상 수/6, 1볼/30g · 약 99m, 실 종류/합태, 권장 바늘/4~5호(대바늘) · 4/0~6/0호(코바늘)

Designer's Voice

탄성이 있고 청량감이 느껴지는 실로 프릴이나 실루엣이 예쁘게 표현됩니다. 고급스럽고 고운 색채와 소재감이 매력이에요.(오타 신코)

MORA

모라
말라브리고

퓨어 멀버리 실크를 사용한 이 사치스러운 실은 4겹을 꼰 핑거링 굵기로, 보드라움과 탄탄함을 겸비했어요. 이 실크는 염료를 잘 흡수해서 놀랄 만큼 선명한 색채를 만들어 냅니다. 숄, 스카프 등 특별한 느낌을 연출하고 싶은 작품에 추천해요.

Data

멀버리 실크 100%, 색상 수/22, 1타래/50g · 약 205m, 실 종류/중세, 권장 바늘(기준)/1~2호(대바늘)

Designer's Voice

매끄러운 감촉으로 실크답게 몸을 타고 흐르는 느낌이지만 달라붙지 않는 적당한 탄성과 가벼움도 갖춘 절묘한 감촉의 편물로 완성됩니다. 스팀 다림질로 잘 펴주면 편물이 안정됩니다.(오카 마리코)

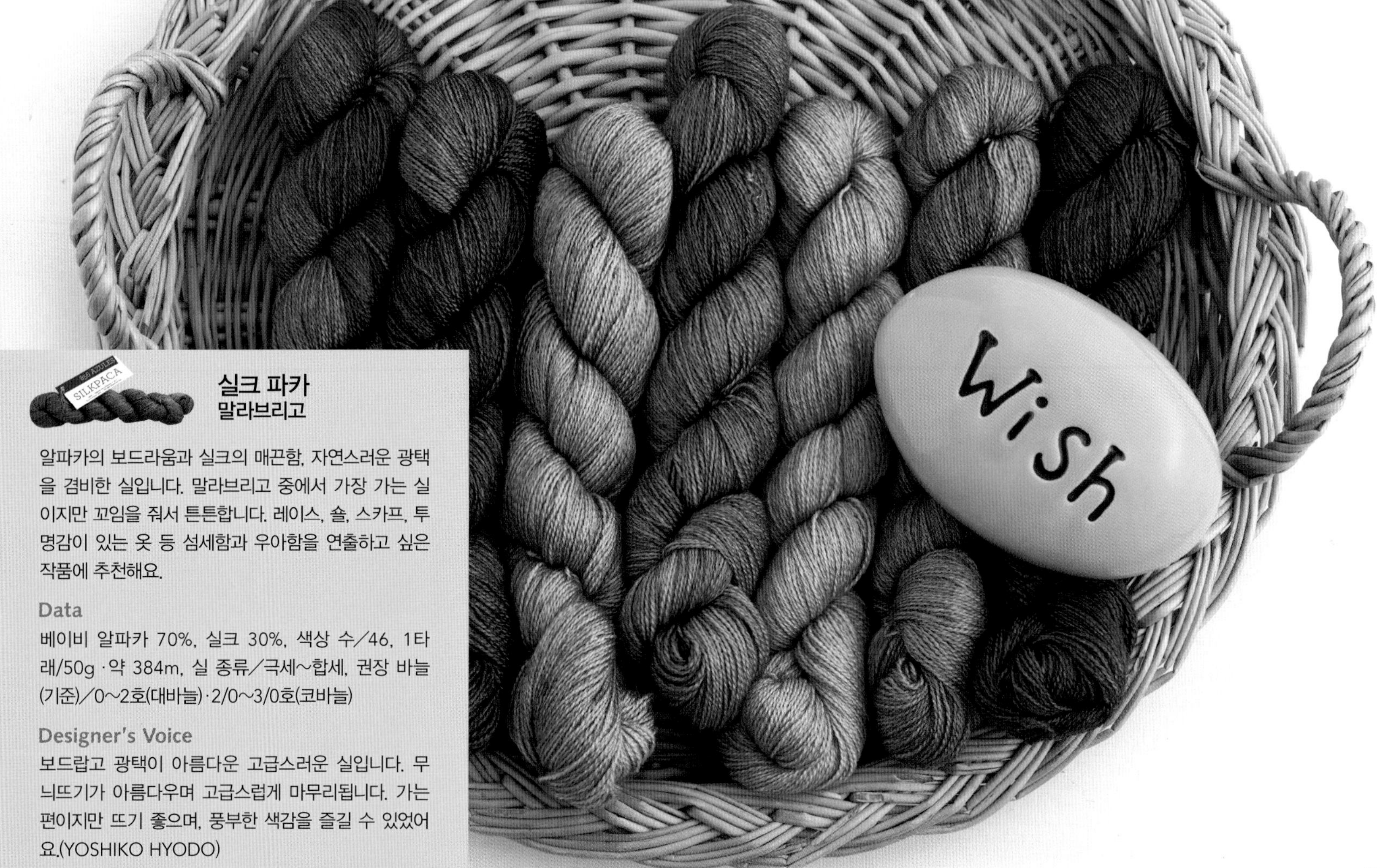
SILKPACA
Wish

실크 파카
말라브리고

알파카의 보드라움과 실크의 매끈함, 자연스러운 광택을 겸비한 실입니다. 말라브리고 중에서 가장 가는 실이지만 꼬임을 줘서 튼튼합니다. 레이스, 숄, 스카프, 투명감이 있는 옷 등 섬세함과 우아함을 연출하고 싶은 작품에 추천해요.

Data

베이비 알파카 70%, 실크 30%, 색상 수/46, 1타래/50g · 약 384m, 실 종류/극세~합세, 권장 바늘(기준)/0~2호(대바늘) · 2/0~3/0호(코바늘)

Designer's Voice

보드랍고 광택이 아름다운 고급스러운 실입니다. 무늬뜨기가 아름다우며 고급스럽게 마무리됩니다. 가는 편이지만 뜨기 좋으며, 풍부한 색감을 즐길 수 있었어요.(YOSHIKO HYODO)

내추라
DMC

자연에서 영감을 얻은 매트한 장섬유 코튼 100% 코마사입니다. 부드럽지만 내구성이 뛰어나 스트레스 없이 뜰 수 있어요. 대바늘뜨기와 코바늘뜨기 모두에 적합하며, 부드러운 감촉과 뛰어난 흡수성, 내구성, 세탁에 강한 성질로 의류에 적합한 소재입니다. 깔끔한 뜨개코와 자연스럽게 흐르는 듯한 느낌으로 완성됩니다.

Data

코튼 100%, 색상 수/58, 1볼/50g · 약 155m, 실 종류/중세, 권장 바늘/2~4호(대바늘) · 5/0호(코바늘)

Designer's Voice

너무 굵지도 가늘지도 않은 굵기의 실로 술술 떠졌어요. 컬러가 풍부해서 고르는 재미도 있었어요.(ATELIER *mati*)

사사메유키
리치 모어

면사 2겹으로 짠 2중 릴리얀 구조의 나염실이에요. 바깥쪽의 느슨한 게이지의 릴리얀 너머로 안쪽의 쫀쫀한 게이지의 릴리얀이 보이고, 나선형이 더해져서 복잡한 컬러 믹스 효과가 편물에 나타납니다. 속이 빈 릴리얀 구조로 가벼우며, 컬러는 나염으로 앤티크한 기모노 배색을 표현했어요.

Data

코튼 100%, 색상 수/8, 1볼/40g · 약 132m, 실 종류/합태, 권장 바늘/5~6호(대바늘) · 5/0호(코바늘)

Designer's Voice

은은한 컬러 대비가 편물을 돋보이게 합니다. 릴리얀 구조로 바늘 걸림이 없어 무척 뜨기 좋으며 가볍게 마무리되어 여름철에도 즐길 수 있어요.(YOSHIKO HYODO)

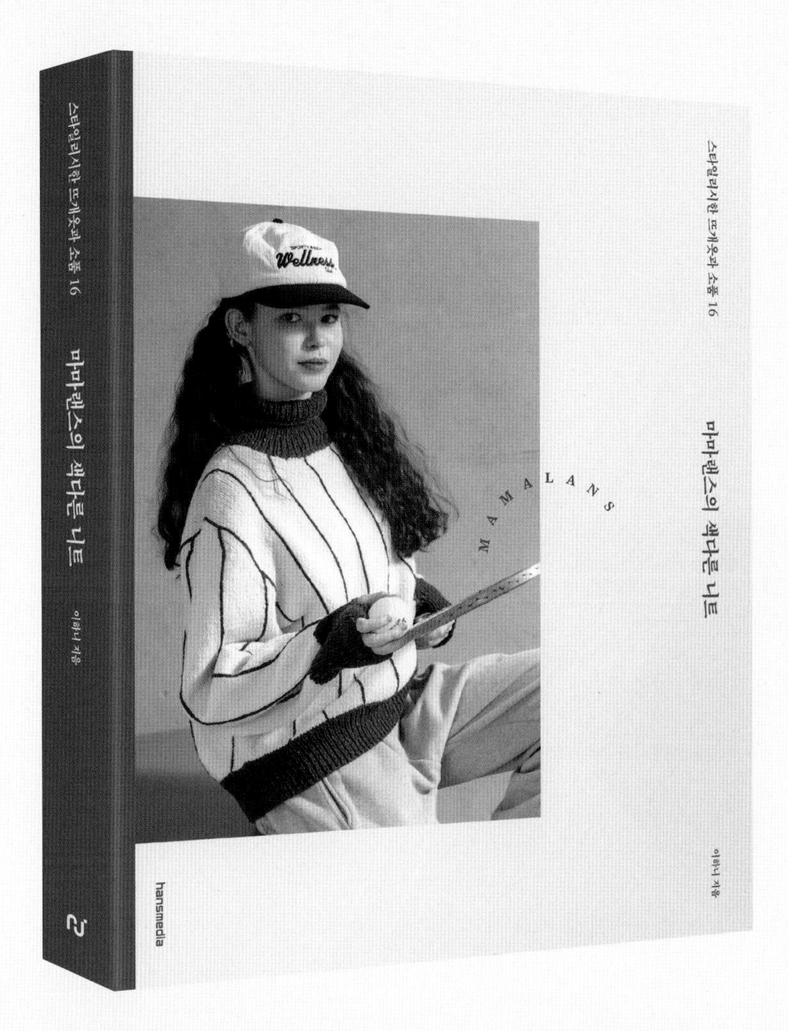
스타일리시한 뜨개옷과 소품 16
마마랜스의 색다른 니트
MAMALANS
이하나 지음
hansmedia

마마랜스의 색다른 니트

감각적인 색감과 세련된 핏
마마랜스의 무드가 가득한 니트 작품집

니터들이 사랑하는 마마랜스의 니트!
컬러로 개성을 더한
매력적인 뜨개옷과 작품을 만나보세요

MAMALANS

HERSHEYS
1934 Cookbook

피자 도우 반죽이 머리에 툭, 도우햇

도안 디자인 : 몬순(monsoon) / 사진 제공 : 낙양모사 / 촬영 : 김신정(51쪽 왼쪽 위)

피자 도우 반죽을 공중으로 던졌다가 머리로 떨어진 것 같은 모양의 버킷햇입니다.
부드러운 편물, 나풀나풀한 챙까지 자유분방한 느낌의 모자랍니다.
모자 모양도, 쓴 모습도 귀여워 자꾸 손이 갈 거예요.

Dough Hat

가느다란 바당 실을 여러 색 합사해 유니크한 색감이 매력적입니다. 늘려뜨기와 모아뜨기로 무늬를 만들어 착용했을 때도 시원하지요. 끈은 탈부착할 수 있도록 디자인했으니 옷차림에 따라 다르게 연출해보세요. M 사이즈 모자는 머리둘레 54~58cm에 여유 있게 맞습니다. (모델 M 사이즈 착용)

Design／몬순(monsoon)
How to make／P.188
Yarn／낙양모사 바당

신여성의 수예 세계로 타임슬립!

에도 말기의 뜨개

シヤツの圖

《털실 뜨개 독습서》에 실린 셔츠 도안

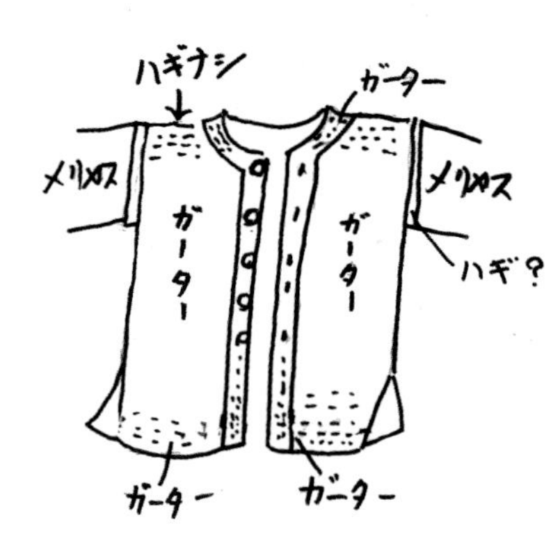
ハギナシ
ガーター
メリヤス
メリヤス
ハギ?
ガーター
ガーター
ガーター
ガーター

메리야스뜨기와 가터뜨기의 배치도

외투나 군복 안에 착용한 셔츠
사진 자료 제공 : 미나토구립향토역사관

외투 사진 자료 제공 : 미나토구립향토역사관

군복 사진 자료 제공 : 미나토구립향토역사관

도쿄도 미나토구 시로가네에 있는 향토역사관에서 10월 19일 ~12월 15일에 특별전 〈격동하는 에도 말기(幕末)와 메이지유신의 미나토구〉가 개최되었습니다.

이 역사관은 제 수예 역사 칼럼의 이미지를 만드는 데 빼놓을 수 없는 소중한 장소입니다. 이번에도 두근거리는 마음으로 전시된 흰 셔츠를 보자마자 "앗! 저 셔츠" 하고 작게 외쳐버렸습니다.

집에서 자주 보고 있는 메이지 20년에 발행된 뜨개 교본《털실 뜨개 독습서》에 실린, 선교사가 뜬 뜨개 셔츠와 꼭 닮았던 거죠.

에도막부 말기 1868년, 메이지유신 정치가인 사이고 다카모리와 막부의 중신 가쓰 가이슈의 에도성 회담이 극적으로 실현되지만, 막부의 반란군과 메이지 신정부군 사이에 우에노 전쟁이 일어납니다. 이 셔츠는 전투에서 신정부군의 병사였던 요코야마 고마노조가 착용했던 것으로, 군복이나 외투 안에 입었던 것 같습니다.

자, 이 셔츠는 외국에서 만든 걸까요? 아니면 일본에서 만든 걸까요? 어느 나라에서 만든 걸까요?

에도 말기는 아직 선교사가 뜨개 기술을 일본에 전하기 전이었습니다. 메이지 시대 초에 들어서야 하급 병사가 몸 전체에 둘러 감는 머플러 정도의 뜨개 기술이 도입되었죠. 그렇다면 이 셔츠가 외국에서 만들어졌다면, 영국일까요? 프랑스일까요? 학예사분께 확인했더니, 당시 관군의 보급품은 프랑스에서 수입했다고 합니다.

1865년부터 요코스카에 건설된 요코스카 조선소에서는 에도성이 막부에서 신정부에게 넘어간 이후에도 프랑스인들의 다양한 기술과 문화를 계속해서 도입했습니다. 따라서 이 셔츠는 프랑스 수입 제품으로 추측됩니다. 메리야스뜨기와 가터뜨기의 감각적인 배치를 스케치해봤습니다. 소재는 성글게 꼰 면사와 견사인 듯합니다. 군복 안에 입는 셔츠는 팔은 신축성이 좋고, 몸판은 두툼하고 튼튼하게 짰습니다. 어깨 잇기는 없애서 피부에 걸리는 것 없이 움직이기 좋게 만들었습니다. 그야말로 프랑스의 뜨개 기술이죠.

앞서 말한 교본에 실린 셔츠도 마찬가지로, 뒤판에서 앞판으로 메리야스뜨기, 어깨 잇기 생략, 원형뜨기를 한 소매와 옆선을 미싱뜨기(빼뜨기)로 연결합니다. 앞여밈단은 코바늘뜨기의 짧은뜨기인 듯합니다. 당시에 신여성들이 이런 셔츠를 짰냐 하면, 글쎄요. 그때는 수입된 편물기로 상품을 유통시키고 있었거든요. 신여성들은 아이들을 위한 생활 소품 같은 뜨개를 열심히 뜨며 기술과 아이디어를 갈고닦았습니다.

이로도리 레이스 자료실 기타가와 게이
일본 근대 서양 기예사 연구가. 일본 근대 수예가의 기술력과 열정에 매료되어 연구에 매진하고 있다. 공익재단법인 일본수예보급협회 레이스 사범. 일반사단법인 이로도리 레이스 자료실 대표. 유자와야 예술학원 가마타교·우라와교 레이스뜨기 강사. 이로도리 레이스 자료실을 가나가와현 유가와라에서 운영하고 있다.
http://blog.livedoor.jp/keikeidaredemo

[신연재] 역시 궁금하다! 뜨개의 수수께끼
손뜨개 책의 이상한 표현

‘코줍기’의 종류를 소개

손가락에 실을 걸어서 만드는 기초코에서 코줍기

메리야스뜨기일 때

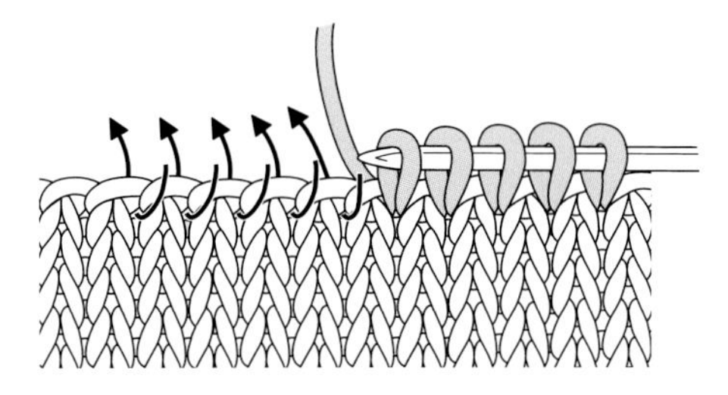

코와 코 사이에서 1코씩 줍습니다.

안메리야스뜨기일 때

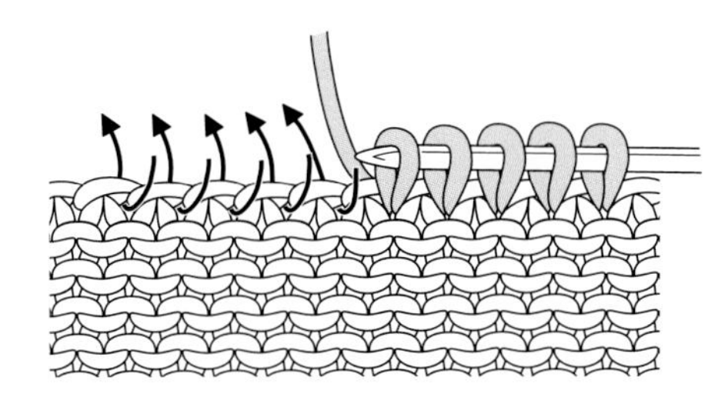

덮어씌우기에서 코줍기

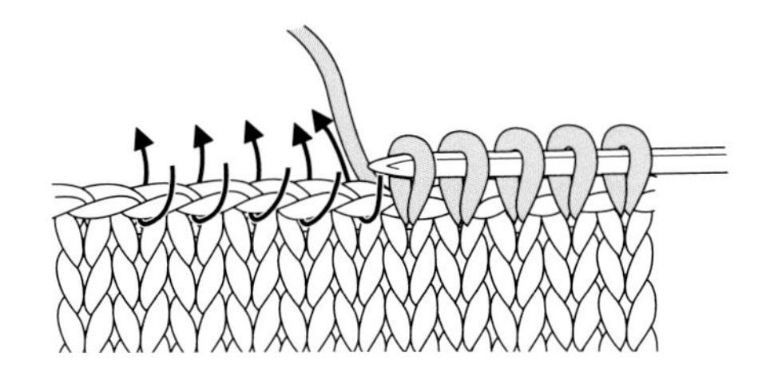

1코에서 1코를 줍습니다.

단에서 코줍기

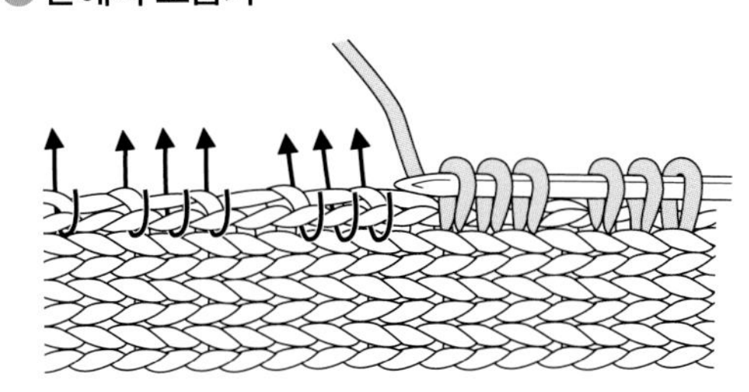

가장자리 1코 안쪽의 경계에 바늘을 넣고, 실을 걸면서 코를 빼냅니다(단에서 콧수를 줄일 때는 단을 건너뛴다).

뜨개 요정(설정)입니다. 이전 호까지는 ‘이거 진짜 대단해요! 뜨개 기호’라는 연재를 7년이나 담당했습니다(웹 매거진 amimono에도 연재 중). 앞으로도 손뜨개의 매력을 전달할 수 있었으면 좋겠습니다. 이번 연재는 오랫동안 손뜨개와 함께하면서 ‘이건 뭘까?’ 혹은 ‘이게 무슨 뜻이지…’라고 생각했던 의문이나 수수께끼, 나아가서는 푸념을 시원하게 해결하고, 여러분과 공유해버리자는 컨셉입니다.

이번에는 ‘손뜨개 책의 이상한 표현’에 대해서 소개합니다. 먼저 대바늘뜨기의 ‘코를 줍다’에 대해서 이야기합니다. 곰곰이 생각하면 독특한 표현이죠. 당연한 말이지만 길가에 코는 떨어져 있지 않습니다. 그림에 나오듯 대바늘을 ‘지정한 위치에 넣고 실을 걸어서 빼내다’입니다. 코를 줍다=1코 만들다(뜨다)와 같은 뜻이죠. 처음엔 무슨 소린가? 했습니다. 코를 줍는 건 어려우니까요.

‘덮어씌우기’, ‘덮어씌워 코막음’의 차이도 궁금합니다. 듣기로는 ‘덮어씌우기’는 이미 코가 덮어씌워져 있는 상태를 나타내고, ‘덮어씌워 코막음’은 코를 덮는 행위를 나타낸다고 합니다. 그래서 2개의 표기가 위치에 따라 뒤섞여 있는 거죠. 이걸 들은 날은 지갑에 있는 동전을 전부 다 써버렸을 때만큼 후련했습니다.

그리고 뜨는 법을 설명할 때 나오는 ‘○○뜨기를 뜬다’라는 표기입니다. 말이 중복되는 느낌이랄까요, 익숙해지기까지 흰 구두에 살짝 묻은 흙처럼 신경이 쓰였습니다. 하지만 ‘○○뜨기’를 고유명사로 취급하자 납득이 갔습니다.

도구 표기에 대해서도 궁금한 것이 〈털실타래〉의 경우, 대바늘 호수는 표기되어 있지만 구체적인 종류에 대해서는 적혀 있지 않습니다. 물론 뜰 때는 다양한 접근법이 있지만 구슬 달린 막대바늘, 줄바늘, 구슬 없는 막대바늘 등 대바늘만 해도 종류가 여러 가지입니다. 어느 정도 어떻게 뜨는지 아는 것을 전제로 하고 있어서 다소 장벽이 높게 느껴집니다. 이 내용은 어디서 특집으로 다뤄도 괜찮지 않을까?라는 생각도 듭니다.

이런 종류의 이야기는 그냥 기본서를 보라고 할지도 모르지만, 역시 궁금합니다. 푸념 같은 부분도 있지만… 이런 식으로 손뜨개와 함께하면서 궁금했던 점들을 여러분과 공유할 수 있었으면 좋겠습니다. 앞으로도 잘 부탁합니다!

[추천하는 기본서]

セ—タ—の編み方ハンドブック
(스웨터 뜨는 법 핸드북)

스웨터 뜨는 법부터 실패하기 쉬운 포인트까지 친절하고 자세하게 설명한다.

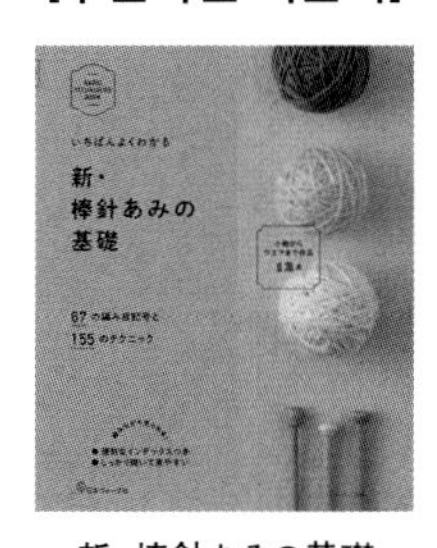

新·棒針あみの基礎
(새로운 대바늘 손뜨개의 기초)

바늘 잡는 법부터 뜨개 기호까지 망라. 단계별로 작품을 뜰 수 있도록 구성했다.

新·かぎ針あみの基礎
(새로운 코바늘 손뜨개의 기초)

초심자가 작품을 뜰 수 있을 때까지 보조해주는 스테디 셀러 중 하나.

뜨개 요정

손뜨개와 지독한 사랑에 빠진 손뜨개 책 편집자. 인간과 동물에 무해한 뜨개 요정이라는 설정입니다.
비공식&요정의 시선으로 손뜨개의 매력을 집요하게 업로드 중.
X : @nv_amimono Instagram : amimonojapan Web : amimono.me

이제 와 물어보기 애매한!?

뜨개 고민 상담실

실 바꾸는 법

뜨다가 실이 부족하거나, 새 실을 추가할 때는 그 뒤에 하는 실 끝 정리와 세트로 생각하는 것이 포인트입니다.
이번에는 간단한 실 추가하는 법(바꾸는 법)을 복습해보세요.

촬영/모리야 노리아키

실 정리를 생각하고,
실 바꾸는 위치를
정하는 거군~

이제 와 새삼 고민 해결사

상담

도중에 실이 부족할 때 추가하는 방법이 항상 애매합니다.
이렇게 하는 게 맞는지 찜찜해하면서 뜨고 있습니다.
이제 와지만, 이번 기회에 좋은 방법을 알려주세요.

대바늘뜨기

편물 가장자리에서 실을 바꾸는 방법, 편물 도중에 바꾸는 방법,
실 끝끼리 묶는 방법 등이 있지만 가장자리에서 바꾸는 방법을 깔끔해서 추천합니다.

가장자리에서 실을 바꾸지 않는 것이 좋은 경우

교차무늬 등 두께가 있는
무늬의 경계를 추천

가장자리에 테두리가 없는 아이템이나 뜬 채로 둔 느낌을 살리는 것, 양면이 보이는 아이템(숄과 머플러 등)은 무늬의 경계 등에서 실을 바꾸면 표가 나지 않습니다.

편물 가장자리에서 바꿀 때

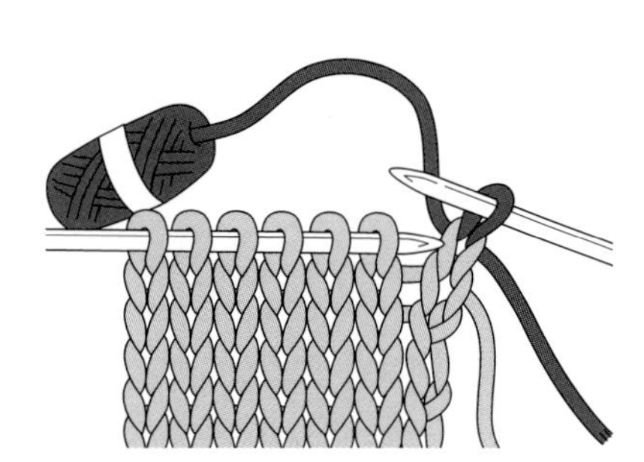

실 끝을 10cm 정도 남기고, 새 실을 끝에서 이어서 뜹니다.

편물 가장자리에서 바꿨을 때의 실 정리

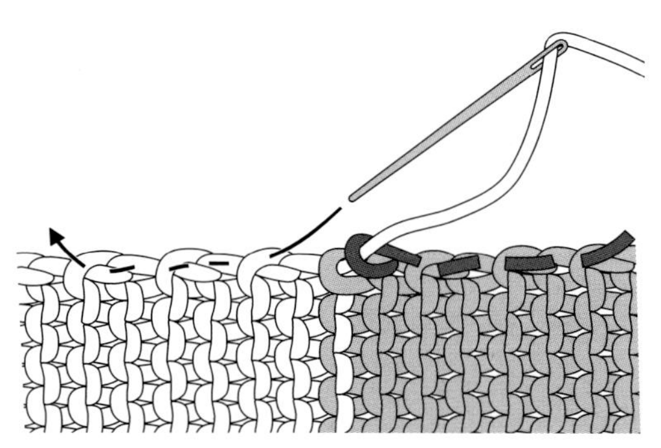

가장자리 코의 실을 쪼개면서, 돗바늘을 넣어 정리합니다. 꿰매 잇기가 있는 작품은 꿰매 잇기가 끝나고 실 정리 하는 것을 추천합니다.

편물 도중에 바꿀 때

❶실 끝을 10cm 정도 남기고, 새 실로 뜹니다.

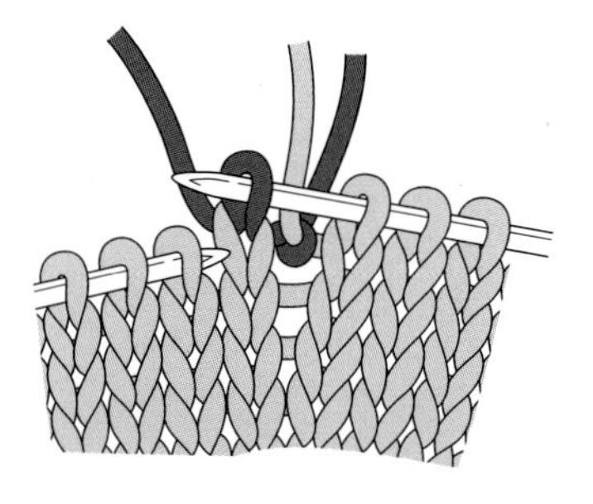

❷실 끝은 안면에서 살짝 묶어둡니다.

편물 도중에 바꿨을 때의 실 정리

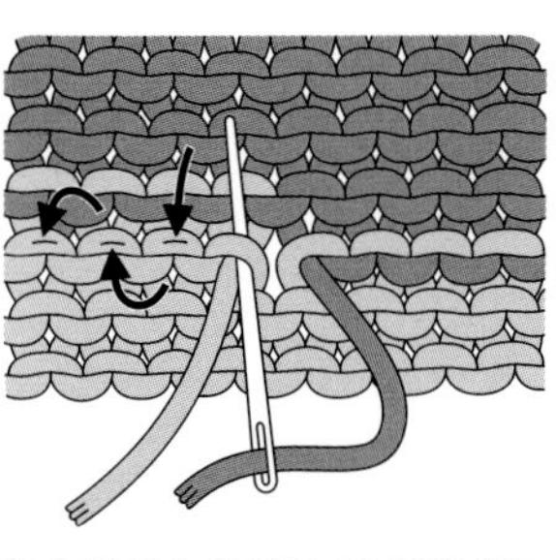

❶다 떴으면 묶어둔 실 끝을 풀고, 오른쪽의 실 끝은 왼쪽 옆의 코를 쪼개면서 돗바늘을 넣어 정리합니다.

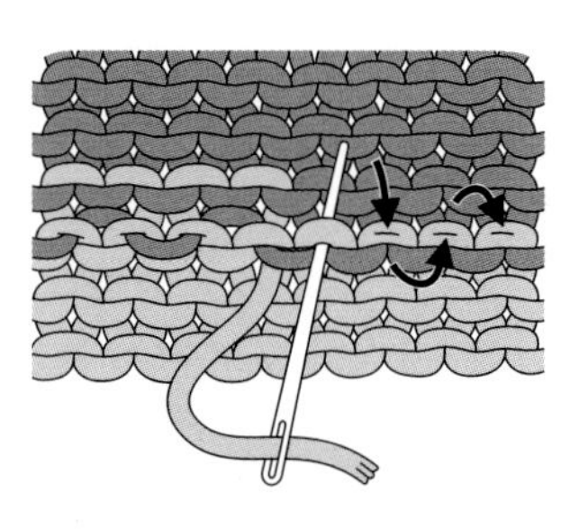

❷왼쪽의 실 끝은 오른쪽 옆의 코를 쪼개면서 돗바늘을 넣어 정리합니다. 이렇게 하면 겉면에 표가 나지 않습니다.

코바늘뜨기

코바늘뜨기는 대바늘뜨기와 달리,
마지막에 빼낸 코가 그대로 다음 코가 되므로 바꾸기 직전의 코를 뜰 때 실을 바꿉니다.

편물 가장자리에서 바꿀 때(겉면일 때)

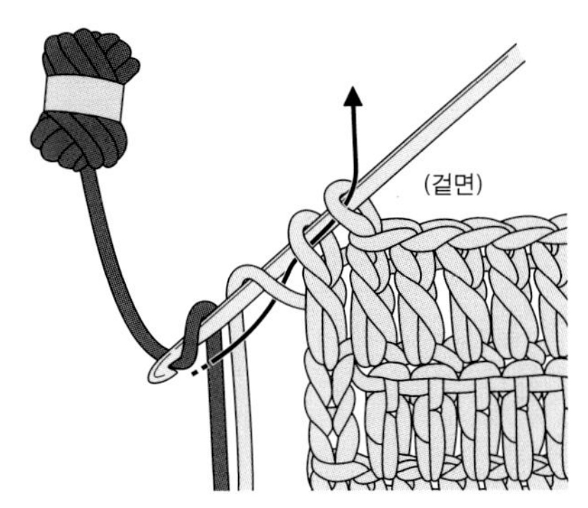

(겉면)

가장자리 코의 마지막 빼뜨기를 하기 전에 뜨던 실을 앞에서 뒤로 걸고, 새 실을 바늘에 걸어 빼냅니다.

편물 가장자리에서 바꿀 때(안면일 때)

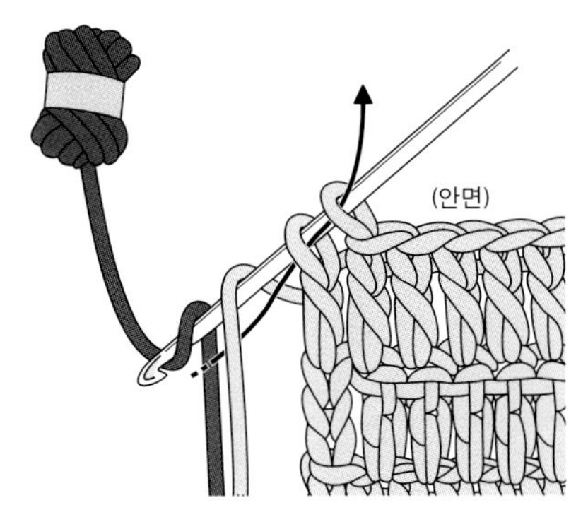

(안면)

가장자리 코의 마지막 빼뜨기를 하기 전에 뜨던 실을 뒤에서 앞으로 걸고, 새 실을 바늘에 걸어 빼냅니다.

편물 가장자리에서 바꿨을 때의 실 정리

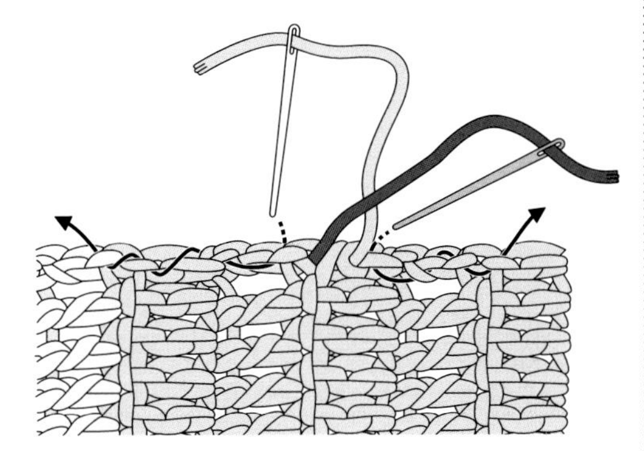

편물의 안면 가장자리 코에 왼쪽의 실 끝은 오른쪽으로, 오른쪽의 실 끝은 왼쪽 코로 통과시켜 정리합니다. 꿰매 잇기가 있는 작품은 꿰매 잇기가 끝나고 실 정리 하는 것을 추천합니다.

편물 도중에 바꿀 때(겉면일 때)

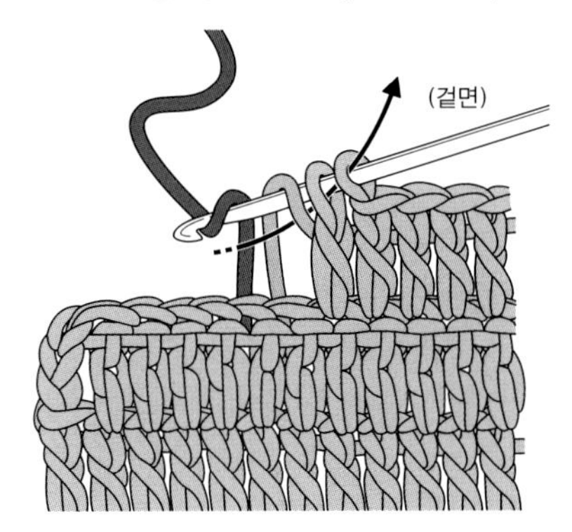

(겉면)

마지막 빼뜨기 1코를 하기 전에 뜨던 실을 앞에서 뒤로 걸고, 새 실을 바늘에 걸어 빼냅니다.

편물 도중에 바꿀 때(안면일 때)

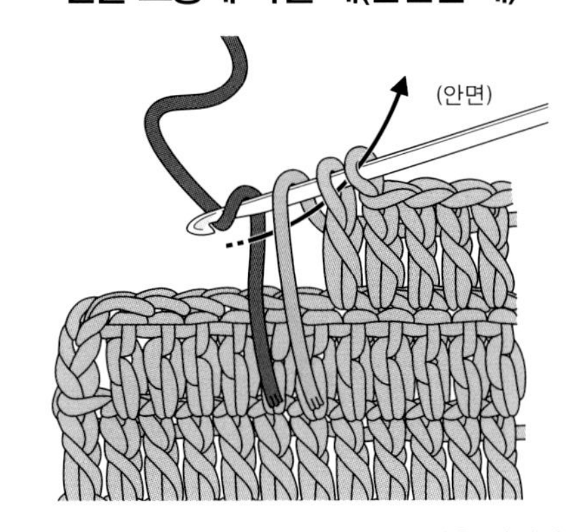

(안면)

마지막 빼뜨기 1코를 하기 전에 뜨던 실을 뒤에서 앞으로 걸고, 새 실을 바늘에 걸어 빼냅니다.

편물 도중에 바꿨을 때의 실 정리

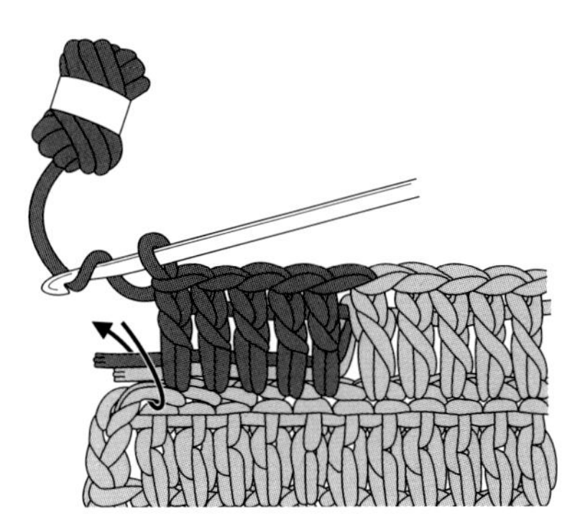

2개의 실 끝은 새 실로 감싸면서 떠나갑니다.

실 끝을 감싸서 정리하지 않는 것이 좋은 경우

실 끝이 보인다

모눈뜨기나 그물뜨기처럼 공간이 있는 무늬를 뜨는 경우, 감싸서 정리하면 실 끝이 보이게 됩니다. 또 여름실 등 매끈거리는 실은 실 끝이 나와버리므로, 안면의 눈에 띄지 않는 위치에 돗바늘로 코를 쪼개면서 정리하면 안심입니다.

다른 색의 실로 바꿀 때

실 색을 바꾸고 싶을 때도 편물 도중에 실을 바꾸는 방법으로 합니다.

직전 코의 마지막에 실을 바꿨다

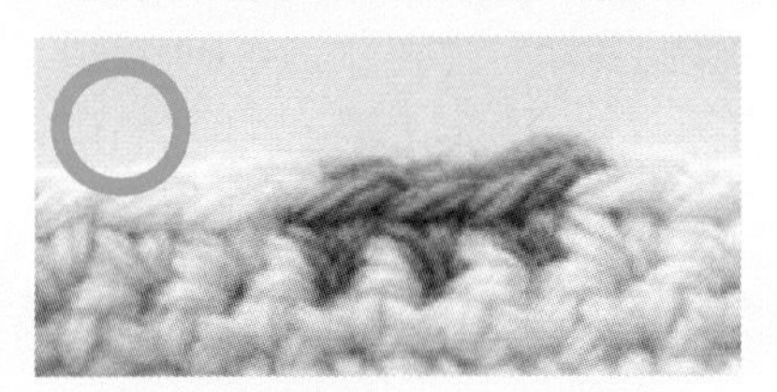

색을 바꾸고 싶은 코 직전 1코의 마지막 빼뜨기를 새로운 색 실로 하면, 색이 밀리지 않고 깔끔한 코가 됩니다. 실을 바꿨으면 2개의 실 끝을 함께 감싸면서 뜹니다.

직전 코를 다 뜨고 실을 바꿨다

1코 직전의 코를 완성하고 실을 바꾸면, 첫 번째 코의 머리가 직전 실의 색이 되므로 주의합니다.

재료
실…DMC 콜도넷 스페셜 no.80 하얀색(BLANC)
부자재…꽃철사(지철사) #35, #26, 경화액 스프레이(Neo Rcir), 접착제, 액체 염료(Roapas Rosti), 사용하는 색은 도안 표를 참고하세요. 리본 적당량

도구
레이스 바늘 14호

완성 크기
도안 참고

POINT
● 도안을 참고해 각 파트를 뜹니다. 지정된 염료로 물들이고 마르면 모양을 잡아서 경화 스프레이를 뿌립니다. 리스 마무리하는 법을 참고해 완성합니다.

염료 사용색

	염료
이파리, 은방울꽃 줄기 리스 토대	초록색, 노란색

※ 모두 레이스 바늘 14호로 뜬다.

꽃(소)
8장

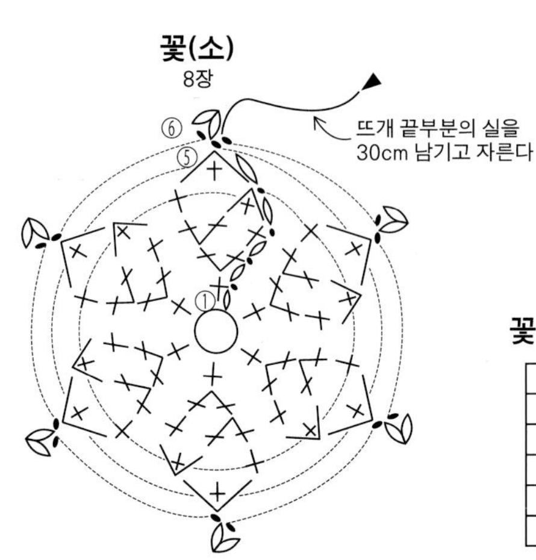
⑥
⑤
①
뜨개 끝부분의 실을
30cm 남기고 자른다

꽃(소) 콧수 표

단	콧수	
5단	6코	(-6코)
4단	12코	(-6코)
3단	18코	(+6코)
2단	12코	(+6코)
1단	6코	

꽃(대)
12장

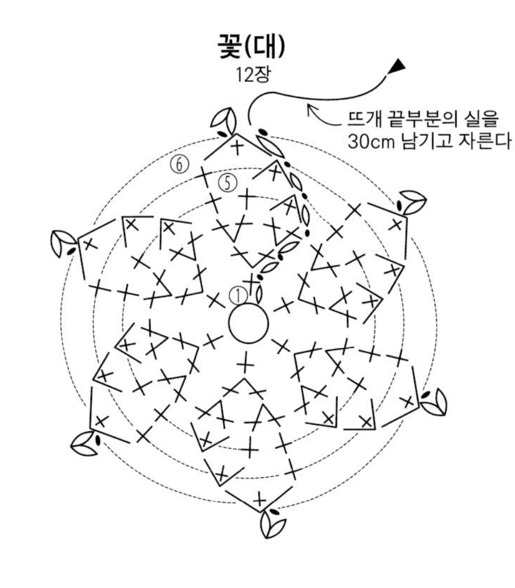
⑥
⑤
①
뜨개 끝부분의 실을
30cm 남기고 자른다

꽃(대) 콧수 표

단	콧수	
5단	12코	(-6코)
4단	18코	(-6코)
3단	24코	(+12코)
2단	12코	(+6코)
1단	6코	

이파리(소) 6장

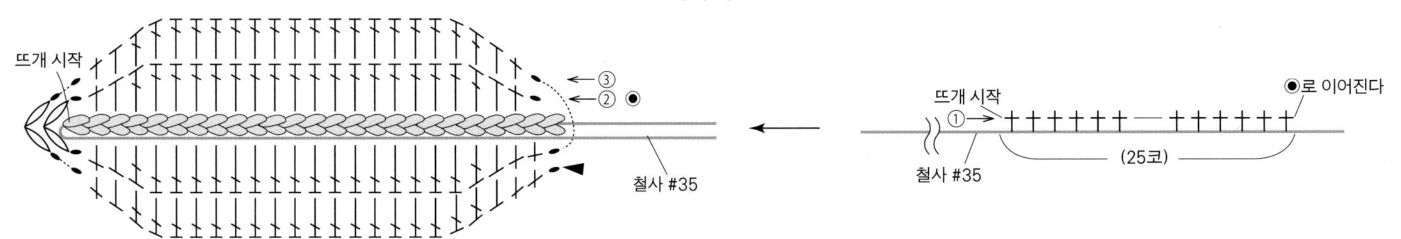
뜨개 시작
③
② ◉
철사 #35
뜨개 시작
①
◉로 이어진다
(25코)
철사 #35

이파리(대) 6장

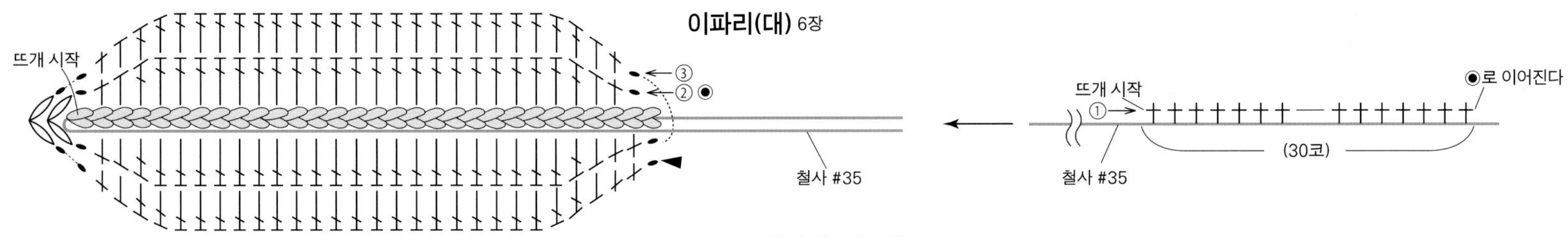
뜨개 시작
③
② ◉
철사 #35
뜨개 시작
①
◉로 이어진다
(30코)
철사 #35

=짧은뜨기 코머리

► =실 자르기

이파리 뜨는 법

① 1단…사슬의 뜨개 시작 매듭에 철사를 통과시키고, 철사를 감싸면서 짧은뜨기한다.
② 2단…1단의 짧은뜨기 코머리의 뒤 반 코를 주워서 뜨는데 1단의 뜨개 시작 쪽에서 철사를 접고, 1단의 남은 반 코와 함께 감싸며 뜬다.

은방울꽃 마무리하는 법

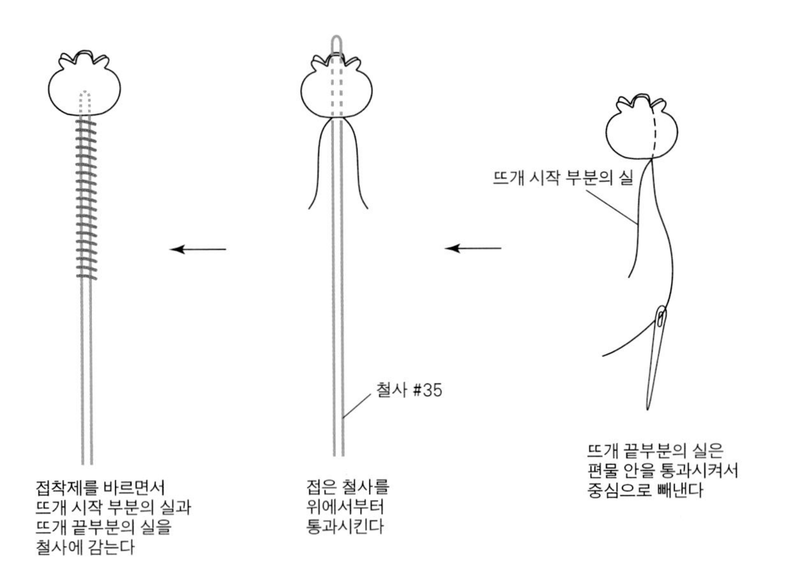

뜨개 시작 부분의 실
철사 #35
접착제를 바르면서
뜨개 시작 부분의 실과
뜨개 끝부분의 실을
철사에 감는다
접은 철사를
위에서부터
통과시킨다
뜨개 끝부분의 실은
편물 안을 통과시켜서
중심으로 빼낸다

이파리 마무리하는 법

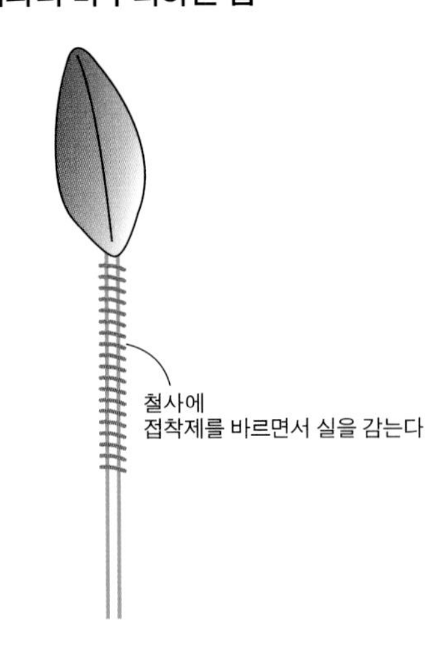

철사에
접착제를 바르면서 실을 감는다

은방울꽃 A
2개

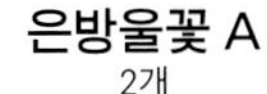

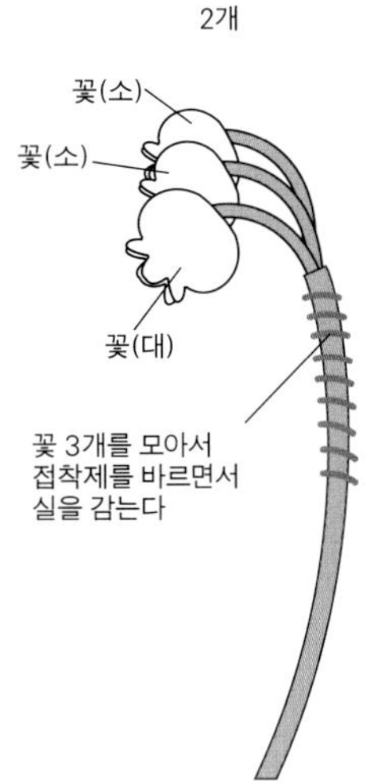

꽃(소)
꽃(소)
꽃(대)
꽃 3개를 모아서
접착제를 바르면서
실을 감는다

은방울꽃 B
1개

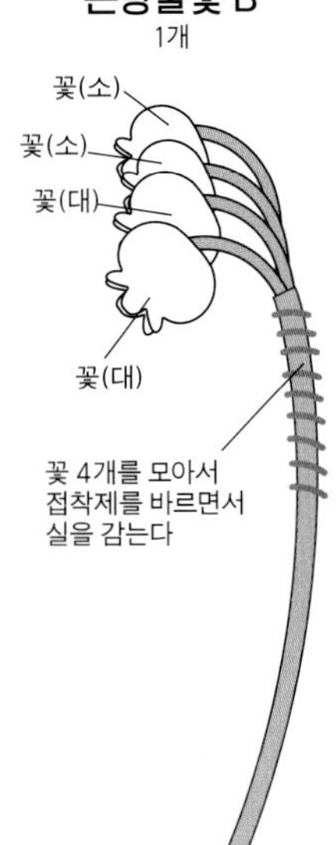

꽃(소)
꽃(소)
꽃(대)
꽃(대)
꽃 4개를 모아서
접착제를 바르면서
실을 감는다

은방울꽃 C
2개

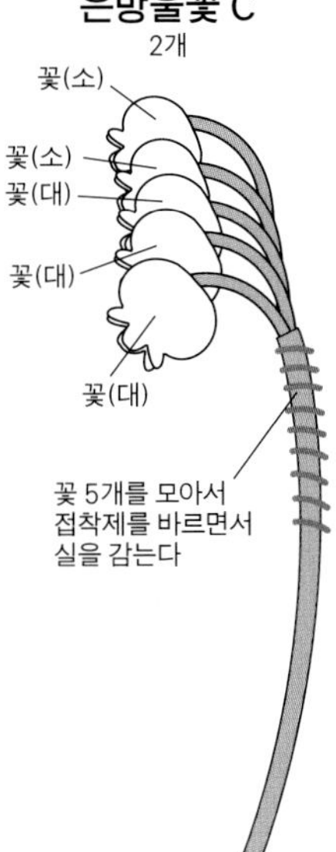

꽃(소)
꽃(소)
꽃(대)
꽃(대)
꽃(대)
꽃 5개를 모아서
접착제를 바르면서
실을 감는다

리스 마무리하는 법

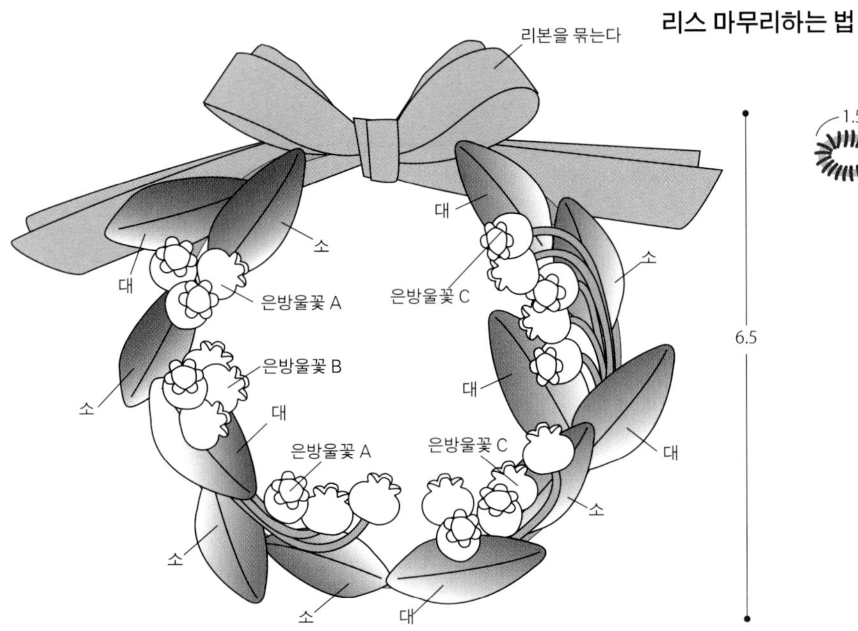

리본을 묶는다
소
대
은방울꽃 A
대
은방울꽃 C
소
은방울꽃 B
소
대
대
은방울꽃 A
은방울꽃 C
대
소
소
소
대
6.5

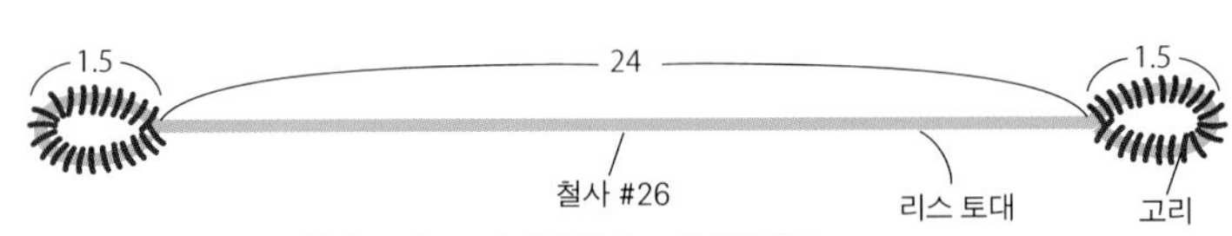

1.5
24
1.5
철사 #26
리스 토대
고리

① 철사 #26(30cm)의 양 끝 3cm에 실을 감고,
접어서 고리를 만든다.

②리스 토대에 은방울꽃 A·B·C와
이파리를 왼쪽 그림을 참고하면서 합치고,
접착제를 바르면서 실을 감는다.

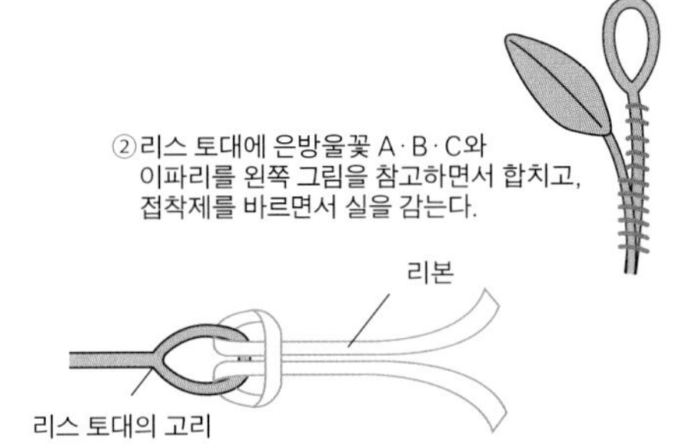

리본
리스 토대의 고리

③리스 토대를 구부려 둥근 모양을 만들어서 리본을 고리에 끼우고, 2줄씩 함께 묶는다.

LOOSE CABLE SWEATER

숲닛츠의 루즈 케이블 스웨터

루즈 케이블 스웨터는 넉넉한 핏의 유러피안 드롭 숄더 슬리브 스타일입니다.
방적 공장에서 나오는 폐섬유를 재활용한 푸노 업사이클링 실을 사용해
포근하면서도 귀엽게 완성했습니다.
네크라인과 소매 끝에 빨간색 포인트를 더했어요.

도안 디자인 : soopknits / 촬영 : 김신정 / 사진 제공 : soopknits(59쪽 상단, 아래 오른쪽)

Gepard
Up Cycling
Puno

메리야스뜨기 바탕에 케이블 스티치를 교차로 배치한 톱다운 스웨터입니다. 드롭 숄더 슬리브와 오버핏 실루엣, 업사이클링 실에 콕콕 박혀 있는 알록달록한 섬유 조각들이 귀여운 분위기를 연출합니다.

Design／soopknits
How to make／P.190
Yarn／게파드 간 푸노 업사이클

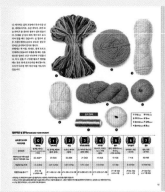

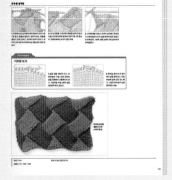

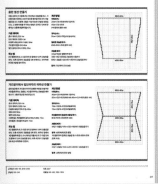

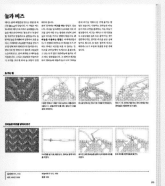

Event Report

더욱 뜨거워진 열기! 털실 마켓

2024 이토마!

취재/케이토다마 편집부

북적이는 행사장 모습. 사방이 뜨개와 털실로 가득합니다. 인기 있는 털실 가게는 사람들로 붐빕니다.

NEW POPPIN' TWEED
Knittingbird
M20

1/개성 넘치는 실과 컬러들로 가득했습니다. 2/이벤트 모습은 생방송도. 담당자는 작가이자 진행자인 요코야마 다쓰야 씨와 YouTube '아미모노 채널'의 톳시. 3/콘사도 많이 보입니다. 4/상품 진열과 레이아웃도 주목할 포인트입니다. 5/오리지널 손염색실도 사람들의 눈길을 끌었습니다. 6/참가자는 행사장 공간을 최대한 활용해 손님을 맞이합니다.

작년 11월 8·9일 이틀간, 크래프팅 아트 갤러리(일본보그사)에서 털실타래 편집부 주최의 마켓 행사 '2024 이토마!'가 열렸습니다. 이번으로 6회째를 맞아 주목할 만한 털실 가게 27곳이 참가했습니다. 방문객은 털실타래 독자, 뜨개와 털실을 좋아하는 사람은 물론이고 디자이너, 업계 관계자, 해외에서 온 분들까지 이틀 동안 2천 명이 넘는 분들이 찾아주셨습니다.

입장 방법은 작년에 이어서 인터넷 예약제, 2시간 제한 입장제였지만, 털실타래의 연간 구독자라면 예약 없이 우선 입장 등의 우대도 있어 첫날 점찍어둔 상품을 노리고 많은 분들이 와주셨습니다. 털실타래 팀도 이날을 위해 편집 틈틈이 최대한 준비하고 임했습니다. 덕분에 큰 말썽 없이 여러분이 이토마를 즐겨주신 듯해 한시름 놓았습니다.

인기인 채피 얀(Chappy Yarn)과 아무히비(amuhibi), 퍼피 시모키타자와점 외에도 Silk HASEGAWA, 손뜨개 가게 [hus:], 투아종도르, 털실·수예점 테라이, taiyo-keito, 유로·재팬·트레이딩·컴퍼니 등의 새로운 얼굴이 참가했습니다. 오프라인 매장이 없는 브랜드도 있어 이곳에서만의 꿈의 협업이 실현됐습니다.

각 참가자는 이토마를 위한 특가품과 특별한 컬러, 키트와 굿즈 등을 반년 전부터 준비했습니다. 멀리서도 눈길을 끄는 디자인이라 인기 상품에는 사람들로 북적였습니다. 뜨개 디자이너 바람공방 님과 니시무라 도모코 님, 도카이 에리카 님 등도 방문하여 이토마의 자리를 빛내주셨습니다.

행사장은 털실타래로도 친숙한 뜨개꾼 203gow(니마루산고) 님의 오브제와 천장에 매달린 뜨개 가랜드로 꾸몄습니다. 참가자의 털실과 굿즈 컬러와 뒤얽혀 극락조 같은 색채가 눈에 날아듭니다. 빈틈없이 들어찬 개성 넘치는 털실과 눈을 빛내는 입장객의 모습에는 신성함마저 느껴졌습니다.

전날과 당일에는 YouTube '아미모노 채널'에서 생방송도 진행했습니다. 여러 회에 걸쳐 방송함으로써 개최에 대한 기대감을 높여갔습니다. 담당자(톳시&요코야마 다쓰야 씨)의 시점에서 소개하는 실은 또 다른 형태로 여러분의 눈에 비쳤으리라 생각합니다. 이토마가 끝난 후에는 늘 그랬듯 '반성회'를 열었습니다. 작년에 이어 산더미처럼 모인 개선점들은 아직 더 성장할 가능성이 있음을 느끼게 해주었습니다. 다음에는 여러분들을 훨씬 더 즐겁게 해드릴 수 있는 공간을 만들도록 준비해 나가겠습니다. 감사합니다!!

Let's Knit in English!
니시무라 도모코의 영어로 뜨자

심플한 편물에 재미를 살짝 더하고 싶다면

photograph Toshikatsu Watanabe styling Akiko Suzuki

오랜만에 코바늘뜨기입니다. 거리에서도 요 몇 년 자주 보이는 그래니 스퀘어는 하이 브랜드에서도 디자인에 도입하고 있을 정도입니다. 코바늘뜨기로 한길 긴뜨기를 뜰 수 있게 되면 한번쯤은 그래니 스퀘어를 떠보지 않았을까요. 한길 긴뜨기와 사슬뜨기의 조합으로 4개의 모서리 부분만 사슬 콧수를 늘리고, 1단마다 4변의 한길 긴뜨기 콧수를 늘려서 떠나갑니다. 매단 색을 변경하거나 그래니 스퀘어 모티브를 연결하며 떠서 옷이나 블랭킷을 만드는 게 일반적이지요.
이번에는 그런 그래니 스퀘어를 어레인지하며 코바늘, 아니 크로셰의 용어와 약어를 점검해보겠습니다.
크로셰의 뜨개코를 나타내는 용어는 같은 영어라도 미국 영어와 영국 영어 사이에 약간의 차이가 있습니다. 이 약간의 차이가 편물에 큰 영향을 줄 수 있다는 점도 잊지 마시길.
그 상세는 여기서는 생략하지만, 이번 모티브는 미국 영어의 크로셰 용어를 사용합니다.

이번 모티브는 작은 것부터 큰 것까지 같은 모티브의 원형을 사용해서 원하는 크기로 뜰 수 있습니다. 또 5단째부터 6단째로 확장해서 뜨기 위해 늘리는 부분을 **굵은 글씨**로 표기했습니다. 7단째 이후도 규칙적으로 떠나가서 더 큰 모티브로 확장할 수 있습니다. 자유롭게 색을 바꾸며 재미있게 떠보세요.

뜨개 약어

약어	영어 원어	우리말 풀이
ch	chain	사슬, 사슬코
dc	double crochet	한길 긴뜨기
rnd	round	(원형뜨기일 때의) 단, 둘레
sc	single crochet	짧은뜨기
sk	skip	건너뛰기
sl st	slip stitch	빼내기, 빼뜨기
sp	space	스페이스, 공간
st(s)	stitch(es)	뜨개코
beg	beginning	시작

<Stitch Guide>
· **Popcorn stitch**: work 5 dc in indicated sp, remove hook from last st and insert into the top of the first of the five dc, then back into the loop remaining after the last dc, and draw through. Ch 1 to close.
· **Corner cluster** (ccl): (5 dc, ch 3, 5 dc) in indicated sp.

<스티치 가이드>
· **팝콘뜨기** : 지정 위치에 한길 긴뜨기를 5코 뜨고, 마지막 코를 다 뜨면 바늘을 루프에서 일단 뺀다. 뺀 바늘을 첫 번째 코의 한길긴뜨기 머리에 넣고 마지막 코의 루프를 걸어 빼낸다. 사슬을 1코 떠서 조인다.
· CCL(corner cluster) : 지정 위치에 (한길 긴뜨기 5, 사슬 3, 한길 긴뜨기 5)를 떠넣는다.
· 공간에 떠넣는다=다발로 주워 뜬다.

<Instructions for motif>
Ch 5, sl st in first ch to form ring.

Rnd 1:Ch 5 (counts as dc and ch 2), [1 dc, ch 2] 9 times in ring, sl st in top of beg ch–3 to join.10 dc and 10 ch–2 sps.
Rnd 2: Ch 3 (counts as dc), 3 dc in next ch–2 sp, [dc in next dc, 3 dc in next ch–2 sp] 9 times, sl st in top of beg ch–3 to join. 40 dc. Cut yarn.
Rnd 3: Attach second color yarn. Ch 3 (counts as dc), 4 dc in the st where sl st join was made and make a popcorn st with these 5 sts, ch 2, [sk 1 st, popcorn into next dc, ch 2] 19 times, sl st in top of first popcorn st. Cut yarn.
Rnd 4: Attach third color yarn by working sc to any ch–2 sp, [ch 5, sc into next ch–2 sp] 19 times, ch 2, dc into sc at the beginning of rnd to join.
Rnd 5: (ch 5, sc into next ch–5 sp) twice, CCL into next ch–5 sp, sc into next ch–5 sp, [(ch 5, sc into next ch–5 sp), three times, CCL into next ch–5 sp, sc into next ch–5 sp] three times, ch 2, dc in dc of last rnd to join.
Rnd 6:(ch 5, sc into next ch–5 sp) **twice**, ch 5, sc into 3rd of the five dc of the last rnd, CCL into next ch–3 sp, sc into 3rd of the five dc of the last rnd, [(ch 5, sc into next ch–5 sp), **three** times, ch 5, sc into 3rd of the five dc of the last rnd, CCL into next ch–3 sp, sc into 3rd of the five dc of the last rnd] three times, ch 2, dc in dc of last rnd to join. Fasten.

Small motif: Worked until Rnd 4.
Medium motif: Worked until Rnd 5.
Large motif: Worked until Rnd 6.

L
M

57, rue de Cauville
Rouen

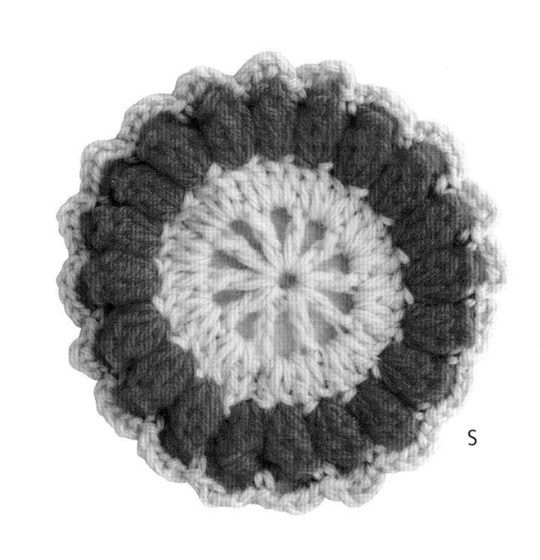
S

〈모티브 뜨는 법〉

사슬을 5코 뜨고, 첫 번째 코에 빼뜨기해서 '고리'를 만든다.

1단째 : 사슬 5(한길 긴뜨기 1+사슬 2로 센다), 위의 '고리'에 [한길 긴뜨기 1, 사슬 2]를 9회 떠넣고, 기둥코 사슬 3코째에 빼내 연결한다. 한길 긴뜨기 10코, 사슬 2코 공간이 10군데 생긴다.

2단째 : 사슬 3(한길 긴뜨기 1코로 센다), 앞단의 사슬 2코의 공간에 한길 긴뜨기 3, [앞단의 한길 긴뜨기에 한길 긴뜨기, 사슬 2코의 공간에 한길 긴뜨기 3]을 9회 뜨고, 기둥코 사슬 3코째에 빼내 연결한다. 한길 긴뜨기 40코가 된다. 여기서 실을 자른다.

3단째 : 색을 바꿔서 사슬 3(한길 긴뜨기 1로 센다), 빼낸 코에 한길 긴뜨기 4, 이 5코로 팝콘뜨기를 뜬다. 사슬 2, [1코 건너뛰고, 다음 한길 긴뜨기에 팝콘뜨기를 뜨고, 사슬 2]를 19회 뜬다. 마지막은 첫 팝콘 머리에 빼내서 연결한다. 여기서 실을 자른다.

4단째 : 색을 바꿔서 앞단의 사슬 2코의 공간에 짧은뜨기를 뜬다. [사슬 5, 다음 사슬 2코의 공간에 짧은뜨기]를 19회 뜨고, 사슬 2, 단의 첫 짧은뜨기에 한길 긴뜨기를 떠서 연결한다.

5단째 : [사슬 5, 다음 사슬 5의 공간에 짧은뜨기]를 2회, 다음 사슬 5의 공간에 CCL, 다음 사슬 5의 공간에 짧은뜨기, [(사슬 5, 다음 사슬 5의 공간에 짧은뜨기)를 3회, 다음 사슬 5의 공간에 CCL, 다음 사슬 5의 공간에 짧은뜨기]를 3회 뜨고, 사슬 2, 앞단의 한길 긴뜨기에 한길 긴뜨기를 떠서 연결한다.

6단째 : [사슬 5, 다음 사슬 5의 공간에 짧은뜨기]를 2회, 사슬 5, 한길 긴뜨기 5의 3코째에 짧은뜨기, 다음 사슬 3의 공간에 CCL, 한길 긴뜨기 5의 3코째에 짧은뜨기, [(사슬 5, 다음 사슬 5의 공간에 짧은뜨기)를 3회, 사슬 5, 한길 긴뜨기 5의 3코째에 짧은뜨기, 다음 사슬 3의 공간에 CCL, 한길 긴뜨기 5의 3코째에 짧은뜨기]를 3회 뜨고, 사슬 2, 앞단의 한길 긴뜨기에 한길 긴뜨기를 떠서 연결한다. 실을 잘라 코를 막는다.

4단째까지 뜨면 **'모티브 S'**
5단째까지 뜨면 **'모티브 M'**
6단째까지 뜨면 **'모티브 L'**

니시무라 도모코(西村知子)

니트 디자이너, 공익재단법인 일본수예보급협회 손뜨개 사범, 보그학원 강좌 '영어로 뜨자'의 강사. 어린 시절 손뜨개와 영어를 만나서 학창 시절에는 손뜨개에 몰두했고, 사회인이 되어서는 영어와 관련된 일을 했다. 현재는 양쪽을 살려서 영문 패턴을 사용한 워크숍·통번역·집필 등 폭넓게 활동하고 있다. 저서로는 국내에 출간된 《손뜨개 영문패턴 핸드북》 등이 있다.

Instagram : tette.knits

읽고·조사하고·떠보다

하야시 고토미의 Happy Knitting

photograph Toshikatsu Watanabe, Nobuhiko Honma(process) styling Akiko Suzuki

싱글 훅, 더블 훅 모두 재미있는 아프간뜨기

Tunisian Crochet
もっと知りたいアフガン編み

《좀 더 알고 싶은 아프간뜨기》 2018년 일본 보그사에서 출간. 조립식 훅을 알고 아프간뜨기에 대한 새로운 흥미로 만든 책.

TUNESISK HÆKLING
Til dig og din bolig

《TUNESISK HÆKLING》 코펜하겐에서 유명한 니트 숍 '서머 호른'에서 구입한 책. 해외에서 아프간뜨개 책을 발견한 것은 이때가 처음으로, 바늘도 같이 구입했다.

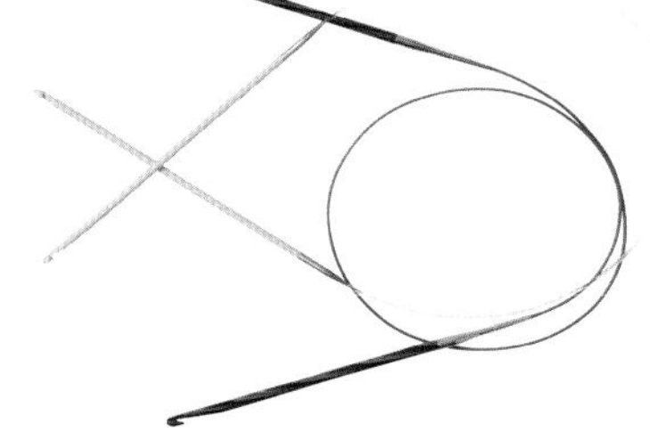

양쪽이 훅으로 된 아프간바늘. 길이도 다양하고 조립식은 큰 사이즈를 뜰 때 편리하다.

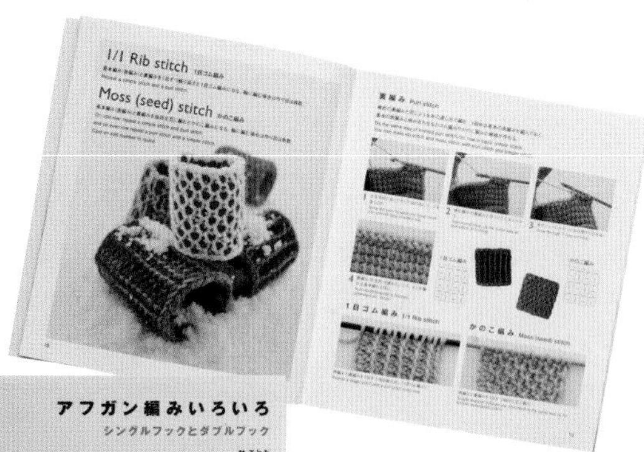

1/1 Rib stitch
Moss (seed) stitch

アフガン編みいろいろ
シングルフックとダブルフック
Tunisian Crochet
Single & Double ended crochet hook

《아프간뜨기 이모저모》 2011년에 출간한 본인 저서. 2008년 심포지엄에서 배운 더블 훅 아프간 원형뜨기가 재미있어서 제조자에 바늘을 제작해달라고 해서 이 책을 냈다.

직접 뜬 아프간뜨기 스웨터. 검은 바탕에 컬러풀한 인형 무늬를 배색뜨기했다. 편물이 생각보다 세로로 길어져서 의도치 않은 결과물이 되어버렸다.

일본에서는 아프간뜨기라는 이름이 일반적이지만 해외에서는 튀니지안 크로셰로 불릴 때가 많은 듯합니다. 언제, 어디서 시작됐는지 역사도 알아봤지만 결론은 '아무도 모른다', '잘 모르겠다'인 것 같습니다.
2008년 북유럽 니트 심포지엄에서 참가한 튀니지안 크로셰 클래스의 선생님은 튀니지안 크로셰이니 튀니지가 발상지라고 생각하고 가봤더니 아는 사람이 없었다며 유머를 섞어서 이야기해주었습니다. 아프간뜨기로 불리는 이유로는 무릎 담요(아프간)를 이 방식으로 뜰 때가 많았기 때문에 그렇게 불리게 됐다는 설이 있습니다.
그런데 조사해봤더니 그 밖에도 다양한 이름이 있다는 걸 알았습니다. 빅토리안 크로셰, 트리코 스티치, 스카치 니팅, 프린세스·프레데릭·윌리엄 스티치, 프린세스·로열·크로셰 스티치, 양치기의 뜨개. 그중에서도 이건 아니지라고 생각한 이름이 idiots crochet와 fool's crochet 즉 멍청이(idiot)와 바보(fool)의 코바늘뜨기. 좋은 쪽으로 생각하면 그만큼 쉽게 뜰 수 있다는 의미에서 그렇게 불리는 걸지도 모릅니다.
제가 갖고 있는 19세기 수예서의 복각판에는 아프간뜨기로 보이는 편물의 삽화가 많이 실려 있어서 다시 읽어보니 바늘 이름이 bone tricot needle이라고 되어 있는 것을 알았습니다. 이 책은 뜨는 법이 모두 서술형이라 삽화를 보면서 어설픈 영어 실력으로 해석해봤습니다. 가장 많은 작품은 Antimacassar(의자 덮개)로 룸 슈즈와 재킷도 실려 있습니다. 아프간 뜨개는 신축성이 별로 없어서 늘어날 필요가 없고 늘어나면 곤란한 아이템에 사용되는 것 같습니다.
저에게 아프간뜨기는 어릴 적부터 가까이해온 뜨개로 대학 시절에는 배색무늬 스웨터를 뜨며 애용했습니다. 대바늘뜨기는 어느 정도 연습하지 않으면 잘 뜰 수 없지만, 아프간뜨기는 사슬뜨기만 할 수 있으면 뜰 수 있어서 별로 연습하지 않아도 작품을 만들 수 있는 것이 장점입니다. 물론 예쁘게 뜰 수 있을 때까지는 나름대로 시간이 걸리지만 코바늘뜨기보다 쉬울지도 모릅니다.

에스토니아 친구가 보여준 아프간뜨기 담요에는 크로스스티치가 되어 있었습니다. 앞에서 말한 복각판 수예서의 의자 덮개에도 크로스스티치가 되어 있는 작품이 꽤 보입니다. 뜨개코가 사각형이 되기 때문에 크로스스티치도 간단합니다. 기본 편물에 크로스스티치를 해서 즐기는 이 방법은 추천합니다. 친구의 담요와 복각판 수예서의 작품은 모두 살짝 긴 싱글 훅으로 뜬 것입니다. 하지만 니트 심포지엄 클래스의 선생님이 나누어주신 것은 조금 다르게 양쪽에 훅이 달려 있었습니다. 처음에는 신경도 쓰지 않았지만 선생님이 "그럼 원형뜨기로 떠봅시다"라고 하셔서 참가자 전원이 깜짝 놀랐습니다. 이것이 저와 원형으로 뜨는 아프간뜨기의 첫 만남이었습니다. 설명을 듣자마자 그 재미있는 기법에 푹 빠져버렸습니다. 당시 더블 훅은 일본에도 있었던 것 같지만, 널리 보급되었다고 말할 수 없는 상황이었습니다. 하지만 지금은 쉽게 더블 훅 아프간바늘을 구할 수 있습니다. 싱글 훅은 같은 실로 왕복으로 뜰 수 있지만 더블 훅은 같은 방향으로 2개의 실로 떠서 컬러 배색을 즐길 수 있습니다. 꼭 한번 더블 훅 아프간바늘로 원형뜨기를 해보세요. 분명 그 재미에 빠져버릴 거예요.

2개의 실로 뜨니 배색이 즐겁다.
먼저 좋아하는 색을 고르고 떠나가기 코와 따라가기 코의 컬러를 정합니다.
디자인을 정했으면 편물을 고르고, 텀블러 사이즈에 맞춰 나만의 텀블러 커버 만들기를 시작합니다.

Design／하야시 고토미
How to make／P.165
Yarn／라나 가토 슈퍼 소프트

원형으로 뜨는 방법을 배워보세요

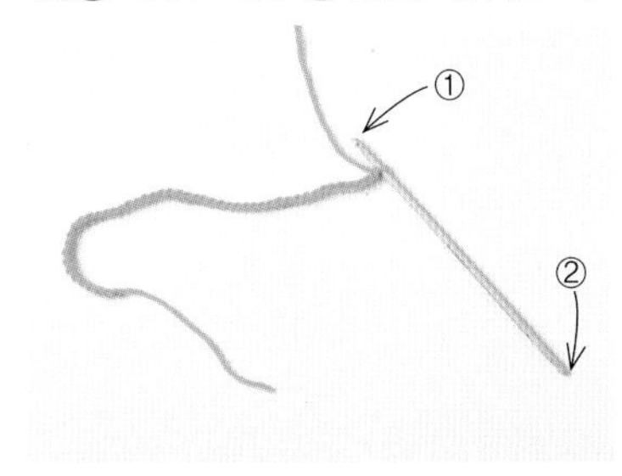

①
②

❶ 필요한 콧수의 사슬을 뜹니다. 사슬을 뜬 훅을 ①로 하고, 반대쪽 훅을 ②로 합니다.

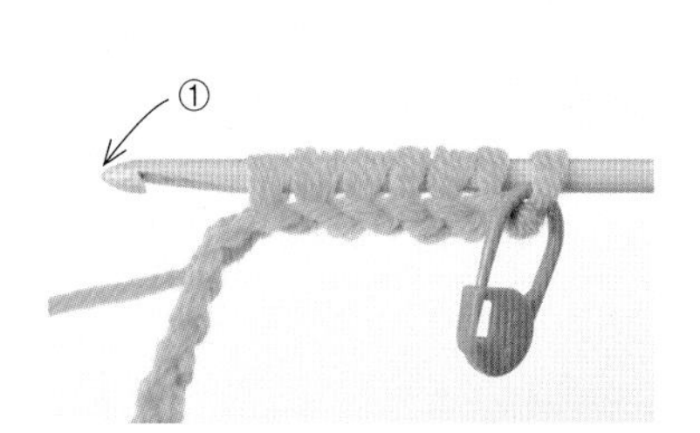

①

❷ ①의 훅을 사용해서 사슬 반 코와 뒷산을 주워(줍기 힘들면 사슬 반 코만 줍는다) 떠나가기 코를 줍습니다. 첫 번째 코에 표시링을 달아둡니다.

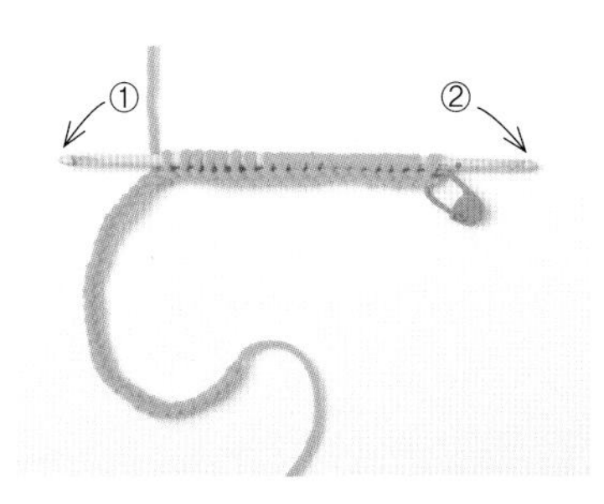

①
②

❸ 바늘이 가득 찰 때까지 코를 주웠으면, 안면으로 뒤집어 ②의 훅을 사용합니다.

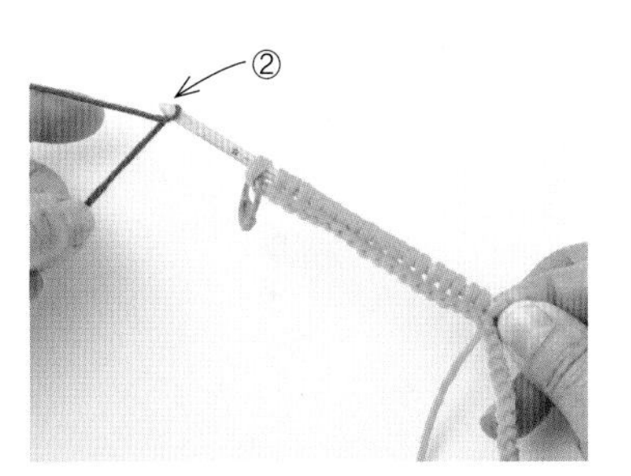

②

❹ ②의 훅으로 따라가기 코(싱글 훅일 때는 되돌아뜨기 코라고 부릅니다)를 뜹니다. 실을 겁니다.

❺ 따라가기 코를 1코 뜹니다.

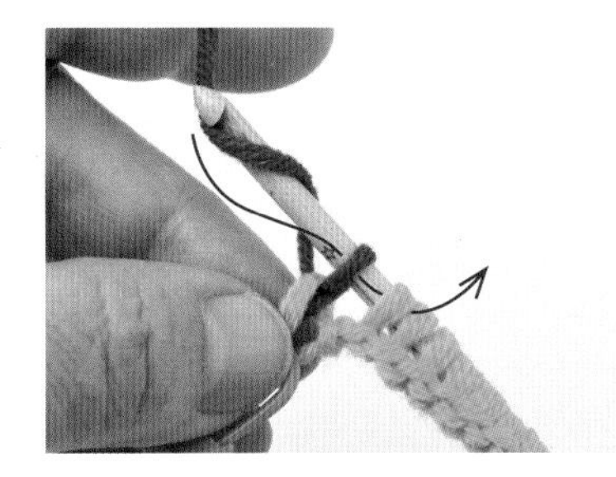

❻ 다시 바늘에 실을 걸어 화살표처럼 빼냅니다.

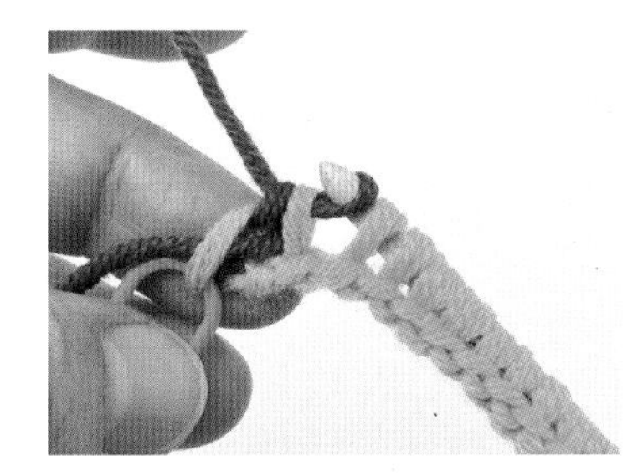

❼ 따라가기 코를 2코 떴습니다.

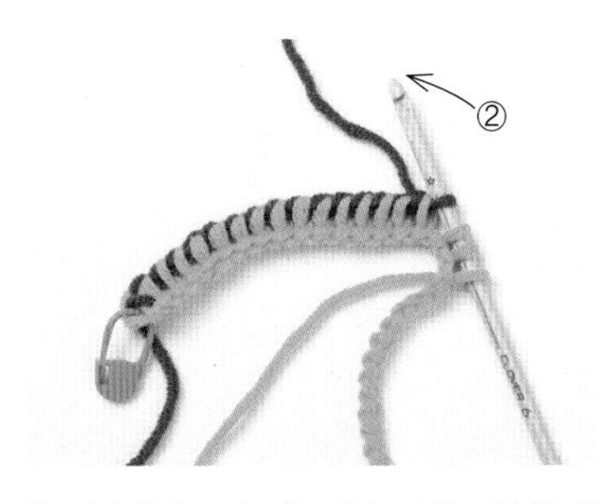

②

❽ 떠나가기 코가 바늘에 3코 정도 남을 때까지 따라가기 코를 뜨면, 편물을 뒤집어 ①의 훅으로 다음 떠나가기 코를 뜹니다.

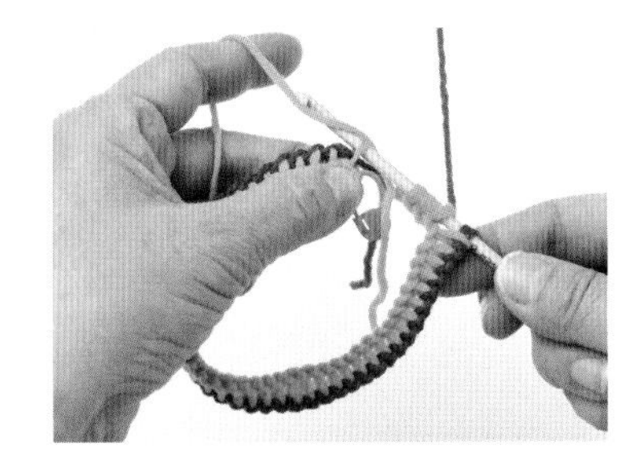

❾ 떠나가기와 따라가기를 반복하고 떠나가기 코의 필요한 콧수를 주우면 표시링을 단 코(1단째의 첫 번째 코)에 바늘을 넣습니다.

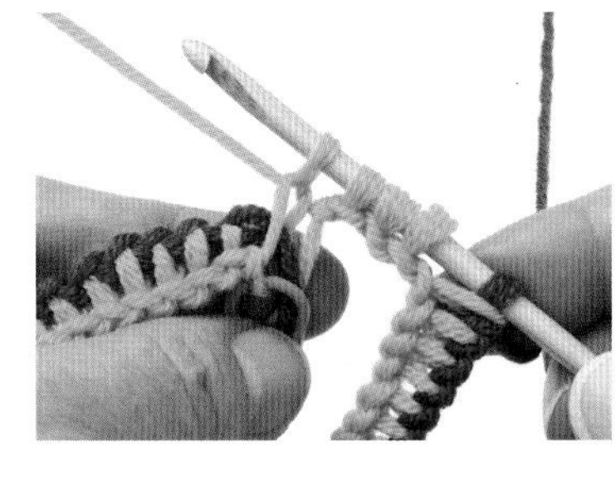

❿ 실을 걸어서 빼내 표시링을 단 코를 떠서 원형으로 연결합니다. 여기서부터 2단째입니다.

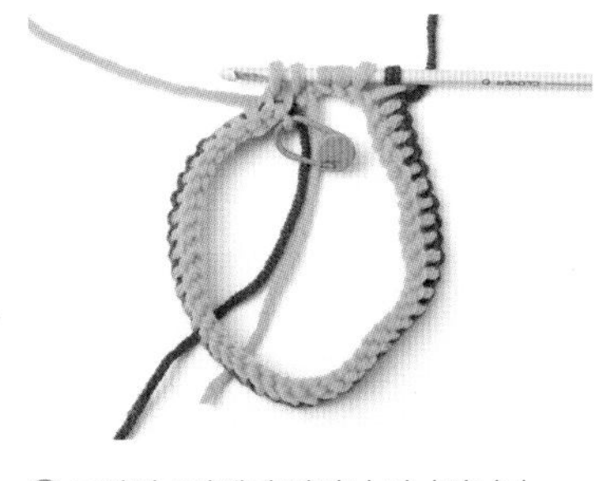

⓫ 도안의 2단째에 따라서 떠나갑니다.

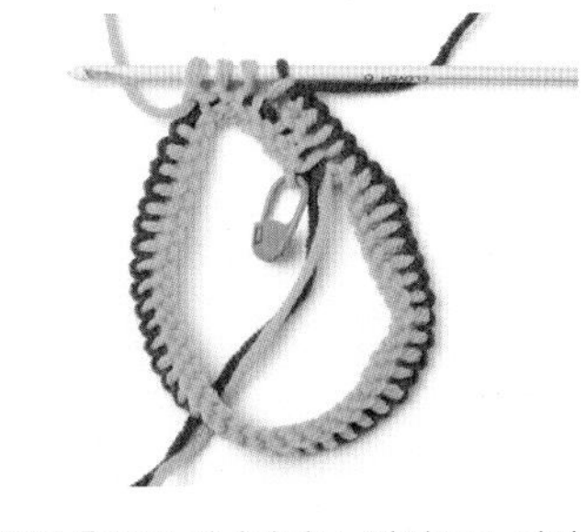

⓬ ①의 훅으로 떠나가기를, 안면으로 뒤집어 ②의 훅을 사용해서 따라가기 코 뜨기를 반복합니다.

하야시 고토미(林ことみ)

어릴 적부터 손뜨개가 친숙한 환경에서 자랐으며 학생 때 바느질을 독학으로 익혔다. 출산을 계기로 아동복 디자인을 시작해 핸드 크래프트 관련 서적 편집자를 거쳐 현재에 이른다. 다양한 수예 기법을 찾아 국내외를 동분서주하며 작가들과 교류도 활발하다. 저서로《북유럽 스타일 손뜨개》등 다수가 있다.

Color Palette
칼라&케이프

평범한 스타일에 레트로 시크한 분위기를 더해주는 레이시한 크로셰 아이템입니다.
좋아하는 컬러를 골라봐요!

photograph Shigeki Nakashima styling Kuniko Okabe,Yuumi Sano
hair&make-up Hitoshi Sakaguchi model Julianne(160cm)

Ivory

레이시한 편물이 가장 아름답게 보이는 아이보리는 코디하기 좋은 에크뤼 느낌의 색을 골라 칼라를 만들었어요. 어떤 아이템과 매치해도 어울려 연출의 폭이 넓어집니다.

Design／오카 마리코
Knitter／아키요 마노
How to make／P.160
Yarn／올림포스 에미 그란데

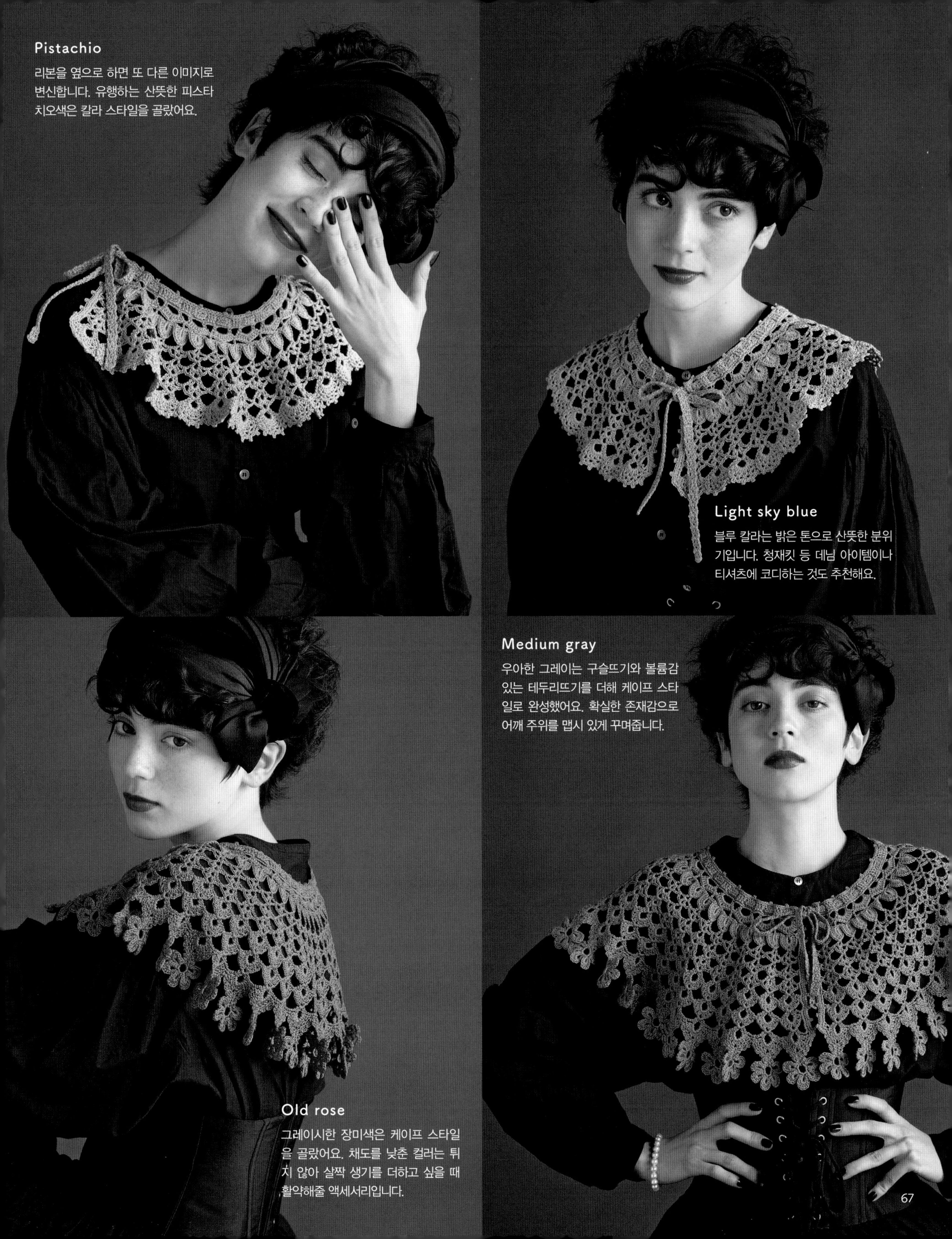

Pistachio

리본을 옆으로 하면 또 다른 이미지로 변신합니다. 유행하는 산뜻한 피스타치오색은 칼라 스타일을 골랐어요.

Light sky blue

블루 칼라는 밝은 톤으로 산뜻한 분위기입니다. 청재킷 등 데님 아이템이나 티셔츠에 코디하는 것도 추천해요.

Old rose

그레이시한 장미색은 케이프 스타일을 골랐어요. 채도를 낮춘 컬러는 튀지 않아 살짝 생기를 더하고 싶을 때 활약해줄 액세서리입니다.

Medium gray

우아한 그레이는 구슬뜨기와 볼륨감 있는 테두리뜨기를 더해 케이프 스타일로 완성했어요. 확실한 존재감으로 어깨 주위를 맵시 있게 꾸며줍니다.

어깨 잇기 없이 쉽게!

심리스 니트

뜨는 것은 좋아하지만 마무리가 어려운 당신에게 드립니다.
다 뜨면 곧바로 완성인 행복을 마음껏 누려보세요.

photograph Hironori Handa styling Masayo Akutsu hair&make-up AKI model Tola(175cm)

목둘레선부터 떠나가는 톱다운 풀오버는 느슨하게 떠서 편안하게 착용되며 청량감 있는 리넨의 감촉이 기분 좋습니다. 각 파트 중앙과 래글런선에 늘어선 구멍무늬가 시원해서 여름까지 입을 수 있는 고마운 간절기 아이템입니다.

Design／바람공방
How to make／P.174
Yarn／퍼피 퍼피 리넨 100

Skirt／산타모니카 하라주쿠점

케이블무늬가 인상적인 카디건은 남성도 입을 수 있는 유니섹스 아이템입니다. 긴 듯한 기장감이 여성에게는 반가운 포인트예요. 몸판은 앞뒤를 이어서 앞여밈단도 같이 뜹니다. 소매는 직선으로 뜬 진동둘레를 주워서 원형뜨기로 떴어요.

Design／이토 나오타카
How to make／P.171
Yarn／퍼피 피마 베이식

남성용 Shirt, Pants／산타모니카 하라주쿠점

여성용 Skirt／산타모니카 하라주쿠점

요크의 배색무늬는 질리지 않고 떠나가고, 메리야스 부분에서 한숨 돌립니다. 편물에 강약을 준 재미있는 디자인으로 2가닥을 합친 실로 조절한 색의 농담이 매력적입니다. 소맷부리에서 조이는 풍성한 소매도 사랑스러워요.

Design／오카모토 마키코
How to make／P.169
Yarn／데오리야 쿠 울, 울 야잠 실크

Skirt／하라주쿠 시카고(하라주쿠/진구마에점)

뜨는 재미가 있는 디자인이 마음을 사로잡는 가로세로무늬의 베스트예요. 바구니무늬뜨기처럼 가로 라인에서 세로 라인을 주우면서 뜨는 이미지입니다. 목둘레와 앞여밈단은 같이 떠나가니 마지막에는 소맷부리만 주우면 돼요. 꼭 시도해 보세요!

Design／시바타 준
How to make／P.176
Yarn／데오리야 오리지널 코튼

Turtle neck, Pants／SLOW 오모테산도점
Earring／산타모니카 하라주쿠점

여행을 사랑하는 마음 따뜻한 비건들

자카미 얀(스코틀랜드)

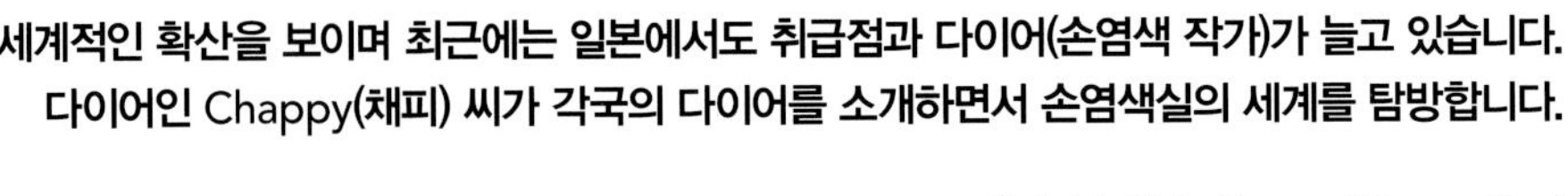

약 십수 년 전부터 유럽과 미국에서 유행하기 시작한 손염색실은 세계적인 확산을 보이며 최근에는 일본에서도 취급점과 다이어(손염색 작가)가 늘고 있습니다. 다이어인 Chappy(채피) 씨가 각국의 다이어를 소개하면서 손염색실의 세계를 탐방합니다.

취재·글·사진: Chappy (Chappy Yarn)

해리 포터 굿즈를 취급하는 '다이애건 하우스'에 줄을 선 팬들.

중세의 분위기가 진하게 남은 스코틀랜드의 옛 수도 에든버러.

세계의 손염색을 찾아 떠나는 여행. 이번에는 스코틀랜드의 에든버러입니다. 해리 포터가 탄생한 도시로 유명한 스코틀랜드의 옛 수도 에든버러는 마치 중세에서 길을 잃은 듯한 고전적인 석조 건물과 아름다운 거리로 여행자를 단숨에 매료시킵니다. 그 에든버러에서 거리의 풍경과 분위기를 실에 녹인 듯한 손염색실을 만드는 자카미 얀을 방문했습니다.

자카미 얀의 다이어 겸 오너는 헝가리인 메린다 씨와 헝가리 출신의 우크라이나인 갤거리 씨 부부입니다. 코로나 팬데믹을 계기로 자카미 얀을 시작했습니다. '자카미'라는 색다른 브랜드 이름은 메린다 씨의 이름과 성(자카리스)의 머리글자를 조합한 것입니다.

무디하고 세크한 색조가 인기를 모아 취재 당시 런던의 유명 털실 가게에도 실이 진열될 정도의 인기 브랜드로 성장했습니다. 하지만 의외로 에든버러에서 산 지는 아직 몇 년 안 되었다고 합니다.

"에든버러에 오기 전에는 영국의 호수 지방에서 살았고, 그전에는 유럽 곳곳의 목장에서 지내면서 일을 배웠어요. 둘 다 여행을 좋아해서 그런 라이프스타일이 잘 맞았죠. 독일의 알파카 목장은 정말 즐거웠어요! 알파카를 산책시키기도 하고요! 할머니가 목장을 경영하셨던 터라 언젠가 내 목장을 갖고 싶다고 생각하는 건 자연스러운 흐름이었어요."

하지만 메린다 씨는 팬데믹으로 어쩔 수 없이 방향을 전환합니다.

"제약이 많아져서 많은 것들을 할 수 없게 됐어요. 그때 직접 손염색한 실을 판매해봤더니 반응이 좋아서 계속하다 보니 우리의 열정과 창의성을 발휘할 수 있는 멋진 일이라는 생각이 들었어요. 다양한 사람들과 커뮤니티도 알게 됐어요."

브라운과 그레이, 베이지 등 차분한 컬러가 인기.

채피(Chappy)

손염색 아티스트. 손염색실 브랜드 Chappy Yarn 다이어 겸 CEO. 도쿄에서 태어나 홍콩에 살고 있다. 2015년부터 보고 뜨고 입어서 즐거운 촉감을 중시한 손염색실을 선보이고 있다. 이벤트와 인터넷을 중심으로 뜨는 사람이 행복해지는 손뜨개실을 목표로 활동하고 있다.
Instagram : Chappy Yarn

1/분위기 있는 편물은 정평이 나 있다. 2/샘플에 사용한 실에 다는 꼬리표도 클래식해서 귀엽다. 3/베이스 실은 알파카가 많다.

영국 각지의 얀 페스티벌에 나가거나 지역의 털실 가게에 실을 진열하는 등의 작은 노력들이 쌓여 지금의 결실을 맺습니다. 갤거리 씨가 디자인하는 스타일리시한 이미지의 SNS 홍보도 컸죠.

"요즘은 한국에서 주문이 많이 들어오고 있어요."

에든버러의 거리가 느껴지는 색조라고 하자, 갤거리 씨는 말합니다.

"사실 에든버러를 특별히 의식하고 있는 건 아니지만, 지금까지 여행하며 봤던 풍경이나 평소에 자주 산책하는 에든버러의 거리 풍경이 영향을 주는 걸지도 모르겠네요."

"어려서 돈도 없고 둘이서 이탈리아를 여행했을 때는 스쿠터로 돌아다녔어요! 밤에는 숲에서 나무에 해먹을 매달고 잔 적도 있어요. 석양이 참 예뻤어요. 당연히 높은 곳에 매달았는데, 한밤중에 야생동물이 밑에 와 있는 걸 알고 가슴을 졸였어요."

그런 '크레이지'한 여행의 아름다운 풍경과 체험이 원천이 된 손염색실입니다. 베이스 실은 알파카가 많습니다.

"스코틀랜드에는 양들이 다양해요. 그런 장점도 살려서 양털실을 이것저것 염색해보고 싶지만, 역시 알파카가 최고예요. 왜 알파카냐 하면… 식용이 아니거든요! 인간의 친구가 될 수 있는 동물이라고 생각해요!"

그런 메린다 씨의 말에 갤거리 씨가 덧붙입니다.

"우리는 비건이거든요. 언젠가 알파카 목장을 여는 건 지금도 변함없는 꿈이에요. 최종 목표인 셈이죠."

취재를 할 때는 방이 사무실, 차고가 작업실이 됩니다. 다이어를 모집하고 염색을 가르쳐서 넓은 작업실로 옮길 예정인데, 올해는 거기서 나아가 이사를 생각하고 있다고 합니다. 알파카를 각별히 사랑하는 두 사람이 직접 차린 알파카 목장에서 손염색실을 염색하는 날도 그리 멀지 않은 미래일지도 모릅니다.

zakamiyarns

웹사이트: https://zakamiyarns.com

4/스코틀랜드를 시작해 영국 각지에서 도착하는 생지실. 5/여행과 알파카를 아주 사랑하는 메린다 씨와 갤거리 씨. 6/유럽의 벼룩시장에서 발견한 오래된 엽서를 레트로한 지도와 조합해 어드벤트 캘린더의 영감으로. 7/단염색실을 염색하는 모습. 1로트 4타래의 작은 로트로 염색하고 있다.

Couture Arrange

시다 히토미의
쿠튀르 어레인지

나뭇잎무늬의 일자 베스트

photograph Hironori Handa styling Masayo Akutsu hair&make-up AKI model Tola(175cm)

봄을 기다리는 마음이 나이를 먹어갈수록 크게 부풀고, 뜨고 싶은 마음도 자라납니다. 그런 봄의 힘에 감사합니다.

이번에는 쿠튀르 니트 봄여름 No.5에서 스톨을 베스트로 어레인지해봤습니다. 가장 중요하게 여긴 부분은 무늬의 배치를 스톨과 같게 하는 것입니다. 밑에서부터 떠올라간 무늬를 가슴 부분에서 바꾸는데, 좌우 가장자리만 무늬를 바꾸지 않고 어깨까지 떠나갑니다.

스톨일 때는 실도 실크라 살짝 우아한 분위기의 무늬를 골랐지만, 이번에는 옷인 만큼 무늬가 바뀌는 부분은 자연스러운 무늬로 했습니다. 실은 뜨기 좋고 광택감이 있는 화학 섬유로, 봄이 느껴지는 그린 계열의 색으로 떠봤습니다.

스톨의 느낌을 남기고 싶어서 목둘레를 제외하면 직선입니다. 옆선은 싸개 단추 하나로 고정했는데, 단추를 바꾸고 수를 늘리거나 끈으로 변경하거나 옆선을 꿰매는 등 다양하게 어레인지해보세요. 넥라인을 살짝 넓히면 목둘레도 직선으로 가능합니다. 개성을 살려 수작업만의 어레인지를 즐겨보세요.

クチュール・ニット 春夏
志田ひとみ

〈쿠튀르 니트 봄여름 5〉에서
밑단에 V자 무늬가 들어간 슬리브리스 풀오버였다.

シルキーな光沢の
レース模様が
上品なストール

detail

2개의 나뭇잎은 언뜻 보면 닮았지만 스톨의 나뭇잎 중심은 안뜨기, 이번 베스트는 겉뜨기 3종 3코 모아뜨기의 반복이니 주의해서 뜹니다. 몸판 무늬가 변경되는 부분 사이는 가터뜨기로 구분 짓고, 좌우 나뭇잎과 옆선의 테두리뜨기는 그대로 떠올라갑니다.

옆선의 테두리뜨기는 그대로 남으니, 실을 바꿀 때는 실 정리가 가장자리가 되지 않도록 몇 코 안쪽에서 변경합니다. 밑단의 테두리뜨기는 별도 실을 풀어서 떠내려가고, 옆선이 벌어지지 않게 느슨하게 1코 돌려 고무뜨기 코막음을 합니다. 목둘레도 같은 무늬로 지정 단수를 뜨고, 원형뜨기의 돌려 1코 고무뜨기 코막음을 합니다.

싸개 단추는 뜨는 법을 참고해서 단단하게 뜨고, 단춧고리를 앞몸판에 달아서 완성합니다.

〈쿠튀르·니트 봄여름 5〉에서

Knitter／마키노 게이코

How to make／P.168

Yarn／다이아몬드케이토 다이아 코스타 우노

Skirt／하라주쿠 시카고(하라주쿠/진구마에점)

Bangle／산타모니카 하라주쿠점

오카모토 게이코의 Knit +1

니트 +원

올봄에는 네프가 들어가서 깜찍한 실로 멋스럽게 떠보세요.

photograph Shigeki Nakashima styling Kuniko Okabe, Yuumi Sano
hair&make-up Hitoshi Sakaguchi model Julianne(160cm)

봄 작품에 사용할 실을 '리조니'로 골랐습니다. 리조니는 이탈리아의 파스타로 쌀처럼 작고 매끈매끈하며 씹으면 고급스러운 밀의 향이 퍼집니다. 수프에 넣거나 리조토처럼 조리하면 맛있습니다. 그리고 다양한 색깔이 들어 있는 파스타이기도 합니다. 실에도 드문드문 다른 색이 들어 있어서 리조니라는 이름을 붙였습니다. 이 리조니를 작년에 4색 개발했습니다. 그리고 올해 3색을 새로 추가해서 모두 7색이 되었습니다.

처음 오리지널 실을 만들기 시작했을 때 'K'sK 실의 이름은 음식에서 따오자!'고 스태프와 함께 정했습니다. 해마다 실 종류가 늘면서 음식 이름 붙이기가 힘들어지고 있습니다. 아틀리에에서는 수강생, 스태프가 다 함께 밥을 먹습니다. 물론 요리는 제가 하지요. 제 꿈은 언젠가 오사카에서 옷과 음식을 컬래버한 식당을 운영하는 것이랍니다.

파란색과 회색 카디건은 몸판에 프릴을 단 귀여운 디자인이라서 차가워 보이는 색으로 마무리했습니다. 어깨에서 밑단까지 이어지도록 큼지막한 프릴을 달아서 얼핏 오픈 베스트에 스웨터를 받쳐 입은 것처럼 보이는 디자인입니다. 기장을 짧게 하고 소매 폭은 가오리 풍으로 넓게 만들어서 긴 치마와 함께 입으면 생기발랄해 보이는 코디가 가능합니다. 가볍고 몸에 걸치기 좋은 대바늘뜨기 카디건입니다.

다른 작품은 신상 색깔로, 사랑스러운 분홍색과 갈색을 사용해서 봄의 생명력이 느껴지는 후드 풀오버를 디자인했습니다. 큼지막한 사각 모티브를 대각선으로 연결하고 밑단은 스캘럽으로, 소맷부리는 입기 편하게 통자로 만들었습니다. 긴 치마나 롤업 팬츠와 함께 입으면 근사합니다.

저는 디자인할 때 젊은층부터 중장년층까지 나이에 상관없이 입을 수 있도록 고려합니다. 착장감이 좋은 실로 만든 세련된 손뜨개 옷을 어떤 옷과 코디할지 생각하는 것도 뜨는 즐거움 중 하나입니다. 아무리 나이가 들어도 세련되고 싶네요.

오카모토 게이코(岡本啓子)

아틀리에 케이즈케이(atelier K'sK) 운영. 니트 디자이너이자 지도자로 전국적으로 왕성하게 활동 중. 오사카 한큐백화점 우메다 본점 10층에 위치한 케이즈케이의 오너. 공익재단법인 일본수예보급협회 이사. 저서에 《오카모토 게이코의 손뜨개 코바늘뜨기》가 있다.
http://atelier-ksk.net/

atelier K'sK
atelier K'sK
atelier

실/리조니

왼쪽／나풀나풀 큼지막한 프릴이 디자인 포인트.

Design · Knitter／가토 도모코
How to make／P.178
Yarn／K'sK 리조니

오른쪽／동양적인 분위기가 감도는 큼지막한 사각 모티브.
후드가 매력적입니다.

Knitter／모리시타 아미
How to make／P.182
Yarn／K'sK 리조니

독자 코너

내가 만든 '털실타래' 속 작품

〈털실타래 Vol.9〉 49p
@caton._.theknit

실: DMC 울리
뒷트임의 리본과 다이아몬드 아란무늬 속의 베리가 뜰수록 너무 귀엽고 사랑스러운 베스트입니다.

〈털실타래 Vol.7〉 11p
숙모네공방 @aykfactory

실: 퍼피 리넨 100(906색)
티셔츠나 원피스에 레이어드하기 좋아요. 나뭇잎 무늬가 귀엽고 뜨기도 재밌어요. 앞, 뒤판은 네모로 뜨면 되고, 옆선 잇기가 아주 짧아서 크로셰 옷을 처음 도전하시는 분들께 추천할만한 작품인 것 같아요.

〈털실타래 Vol.5〉 96p
loa_knit

실: 뜨앤 라마나 코모 수퍼라이트, 라마나 코모 트위드, 라마나 프리미아
뜨개를 시작하고 국내외 수많은 작가님들을 접하면서 떠야겠다 마음먹은 뜨개 리스트들이 정말 많이 생겼는데 이 작품도 제 버킷리스트 중 하나였어요. 제 첫 뜨개 도서였던 털실타래에서 보고 한눈에 반했었죠. 그만큼 제 맘에 오래 남아있던 작품이랍니다.

〈털실타래 Vol.5〉 17p
새우(@csylove28)

실: 이름 모를 콘사
겉뜨기와 안뜨기로 이루어져 심플하고 한눈에 들어오는 디자인에 반해 코를 잡게 되었습니다. 이름 모를 실, 오백원짜리 대바늘, 투박한 실력, 수험 생활과 겹쳐 오래 묵혀진 그 시간까지...... 조금은 어설픈 것들이 모여 꽤나 포근하고 따뜻한 스웨터가 완성되었습니다.

〈털실타래 Vol.9〉 11p
날파카 / @menarpaka

실: Hillesvåg Ullvarefabrikk Forgarn 언스펀얀 + 퍼스널얀(그레이쉬블루)
정핏의 단정한 매무새를 가진 스웨터예요. 포인트가 되는 배색이 귀여워서 시작하게 되었어요. 바텀업 스웨터인만큼 바느질을 많이 해야 하는 작품인 대신 많은 뜨개 테크닉을 익힐 수 있었습니다. 남녀노소 입을 수 있는 귀여운 작품이에요! 색상 조합을 바꿔서 도전해봐도 재미날 것 같아요.

〈털실타래 Vol.9〉 13p
김시온(@vitaminc_on)

실: 박씨네 실가게 램스울보카시
다가오는 봄맞이 핑크핑크한 컬러로 만들어 보았어요. 도안 설명도 친절하고 패턴도 반복이라 금방 외워져서 쉽게 만들었어요. 따듯한 봄이 얼른 오길 기다립니다.

독자분들이 뜬 〈털실타래〉 속 작품을 소개합니다!
원작의 느낌을 살려 완성한 작품, 취향대로 디자인을 조금 변형한 작품, 다른 색으로 떠 새로운 느낌으로 만든 작품까지 모두 만나 보세요. 〈털실타래 Vol.1~11〉 속 작품을 만드셨다면 SNS에 사진과 한스미디어(@hansmedia)를 태그해서 업로드해 주세요!

구성·편집 : 편집부

〈털실타래 Vol.10〉 11p
스윗얀 (@sweetyarn_knits)

실: 니팅 포 올리브 헤비 메리노(더스티 아티초크)
요즘 제가 〈털실타래〉에서 주목하고 있는 우노 지히로 작가님 디자인입니다. 물결무늬와 뒤트임 구조가 인상적인데요. 그래서 색다른 뜨개를 즐길 수 있었습니다. 완성작은 귀엽고 따뜻해서 만족스럽고요. 이번 겨울호는 이외에도 뜨고 싶은 작품이 많았는데 겨울이 가고 있어 넘 아쉽습니다.

〈털실타래 Vol.7〉 20p
오나영(복숭아구름 @peachncloud)

실: DMC 에코비타(003,002)
대조되는 배색무늬가 깔끔하고 마지막에 코바늘로 스티치를 넣을때 그림의 선을 따는 것 같은 재미가 있습니다. 에코비타의 톡톡함 덕분에 2D 느낌이 한층 더 살아나서 맘에 쏙 들게 완성되었어요.

〈털실타래 Vol.8〉 38p
리나(@rinaa_knit)

실: 얀뜰리에 캐시미어 레이스(reservoir)
3mm와 2.5mm의 얇은 바늘로 작업해 섬세하고 우아한 느낌의 셰틀랜드 숄이 완성된 거 같아요! 찬바람 아래에서 가볍게 두르기 좋은 작품이랍니다!

〈털실타래 Vol.10〉 33p
Botamia

실: 헤이즐(2가지 색)
앞면과 뒷면이 무늬가 다르지만 둘 다 깔끔하고 예뻐서 Reversible Knit인가 봅니다. 입는 방법도 다양한 판초. 배색하며 무늬뜨기를 하니 지루하지도 않고, 가지고 있던 실이 이렇게 잘 어울릴 줄 몰랐네요.

〈털실타래 Vol.5〉 12p
@dukong.knit

실: 바늘이야기 크렘캐시울(우디그린)
아빠가 좋아하는 '우리집 소파색'으로 니트를 떠 줬어요. 건지무늬는 너무 도톰하지도 않으면서 포인트가 되어 심심하지 않고 활용도가 높아요. 남녀노소 입기 좋은 핏이라 저도 아빠랑 커플룩으로 하나 뜰 거랍니다.

〈털실타래 Vol.10〉 11p
샐리니트(@sallyknit_)

실: 울콘사 3합, 라쿤울콘사 3합
털실타래 겨울호 표지를 봤을 때부터 꼭 떠보고 싶은 작품이었어요. 프리 사이즈이지만 낙낙하고, 반전 있는 뒤태 덕분에 더욱 더 맘에 들었어요. 봄까지 잘 입을 거 같아요.

첫번째오늘의
즐거운
양말 만들기
× 대바늘 손뜨개 양말 18 ×
정윤주 지음
hansmedia

첫번째오늘의

즐거운 양말 만들기

정윤주 저 | 156쪽 | 20,000원

Ivy socks

양말 좋아하시나요? 사각사각 체크 양말, 침엽수 산책 양말 등 다양한 양말 디자인으로 유명한 첫번째오늘의 첫 번째 책을 소개합니다. 차분한 감성의 단색 양말과 다양한 무늬와 색감의 배색 양말을 담아 누구나 취향의 뜨개 양말을 만들어 볼 수 있습니다. 또한 최대한 다양한 양말 뜨기 테크닉을 담아 이 책 한 권이면 양말 뜨기를 마스터할 수 있습니다.

---

amuhibi의 가장 좋아하는 니트

우에모토 미키코 저 | 강수현 저 | 112쪽 | 16,800원

트렌디한 디자인과 톡톡 튀는 센스 있는 배색의 뜨개 작품을 가득 실은 'amuhibi(아무히비)'의 국내 첫 뜨개책입니다. 애써 뜬 니트가 옷장에만 머무르지 않게, 보는 것뿐만 아니라 떴을 때 더 손이 자주 가도록 세심하게 디자인한 옷과 소품을 수록했습니다. 책장을 넘겨 보며 뜨고 싶은 작품을 골라 보세요.

FAV BOBBLE
THE POOH'S LETTER SWEATER
BIG POCKET CARDIGAN

amuhibi의
가장 좋아하는 니트
M & L SIZE 도안 수록
한스미디어

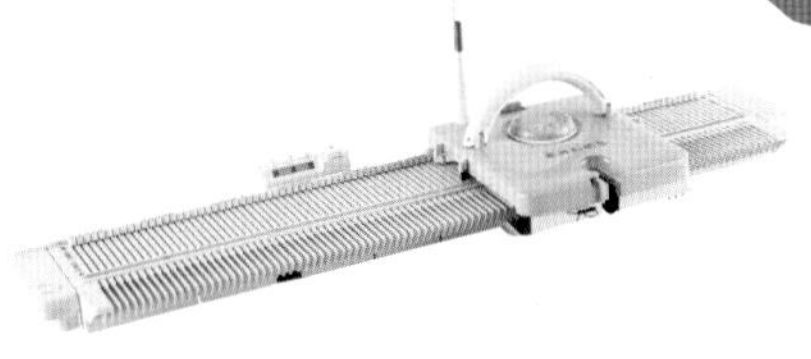

비기너를 위한

스윽스윽 뜨다 보니 자꾸 즐거워지는

신·수편기 스이돈 강좌

이번 테마는 '되돌아뜨기'입니다.
무늬뜨기뿐만 아니라 모티브도 뜰 수 있습니다.

photograph Hironori Handa styling Masayo Akutsu hair&make-up AKI model Tola(175cm)

바늘 빼기 메리야스뜨기로 뜬 스톨 끝에 장식한 모티브도 기계뜨기로 뜰 수 있어요. 되돌아뜨기를 약간 변형해서 같은 조작을 반복합니다.

Design／실버편물연구회 오쿠무라 리에코
How to make／P.186
Yarn／다이아몬드케이토 다이아 탱고, 다이아 코스타 파인

Coat／하라주쿠 시카고(하라주쿠/진구마에점)
Shirt／하라주쿠 시카고 하라주쿠점

불균형하게 배치한 무늬는 바늘 빼기와 되돌아뜨기로 뜹니다. 어려워 보이는 무늬지만 단순한 조작만 반복하면 간단히 뜰 수 있답니다.

Design／실버편물연구회 오쿠무라 리에코
How to make／P.187
Yarn／다이아몬드케이토 다이아 코스타 우노, 다이아 코스타 누오바

Blouse／하라주쿠 시카고(하라주쿠/진구마에점)
Necklace／SLOW 오모테산도점

신·수편기 스이돈 강좌

이번에는 어깨 경사를 뜰 때 사용하는 되돌아뜨기 요령으로 만드는 모티브와 무늬뜨기를 소개합니다.
기계뜨기 특유의 조작으로 만들 수 있는 즐거운 편물입니다.

촬영/모리야 노리아키

완성한 모티브를 스톨 가장자리에 꿰매 답니다.

뜨개 도안

모티브
D=3
10장
회색

8번 반복한다

□ = ⊟
◡ = 바늘 빼기

※★의 단을 다 뜨면 ●의 코에 옮김바늘을 넣고 들어 올려서 ☆의 코에 건다.

모티브 뜨는 법(스톨)

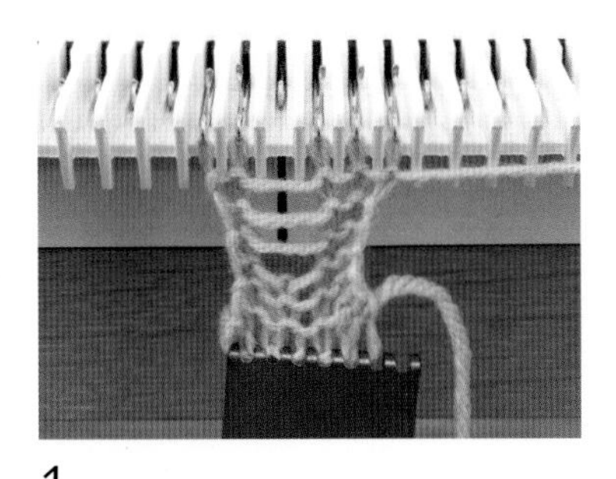

1
버림실 뜨기 기초코로 6코를 만들고, 왼쪽에서 3번째 코를 바늘에서 빼내고 빈 바늘을 A 위치로 내립니다.

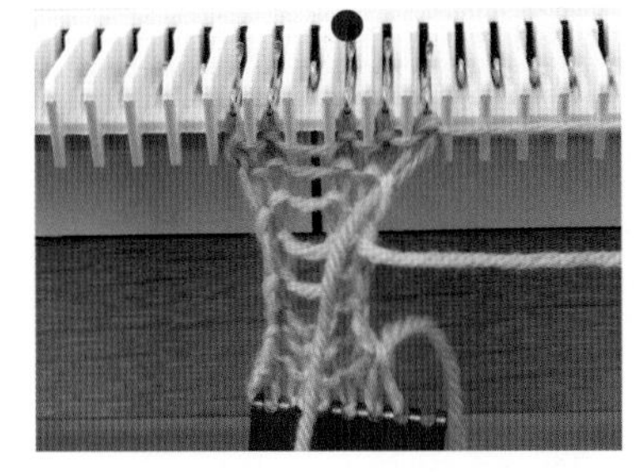

2
오른쪽에 캐리지를 놓고 왼쪽으로 밀어서 2단을 뜹니다.(이렇게 뜨개를 시작하면 1·2의 코가 안정되지만, 첫 단은 마지막에 풀어내므로 오른쪽으로 밀어서 1단을 뜨고 뜨개를 진행해도 좋습니다.)

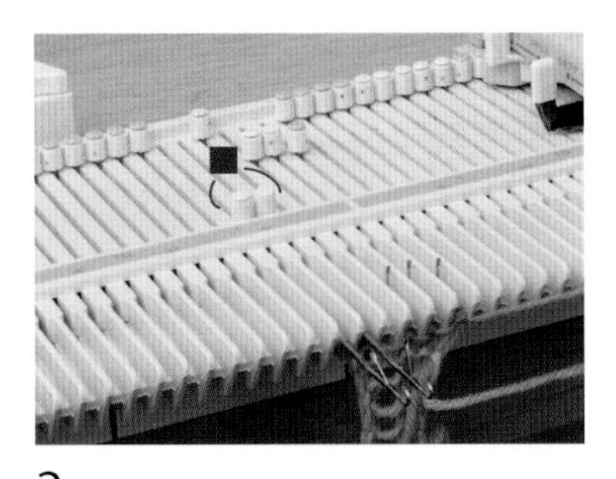

3
■의 바늘을 D 위치로 꺼내고,

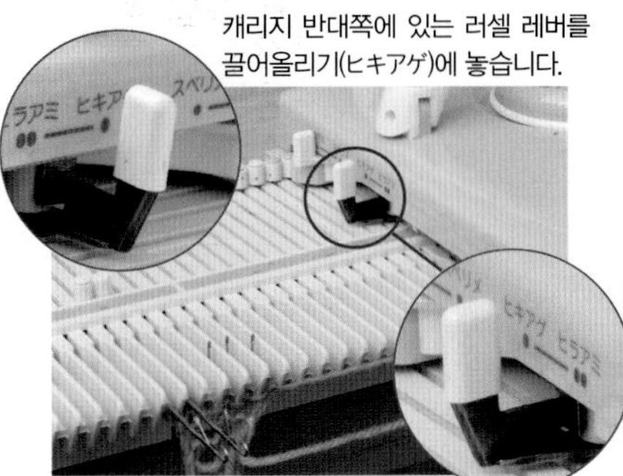

캐리지 반대쪽에 있는 러셀 레버를 끌어올리기(ヒキアゲ)에 놓습니다.

4
러셀 레버를 끌어올리기(ヒキアゲ)에 놓고 18단을 뜹니다. 무게추를 걸지 않고 손으로 가볍게 당기면서 뜹니다.

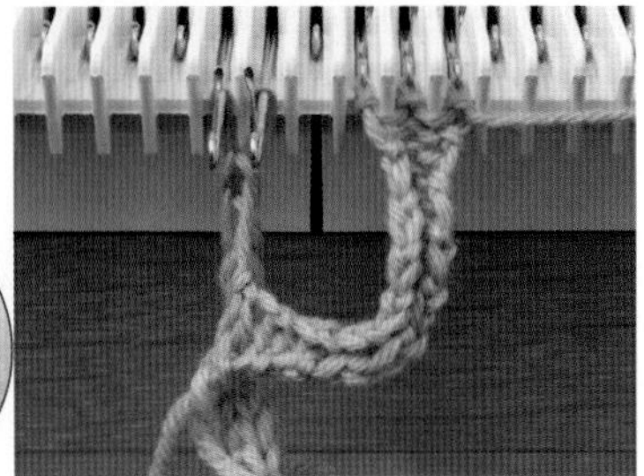

5
18단을 뜬 모습입니다.

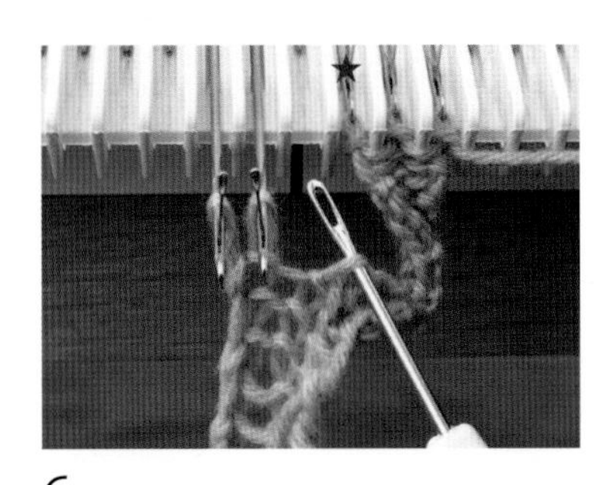

6
●의 코에 옮김바늘을 넣어

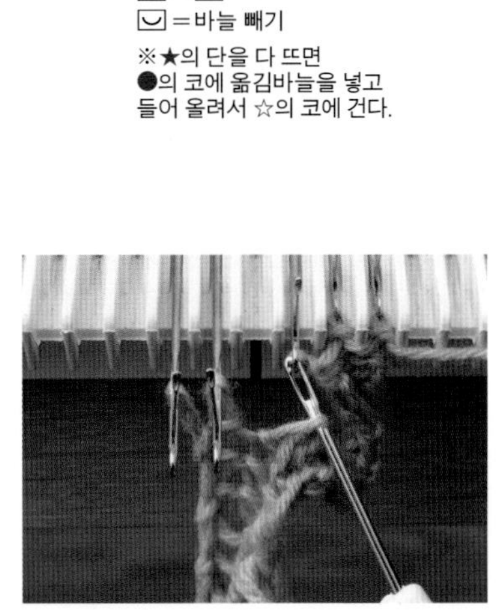

7
★의 코에 겁니다.

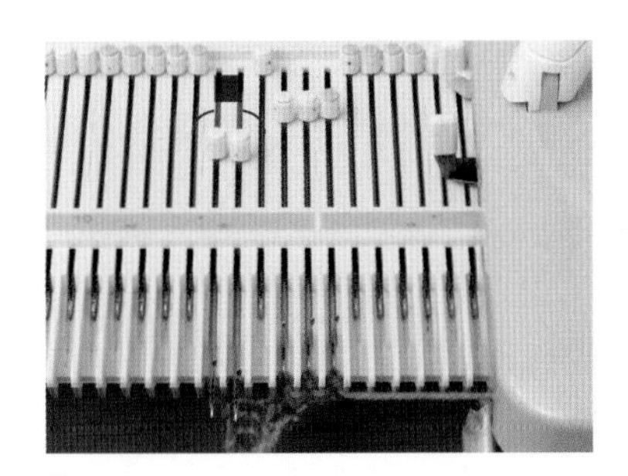

8
■의 바늘을 C 위치로 내려서 2단을 뜹니다.

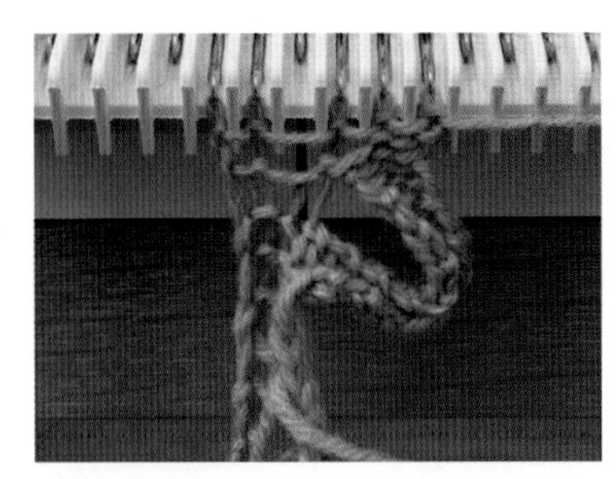

9
2단을 뜬 모습입니다. 3~8을 7번 더 반복합니다.

10
8번째는 ■의 바늘을 C 위치로 내려서 1단을 뜨고, 버림실 뜨기를 해서 빼냅니다.

11
뜨개 시작의 2단과 뜨개 끝의 코를 맞대서 메리야스 잇기를 하고, 버림실 뜨기와 1단을 풀어서 실 정리를 합니다.

무늬뜨기 뜨는 법(투피스)

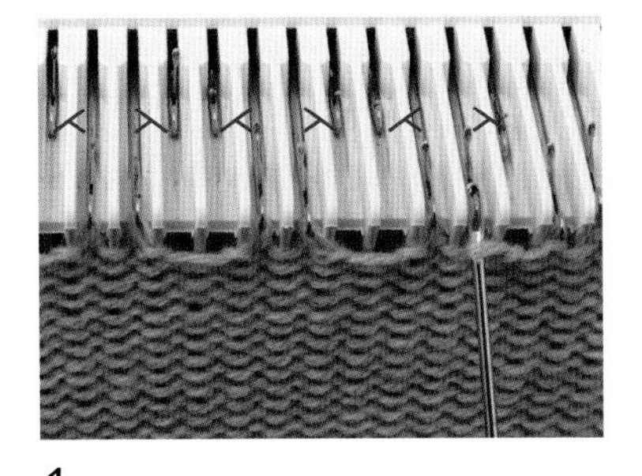

1
무늬뜨기할 단의 1단 앞에 있는 단을 다 뜨면 옮김바늘로 코를 이동시켜서 2코 걸러 하나씩 바늘 빼기를 합니다. 빈 바늘을 A 위치로 내립니다.

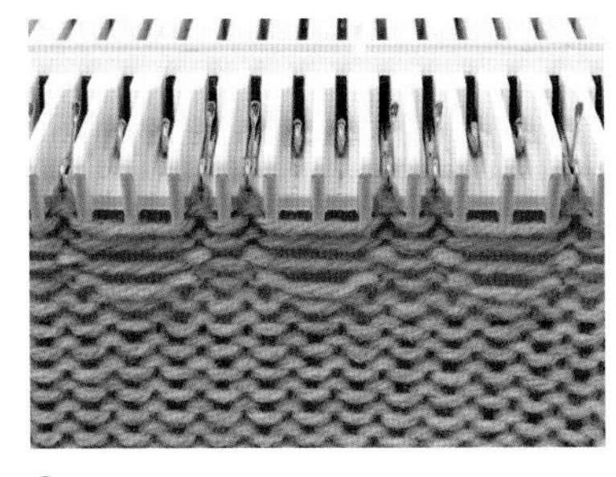

2
무늬뜨기할 실로 바꾸고, 캐리지를 왼쪽에 놓고 3단을 뜹니다.

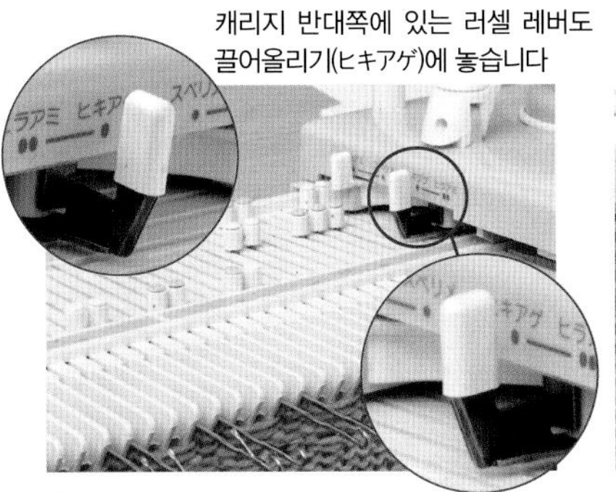

캐리지 반대쪽에 있는 러셀 레버도 끌어올리기(ヒキアゲ)에 놓습니다

3
오른쪽의 5코와 바늘 빼기 부분을 제외한 바늘을 D 위치로 꺼내고, 러셀 레버를 끌어올리기(ヒキアゲ)에 놓고 6단을 뜹니다.

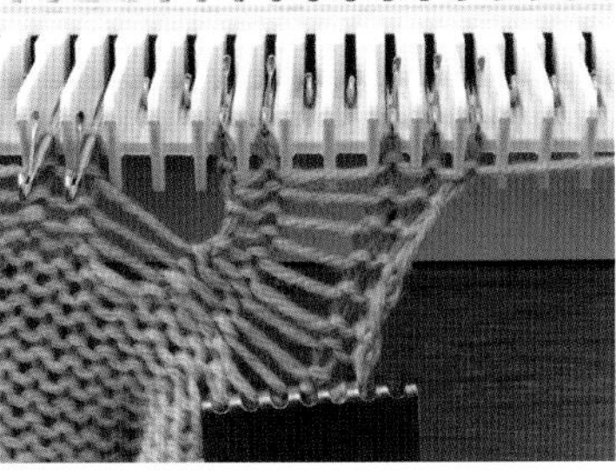

4
6단을 뜬 모습입니다.

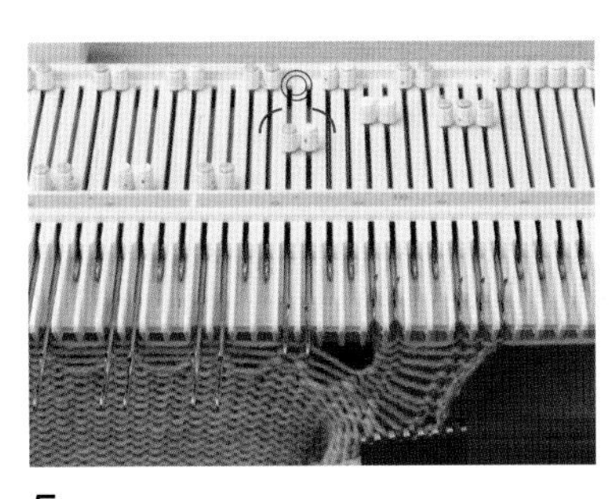

5
다음 2코(◎)를 C 위치로 내려서 1단을 뜹니다.

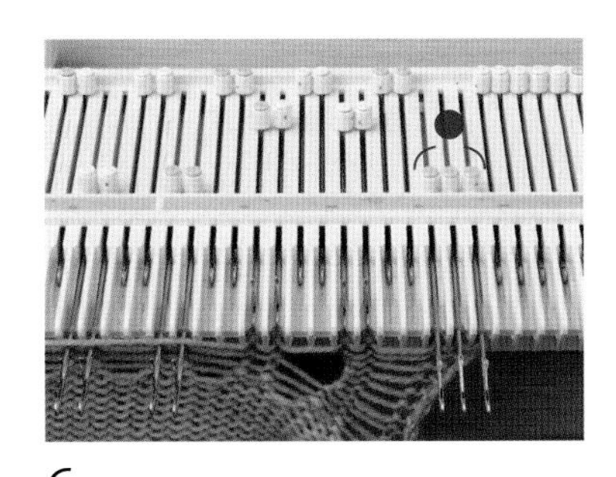

6
오른쪽의 3코(●)를 D 위치로 꺼내서 5단을 뜹니다.

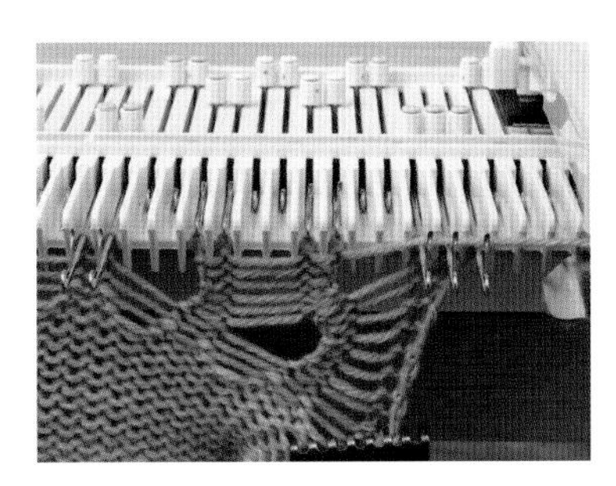

7
5단을 뜬 모습입니다.

8
다음 2코(△)를 C 위치로 내려서 1단을 뜨고, 이어서 오른쪽 2코(▲)를 D 위치로 꺼내서 5단을 뜹니다.

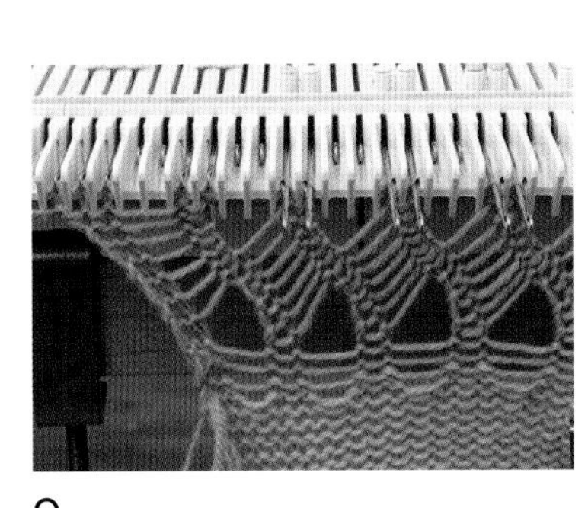

9
7~8을 마지막 5코가 될 때까지 반복합니다.

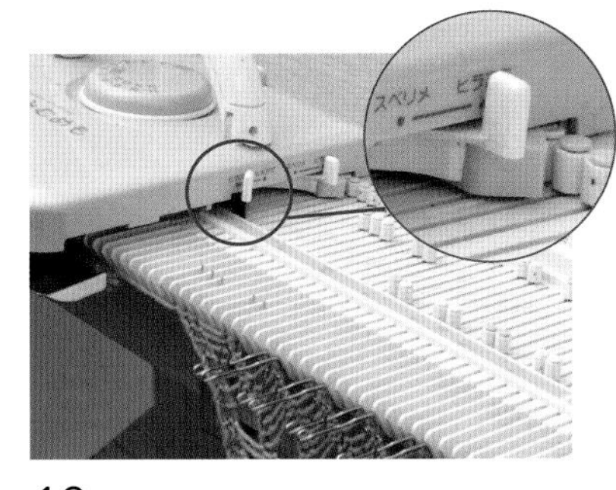

10
마지막 1블록이 끝나면 양쪽 러셀 레버를 평뜨기(ヒラアミ)에 놓고 3단을 뜹니다.

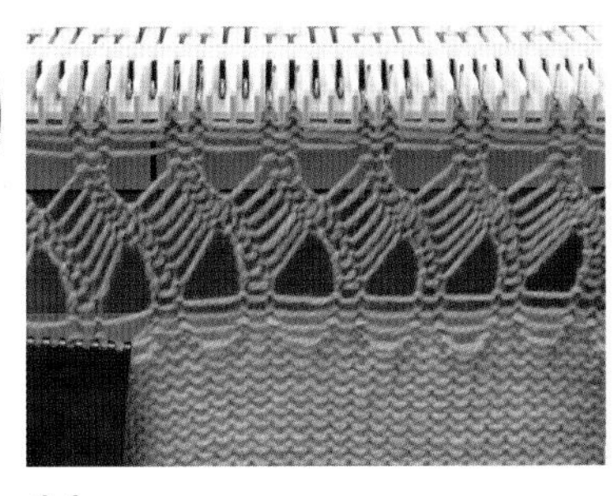

11
3단을 뜬 모습입니다.

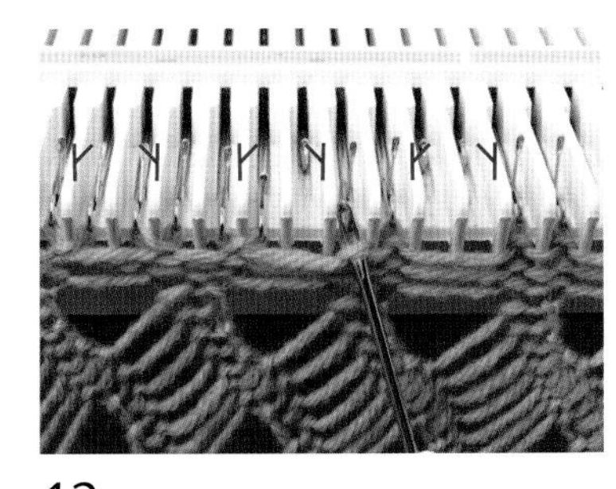

12
바늘 빼기 코의 오른쪽은 왼코 늘리기, 바늘 빼기 코의 왼쪽은 오른코 늘리기를 합니다.

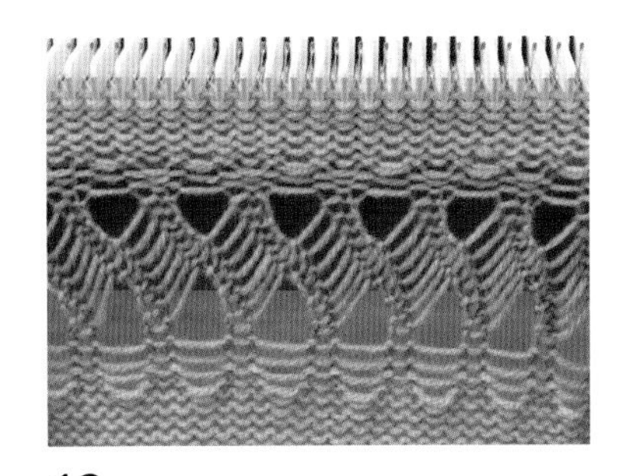

13
메리야스뜨기할 실로 바꿔서 계속 뜹니다.

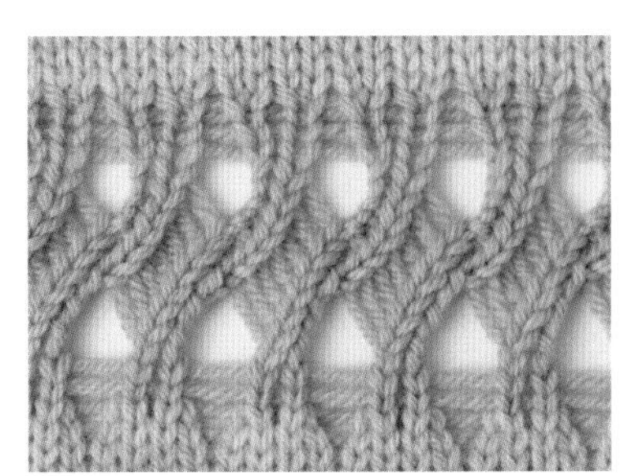

14
무늬뜨기를 겉면에서 본 모습입니다.

「뜨개꾼의 심심풀이 뜨개」

한 마리, 두 마리, 세 마리……, 지금은 몇 마리? '뜨개 버드 카운터'가 있는 풍경

언제나 마당에 놀러 오는 새들을
째깍째깍째깍

공원 나무들, 빌딩들 사이도 날아다니네
째깍 째깍 째깍

노을 진 전깃줄 위에 줄지어 앉은 실루엣들도
째깍 · 째깍째깍 · 째깍 · 째깍째깍

숲속 나뭇잎 사이에 숨어 어여쁘게 지저귀네
물가 주변에서도
째깍째깍째깍째깍째깍째깍째깍째깍

봄 여름 가을 겨울 늘 함께하는 텃새들부터
철새들까지 관찰할 수 있어 좋구나

뜨개 콧수를 너무 많이 셌다면
근처의 새들을 세어보며 눈 호강을 하자!

글·사진/203gow 참고 작품

뜨개꾼 203gow(니마루산고)

색다른 뜨개 작품 '이상한 뜨개'를 제작한다. 온 거리를 뜨개 작품으로 메우려는 게릴라 뜨개 집단 '뜨개 기습단'을 창설했다. 백화점 쇼윈도, 패션 잡지 배경, 미술관 및 갤러리 전시, 워크숍 등 다양한 활동을 전개하고 있다.

https://203gow.weebly.com(이상한 뜨개 HP)

재료
실…[슬리브리스] 퍼피 포슈 베이지(802) 250g 7볼, [카디건] 퍼피 포슈 베이지(802) 390g 10볼
단추…[카디건] 지름 15mm 6개

도구
코바늘 5/0호

완성 크기
[슬리브리스] 가슴둘레 94㎝, 어깨너비 34㎝, 기장 51.5㎝
[카디건] 가슴둘레 98㎝, 어깨너비 39㎝, 기장 53㎝, 소매길이 30.5㎝

게이지
무늬뜨기 A 1무늬=2.6㎝, 10.5단=10㎝.
무늬뜨기 B 1무늬=1.3㎝, 10단=10㎝

POINT
●슬리브리스…사슬뜨기로 기초코를 만들어 뜨기 시작해 무늬뜨기 A · B로 뜹니다. 줄임코는 도안을 참고하세요. 어깨는 사슬뜨기와 빼뜨기로 잇기, 옆선은 사슬뜨기와 빼뜨기로 꿰매기를 합니다. 지정 콧수를 주워 밑단은 테두리뜨기 A, 목둘레·진동둘레는 테두리뜨기 B로 원형으로 뜹니다.
●카디건…몸판은 사슬뜨기로 기초코를 만들어 뜨기 시작해 무늬뜨기 A로 뜹니다. 줄임코는 도안을 참고하세요. 어깨는 사슬뜨기와 빼뜨기로 잇기를 합니다. 소매는 도안을 참고해 코를 주워 무늬뜨기 A로 뜹니다. 옆선·소매 밑선은 사슬뜨기와 빼뜨기로 꿰매기, 거싯은 휘감아 잇기를 합니다. 소맷부리는 테두리뜨기 A로 원형으로 뜹니다. 목둘레·밑단은 테두리뜨기 C, 앞단은 테두리뜨기 D로 뜹니다. 오른쪽 앞단에는 단춧구멍을 냅니다. 왼쪽 앞단에서 이어서 가장자리를 테두리뜨기 E로 뜹니다. 단추를 달아 마무리합니다.

슬리브리스

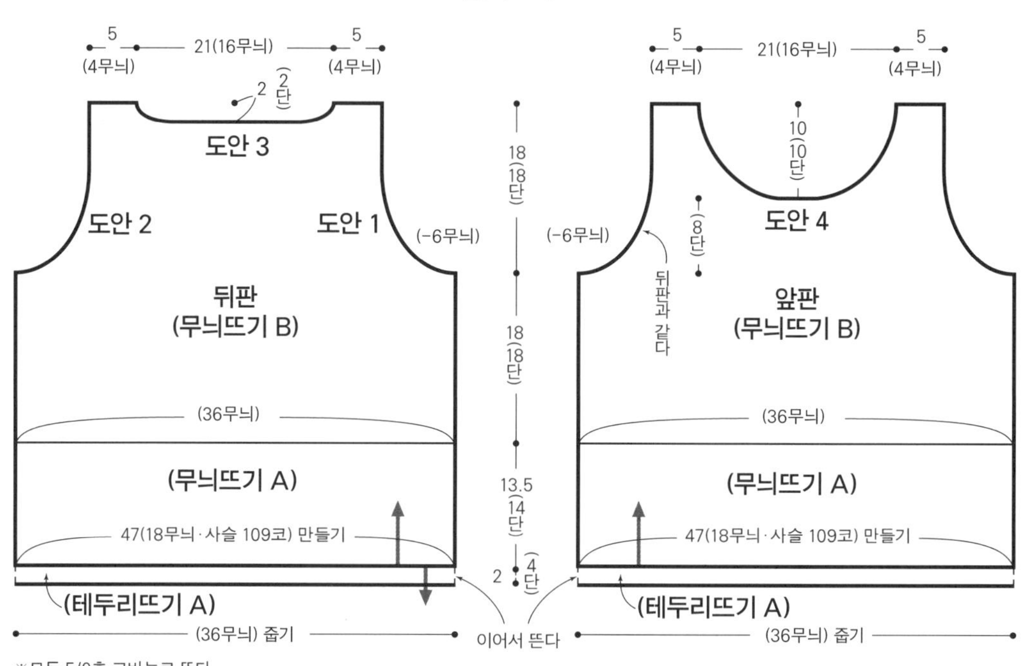
5
(4무늬)
21(16무늬)
5
(4무늬)
2
2단
도안 3
도안 2
도안 1
(-6무늬)
뒤판
(무늬뜨기 B)
(36무늬)
(무늬뜨기 A)
47(18무늬·사슬 109코) 만들기
(테두리뜨기 A)
(36무늬) 줍기
18
(18단)
18
(18단)
13.5
(14단)
2
(4단)
이어서 뜬다
10
(10단)
(8단)
도안 4
뒤판과 같다
앞판
(무늬뜨기 B)
(36무늬)
(무늬뜨기 A)
47(18무늬·사슬 109코) 만들기
(테두리뜨기 A)
(36무늬) 줍기

※모두 5/0호 코바늘로 뜬다.

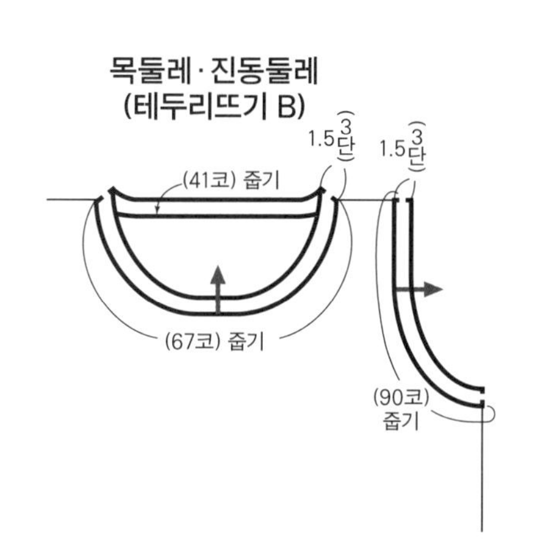
목둘레·진동둘레
(테두리뜨기 B)
1.5(3단)
1.5(3단)
(41코) 줍기
(67코) 줍기
(90코) 줍기

테두리뜨기 A

1무늬

무늬뜨기 B

3코 1무늬

2단 1무늬

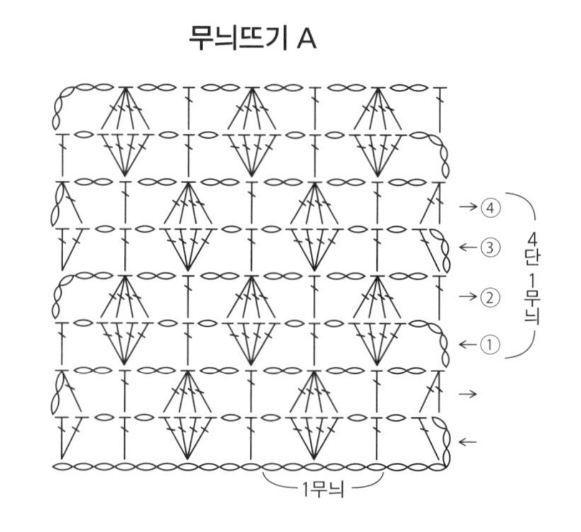
무늬뜨기 A
4단 1무늬
1무늬

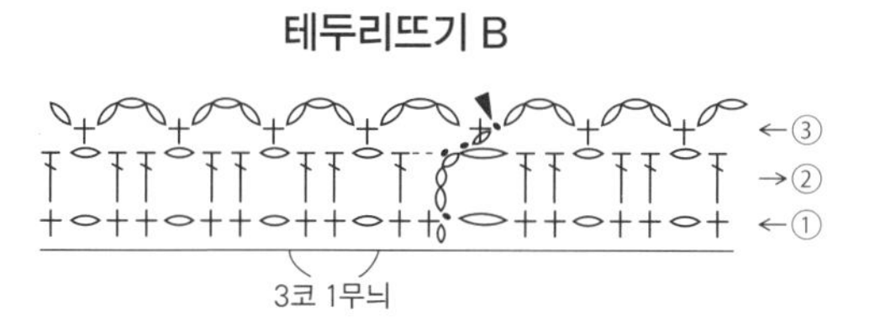
테두리뜨기 B
3코 1무늬

▷ = 실 잇기
► = 실 자르기

88페이지로 이어집니다. ▶

▶ 87페이지에서 이어집니다.

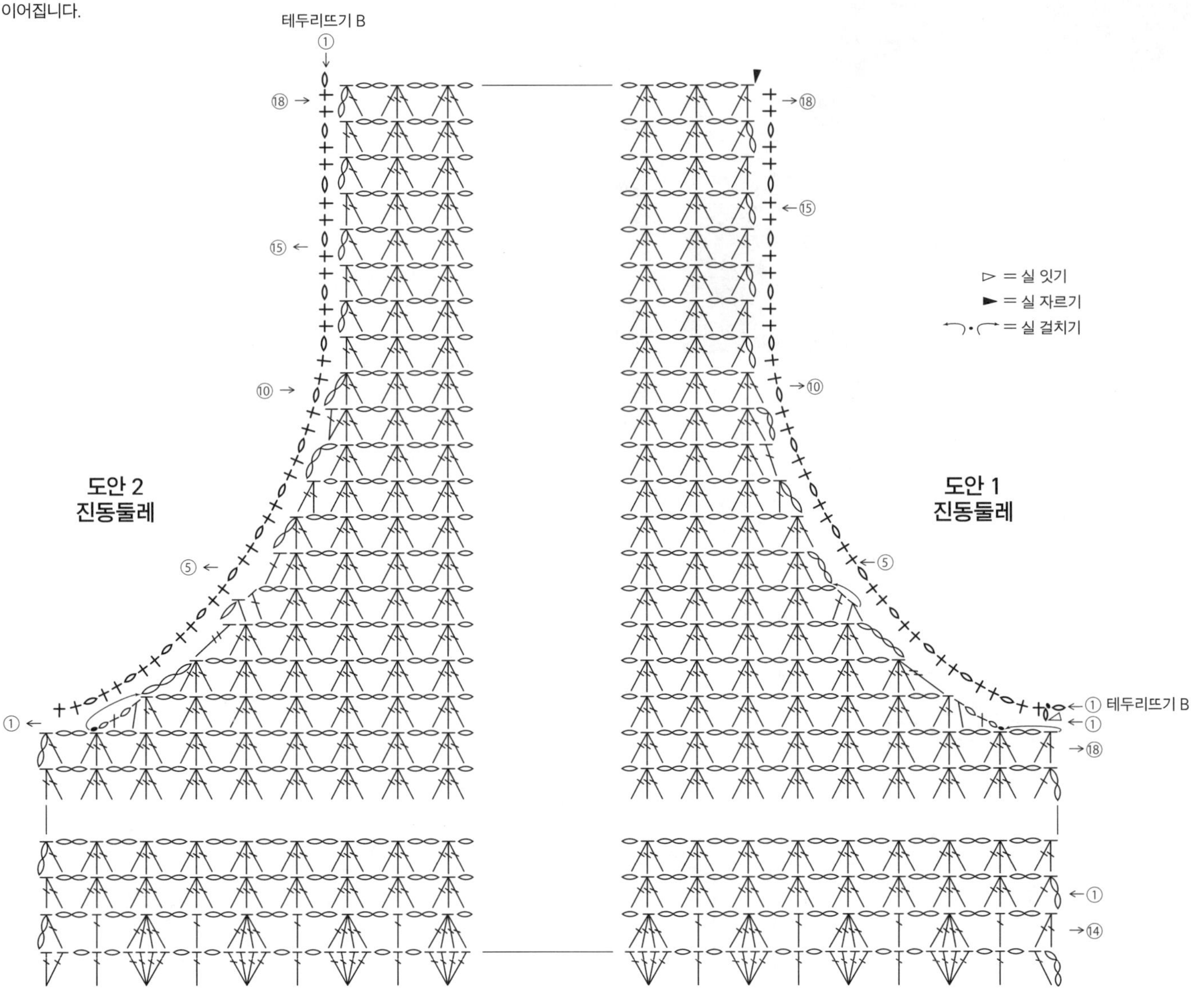
테두리뜨기 B
①
⑱
⑮
⑩
⑤
①
도안 2
진동둘레
도안 1
진동둘레
⑱
⑮
⑩
⑤
① 테두리뜨기 B
①
⑱
①
⑭
▷ = 실 잇기
► = 실 자르기
= 실 걸치기

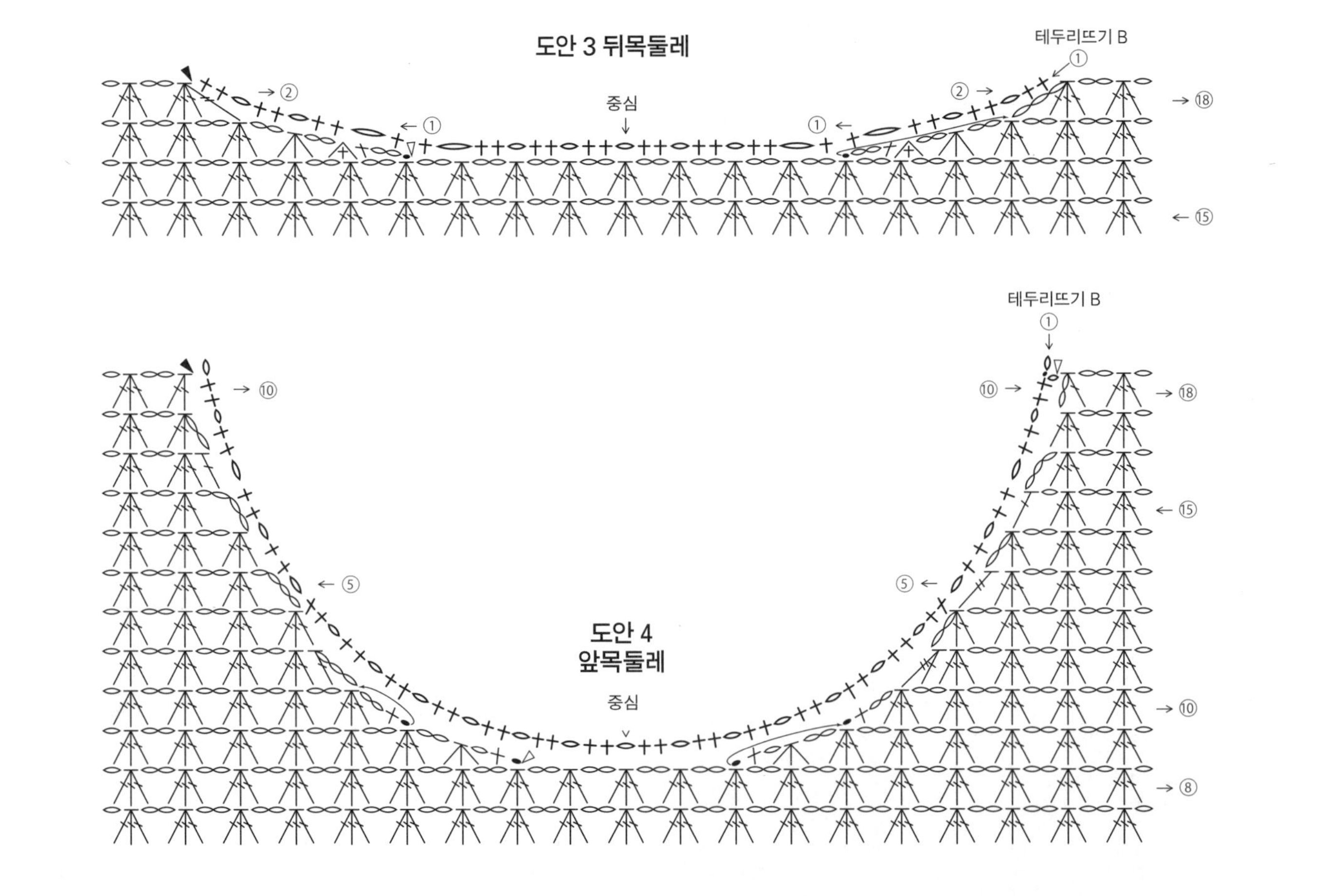
도안 3 뒤목둘레
테두리뜨기 B
①
②
①
중심
①
②
⑱
⑮
테두리뜨기 B
①
⑩
⑩
⑱
⑮
⑤
⑤
도안 4
앞목둘레
중심
⑩
⑧

카디건

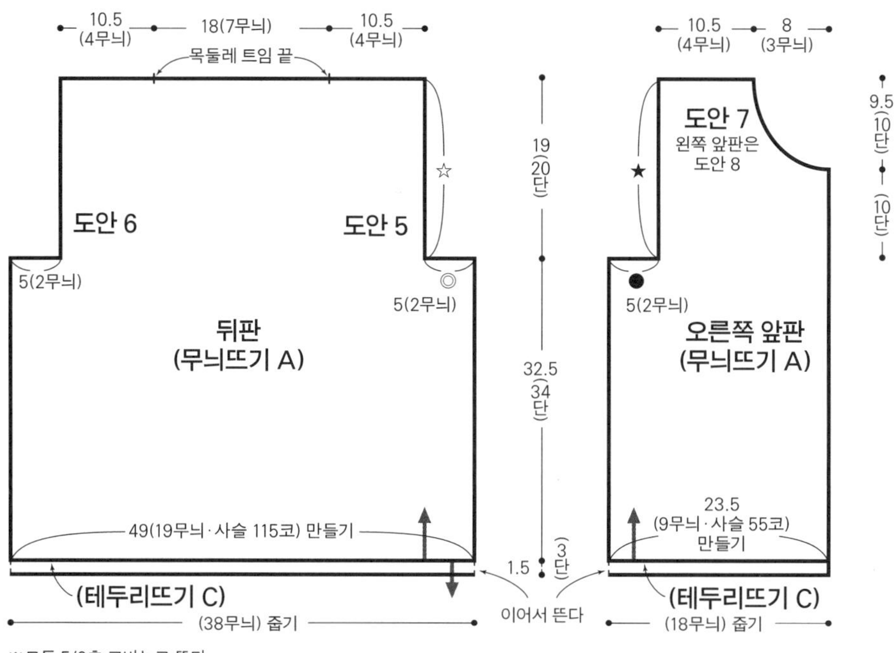
10.5 (4무늬)
18(7무늬)
10.5 (4무늬)
목둘레 트임 끝
19 (20단)
도안 6
도안 5
5(2무늬)
5(2무늬)
뒤판 (무늬뜨기 A)
32.5 (34단)
49(19무늬·사슬 115코) 만들기
1.5 (3단)
(테두리뜨기 C)
(38무늬) 줍기
이어서 뜬다
10.5 (4무늬)
8 (3무늬)
도안 7
왼쪽 앞판은 도안 8
9.5 (10단)
(10단)
5(2무늬)
오른쪽 앞판 (무늬뜨기 A)
23.5 (9무늬·사슬 55코) 만들기
(테두리뜨기 C)
(18무늬) 줍기

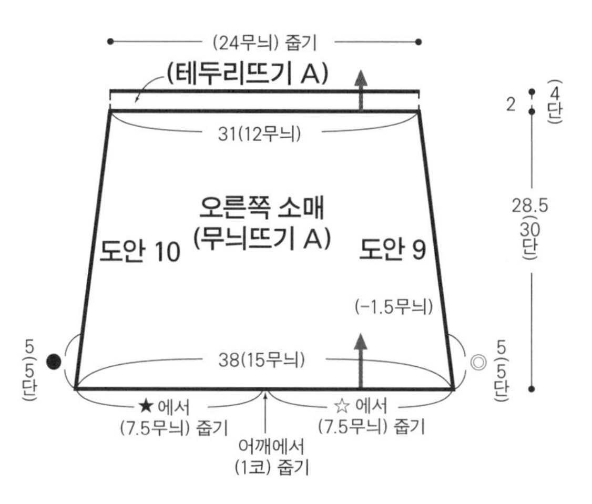
(24무늬) 줍기
(테두리뜨기 A)
2 (4단)
31(12무늬)
오른쪽 소매 (무늬뜨기 A)
도안 10
도안 9
28.5 (30단)
(−1.5무늬)
5 (5단)
38(15무늬)
5 (5단)
★에서 (7.5무늬) 줍기
☆에서 (7.5무늬) 줍기
어깨에서 (1코) 줍기

※◎, ●끼리는 휘감아 잇기로 연결한다.
※왼쪽 소매는 같은 요령으로 줍는다.

※모두 5/0호 코바늘로 뜬다.

목둘레(테두리뜨기 C)

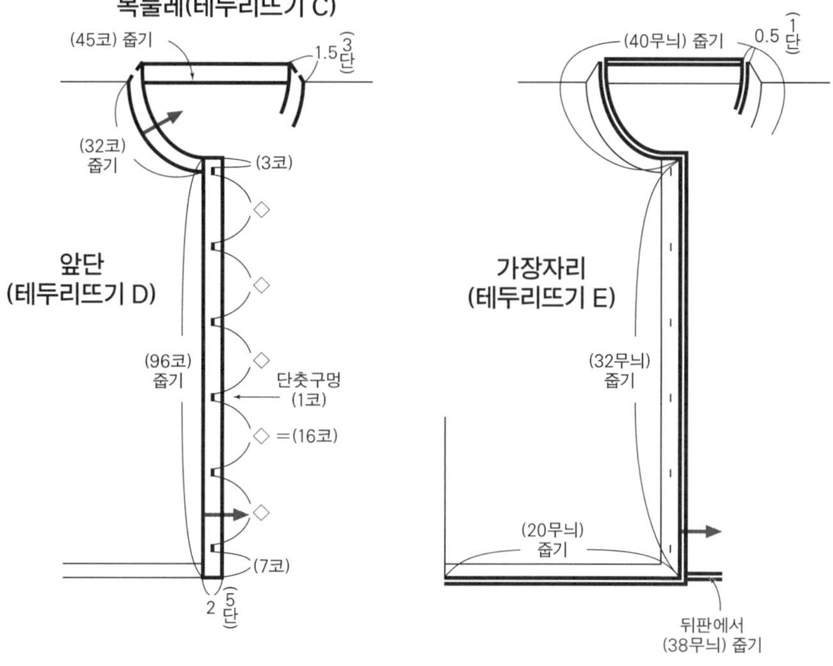
(45코) 줍기
1.5 (3단)
(32코) 줍기
(3코)
앞단 (테두리뜨기 D)
(96코) 줍기
단춧구멍 (1코)
◇=(16코)
(7코)
2 (5단)
(40무늬) 줍기
0.5 (1단)
가장자리 (테두리뜨기 E)
(32무늬) 줍기
(20무늬) 줍기
뒤판에서 (38무늬) 줍기

테두리뜨기 C

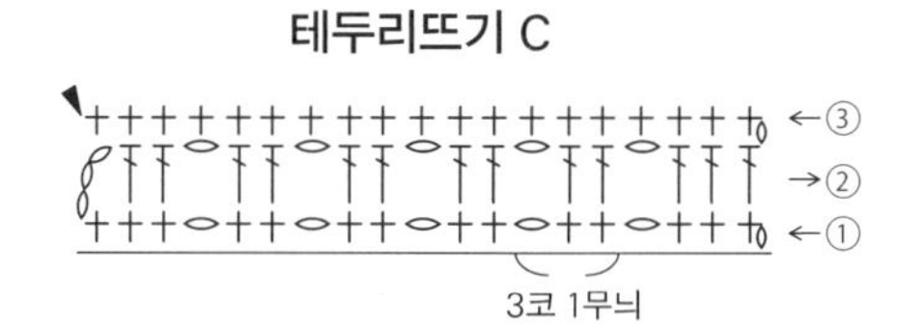
3코 1무늬

테두리뜨기 D

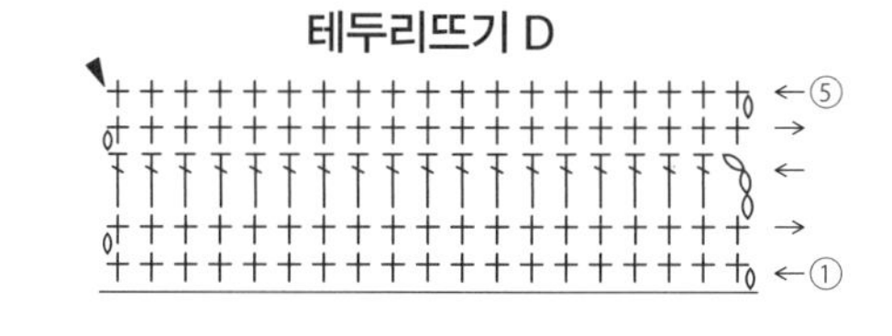

테두리뜨기 E

1무늬

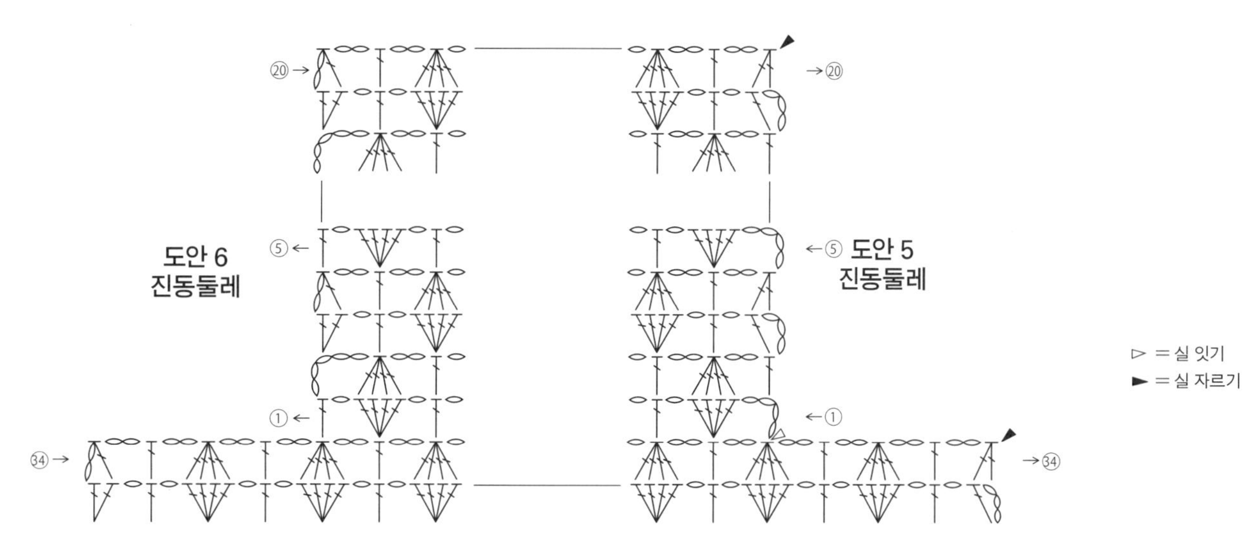
도안 6 진동둘레
도안 5 진동둘레
▷ = 실 잇기
► = 실 자르기

90페이지로 이어집니다. ▶

▶ 89페이지에서 이어집니다.

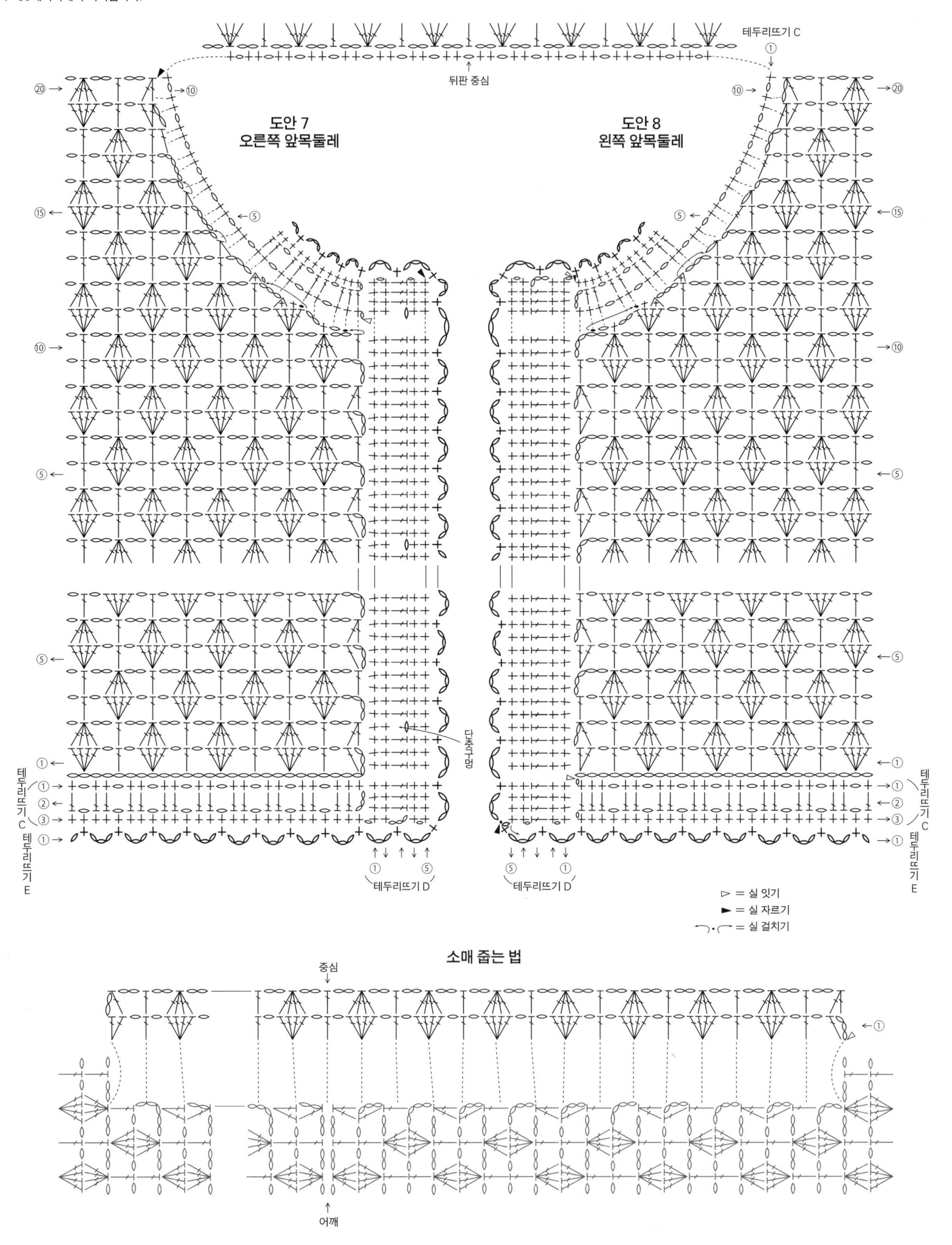

테두리뜨기 C
뒤판 중심
도안 7
오른쪽 앞목둘레
도안 8
왼쪽 앞목둘레
단추구멍
테두리뜨기 C
테두리뜨기 E
테두리뜨기 D
▷ = 실 잇기
► = 실 자르기
= 실 걸치기
소매 줍는 법
중심
어깨

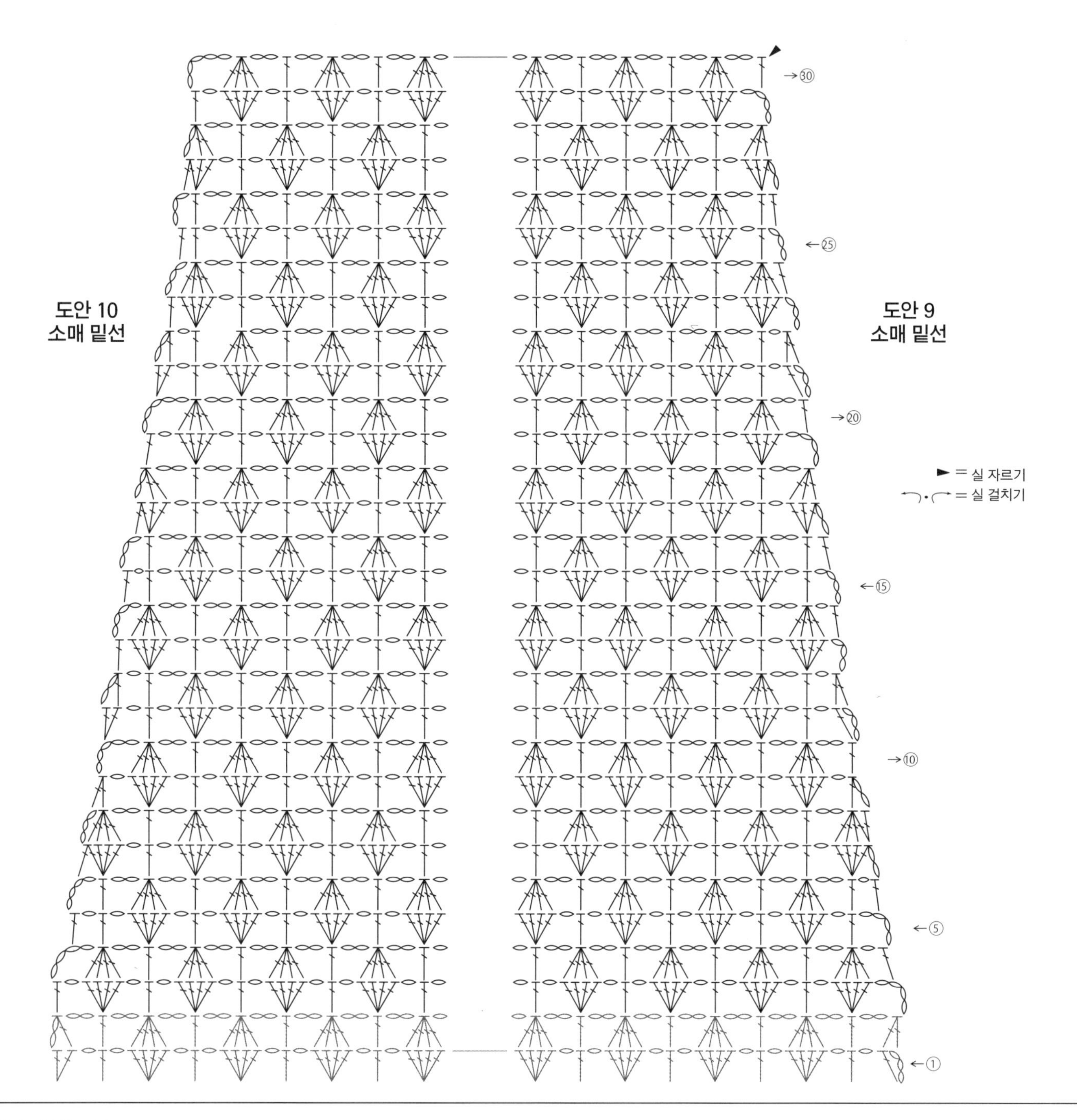

도안 10
소매 밑선
도안 9
소매 밑선
→㉚
←㉕
→⑳
► = 실 자르기
= 실 걸치기
←⑮
→⑩
←⑤
←①

플레인 아프간뜨기 뜨는 법

→ 되돌아뜨기
← 떠나가기
1단

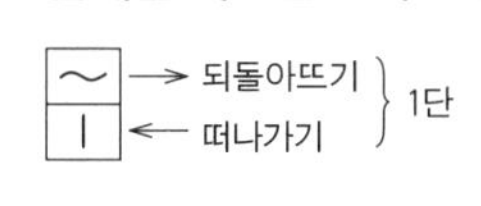

떠나가기

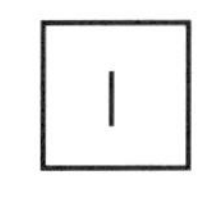

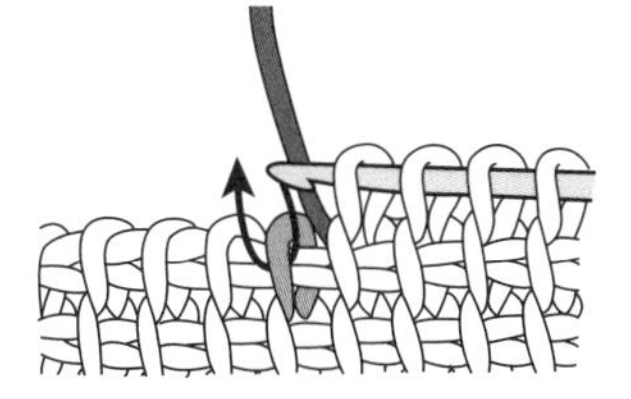

1 앞 단의 떠나가기 코(세로 코)에 화살표처럼 바늘을 넣는다.

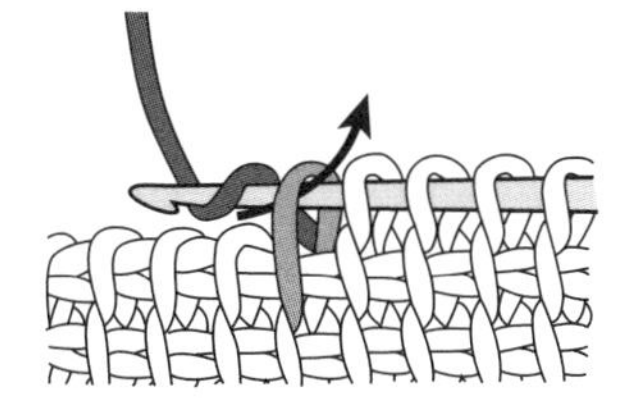

2 바늘에 실을 걸어 빼낸다.

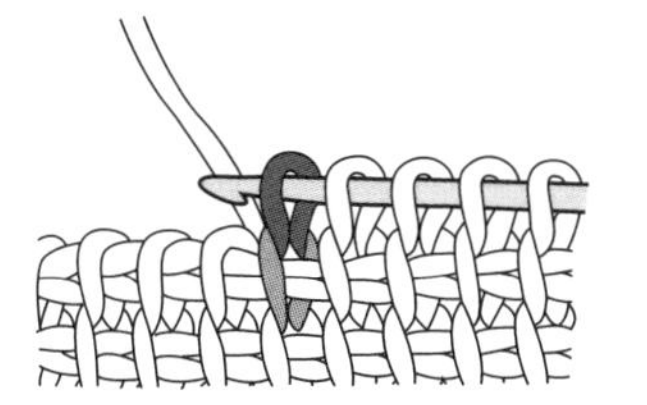

3 떠나가기 코가 완성됐다.

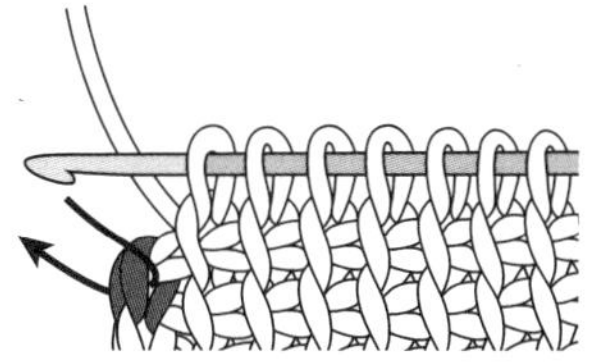

4 왼쪽 끝은 가장자리의 세로코와 되돌아뜨기로 이어지는 안쪽의 실 2가닥을 줍는다.

되돌아뜨기

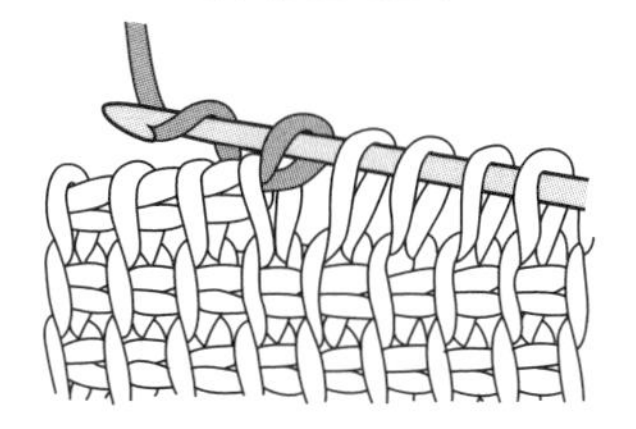

1 바늘에 실을 걸고,

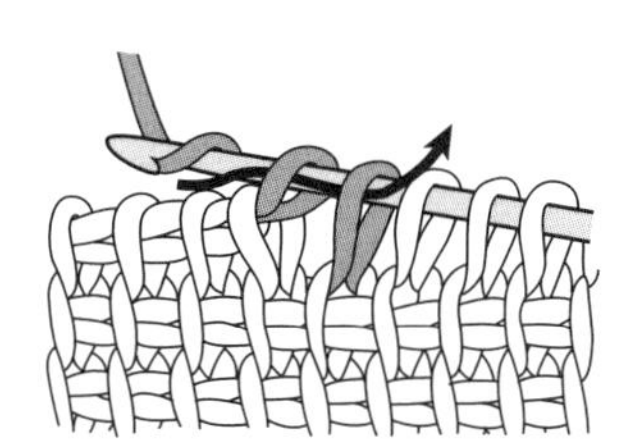

2 화살표처럼 바늘에 걸린 2코를 한 번에 빼낸다.

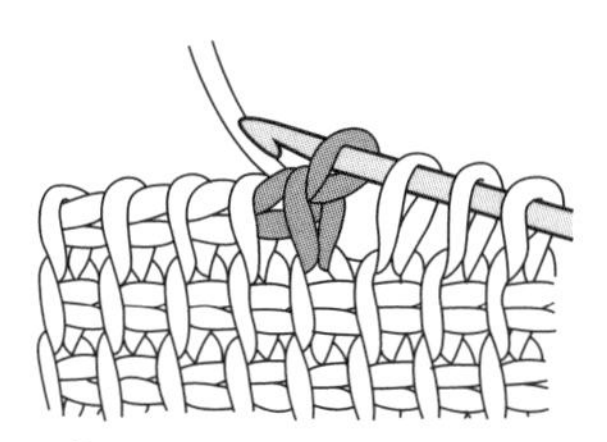

3 되돌아뜨기 코가 완성됐다.

생 질

한길 긴 앞걸어뜨기

※ 일본어 사이트

재료

실…퍼피 생 질 보라색(115) 520g 21볼, 황토색(129) 145g 6볼, 베이지(102) 55g 3볼

단추…지름 20㎜ 5개

도구

코바늘 6/0호

완성 크기

가슴둘레 125.5㎝, 기장 66.5㎝, 화장 30.5㎝

게이지(10×10㎝)

줄무늬 무늬뜨기 A 23코×23.5단, 줄무늬 무늬뜨기 B · 무늬뜨기 B 23코×11단

POINT

●몸판…모두 지정한 실 2가닥으로 뜹니다. 사슬뜨기로 기초코를 만들어 뜨기 시작해 뒤판은 짧은뜨기, 줄무늬 무늬뜨기 A · B, 무늬뜨기 B · B'로 앞판은 짧은뜨기, 줄무늬 무늬뜨기 A · B, 무늬뜨기 B · C, 한길 긴뜨기로 뜹니다. 줄임코는 도안을 참고하세요. 소맷부리는 몸판처럼 뜨기 시작해 짧은뜨기와 무늬뜨기 C'로 뜹니다.

●마무리…어깨는 빼뜨기로 잇기를 합니다. 앞단·목둘레는 지정 콧수를 주워 짧은뜨기로 뜹니다. 왼쪽 앞단에는 단춧구멍을 냅니다. 소맷부리는 빼뜨기로 잇기로 몸판과 연결합니다. 옆선은 사슬뜨기와 빼뜨기로 꿰매기를 합니다. 단추를 달아 마무리합니다.

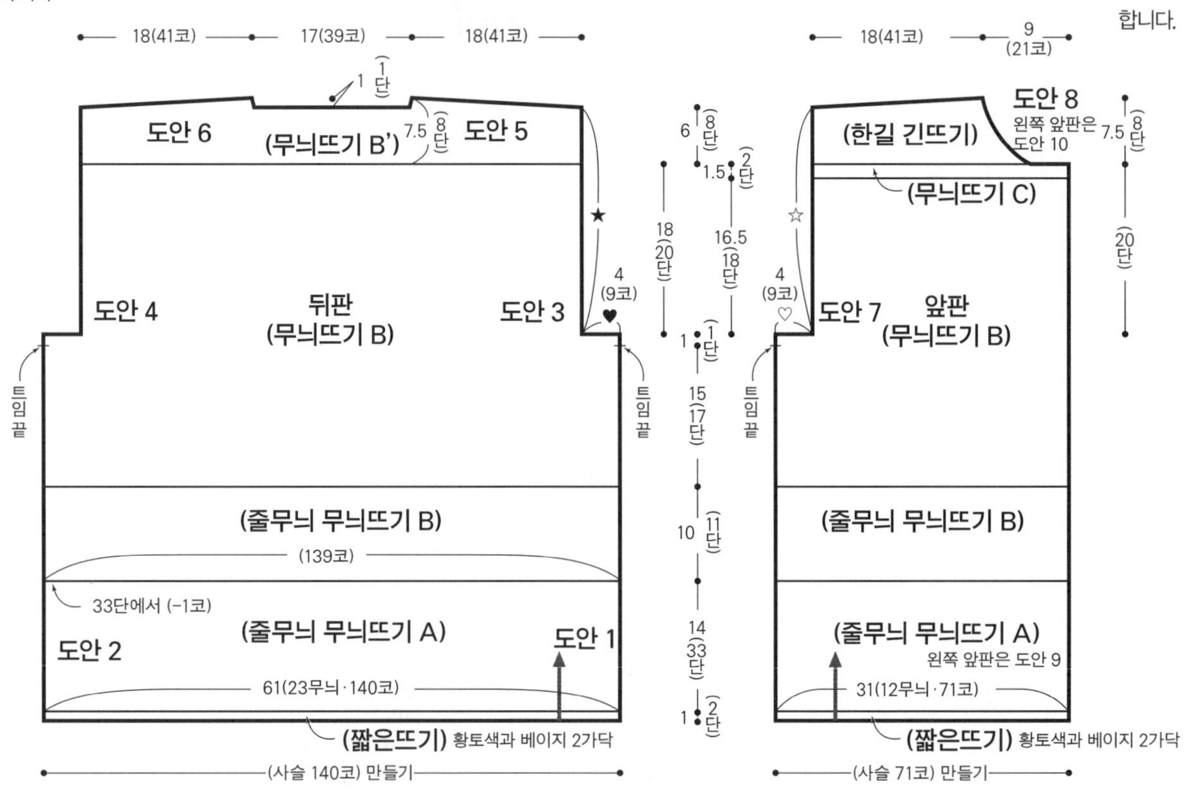
18(41코)
17(39코)
18(41코)
도안 6
(무늬뜨기 B')
도안 5
도안 4
뒤판
(무늬뜨기 B)
도안 3
(줄무늬 무늬뜨기 B)
(139코)
33단에서 (-1코)
(줄무늬 무늬뜨기 A)
도안 2
도안 1
61(23무늬 · 140코)
(짧은뜨기) 황토색과 베이지 2가닥
(사슬 140코) 만들기
트임 끝
9(21코)
도안 8
왼쪽 앞판은 도안 10
(한길 긴뜨기)
(무늬뜨기 C)
도안 7
앞판
(무늬뜨기 B)
(줄무늬 무늬뜨기 B)
(줄무늬 무늬뜨기 A)
왼쪽 앞판은 도안 9
31(12무늬 · 71코)
(짧은뜨기) 황토색과 베이지 2가닥
(사슬 71코) 만들기

※ 지정하지 않은 것은 보라색 2가닥으로 뜬다.
※ 모두 6/0호 코바늘로 뜬다.

목둘레(짧은뜨기)

(45코) 줍기 / 3.5(10단) / (-2코) ※도안 참고. / 빼뜨기로 잇기 / 1(2단) / (34코) 줍기 / (3코) / ●=2.5(8단) / ◎=(25코) / 빼뜨기로 잇기 / 단춧구멍(3코) ※도안 참고. / 트임 끝 / 앞단(짧은뜨기) / (130코) 줍기 / 사슬뜨기와 빼뜨기로 꿰매기 / (12코)

줄무늬 무늬뜨기 A

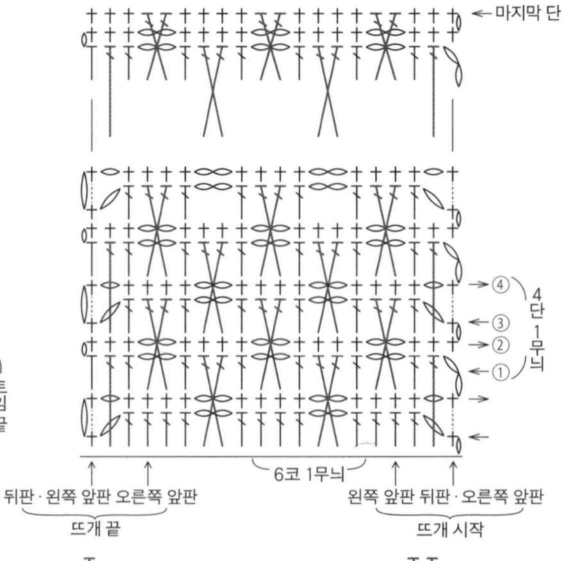
마지막 단
4단 1무늬
6코 1무늬
뒤판 · 왼쪽 앞판 오른쪽 앞판
뜨개 끝
왼쪽 앞판 뒤판 · 오른쪽 앞판
뜨개 시작

= 앞단과 2단 전의 코를 감싸면서 3단 아래 짧은뜨기를 주워 한길 긴뜨기를 뜬다

= 앞단과 2단 전의 코를 감싸면서 3단 아래 짧은뜨기를 주워 한길 긴 1코 교차뜨기를 뜬다

줄무늬 무늬뜨기 A의 배색

단	배색
33단	황토색과 베이지 2가닥
31, 32단	황토색 2가닥
29, 30단	보라색 2가닥
27, 28단	황토색과 베이지 2가닥
25, 26단	황토색 2가닥
23, 24단	보라색 2가닥
21, 22단	황토색과 베이지 2가닥
19, 20단	황토색 2가닥
17, 18단	보라색 2가닥
15, 16단	황토색과 베이지 2가닥
13, 14단	황토색 2가닥
11, 12단	보라색 2가닥
9, 10단	황토색과 베이지 2가닥
7, 8단	보라색 2가닥
5, 6단	황토색과 베이지 2가닥
3, 4단	보라색 2가닥
1, 2단	황토색과 베이지 2가닥

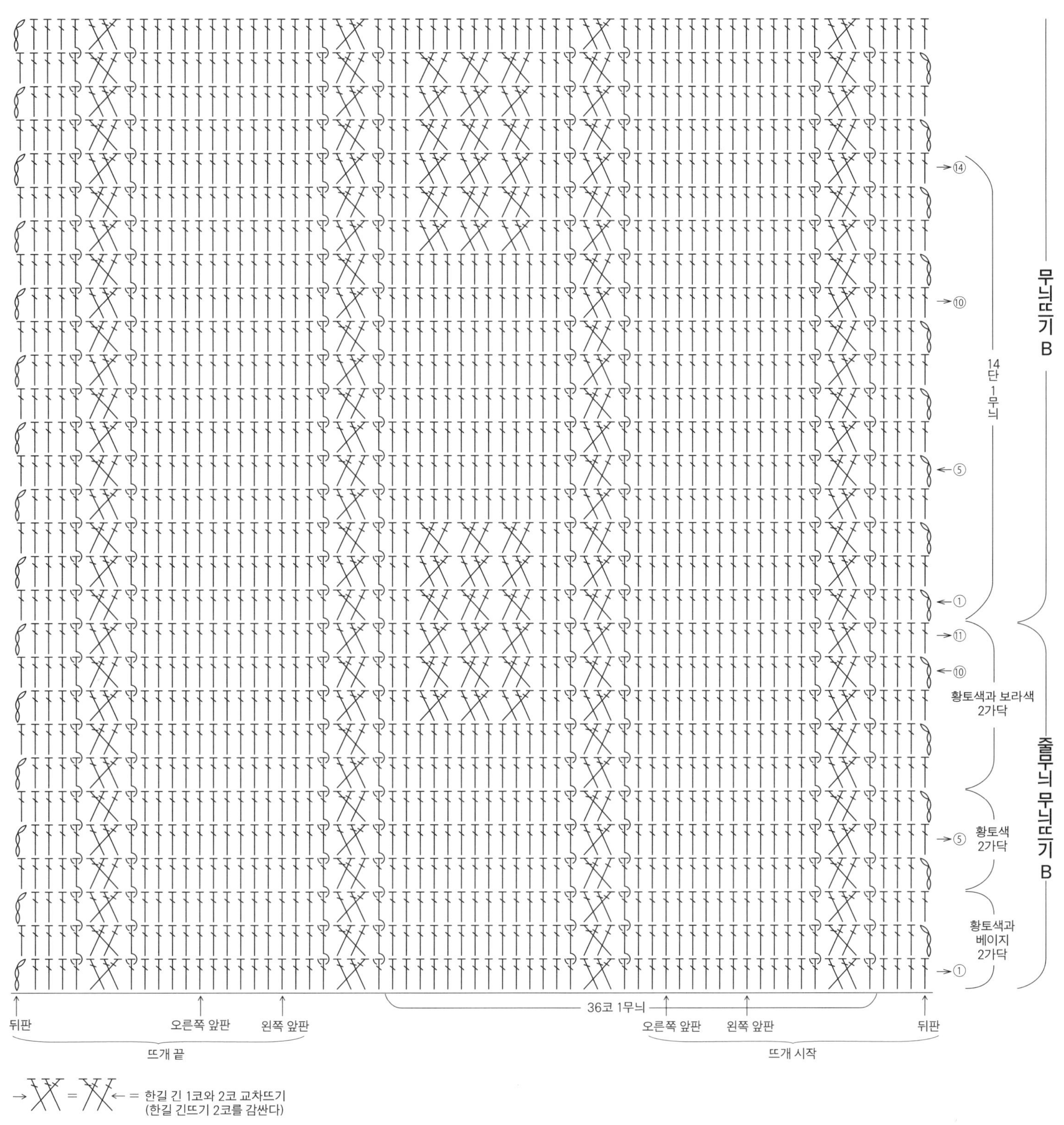

무늬뜨기 B
14단 1무늬
⑭
⑩
⑤
①
⑪
⑩
⑤
①
황토색과 보라색 2가닥
황토색 2가닥
황토색과 베이지 2가닥
줄무늬 무늬뜨기 B
36코 1무늬
뒤판
오른쪽 앞판
왼쪽 앞판
뜨개 끝
오른쪽 앞판
왼쪽 앞판
뒤판
뜨개 시작

= 한길 긴 1코와 2코 교차뜨기
(한길 긴뜨기 2코를 감싼다)

= 한길 긴 앞걸어뜨기
※ 안면에서 뜰 때는 한길 긴 뒤걸어뜨기로 뜬다.

한길 긴 1코와 2코 교차뜨기

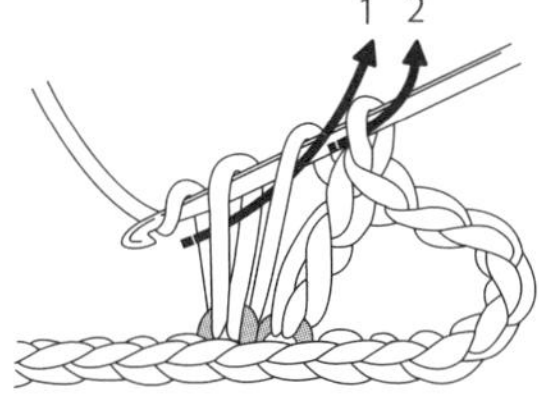

1 2

1 교차할 1코만큼 건너뛰어 사슬의 코산을 주워 한길 긴뜨기 2코를 뜬다.

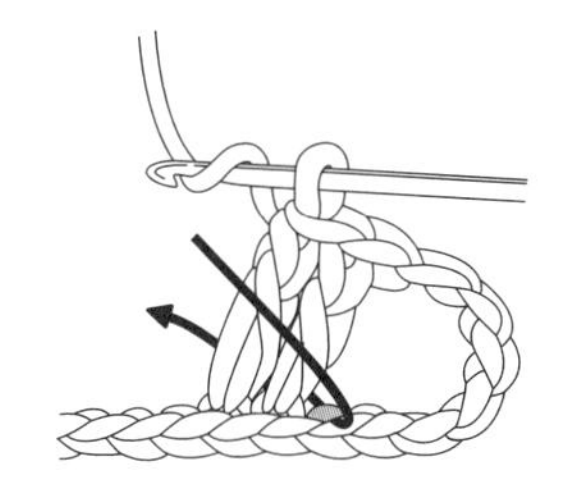

2 2코 뒤쪽 사슬의 코산에 코바늘을 넣고

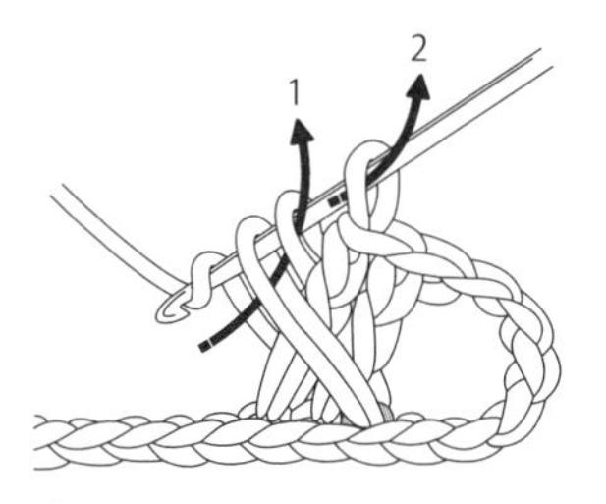

1
2

3 먼저 뜬 2코를 감싸 한길 긴뜨기를 한다.

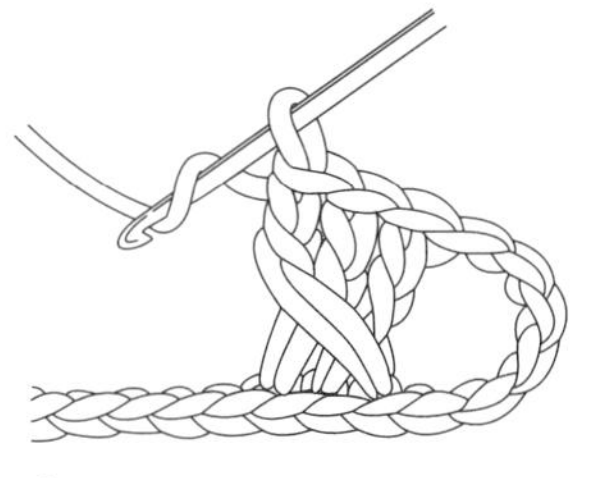

4 한길 긴 1코와 2코 교차뜨기 완성.

94페이지로 이어집니다. ▶

▶ 93페이지에서 이어집니다.

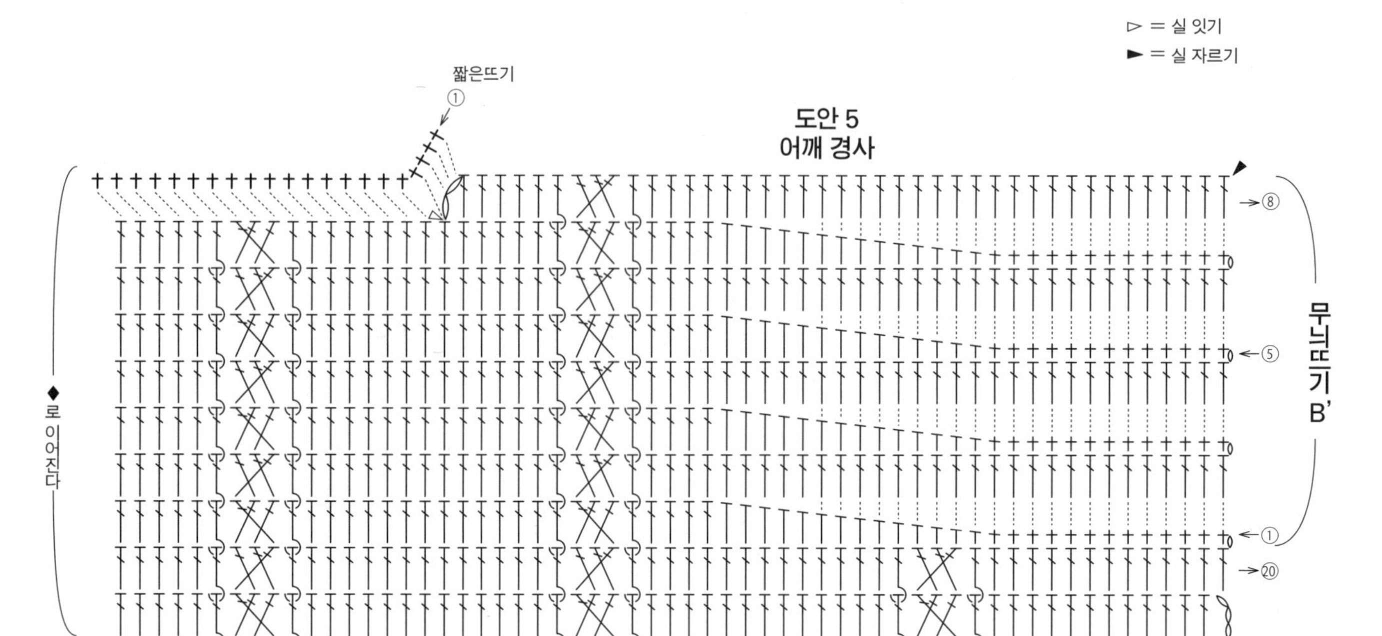
▷ = 실 잇기
► = 실 자르기
짧은뜨기
도안 5
어깨 경사
◆로 이어진다
무늬뜨기 B'

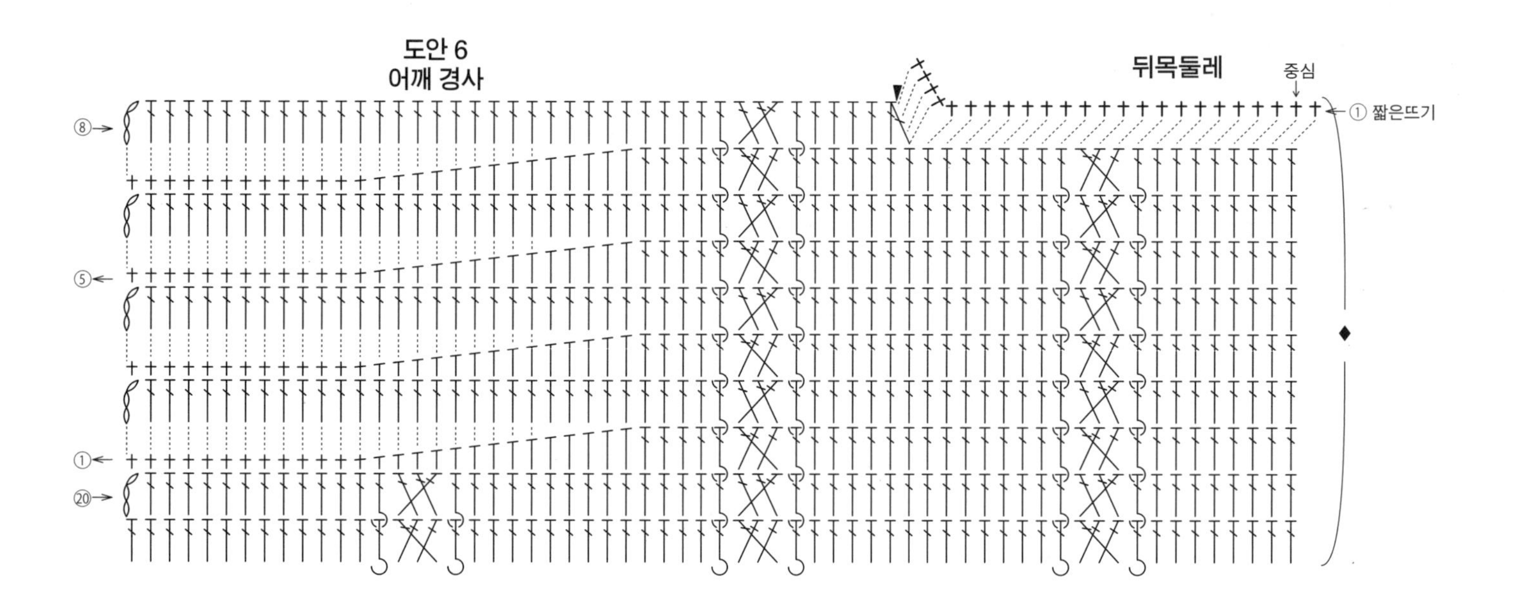
도안 6
어깨 경사
뒤목둘레
중심
① 짧은뜨기

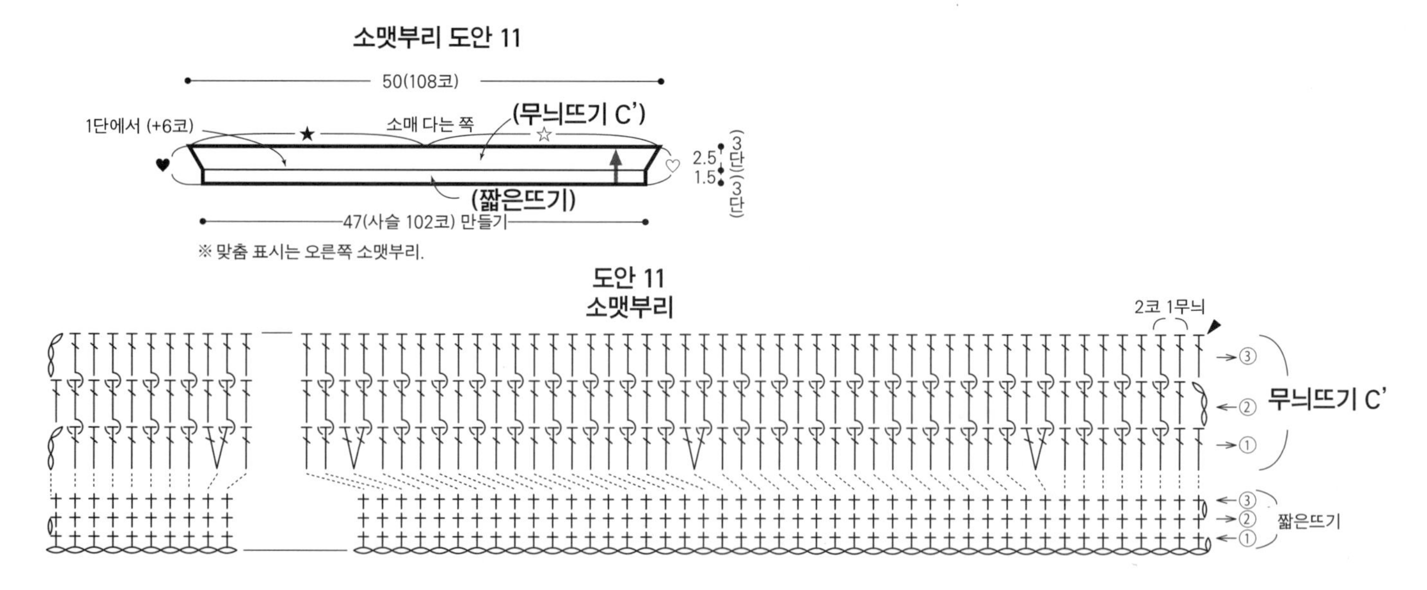
소맷부리 도안 11
50(108코)
1단에서 (+6코)
소매 다는 쪽
(무늬뜨기 C')
2.5
1.5
3단
3단
(짧은뜨기)
47(사슬 102코) 만들기
※ 맞춤 표시는 오른쪽 소맷부리.
도안 11
소맷부리
2코 1무늬
무늬뜨기 C'
짧은뜨기

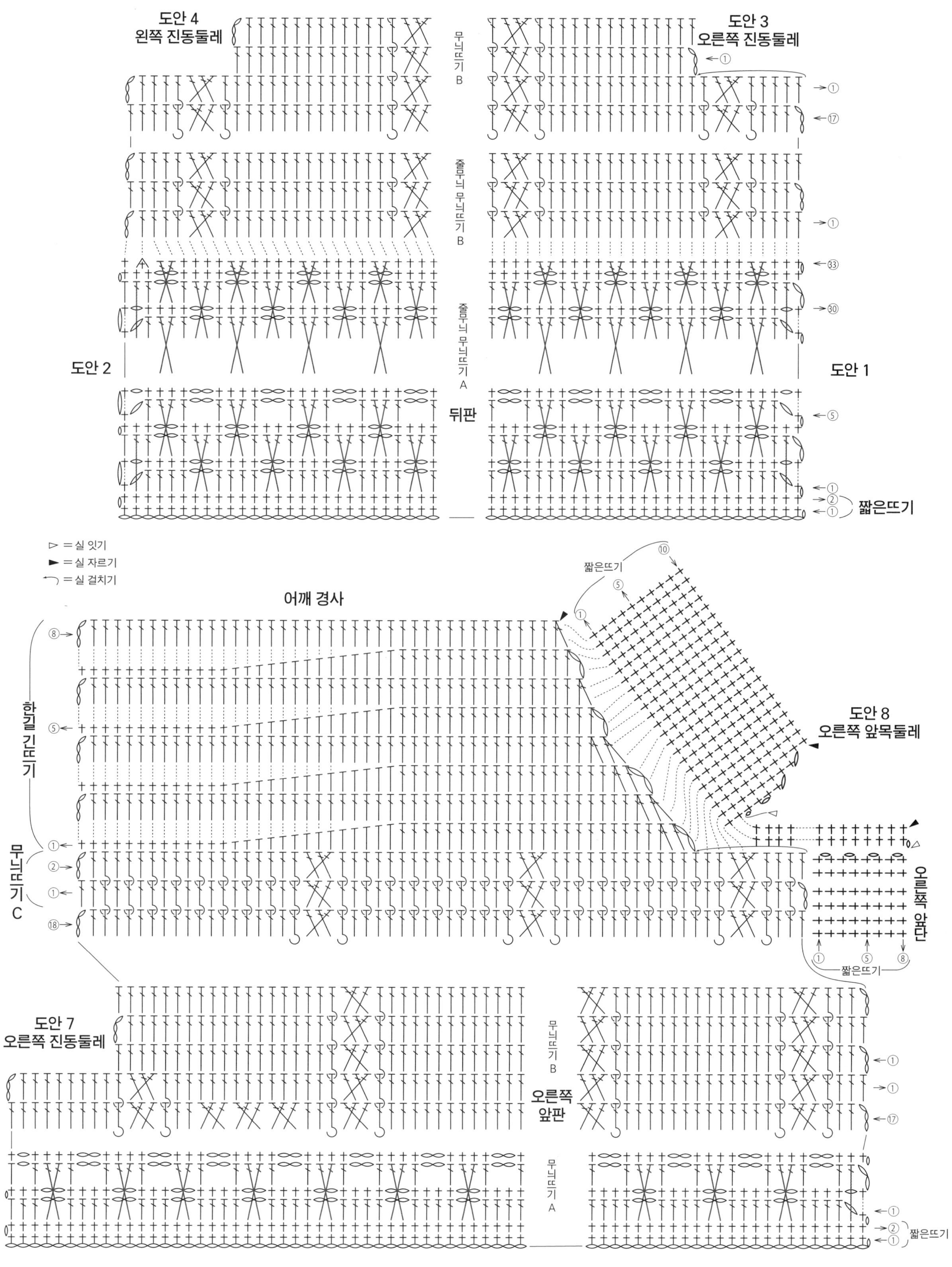
도안 4
왼쪽 진동둘레
무늬뜨기 B
도안 3
오른쪽 진동둘레
줄무늬 무늬뜨기 B
줄무늬 무늬뜨기 A
도안 2
도안 1
뒤판
짧은뜨기
=실 잇기
=실 자르기
=실 걸치기
어깨 경사
짧은뜨기
도안 8
오른쪽 앞목둘레
한길 긴뜨기
무늬뜨기 C
오른쪽 앞단
짧은뜨기
도안 7
오른쪽 진동둘레
무늬뜨기 B
오른쪽 앞판
무늬뜨기 A
짧은뜨기

96페이지로 이어집니다. ▶

▶ 95페이지에서 이어집니다.

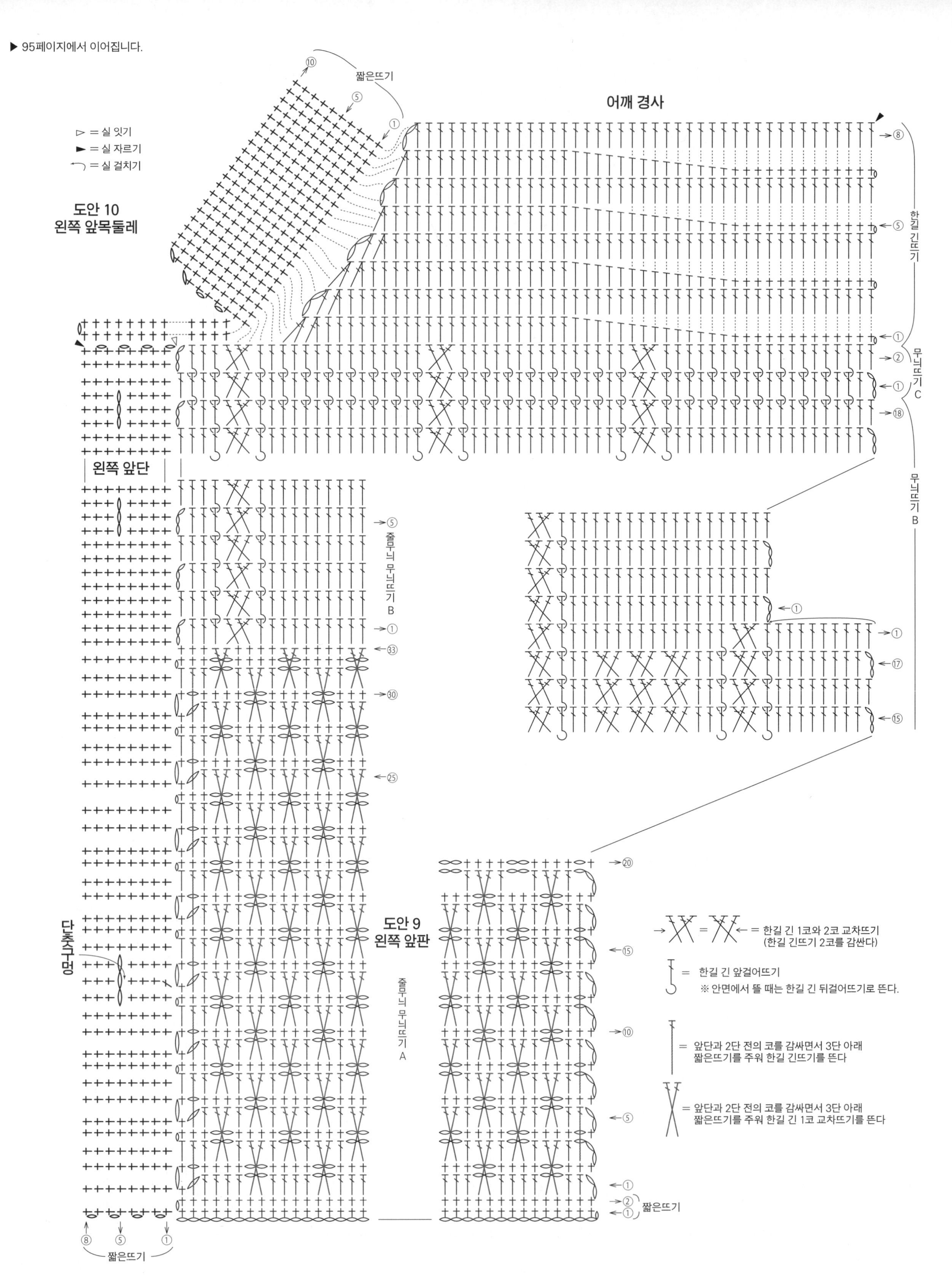

▷ = 실 잇기
► = 실 자르기
= 실 걸치기
도안 10
왼쪽 앞목둘레
짧은뜨기
어깨 경사
한길 긴뜨기
무늬뜨기 C
무늬뜨기 B
왼쪽 앞단
줄무늬 무늬뜨기 B
단추구멍
도안 9
왼쪽 앞판
줄무늬 무늬뜨기 A
짧은뜨기
= 한길 긴 1코와 2코 교차뜨기
(한길 긴뜨기 2코를 감싼다)
= 한길 긴 앞걸어뜨기
※ 안면에서 뜰 때는 한길 긴 뒤걸어뜨기로 뜬다.
= 앞단과 2단 전의 코를 감싸면서 3단 아래 짧은뜨기를 주워 한길 긴뜨기를 뜬다
= 앞단과 2단 전의 코를 감싸면서 3단 아래 짧은뜨기를 주워 한길 긴 1코 교차뜨기를 뜬다

재료

실…스키 얀 스키 크로네 하늘색 계열 그러데이션(1534) 255g 9볼, 노란색 계열 그러데이션(1533) 65g 3볼

단추…지름 13㎜ 6개

도구

코바늘 3/0호

완성 크기

가슴둘레 102㎝, 기장 53㎝, 화장 52.5㎝

게이지

모티브 1변 8.5㎝, 줄무늬 무늬뜨기 A(10×10㎝) 30코×12단

POINT

●몸판·소매…뒤판 '아래'·앞판 '아래'는 모티브 잇기로 뜹니다. 모티브는 2번째 장부터는 마지막 단에서 옆 모티브와 빼뜨기로 연결하며 뜹니다. 뒤판 '위'·앞판 '위'·소매는 사슬뜨기로 기초코를 만들어 줄무늬 무늬뜨기 A로 뜹니다. 증감코는 도안을 참고하세요.

●마무리…어깨는 사슬뜨기와 빼뜨기로 잇기, 소매 밑선은 사슬뜨기와 빼뜨기로 꿰매기를 합니다. 목둘레는 지정 콧수를 주워 줄무늬 무늬뜨기 B로 뜹니다. 등 트임은 짧은뜨기로 뜨는데 왼쪽 등 트임에는 단춧구멍을 냅니다. 왼쪽 등 트임의 옆선은 휘감아 잇기, 오른쪽 등 트임의 옆선은 안쪽에 감칩니다. 밑단·소맷부리는 테두리뜨기를 원형으로 왕복뜨기합니다. 몸판 '위'와 '아래'는 휘감아 잇기, 소매는 사슬뜨기와 빼뜨기로 잇기로 몸판과 연결합니다. 단추를 달아 마무리합니다.

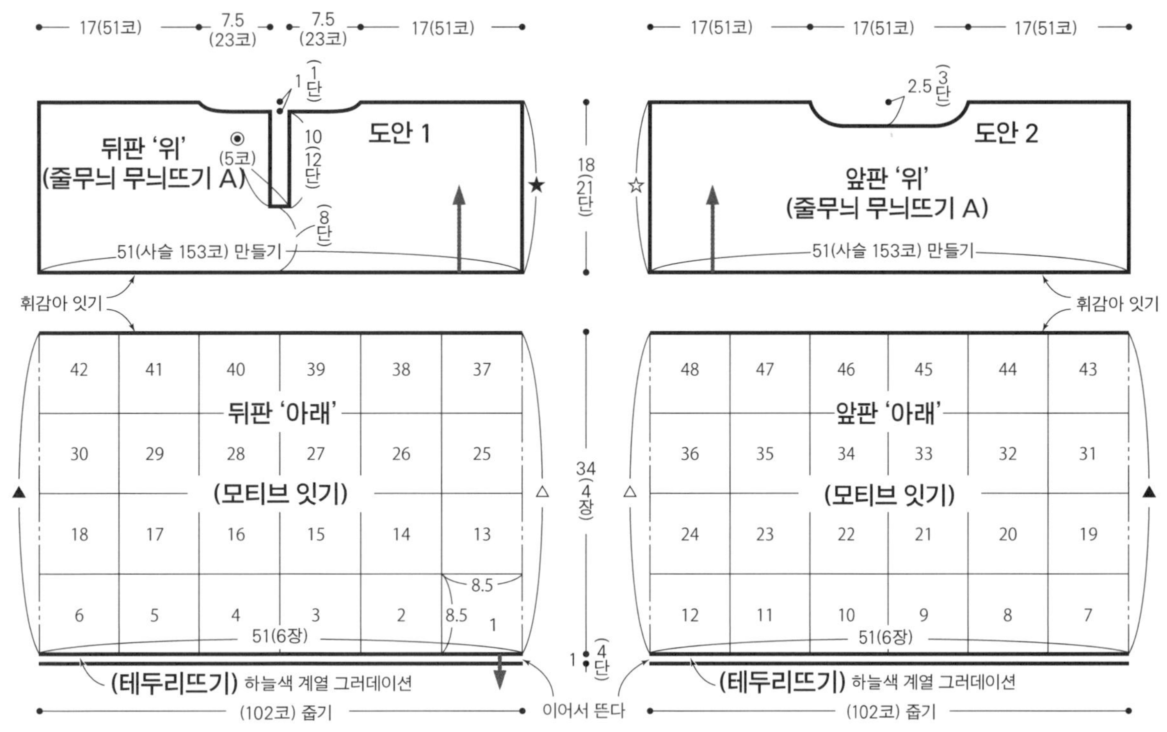
17(51코)
7.5 (23코)
7.5 (23코)
17(51코)
17(51코)
17(51코)
17(51코)
1 (1단)
2.5 (3단)
도안 1
도안 2
뒤판 '위' (줄무늬 무늬뜨기 A)
(5코)
10 (12단)
(8단)
18 (21단)
앞판 '위' (줄무늬 무늬뜨기 A)
51(사슬 153코) 만들기
51(사슬 153코) 만들기
휘감아 잇기
휘감아 잇기
뒤판 '아래' (모티브 잇기)
앞판 '아래' (모티브 잇기)
34 (4장)
8.5
8.5
51(6장)
51(6장)
1 (4단)
(테두리뜨기) 하늘색 계열 그러데이션
(테두리뜨기) 하늘색 계열 그러데이션
(102코) 줍기
이어서 뜬다
(102코) 줍기

※ 모두 3/0호 코바늘로 뜬다.
※ 모티브 안의 숫자는 연결하는 순서다.
※ △, ▲끼리는 뜨면서 연결한다.

36(107코)
소매 (줄무늬 무늬뜨기 A)
도안 4 도안 3
21 (25단)
(+12코)
28(사슬 83코) 만들기
5 (6단)
1 (4단)
(테두리뜨기) 하늘색 계열 그러데이션
(63코) 줍기

※ 맞춤 표시는 오른쪽 소매.

테두리뜨기

† = 짧은 이랑뜨기

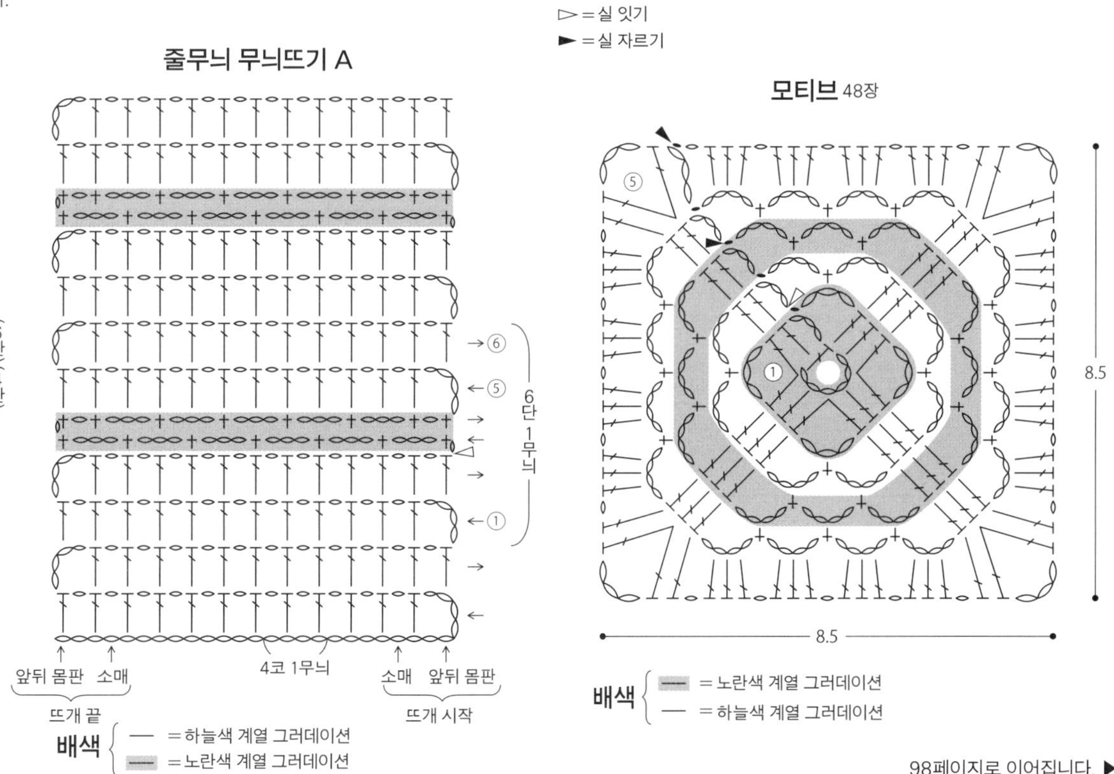
▷ = 실 잇기
► = 실 자르기
줄무늬 무늬뜨기 A
6단 1무늬
앞뒤 몸판 소매
4코 1무늬
소매 앞뒤 몸판
뜨개 끝
뜨개 시작
배색
— = 하늘색 계열 그러데이션
▬ = 노란색 계열 그러데이션
모티브 48장
8.5
8.5
배색
▬ = 노란색 계열 그러데이션
— = 하늘색 계열 그러데이션

98페이지로 이어집니다. ▶

▶ 97페이지에서 이어집니다.

모티브 잇는 법

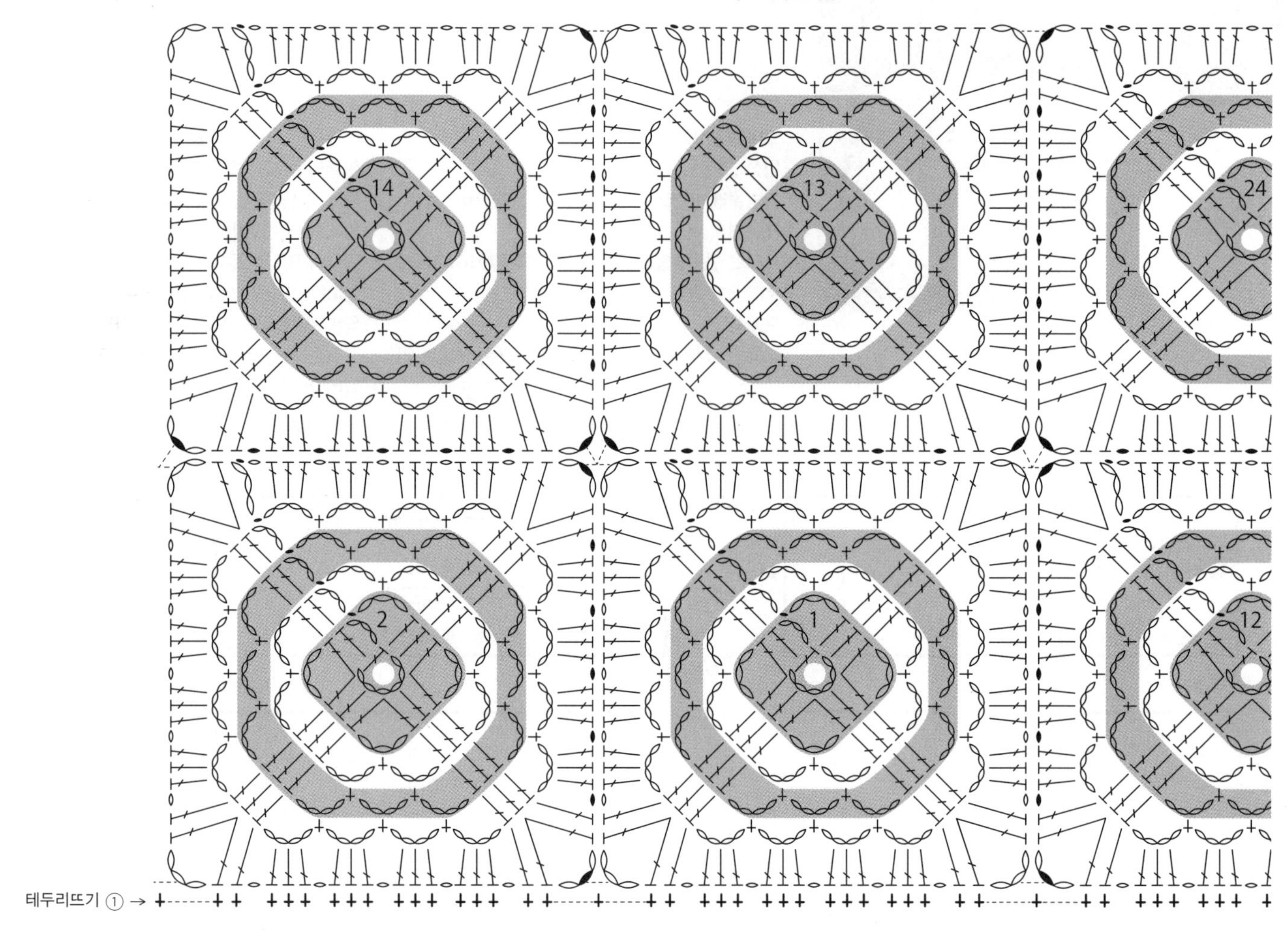
14
13
24
2
1
12
테두리뜨기 ①

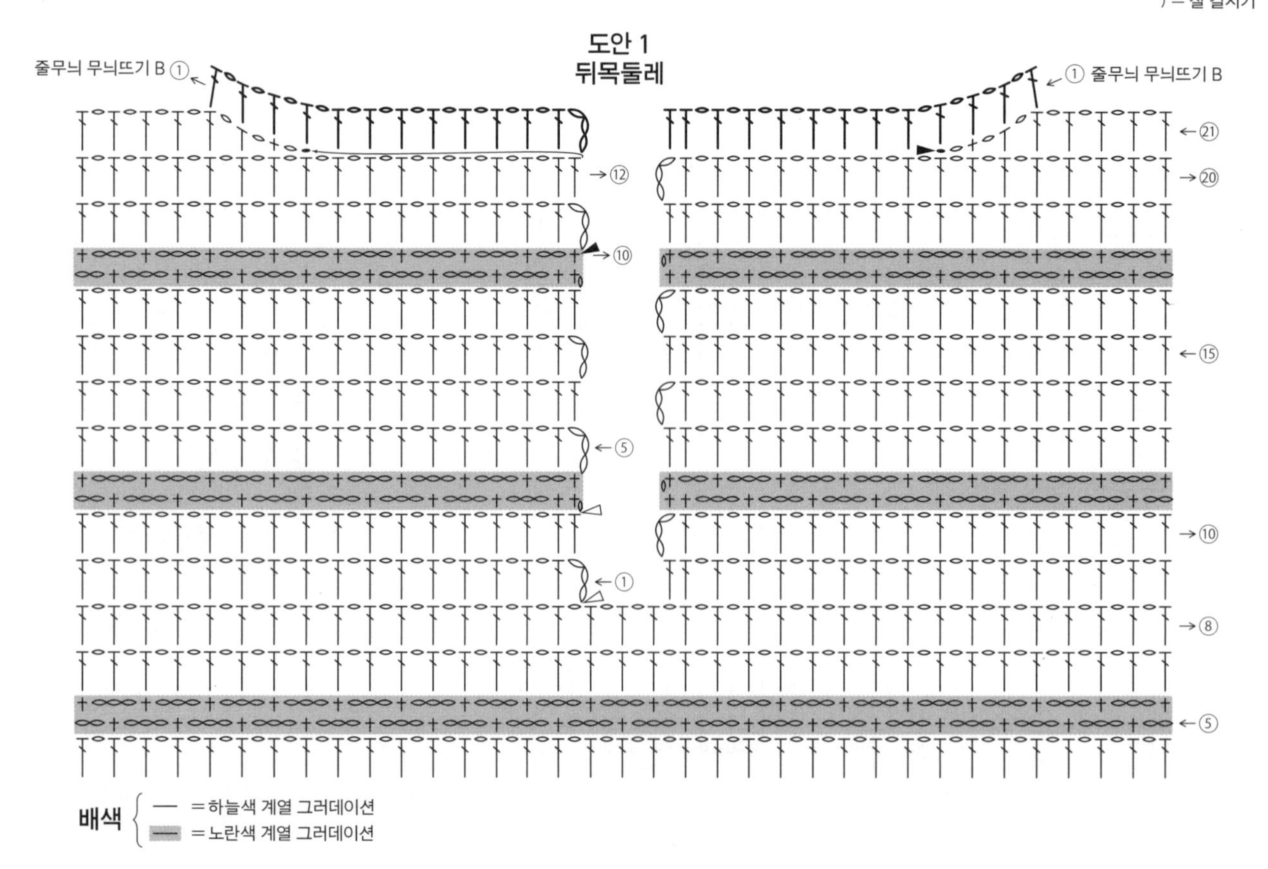
▷ = 실 잇기
► = 실 자르기
= 실 걸치기
도안 1
뒤목둘레
줄무늬 무늬뜨기 B ①
① 줄무늬 무늬뜨기 B
㉑
⑫
⑳
⑩
⑮
⑤
⑩
①
⑧
⑤
배색
= 하늘색 계열 그러데이션
= 노란색 계열 그러데이션

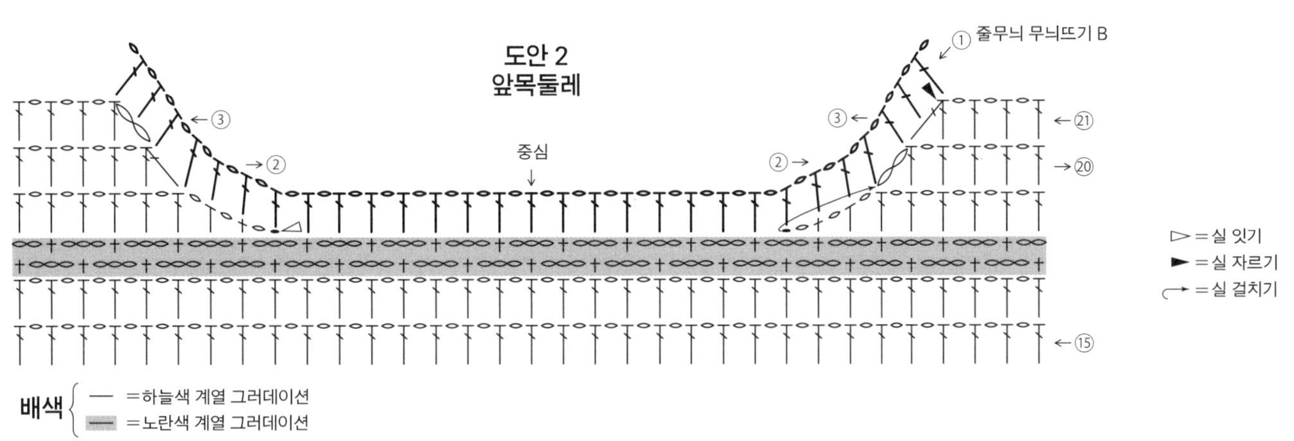

도안 2
앞목둘레
중심
① 줄무늬 무늬뜨기 B
③
②
㉑
⑳
⑮
▷ = 실 잇기
► = 실 자르기
= 실 걸치기
배색
— = 하늘색 계열 그러데이션
— = 노란색 계열 그러데이션

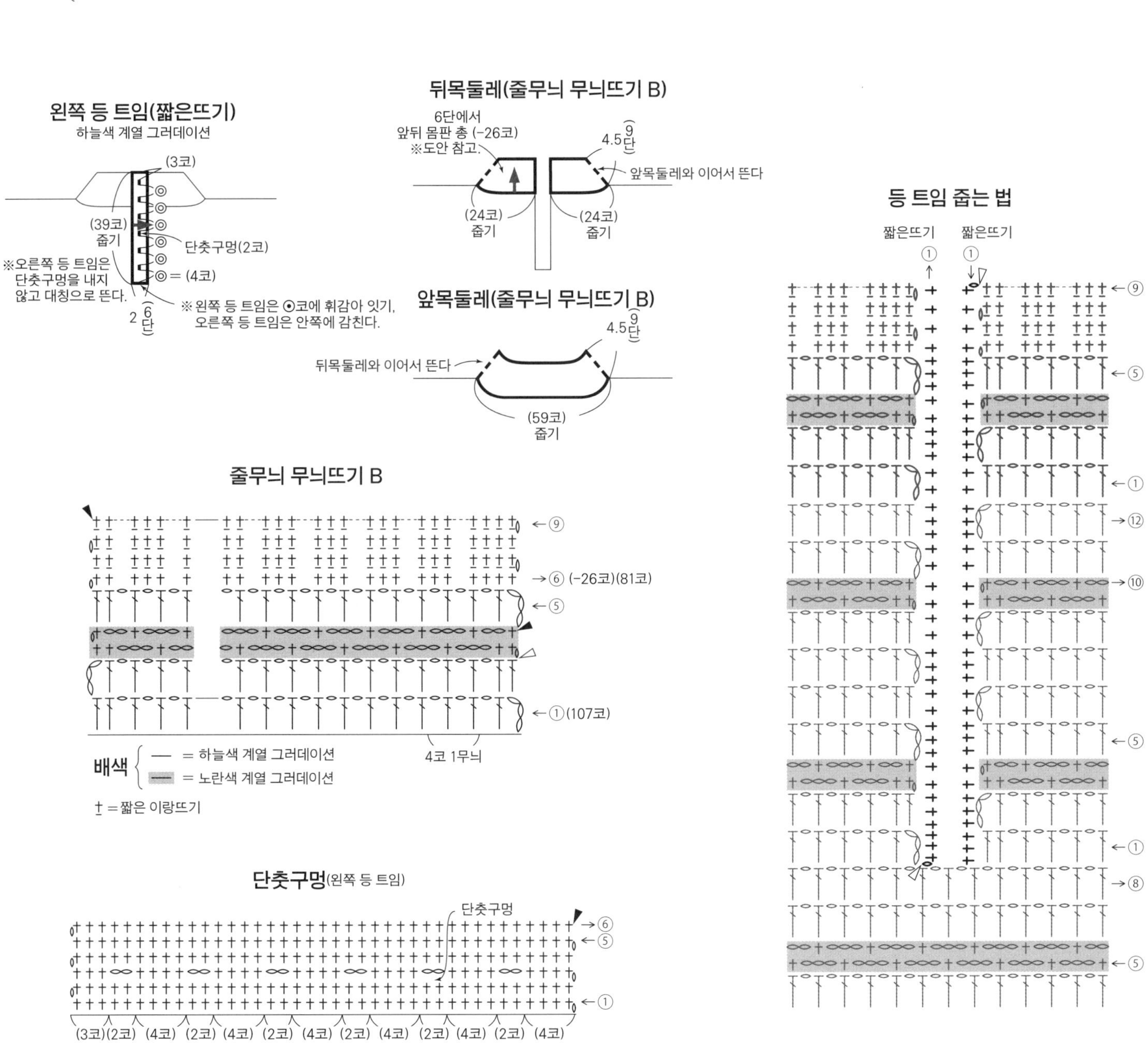

왼쪽 등 트임(짧은뜨기)
하늘색 계열 그러데이션
(3코)
(39코) 줍기
단춧구멍(2코)
◎ = (4코)
※오른쪽 등 트임은 단춧구멍을 내지 않고 대칭으로 뜬다.
2 (6단)
※ 왼쪽 등 트임은 ⊙코에 휘감아 잇기, 오른쪽 등 트임은 안쪽에 감친다.
뒤목둘레(줄무늬 무늬뜨기 B)
6단에서 앞뒤 몸판 총 (-26코) ※도안 참고.
4.5 (9단)
앞목둘레와 이어서 뜬다
(24코) 줍기
(24코) 줍기
앞목둘레(줄무늬 무늬뜨기 B)
4.5 (9단)
뒤목둘레와 이어서 뜬다
(59코) 줍기
줄무늬 무늬뜨기 B
⑨
⑥ (-26코)(81코)
⑤
① (107코)
4코 1무늬
배색
— = 하늘색 계열 그러데이션
— = 노란색 계열 그러데이션
† = 짧은 이랑뜨기
단춧구멍(왼쪽 등 트임)
단춧구멍
⑥
⑤
①
(3코)(2코) (4코) (2코) (4코) (2코) (4코) (2코) (4코) (2코) (4코) (2코) (4코)
등 트임 줍는 법
짧은뜨기
짧은뜨기
①
①
⑨
⑤
①
⑫
⑩
⑤
①
⑧
⑤

100페이지로 이어집니다. ▶

▶ 99페이지에서 이어집니다.

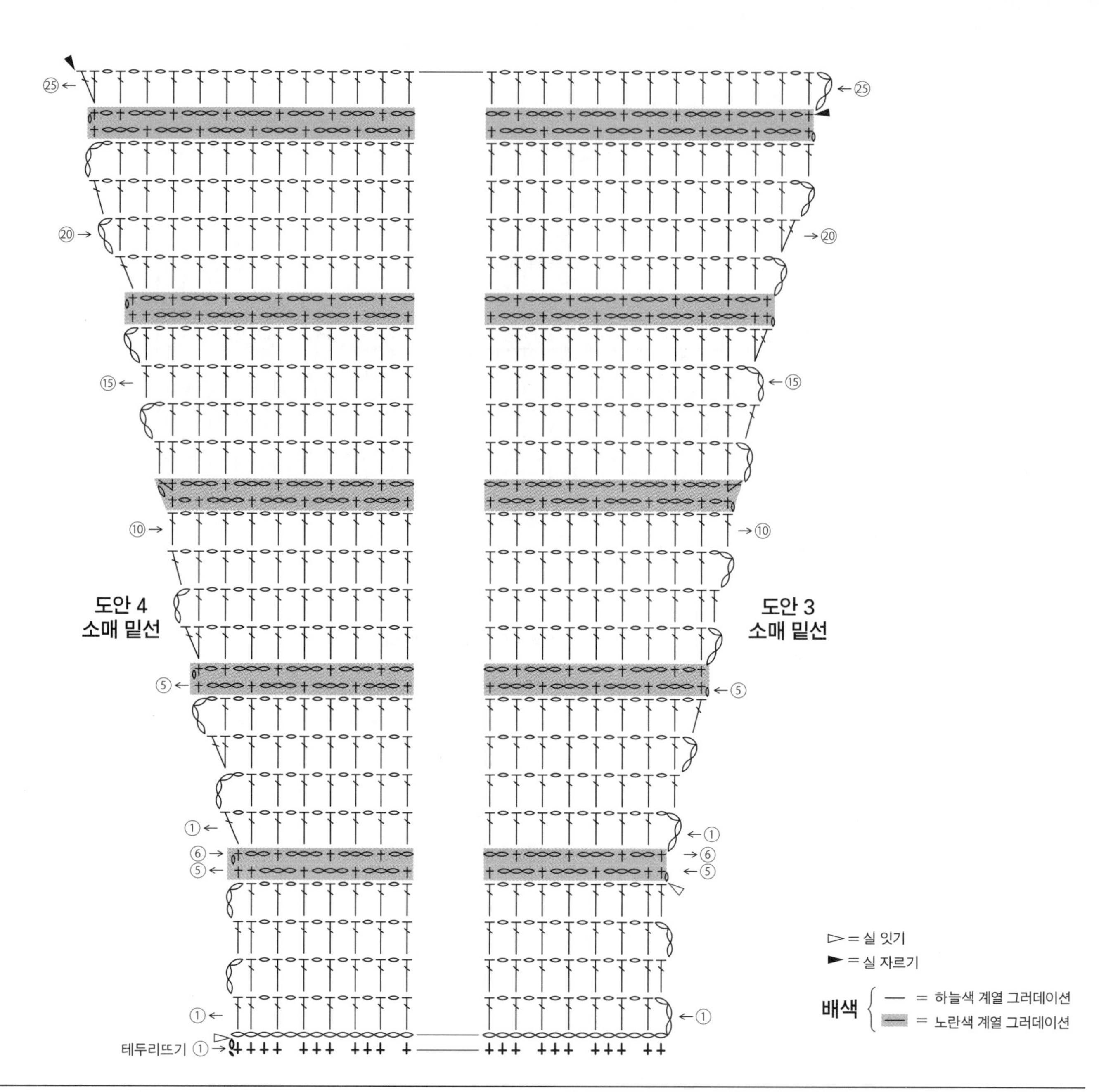

도안 4
소매 밑선
도안 3
소매 밑선
테두리뜨기
▻ = 실 잇기
► = 실 자르기
배색
— = 하늘색 계열 그러데이션
▬ = 노란색 계열 그러데이션

101페이지에서 이어집니다. ◀

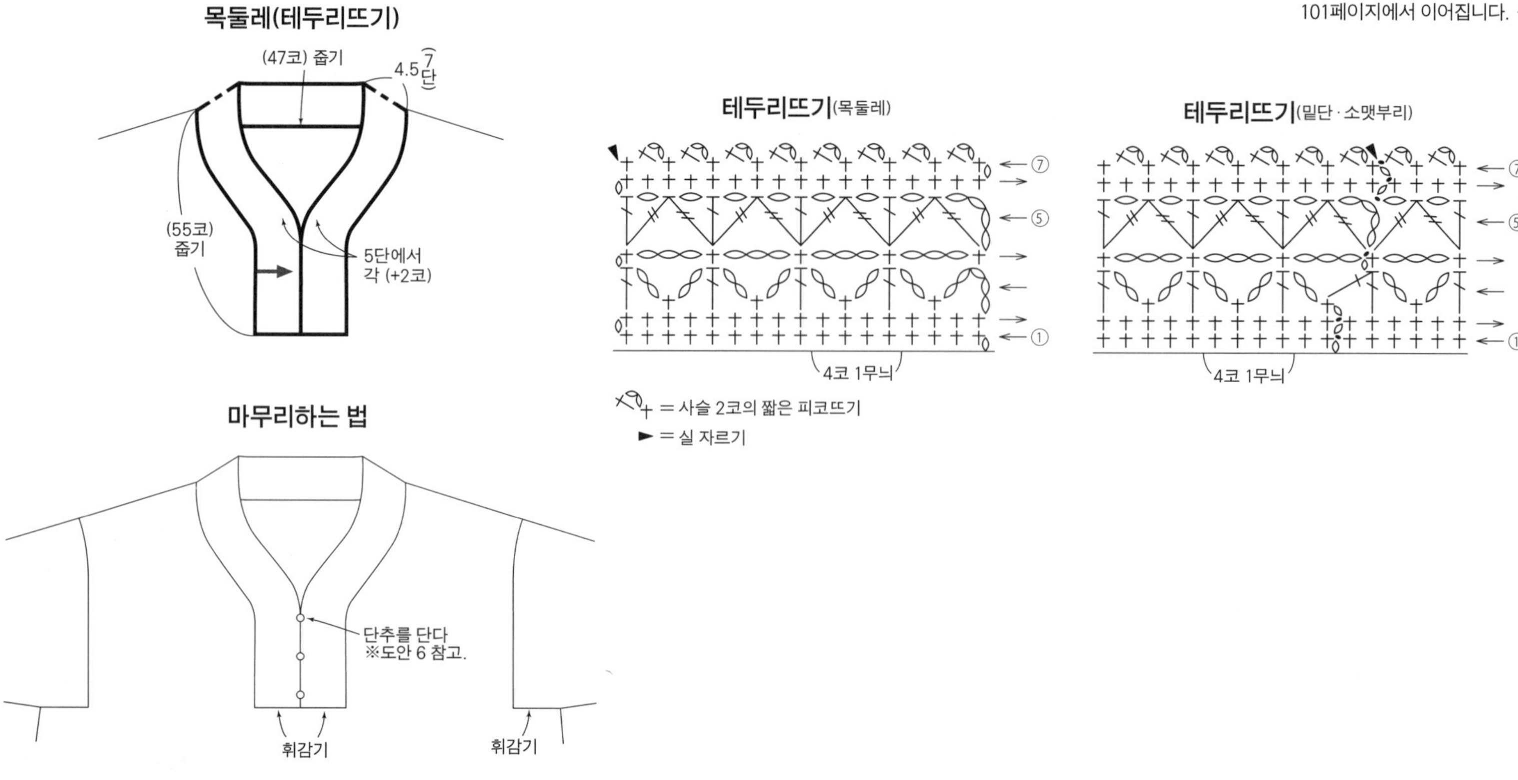

목둘레(테두리뜨기)
(47코) 줍기
4.5 7단
(55코) 줍기
5단에서 각 (+2코)
마무리하는 법
단추를 단다
※도안 6 참고.
휘감기
휘감기
테두리뜨기(목둘레)
4코 1무늬
테두리뜨기(밑단 · 소맷부리)
4코 1무늬
= 사슬 2코의 짧은 피코뜨기
► = 실 자르기

다이아 시트론

한길 긴 5코 팝콘뜨기

※ 일본어 사이트

재료
실…다이아몬드 모사 다이아 시트론 핑크 계열 믹스(5202) 330g 11볼
단추…지름 13㎜ 3개

도구
코바늘 4/0호

완성 크기
가슴둘레 110㎝, 어깨너비 46㎝, 기장 56.5㎝, 소매길이 45㎝

게이지(10×10㎝)
무늬뜨기 23코×10단

POINT
●몸판·소매…몸판은 사슬뜨기로 기초코를 만들어 뜨기 시작해 무늬뜨기로 뜹니다. 증감코는 도안을 참고하세요. 어깨는 사슬뜨기와 짧은뜨기로 잇기를 합니다. 소매는 진동둘레에서 코를 주워 짧은뜨기, 무늬뜨기로 뜹니다.
●마무리…옆선·소매 밑선은 사슬뜨기와 짧은뜨기로 꿰매기, 맞춤 표시끼리는 휘감기를 합니다. 지정 콧수를 주워 밑단·소맷부리는 테두리뜨기로 원형으로 뜨고 목둘레는 테두리뜨기로 왕복해 뜹니다. 목둘레 옆선은 앞트임 끝부분에 휘감습니다. 도안을 참고하면서 단추를 달아 마무리합니다.

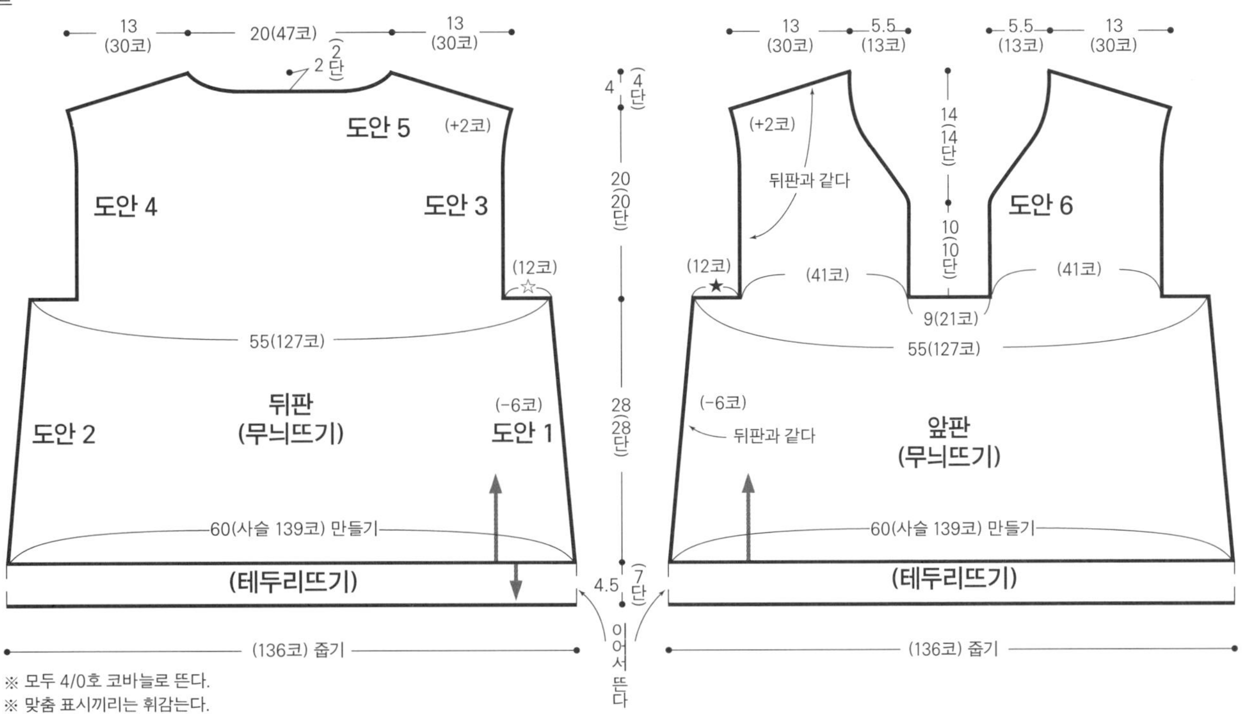
13 (30코)
20(47코)
2 (2단)
도안 5
(+2코)
도안 4
도안 3
(12코)
55(127코)
뒤판
(무늬뜨기)
도안 2
(-6코)
도안 1
60(사슬 139코) 만들기
(테두리뜨기)
(136코) 줍기
4 (4단)
20 (20단)
28 (28단)
4.5 (7단)
이어서 뜬다
5.5 (13코)
14 (14단)
10 (10단)
뒤판과 같다
도안 6
(41코)
9(21코)
앞판
(무늬뜨기)

※ 모두 4/0호 코바늘로 뜬다.
※ 맞춤 표시끼리는 휘감는다.

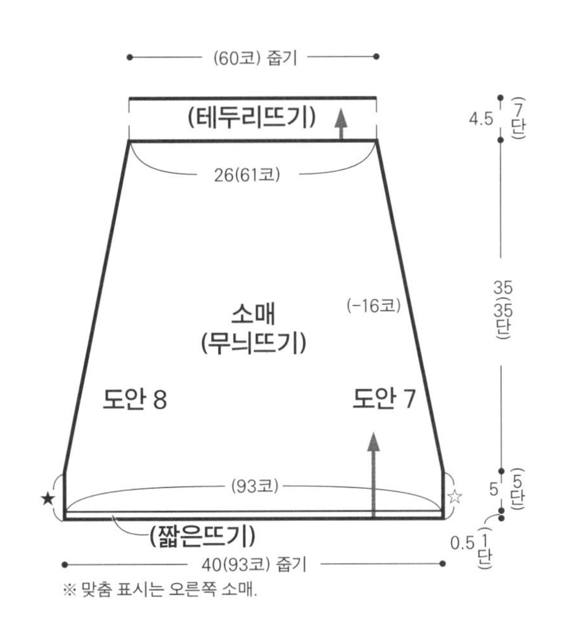
(60코) 줍기
(테두리뜨기)
26(61코)
소매
(무늬뜨기)
(-16코)
도안 8
도안 7
(93코)
(짧은뜨기)
40(93코) 줍기
4.5 (7단)
35 (35단)
5 (5단)
0.5 (1단)

※ 맞춤 표시는 오른쪽 소매.

무늬뜨기

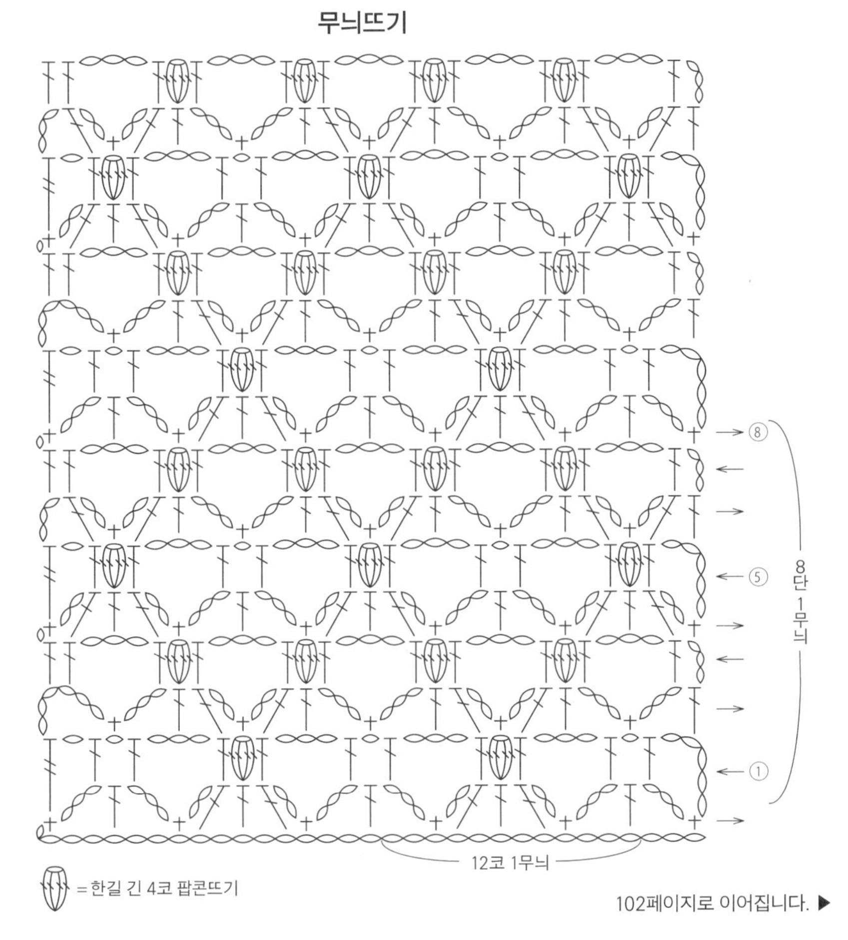
8단 1무늬
12코 1무늬
= 한길 긴 4코 팝콘뜨기

102페이지로 이어집니다. ▶

▶ 101페이지에서 이어집니다.

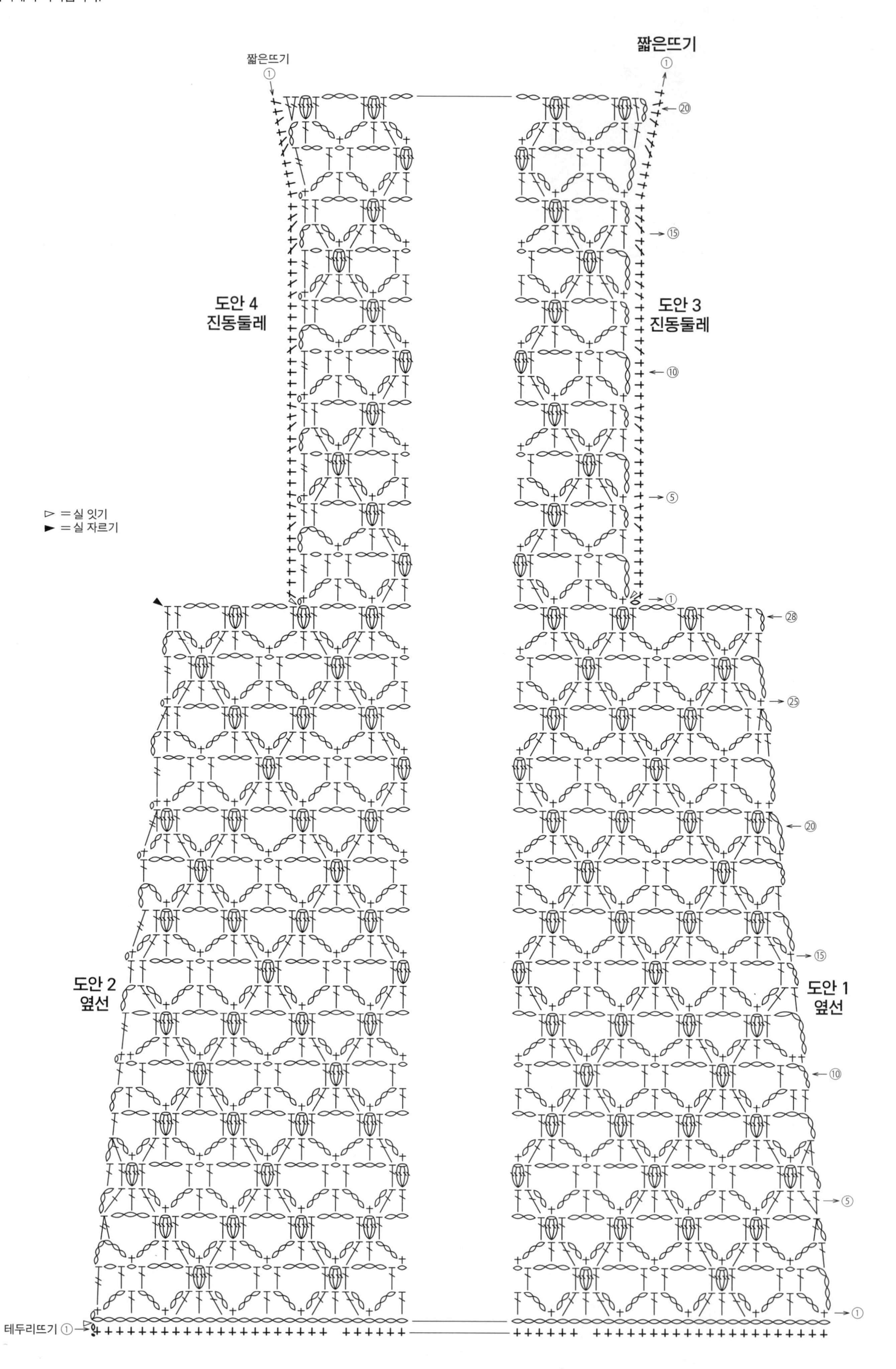

짧은뜨기
①
짧은뜨기
①
⑳
⑮
도안 4
진동둘레
도안 3
진동둘레
⑩
⑤
①
㉘
㉕
⑳
⑮
도안 2
옆선
도안 1
옆선
⑩
⑤
①
▷ = 실 잇기
► = 실 자르기
테두리뜨기 ①

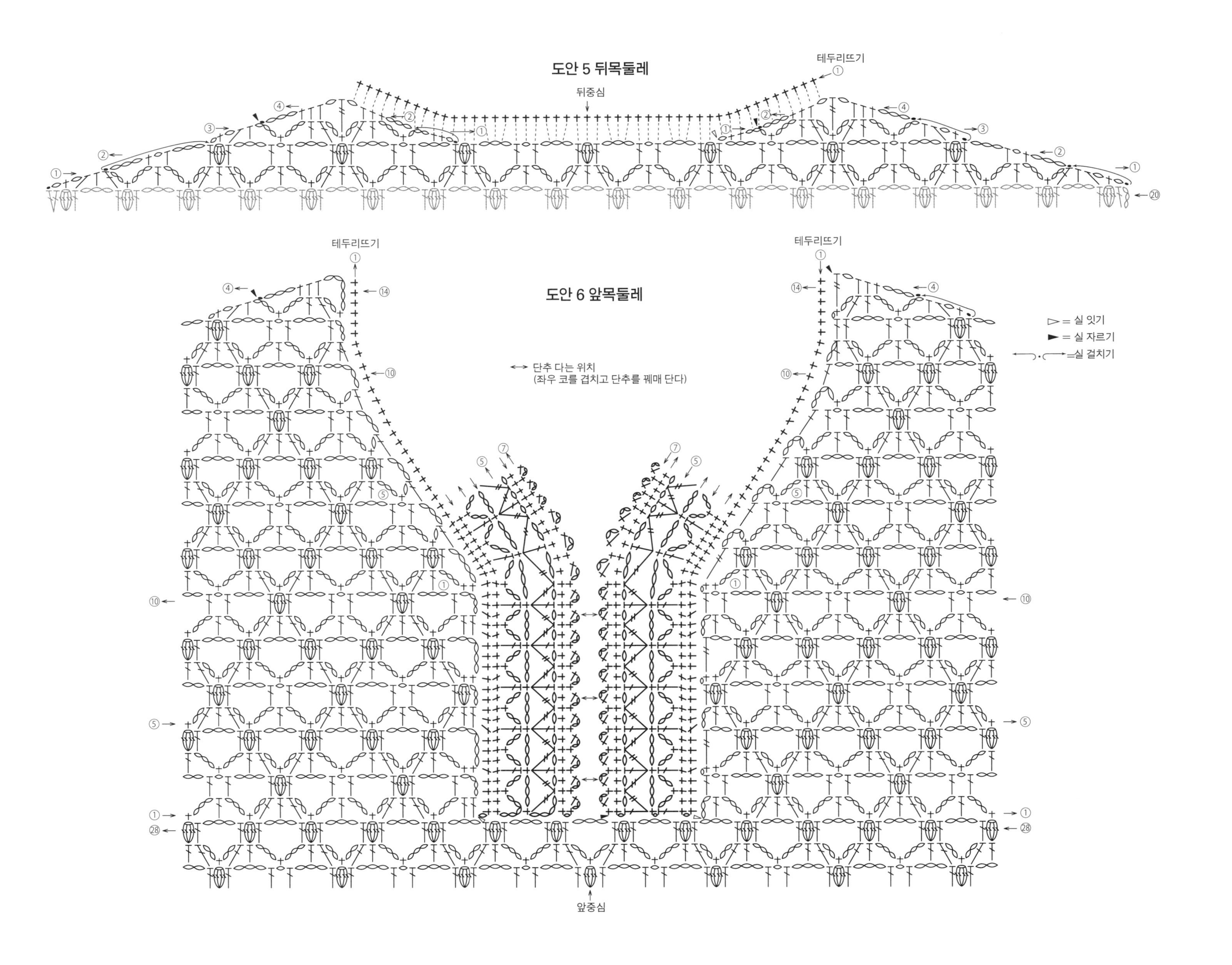
도안 5 뒤목둘레
테두리뜨기
뒤중심
테두리뜨기
테두리뜨기
도안 6 앞목둘레
▷ = 실 잇기
▶ = 실 자르기
=실 걸치기
단추 다는 위치
(좌우 코를 겹치고 단추를 꿰매 단다)
앞중심

104페이지로 이어집니다. ▶

▶ 103페이지에서 이어집니다.

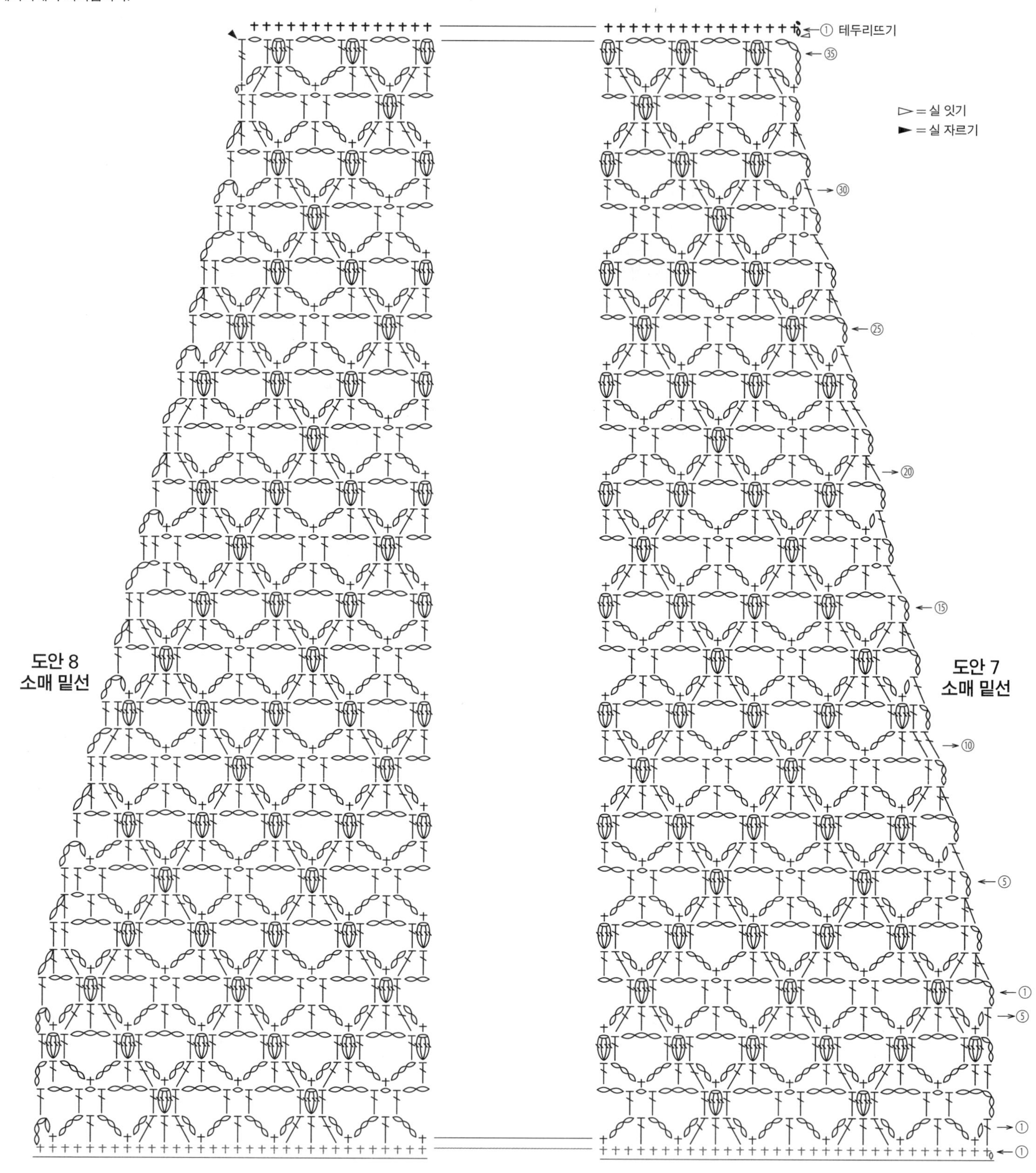
① 테두리뜨기
㉟
㉚
㉕
⑳
⑮
⑩
⑤
①
⑤
①
①
▷ = 실 잇기
► = 실 자르기
도안 8
소매 밑선
도안 7
소매 밑선

코바늘로 떠서 기초코 만들기

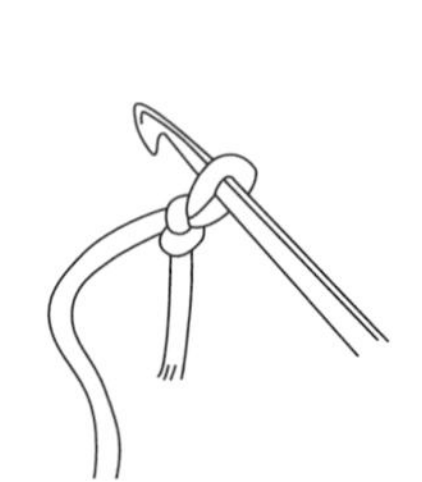

1 코바늘로 첫 사슬코를 만든다.

2 대바늘 1개를 실 앞에 놓은 상태로 잡고 그대로 사슬뜨기한다.

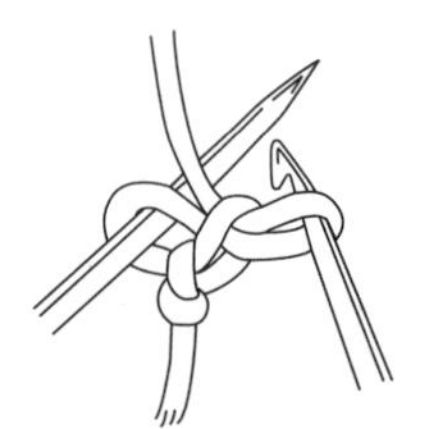

3 1번째 코 완성.

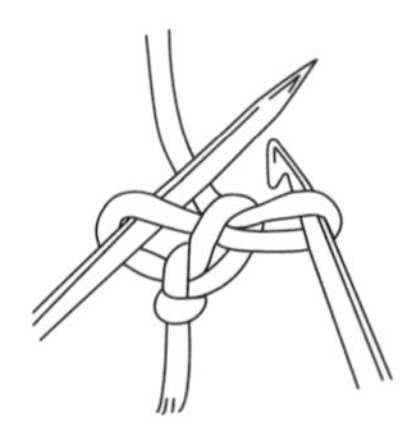

4 실을 대바늘 뒤로 옮기고

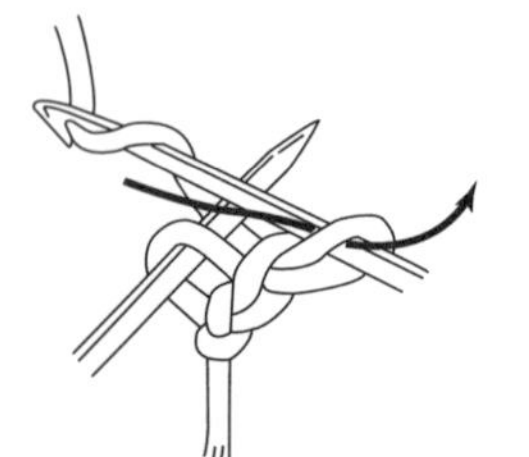

5 실을 걸어 빼낸다. 2번째 코 완성. 4, 5를 반복한다.

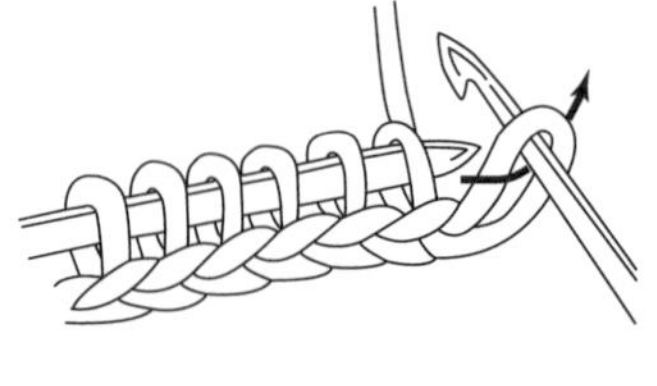

6 필요한 콧수보다 1코 적게 만들고, 마지막 코는 대바늘로 옮긴다.

재료
리치모어 사사메유키 갈색 계열 믹스(1) 375g 10볼
도구
코바늘 5/0호
완성 크기
가슴둘레 100㎝, 착장 47㎝, 화장 59㎝
게이지(10×10㎝)
무늬뜨기 21.5코×7.5단

POINT
●요크·몸판·소매…요크는 사슬로 기초코를 만들어 뜨기 시작해 무늬뜨기를 원형으로 왕복뜨기합니다. 요크의 늘림코는 도안을 참고하세요. 앞뒤 몸판은 요크에서 코를 주워 무늬뜨기, 한길 긴뜨기로 원형으로 뜹니다. 소매는 요크와 몸판 옆선의 1코에서 코를 주워 몸판처럼 뜹니다. 소매 밑선의 줄임코는 도안을 참고하세요.
●마무리…목둘레는 지정 콧수를 주워 한길 긴뜨기를 1단 뜹니다. 모서리의 줄임코는 도안을 참고하세요.

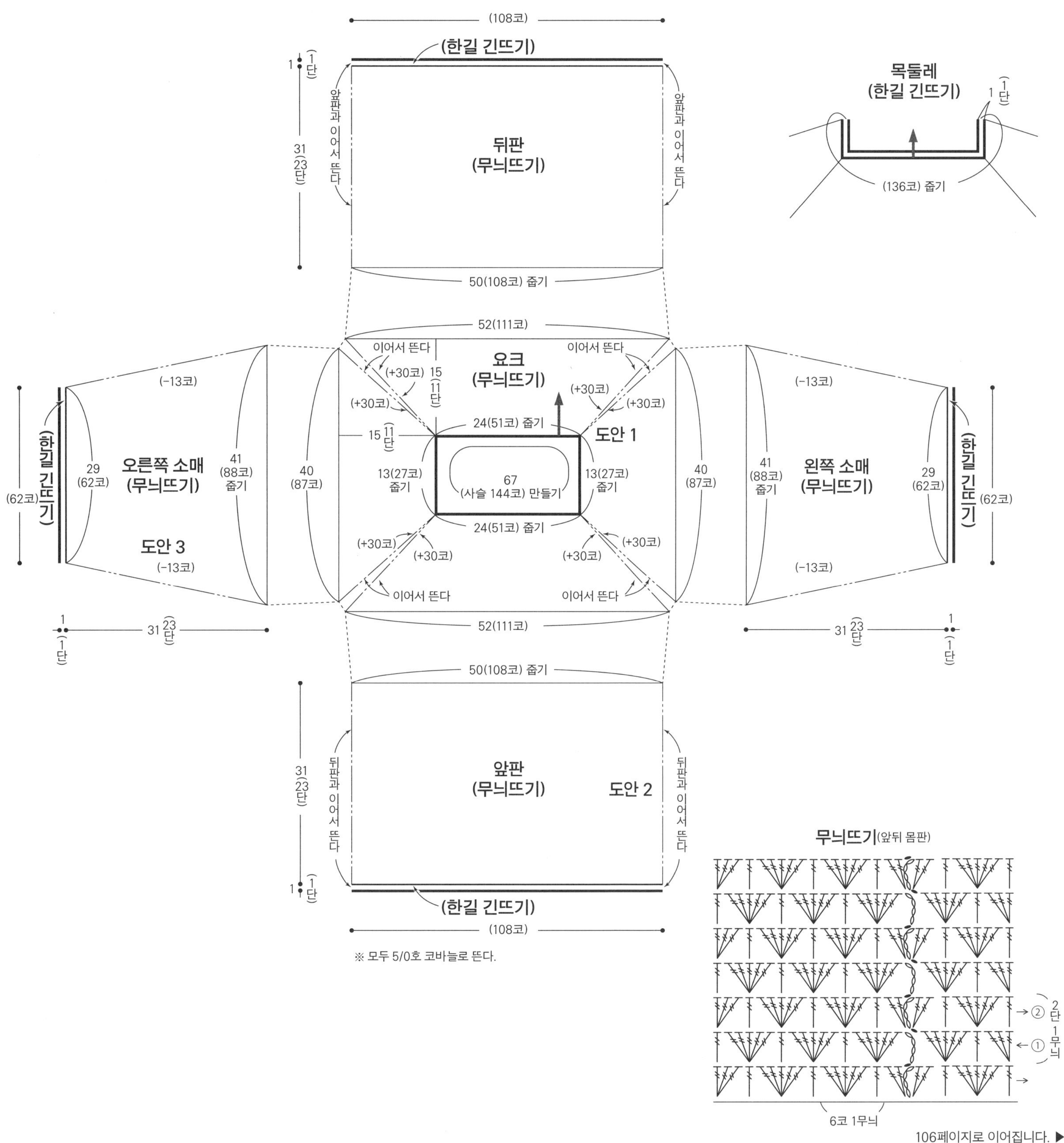
(108코)
(한길 긴뜨기)
뒤판
(무늬뜨기)
앞판과 이어서 뜬다
31(23단)
1(1단)
50(108코) 줍기
52(111코)
이어서 뜬다
요크
(무늬뜨기)
(+30코)
15(11단)
24(51코) 줍기
도안 1
13(27코) 줍기
67
(사슬 144코) 만들기
40
(87코)
(-13코)
오른쪽 소매
(무늬뜨기)
41
(88코)
줍기
29
(62코)
(62코)
도안 3
왼쪽 소매
31(23단)
앞판
(무늬뜨기)
도안 2
뒤판과 이어서 뜬다
※ 모두 5/0호 코바늘로 뜬다.
목둘레
(한길 긴뜨기)
(136코) 줍기
무늬뜨기(앞뒤 몸판)
2단
1무늬
6코 1무늬

106페이지로 이어집니다. ▶

▶ 105페이지에서 이어집니다.

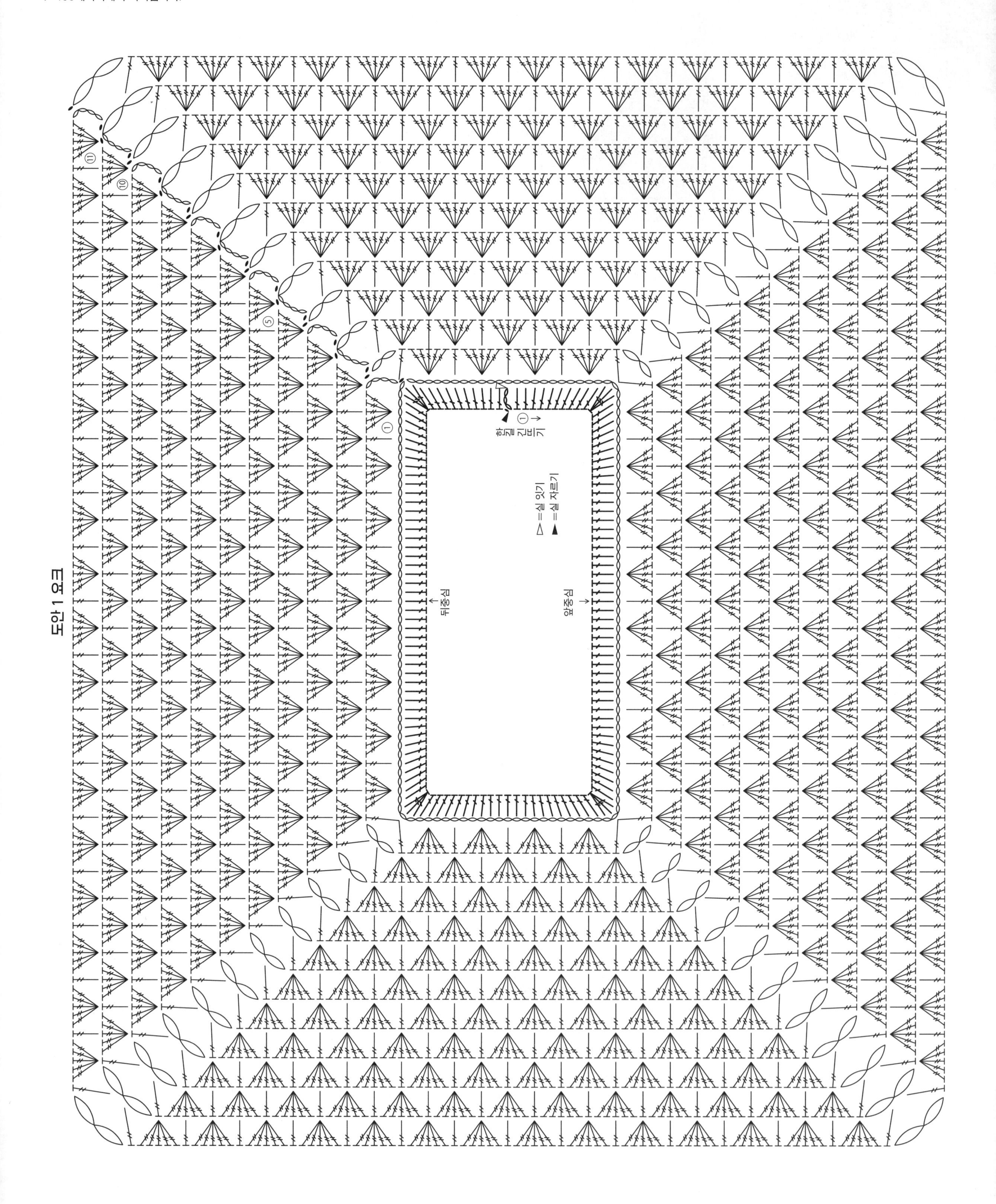
도안 1 요크
한길 긴뜨기
① →
▷ = 실 잇기
▶ = 실 자르기
뒤중심
앞중심
①
⑤
⑩
⑪

도안 2 왼쪽 옆선

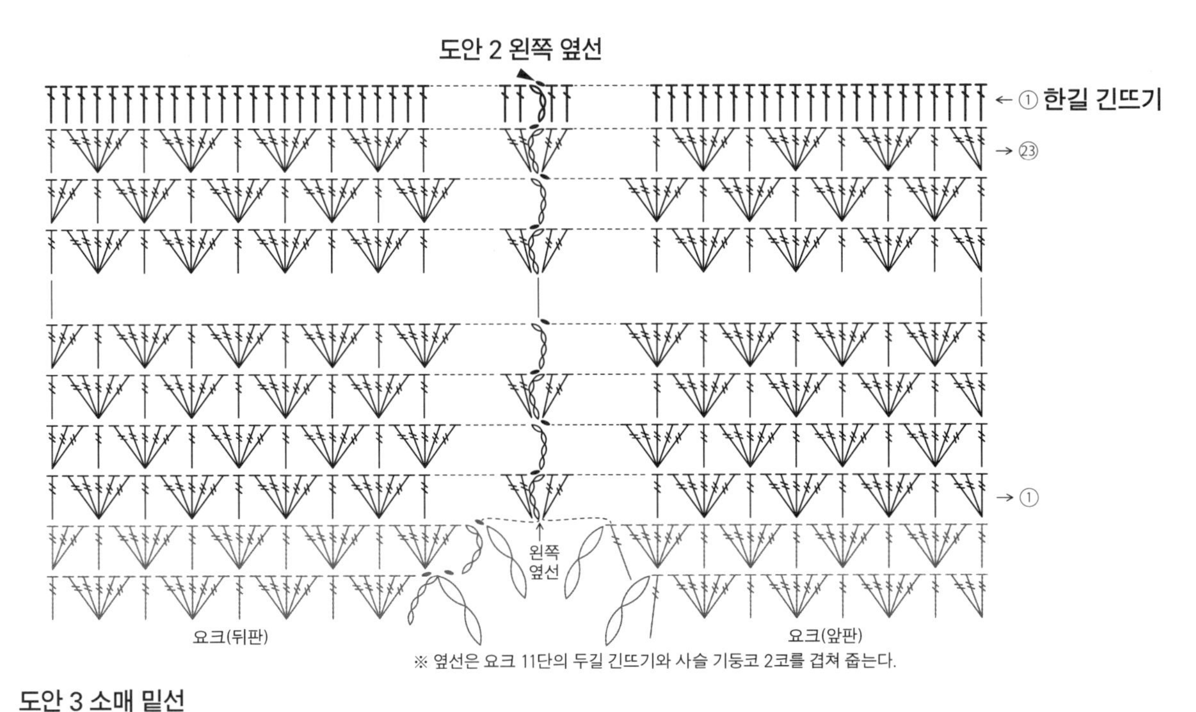

← ① 한길 긴뜨기
→ ㉓
→ ①
왼쪽
옆선
요크(뒤판)
요크(앞판)

※ 옆선은 요크 11단의 두길 긴뜨기와 사슬 기둥코 2코를 겹쳐 줍는다.

도안 3 소매 밑선

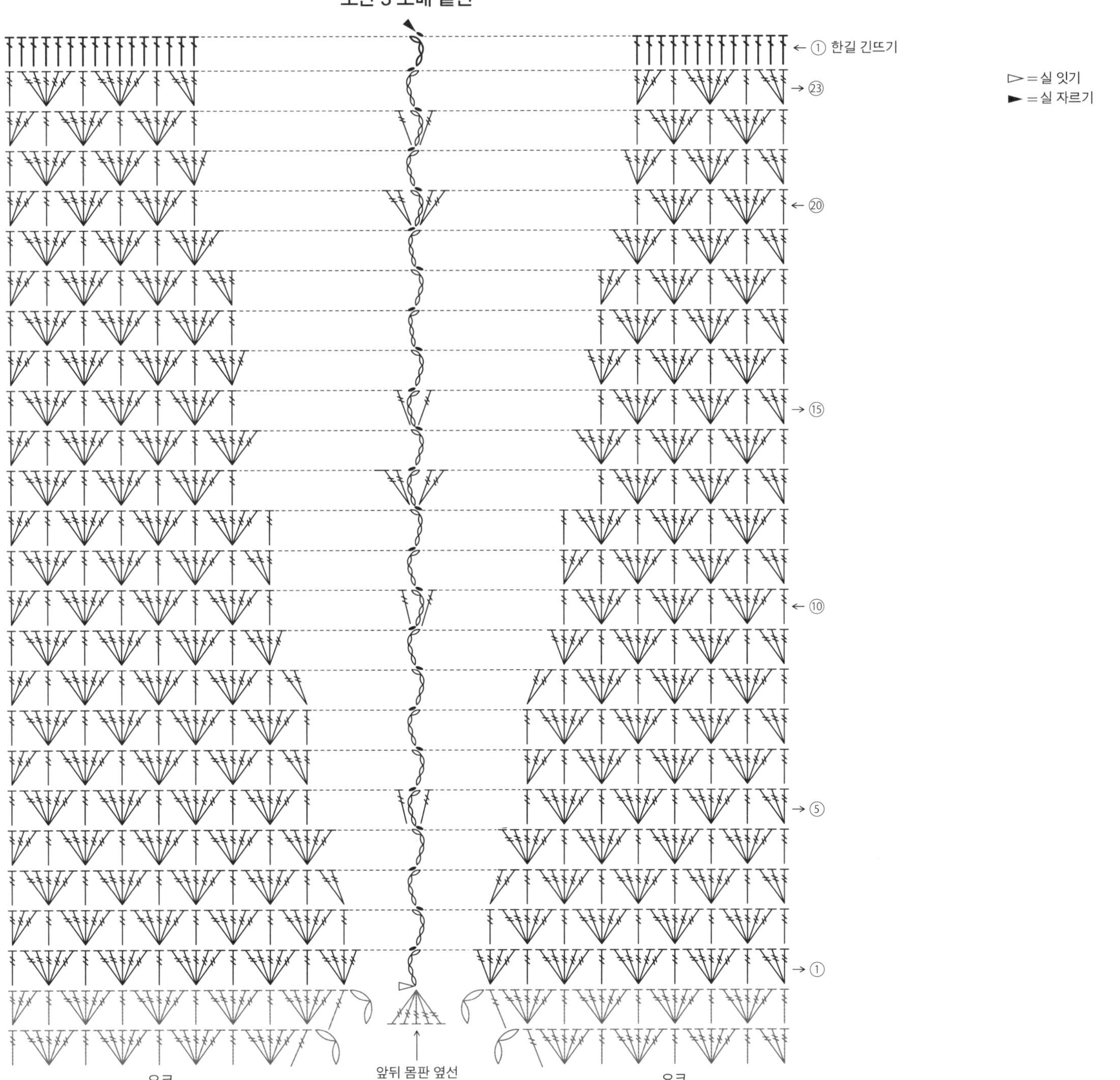

← ① 한길 긴뜨기
→ ㉓
← ⑳
→ ⑮
← ⑩
→ ⑤
→ ①
요크
앞뒤 몸판 옆선
요크

▷ = 실 잇기
► = 실 자르기

재료
하마나카 워시 코튼 '크로셰' 연노란색(141) 310g 13볼

도구
코바늘 5/0호

완성 크기
가슴둘레 102㎝, 기장 51㎝, 화장 50㎝

게이지
무늬뜨기 1무늬 6코=1.6㎝, 14단=10㎝

POINT

●몸판·소매…몸판은 사슬뜨기로 기초코를 만들어 뜨기 시작해 무늬뜨기로 뜹니다. 줄임코는 도안을 참고하세요. 어깨는 사슬뜨기와 빼뜨기로 잇기를 합니다. 소매는 지정 콧수를 주워 짧은뜨기와 무늬뜨기로 뜹니다.

●마무리…옆선·소매 밑선은 사슬뜨기와 빼뜨기로 꿰매기를 합니다. 앞트임·목둘레, 슬릿·밑단은 지정 콧수를 주워 짧은뜨기로 뜹니다. 소맷부리는 짧은뜨기를 원형으로 왕복뜨기합니다. 앞트임·슬릿은 겹쳐서 몸판에 감칩니다.

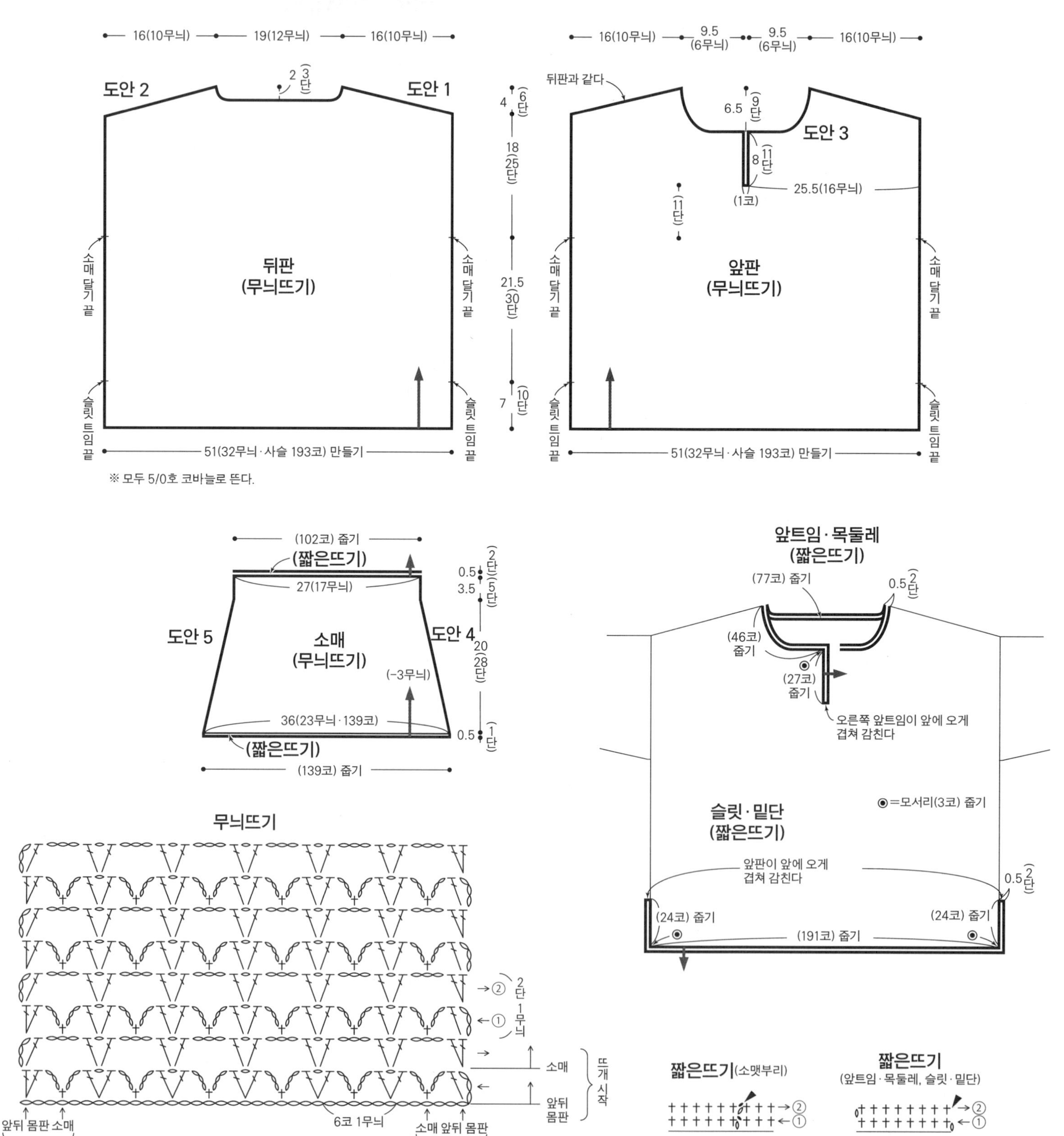
16(10무늬)
19(12무늬)
16(10무늬)
도안 2
도안 1
2 3단
4 6단
18 25단
21.5 30단
7 10단
뒤판
(무늬뜨기)
소매 달기 끝
슬릿 트임 끝
51(32무늬·사슬 193코) 만들기
※ 모두 5/0호 코바늘로 뜬다.
9.5 (6무늬)
뒤판과 같다
6.5 9단
8 11단
도안 3
(1코)
25.5(16무늬)
(11단)
앞판
(무늬뜨기)
(102코) 줍기
(짧은뜨기)
27(17무늬)
0.5 2단
3.5 5단
도안 5
도안 4
소매
(무늬뜨기)
20 28단
(-3무늬)
36(23무늬·139코)
0.5 1단
(139코) 줍기
앞트임·목둘레
(짧은뜨기)
(77코) 줍기
0.5 2단
(46코) 줍기
(27코) 줍기
오른쪽 앞트임이 앞에 오게 겹쳐 감친다
◉=모서리(3코) 줍기
슬릿·밑단
(짧은뜨기)
앞판이 앞에 오게 겹쳐 감친다
(24코) 줍기
(191코) 줍기
무늬뜨기
2단
1무늬
소매
앞뒤 몸판
뜨개 시작
6코 1무늬
앞뒤 몸판 소매
뜨개 끝
소매 앞뒤 몸판
뜨개 시작
짧은뜨기(소맷부리)
=실 자르기
짧은뜨기
(앞트임·목둘레, 슬릿·밑단)

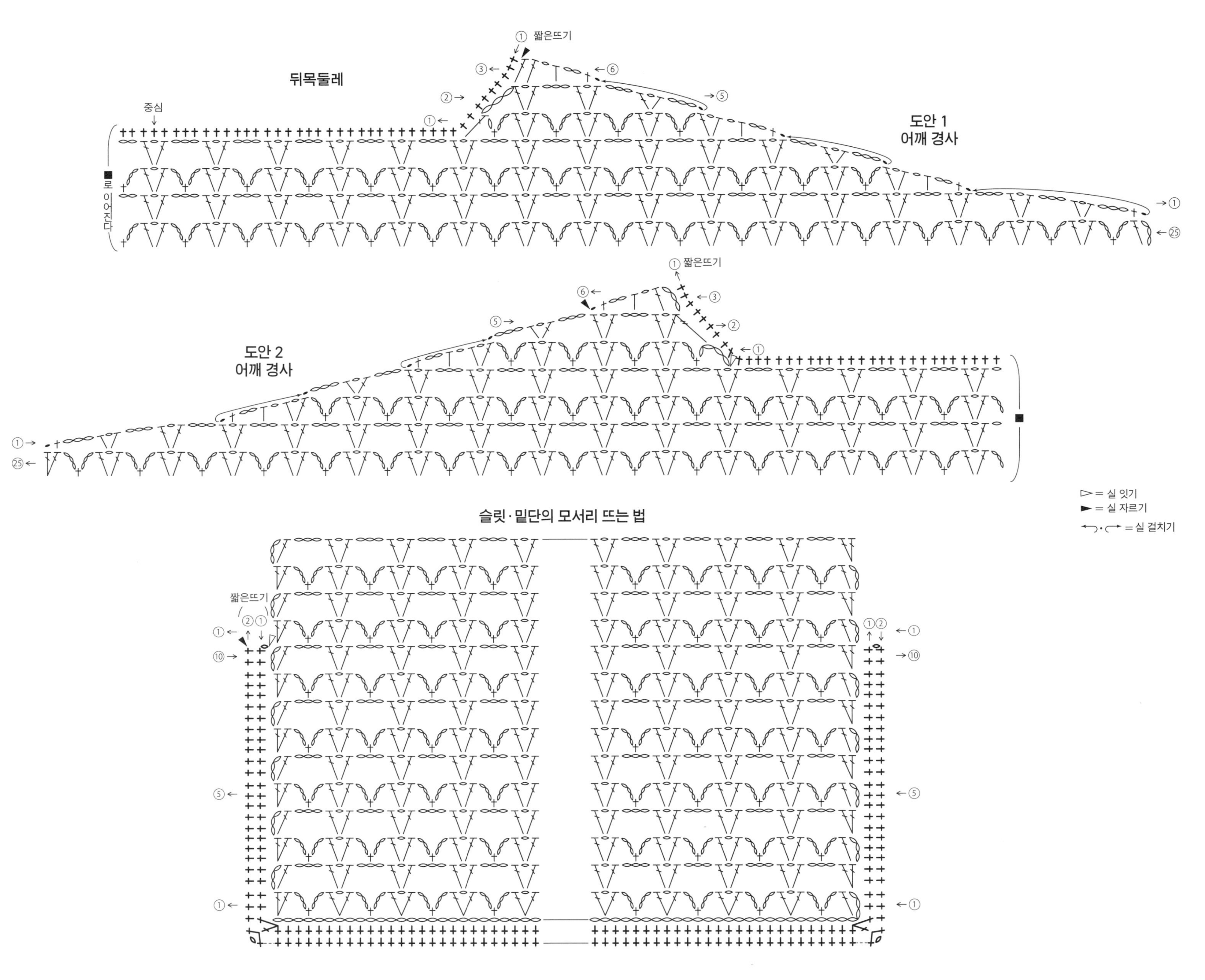

뒤목둘레
중심
■로 이어진다
짧은뜨기
도안 1
어깨 경사
도안 2
어깨 경사
슬릿·밑단의 모서리 뜨는 법
= 실 잇기
= 실 자르기
= 실 걸치기

110페이지로 이어집니다. ▶

▶ 109페이지에서 이어집니다.

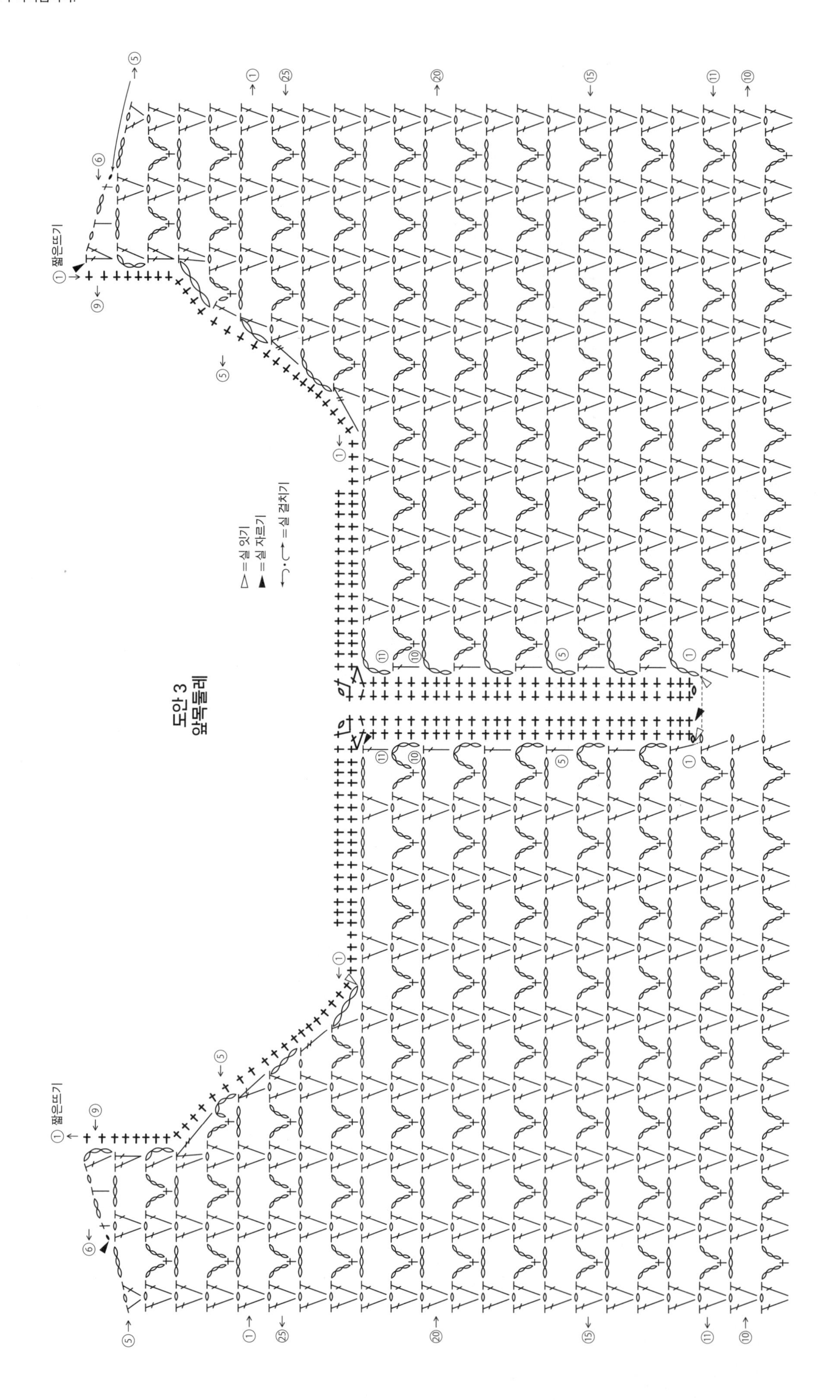

도안 3
앞목둘레
▷ = 실 잇기
▶ = 실 자르기
= 실 걸치기
짧은뜨기
짧은뜨기

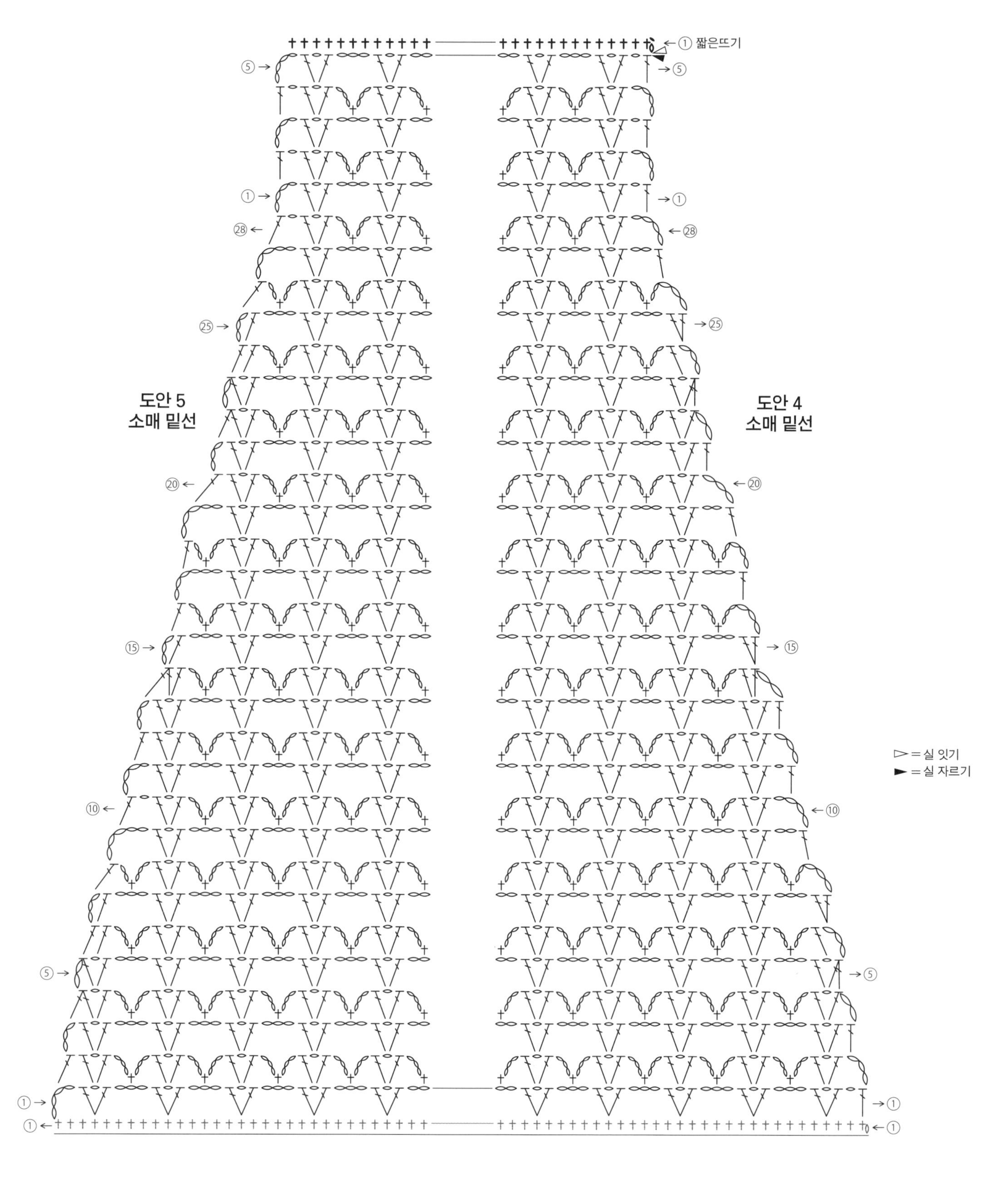
① 짧은뜨기
⑤
①
㉘
㉕
도안 5
소매 밑선
도안 4
소매 밑선
⑳
⑮
⑩
⑤
①
▷ = 실 잇기
► = 실 자르기

소매 줍는 법

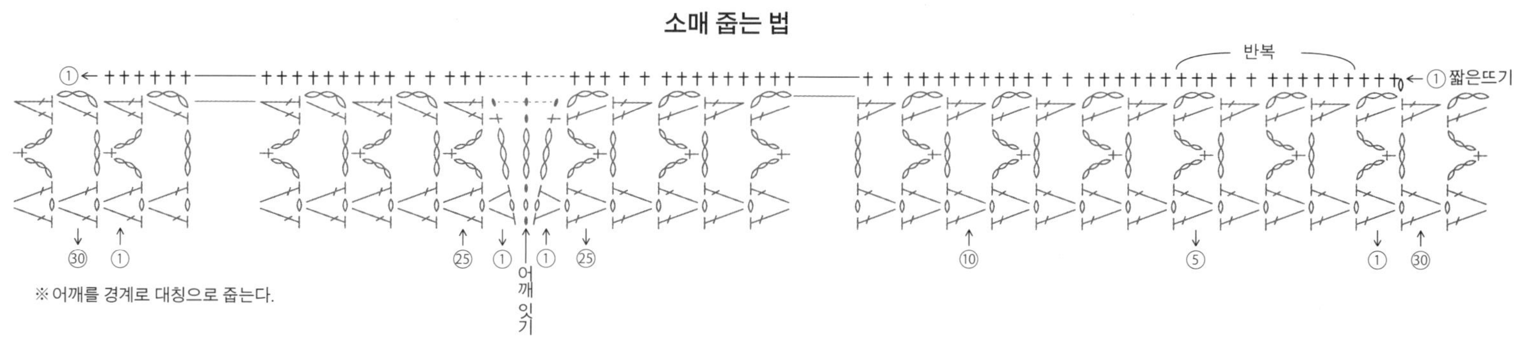
반복
① 짧은뜨기
①
㉚
㉕
어깨 잇기
⑩
⑤
※ 어깨를 경계로 대칭으로 줍는다.

스키 부케
스키 수피마 코튼

재료

[여성] 스키 얀 스키 부케 파란색 계열 믹스(1025) 455g 16볼, 스키 수피마 코튼 하얀색(5001) 35g 2볼·다크 브라운(5023) 30g 1볼

[남성] 스키 얀 스키 부케 파란색 계열 믹스(1025) 660g 22볼, 스키 수피마 코튼 하얀색(5001) 55g 2볼·다크 브라운(5023) 45g 2볼

도구

코바늘 5/0호·4/0호

완성 크기

[여성] 가슴둘레 108cm, 기장 59cm, 화장 67cm

[남성] 가슴둘레 124cm, 기장 64.5cm, 화장 84cm

게이지

무늬뜨기(10×10cm) 23.5코×10.5단, 줄무늬 짧은뜨기 23.5코=10cm, 6단=1.5cm

POINT

●몸판·소매…사슬뜨기로 기초코를 만들어 뜨기 시작해 무늬뜨기, 줄무늬 짧은뜨기로 뜹니다. 증감코는 도안을 참고하세요. 밑단과 소맷부리는 짧은뜨기 1단으로 정돈합니다.

●마무리…어깨는 줄무늬 테두리뜨기 뜨는 법을 참고해 뜨면서 잇습니다. 소매는 떠서 잇기로 몸판과 연결합니다. 옆선과 소매 밑선은 어깨와 같은 요령으로 줄무늬 테두리뜨기를 이어서 뜹니다.

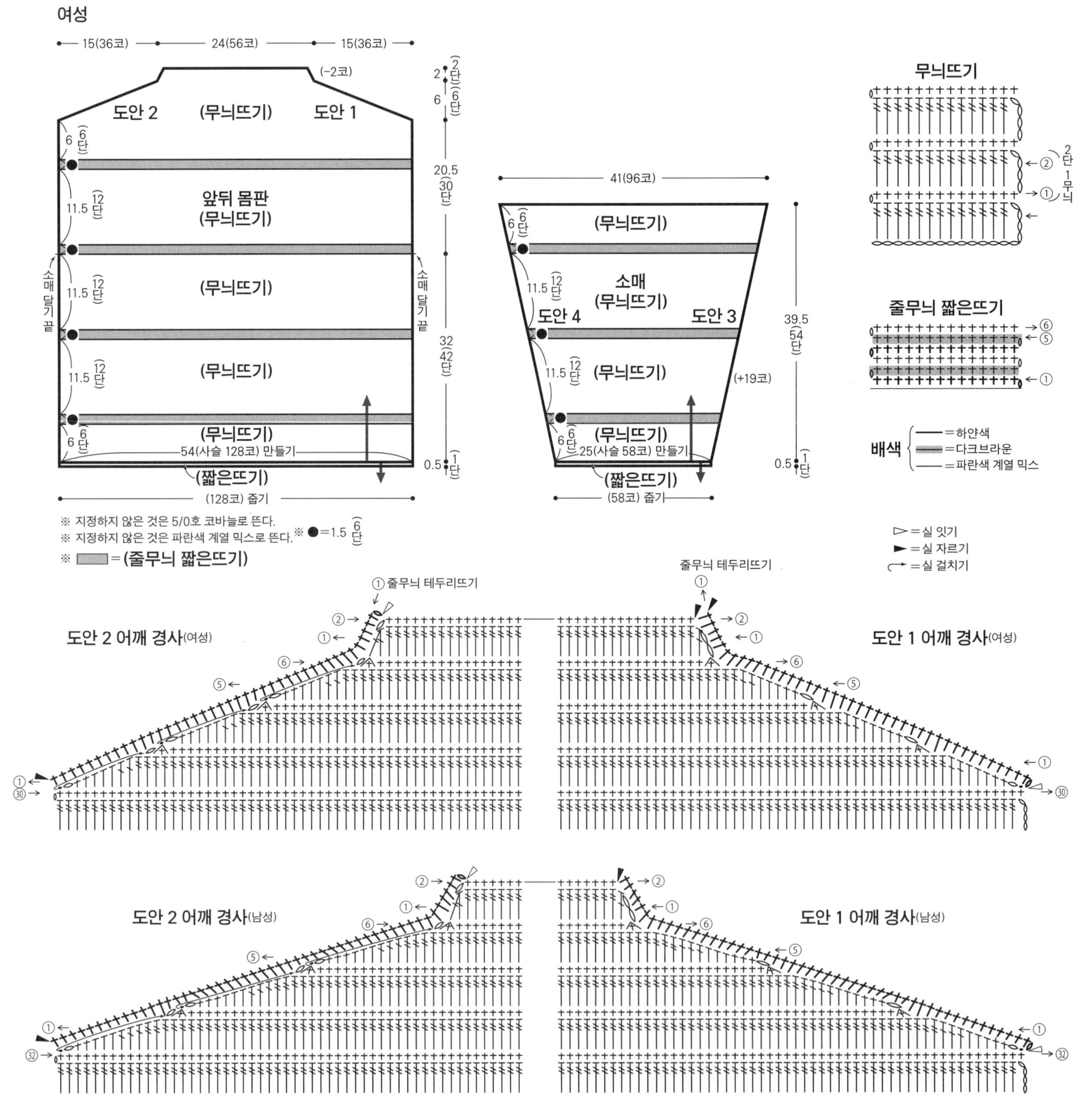
여성
15(36코)
24(56코)
15(36코)
(-2코)
2 2단
6 6단
도안 2
(무늬뜨기)
도안 1
6 6단
20.5 30단
앞뒤 몸판
(무늬뜨기)
11.5 12단
소매 달기 끝
32 42단
54(사슬 128코) 만들기
(짧은뜨기)
0.5 1단
(128코) 줍기
※ 지정하지 않은 것은 5/0호 코바늘로 뜬다.
※ 지정하지 않은 것은 파란색 계열 믹스로 뜬다.
※ ●=1.5 6단
※ =(줄무늬 짧은뜨기)
41(96코)
소매
(무늬뜨기)
도안 4
도안 3
39.5 54단
(+19코)
25(사슬 58코) 만들기
(58코) 줍기
무늬뜨기
2단
1무늬
줄무늬 짧은뜨기
배색
=하얀색
=다크브라운
=파란색 계열 믹스
=실 잇기
=실 자르기
=실 걸치기
줄무늬 테두리뜨기
① 줄무늬 테두리뜨기
도안 2 어깨 경사(여성)
도안 1 어깨 경사(여성)
도안 2 어깨 경사(남성)
도안 1 어깨 경사(남성)

남성

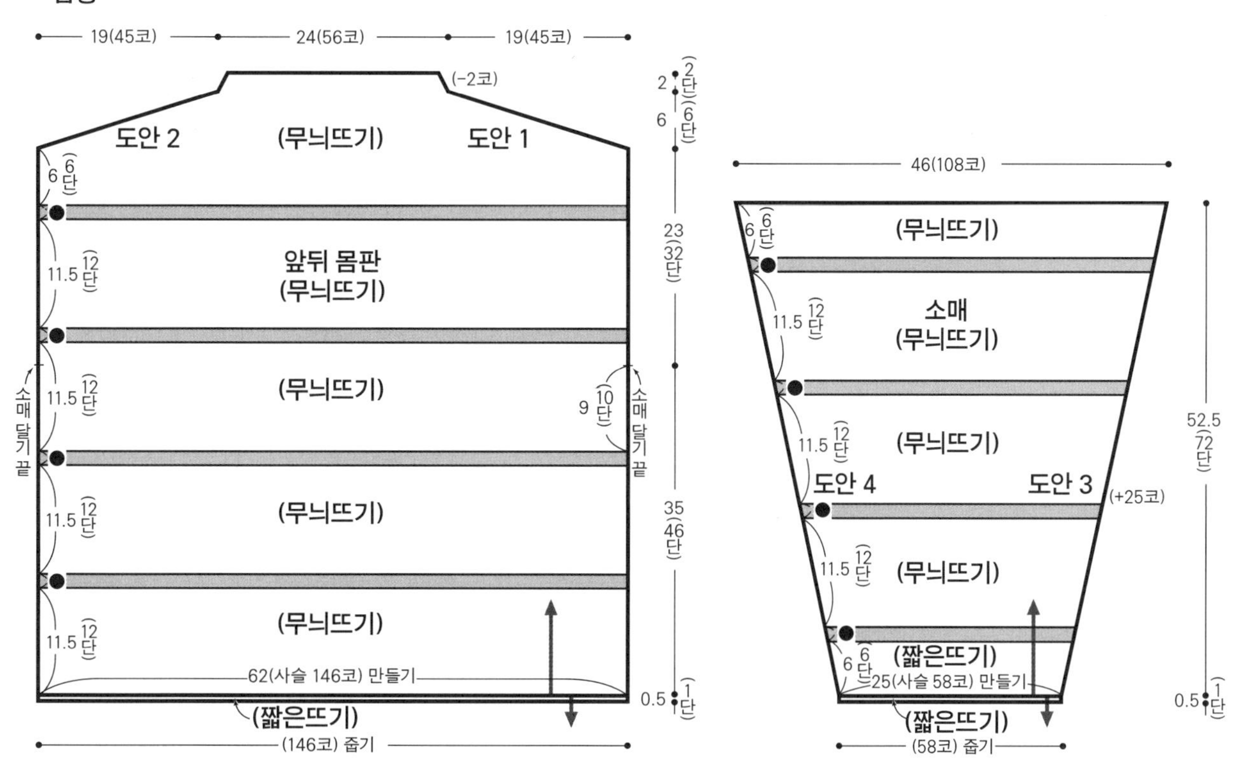
19(45코)
24(56코)
19(45코)
(-2코)
도안 2
(무늬뜨기)
도안 1
앞뒤 몸판
(무늬뜨기)
(무늬뜨기)
(무늬뜨기)
(무늬뜨기)
소매 달기 끝
62(사슬 146코) 만들기
(짧은뜨기)
(146코) 줍기
46(108코)
(무늬뜨기)
소매
(무늬뜨기)
(무늬뜨기)
도안 4
도안 3
(+25코)
(무늬뜨기)
(짧은뜨기)
25(사슬 58코) 만들기
(짧은뜨기)
(58코) 줍기
52.5 (72단)
23 (32단)
35 (46단)

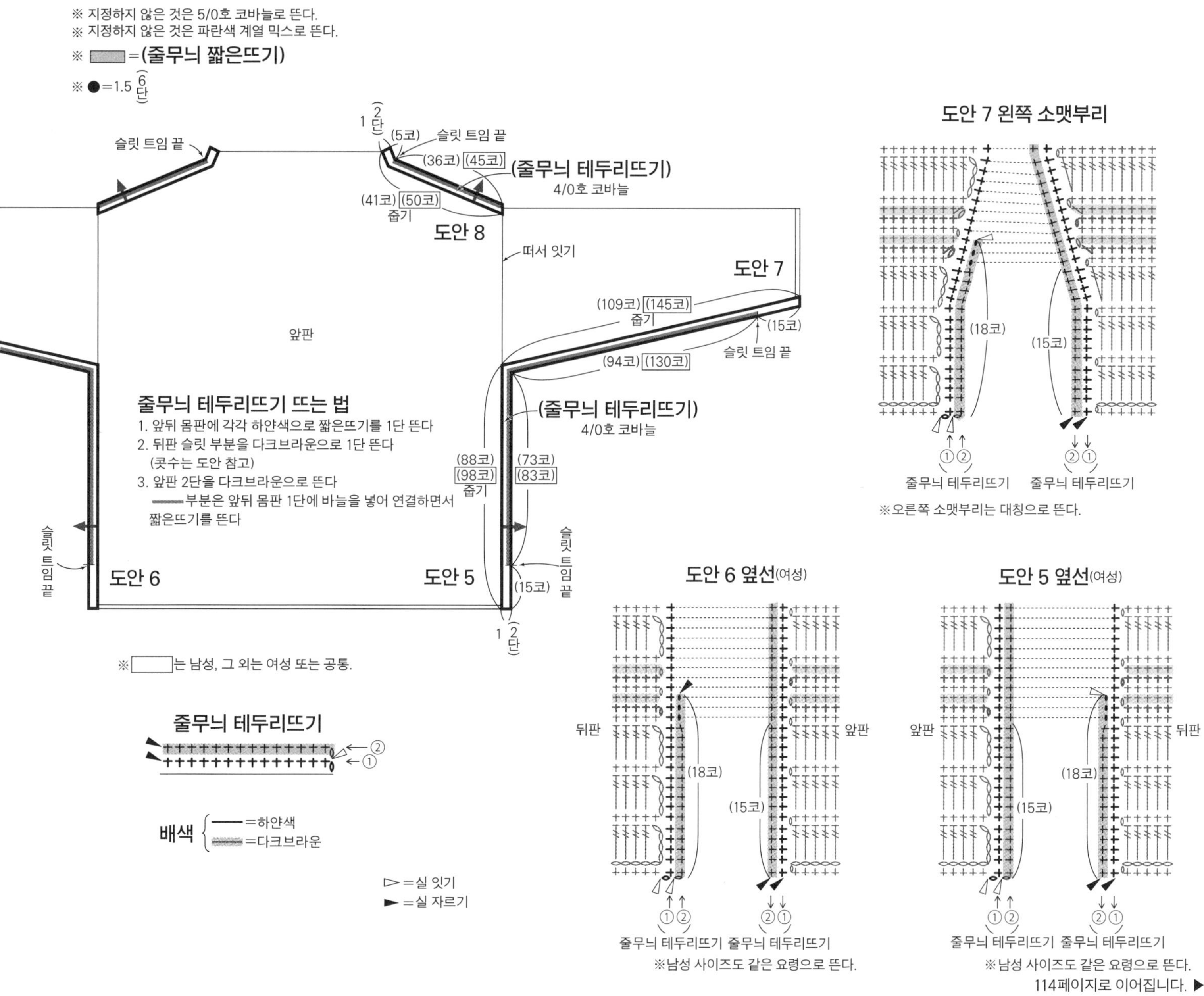
※ 지정하지 않은 것은 5/0호 코바늘로 뜬다.
※ 지정하지 않은 것은 파란색 계열 믹스로 뜬다.
※ ▭=(줄무늬 짧은뜨기)
※ ●=1.5 (6단)
슬릿 트임 끝
(5코)
(36코) (45코)
(줄무늬 테두리뜨기)
4/0호 코바늘
(41코) (50코) 줍기
도안 8
떠서 잇기
도안 7
(109코) (145코) 줍기
(15코)
(94코) (130코)
앞판
줄무늬 테두리뜨기 뜨는 법
1. 앞뒤 몸판에 각각 하얀색으로 짧은뜨기를 1단 뜬다
2. 뒤판 슬릿 부분을 다크브라운으로 1단 뜬다
(콧수는 도안 참고)
3. 앞판 2단을 다크브라운으로 뜬다
━━부분은 앞뒤 몸판 1단에 바늘을 넣어 연결하면서
짧은뜨기를 뜬다
(88코) (98코) 줍기
(73코) (83코)
도안 6
도안 5
(15코)
※▭는 남성, 그 외는 여성 또는 공통.
줄무늬 테두리뜨기
배색
━━=하얀색
━━=다크브라운
▷=실 잇기
▶=실 자르기
도안 7 왼쪽 소맷부리
(18코)
(15코)
줄무늬 테두리뜨기
줄무늬 테두리뜨기
※오른쪽 소맷부리는 대칭으로 뜬다.
도안 6 옆선(여성)
뒤판
앞판
(18코)
(15코)
줄무늬 테두리뜨기 줄무늬 테두리뜨기
※남성 사이즈도 같은 요령으로 뜬다.
도안 5 옆선(여성)
앞판
뒤판
(18코)
(15코)
줄무늬 테두리뜨기 줄무늬 테두리뜨기
※남성 사이즈도 같은 요령으로 뜬다.

114페이지로 이어집니다. ▶

▶ 113페이지에서 이어집니다.

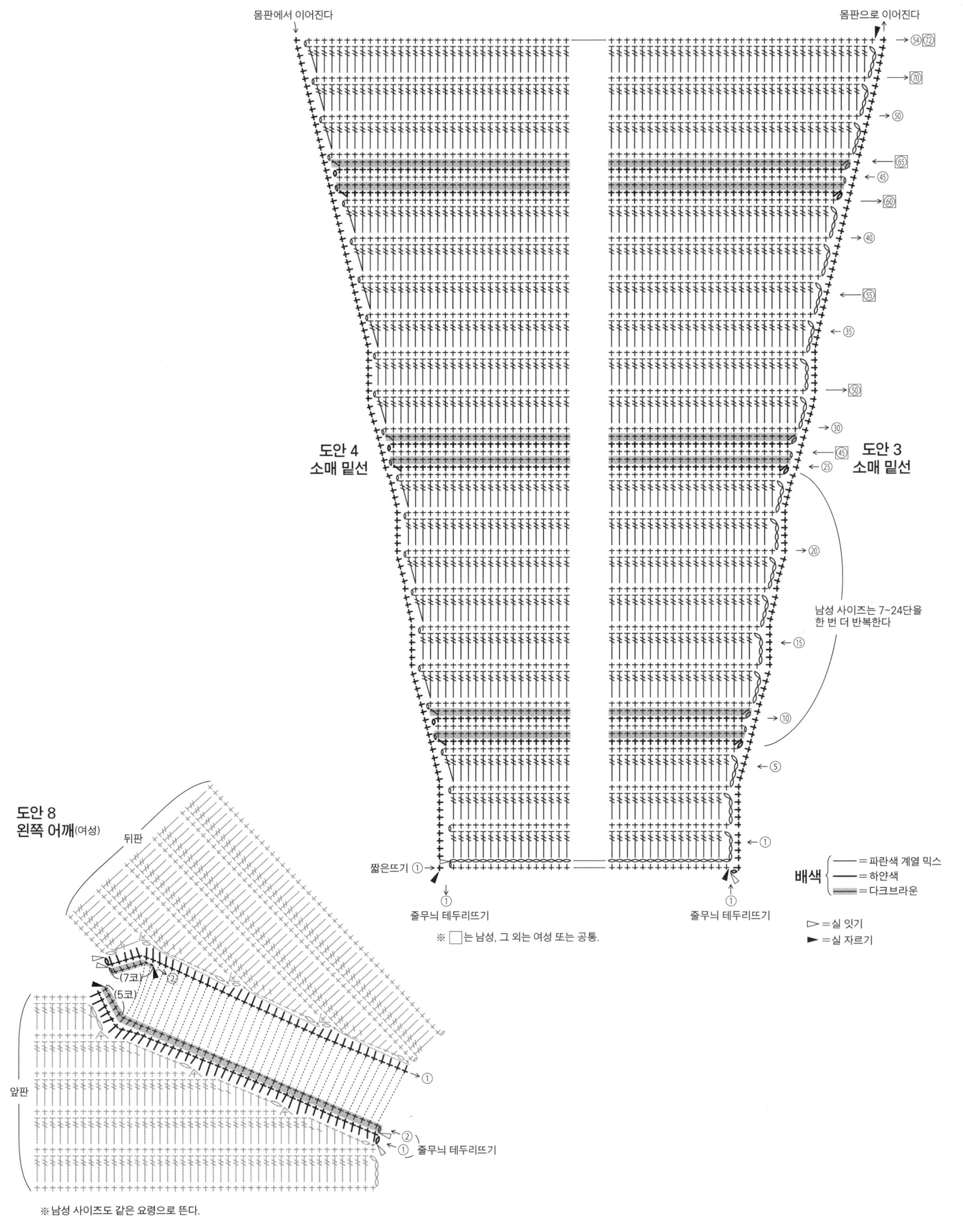

몸판에서 이어진다
몸판으로 이어진다
도안 4
소매 밑선
도안 3
소매 밑선
남성 사이즈는 7~24단을 한 번 더 반복한다
짧은뜨기 ①
줄무늬 테두리뜨기
줄무늬 테두리뜨기
※ □는 남성, 그 외는 여성 또는 공통.
배색
= 파란색 계열 믹스
= 하얀색
= 다크브라운
▷ = 실 잇기
► = 실 자르기
도안 8
왼쪽 어깨(여성)
뒤판
앞판
(7코)
(5코)
줄무늬 테두리뜨기

※남성 사이즈도 같은 요령으로 뜬다.

우루리

한길 긴 앞걸어뜨기 한길 긴 뒤걸어뜨기

※일본어 사이트 ※일본어 사이트

재료

Keito 우루리 황금색(04) 405g 5볼

도구

코바늘 4/0호

완성 크기

가슴둘레 105㎝, 착장 46㎝, 화장 55㎝

게이지

무늬뜨기 A 1무늬=2㎝, 9단=7㎝,
무늬뜨기 B 30코=10㎝, 6단=4.5㎝

POINT

●몸판·소매·요크…몸판·소매는 사슬뜨기로 기초코를 만들어 뜨기 시작해 무늬뜨기 A·B로 뜹니다. 소매 밑선의 줄임코는 도안을 참고하세요. 요크는 몸판과 소매의 지정 위치에서 코를 주워 무늬뜨기 A·B로 뜹니다. 래글런선의 줄임코는 도안을 참고하세요. 밑단은 기초코에서 코를 주워 테두리뜨기 A로 뜹니다. 마지막 단을 안으로 접고 스팀다리미로 다린 뒤 양 끝을 감칩니다.

●마무리…소매 밑선·거싯은 사슬뜨기와 짧은뜨기로 꿰매기·사슬뜨기와 짧은뜨기로 잇기로 연결합니다. 소맷부리는 테두리뜨기 B로 원형으로 뜹니다. 앞단·목둘레는 지정 콧수를 주워 테두리뜨기 A로 뜹니다. 오른쪽 앞단·오른쪽 목둘레 끝에 단춧고리를 만듭니다. 앞단과 목둘레의 마지막 단은 밑단처럼 합니다. 단추를 뜨고 지정 위치에 꿰매 달아 마무리합니다.

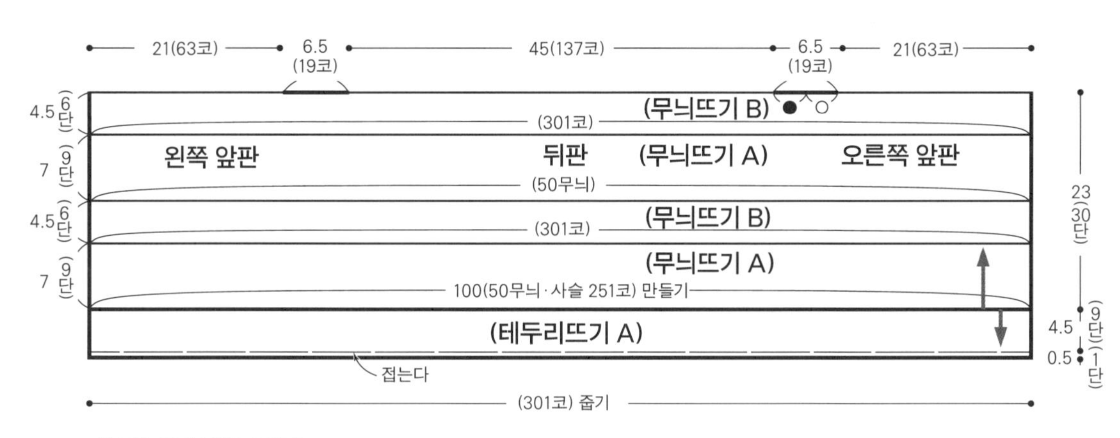
21(63코)
6.5 (19코)
45(137코)
6.5 (19코)
21(63코)
4.5 (6단)
(무늬뜨기 B)
(301코)
7 (9단)
왼쪽 앞판
뒤판
(무늬뜨기 A)
오른쪽 앞판
(50무늬)
23 (30단)
4.5 (6단)
(301코)
(무늬뜨기 B)
7 (9단)
(무늬뜨기 A)
100(50무늬·사슬 251코) 만들기
(테두리뜨기 A)
4.5 (9단)
0.5 (1단)
접는다
(301코) 줍기

※ 모두 4/0호 코바늘로 뜬다.

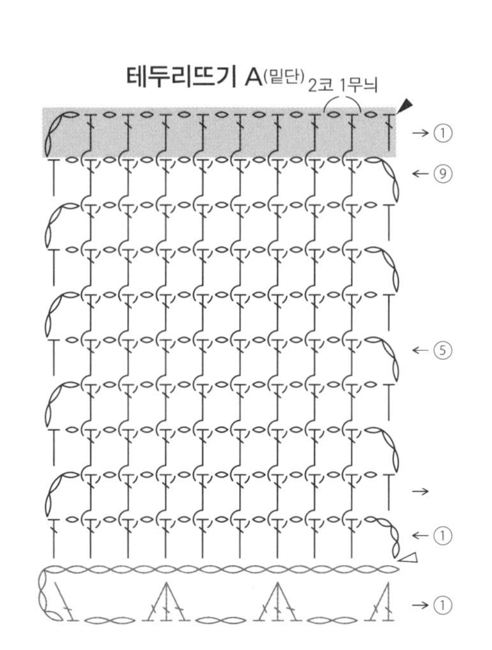
테두리뜨기 A(밑단)
2코 1무늬
→①
←⑨
←⑤
→
←①
→①

※ = 안으로 접고 스팀다리미로 다린 뒤 양 끝을 감친다.

=한길 긴 뒤걸어뜨기
※안면에서 뜰 때는 앞걸어뜨기로 뜬다.

▷=실 잇기
►=실 자르기

무늬뜨기 A·B
A
←⑥
→⑤
B
→①
←⑨
←⑤
A
←①
1무늬

116페이지로 이어집니다. ▶

▶ 115페이지에서 이어집니다.

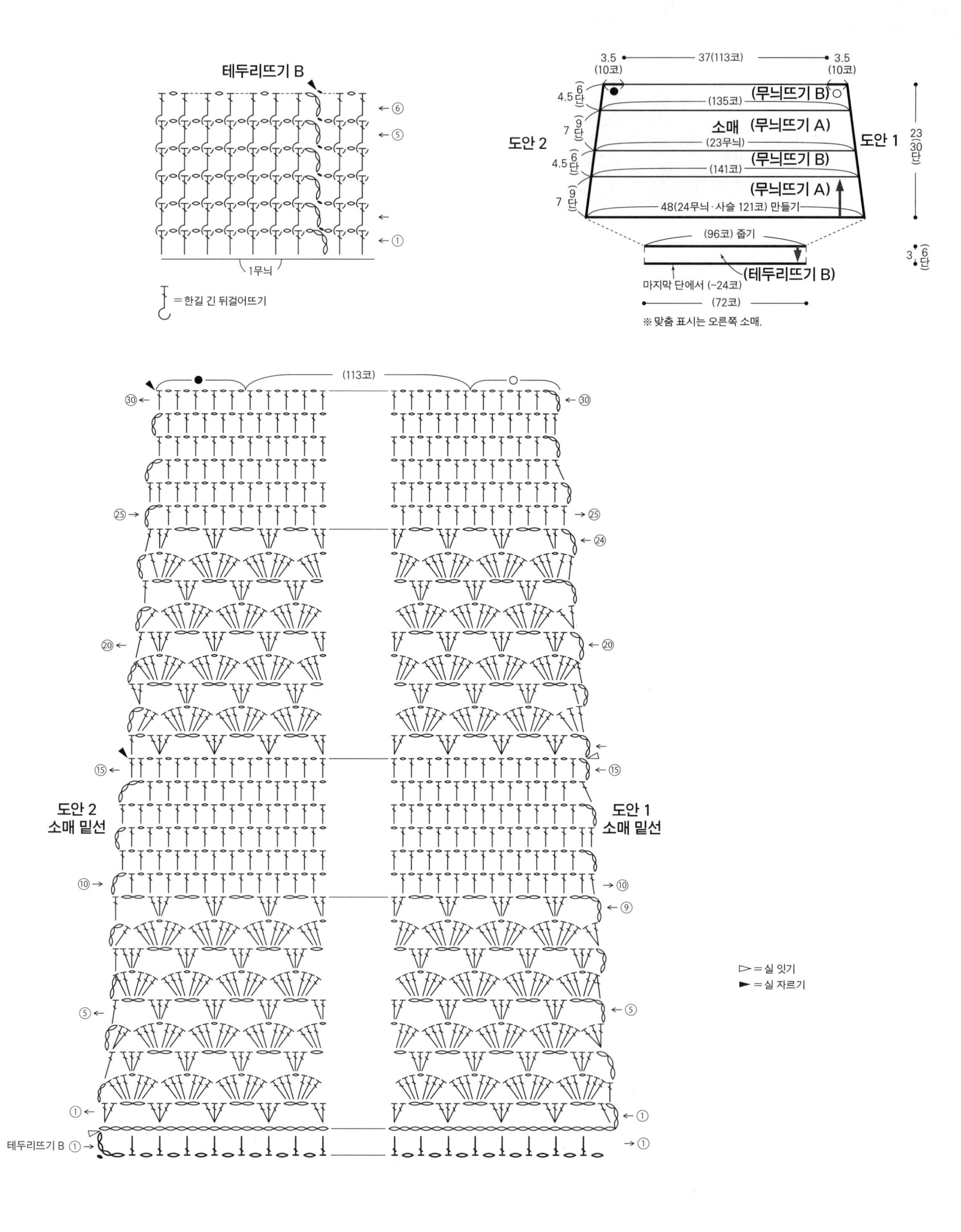

테두리뜨기 B
1무늬
= 한길 긴 뒤걸어뜨기
3.5 (10코)
37(113코)
3.5 (10코)
4.5 6단
(135코)
(무늬뜨기 B)
7 9단
소매 (무늬뜨기 A)
도안 2
도안 1
(23무늬)
4.5 6단
(무늬뜨기 B)
(141코)
7 9단
(무늬뜨기 A)
48(24무늬·사슬 121코) 만들기
23 (30단)
(96코) 줍기
3 6단
(테두리뜨기 B)
마지막 단에서 (−24코)
(72코)
※ 맞춤 표시는 오른쪽 소매.
(113코)
도안 2 소매 밑선
도안 1 소매 밑선
테두리뜨기 B
= 실 잇기
= 실 자르기

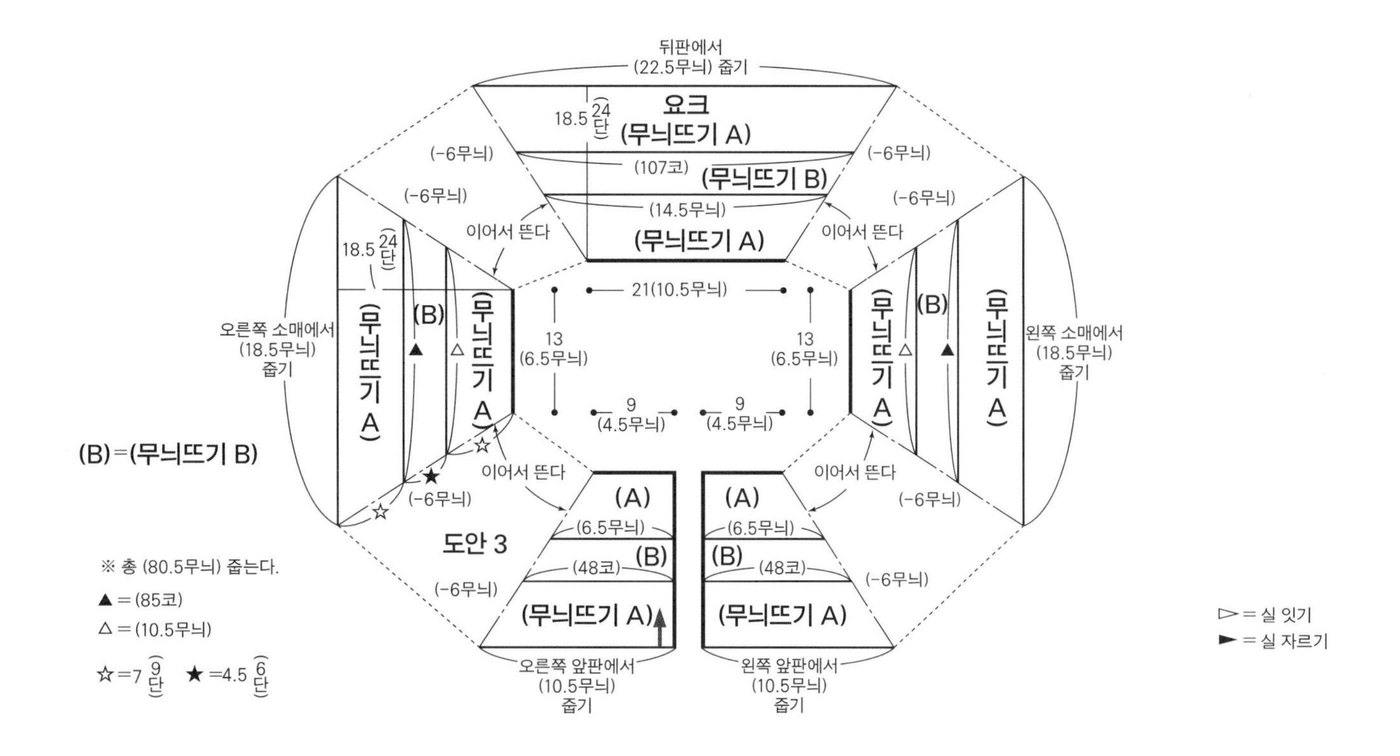
뒤판에서
(22.5무늬) 줍기
요크
(무늬뜨기 A)
18.5 (24단)
(107코)
(무늬뜨기 B)
(14.5무늬)
(무늬뜨기 A)
(-6무늬)
이어서 뜬다
21(10.5무늬)
13
(6.5무늬)
9
(4.5무늬)
오른쪽 소매에서
(18.5무늬)
줍기
왼쪽 소매에서
(18.5무늬)
줍기
(B)=(무늬뜨기 B)
(A)
(6.5무늬)
(48코)
(B)
도안 3
오른쪽 앞판에서
(10.5무늬)
줍기
왼쪽 앞판에서
(10.5무늬)
줍기
※ 총 (80.5무늬) 줍는다.
▲=(85코)
△=(10.5무늬)
☆=7 (9단) ★=4.5 (6단)
▷=실 잇기
►=실 자르기

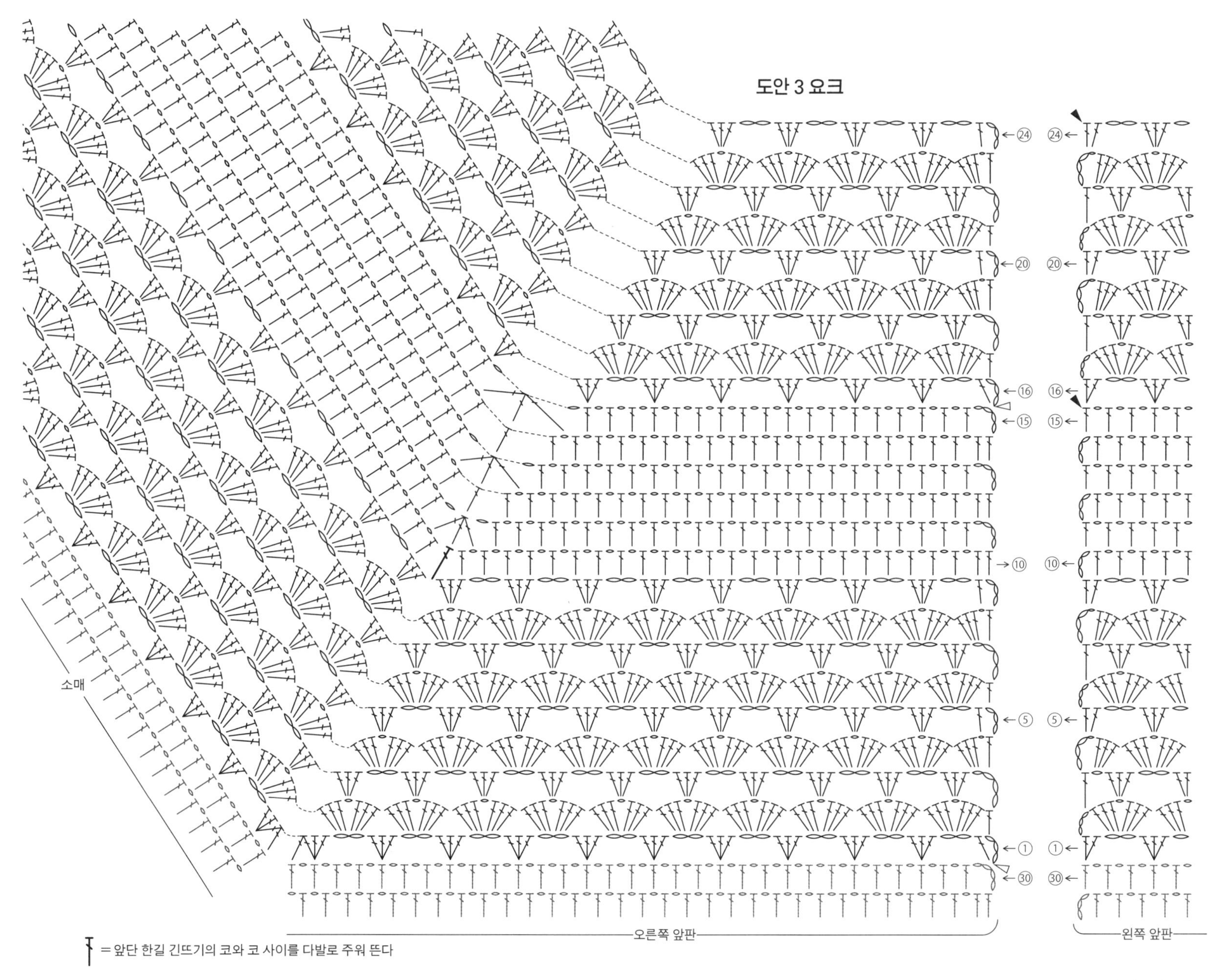
도안 3 요크
소매
오른쪽 앞판
왼쪽 앞판
= 앞단 한길 긴뜨기의 코와 코 사이를 다발로 주워 뜬다

118페이지로 이어집니다. ▶

▶ 117페이지에서 이어집니다.

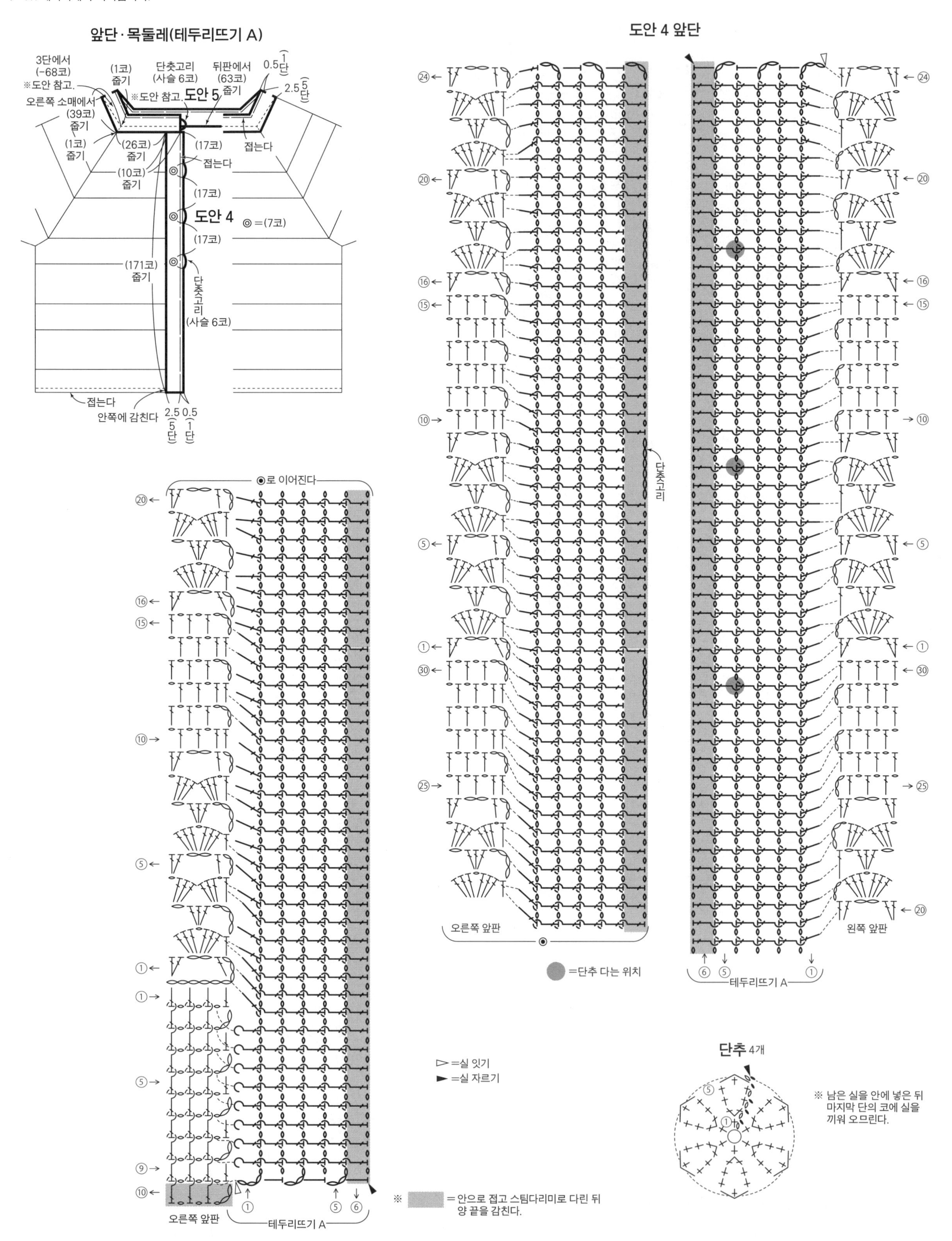
앞단·목둘레(테두리뜨기 A)
3단에서
(-68코)
※도안 참고.
(1코)
줍기
단춧고리
(사슬 6코)
뒤판에서
(63코)
줍기
0.5 1단
2.5 5단
※도안 참고.
도안 5
오른쪽 소매에서
(39코)
줍기
(1코)
줍기
(26코)
줍기
(17코)
접는다
(10코)
줍기
(17코)
도안 4
◎=(7코)
(17코)
(171코)
줍기
단춧고리
(사슬 6코)
접는다
안쪽에 감친다
2.5 5단
0.5 1단
도안 4 앞단
단춧고리
오른쪽 앞판
왼쪽 앞판
=단추 다는 위치
테두리뜨기 A
◉로 이어진다
오른쪽 앞판
테두리뜨기 A
▷=실 잇기
►=실 자르기
※ ▒=안으로 접고 스팀다리미로 다린 뒤 양 끝을 감친다.
단추 4개
※ 남은 실을 안에 넣은 뒤 마지막 단의 코에 실을 끼워 오므린다.

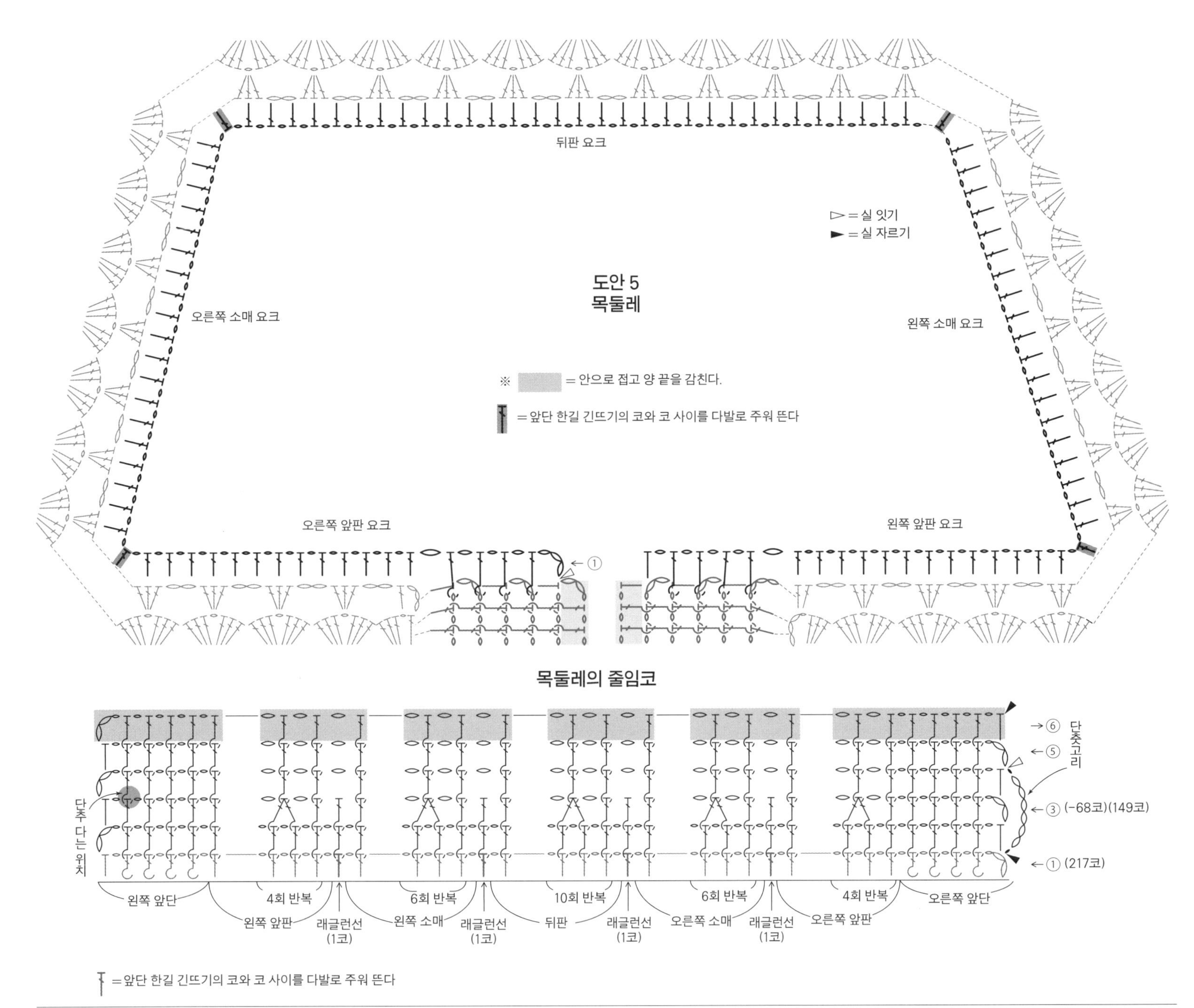
뒤판 요크
▷ = 실 잇기
► = 실 자르기
도안 5
목둘레
오른쪽 소매 요크
왼쪽 소매 요크
※ = 안으로 접고 양 끝을 감친다.
= 앞단 한길 긴뜨기의 코와 코 사이를 다발로 주워 뜬다
오른쪽 앞판 요크
왼쪽 앞판 요크
목둘레의 줄임코
단추고리
단추 다는 위치
(-68코)(149코)
(217코)
왼쪽 앞단
4회 반복
6회 반복
10회 반복
6회 반복
4회 반복
오른쪽 앞단
왼쪽 앞판
래글런선 (1코)
왼쪽 소매
뒤판
오른쪽 소매
오른쪽 앞판
= 앞단 한길 긴뜨기의 코와 코 사이를 다발로 주워 뜬다

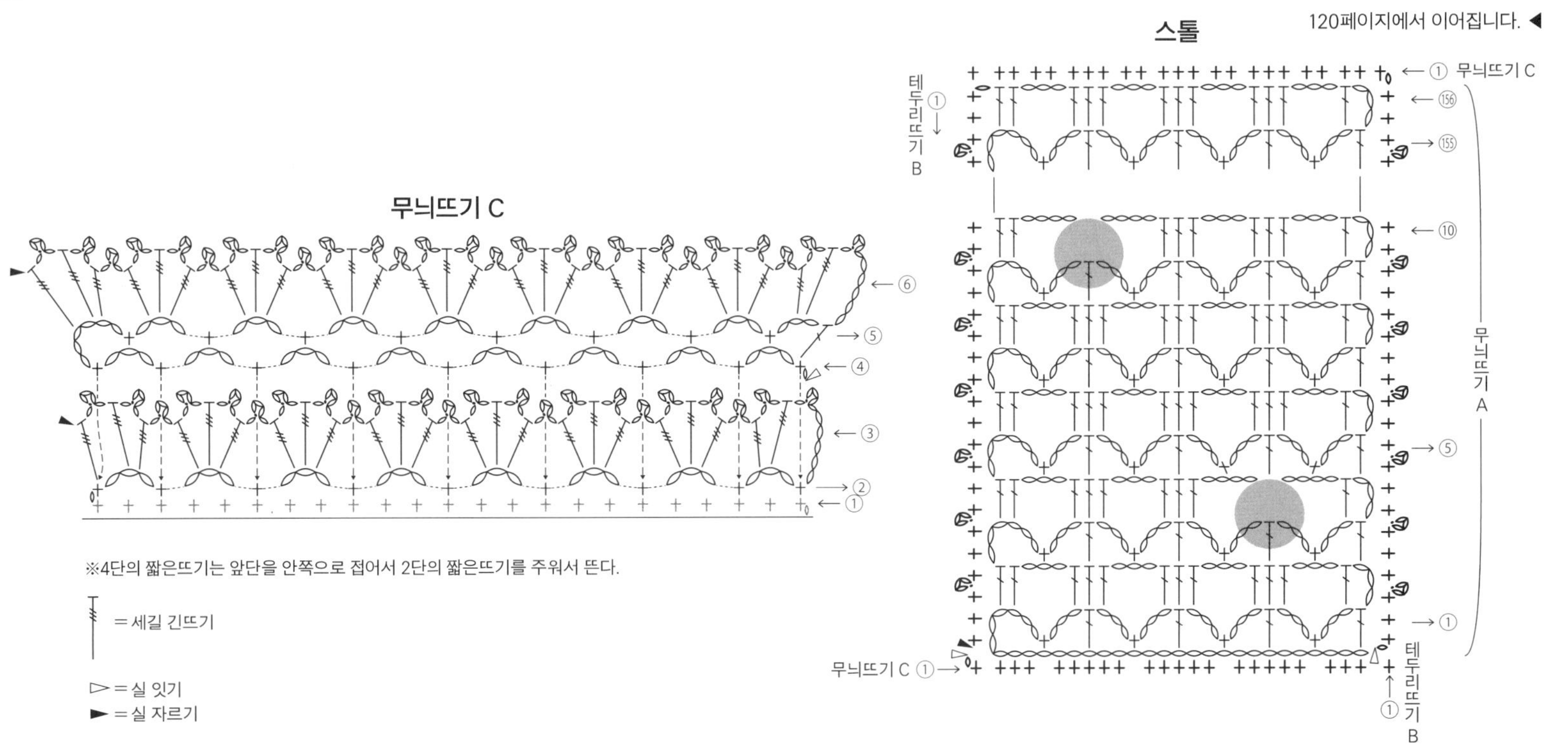
120페이지에서 이어집니다. ◀
스톨
무늬뜨기 C
테두리뜨기 B
무늬뜨기 A
무늬뜨기 C
※4단의 짧은뜨기는 앞단을 안쪽으로 접어서 2단의 짧은뜨기를 주워서 뜬다.
= 세길 긴뜨기
▷ = 실 잇기
► = 실 자르기

27 page 작품 ★★★

스키 부케

재료

[풀오버] 스키야 스키 부케 분홍색(1023) 490g 17볼

[스톨] 스키야 스키 부케 분홍색(1023) 75g 3볼

도구

코바늘 4/0호

완성 크기

[풀오버] 가슴둘레 96㎝, 기장 61㎝, 화장 73㎝

[스톨] 폭 9㎝, 길이 139㎝

게이지(10×10㎝)

무늬뜨기 A 30코×12단

POINT

●풀오버…몸판, 소매 모두 사슬뜨기 기초코로 뜨기 시작해서 무늬뜨기 A를 합니다. 증감코는 도안을 참고하세요. 어깨는 빼뜨기 사슬 잇기합니다. 목둘레는 지정된 콧수만큼 주워서 테두리뜨기 A를 원형으로 뜹니다. 옆선, 소매 밑선은 빼뜨기 사슬 꿰매기를 합니다. 밑단, 소맷부리는 무늬뜨기 B를 원형으로 뜹니다. 소매는 빼뜨기잇기로 몸판과 연결합니다.

●스톨…사슬뜨기 기초코로 뜨기 시작해서 무늬뜨기 A를 합니다. 계속해서 양옆에 테두리뜨기 B를 합니다. 뜨개 시작 쪽과 뜨개 끝 쪽에 무늬뜨기 C를 합니다.

●공통…무늬뜨기 A의 꽃무늬 부분은 모양을 잡아가면서 스팀다리미로 다립니다.

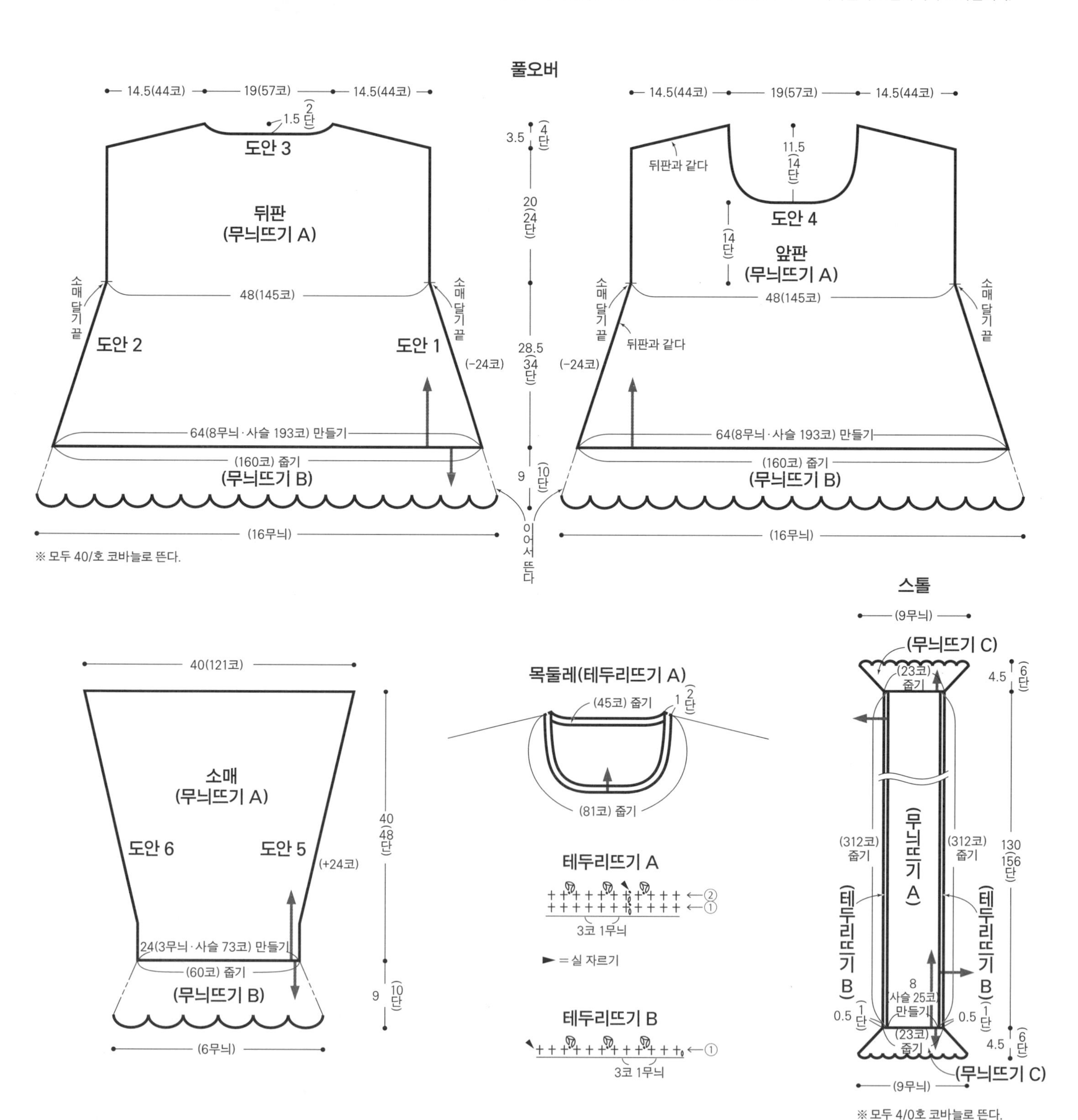
풀오버
14.5(44코) 19(57코) 14.5(44코)
1.5 2단
도안 3
3.5 4단
뒤판
(무늬뜨기 A)
20 24단
소매 달기 끝
48(145코)
도안 2
도안 1
(-24코)
28.5 34단
64(8무늬·사슬 193코) 만들기
(160코) 줍기
(무늬뜨기 B)
9 10단
(16무늬)
※ 모두 40/호 코바늘로 뜬다.
이어서 뜬다
뒤판과 같다
11.5 14단
도안 4
(14단)
앞판
(무늬뜨기 A)
스톨
(9무늬)
(무늬뜨기 C)
(23코) 줍기
4.5 6단
40(121코)
소매
(무늬뜨기 A)
도안 6
도안 5
(+24코)
40 48단
24(3무늬·사슬 73코) 만들기
(60코) 줍기
(6무늬)
목둘레(테두리뜨기 A)
(45코) 줍기
1 2단
(81코) 줍기
테두리뜨기 A
3코 1무늬
► = 실 자르기
테두리뜨기 B
(312코) 줍기
(무늬뜨기 A)
130 156단
(테두리뜨기 B)
8 사슬 25코 만들기
0.5 1단
※ 모두 4/0호 코바늘로 뜬다.

◀ 119페이지로 이어집니다.

무늬뜨기 A

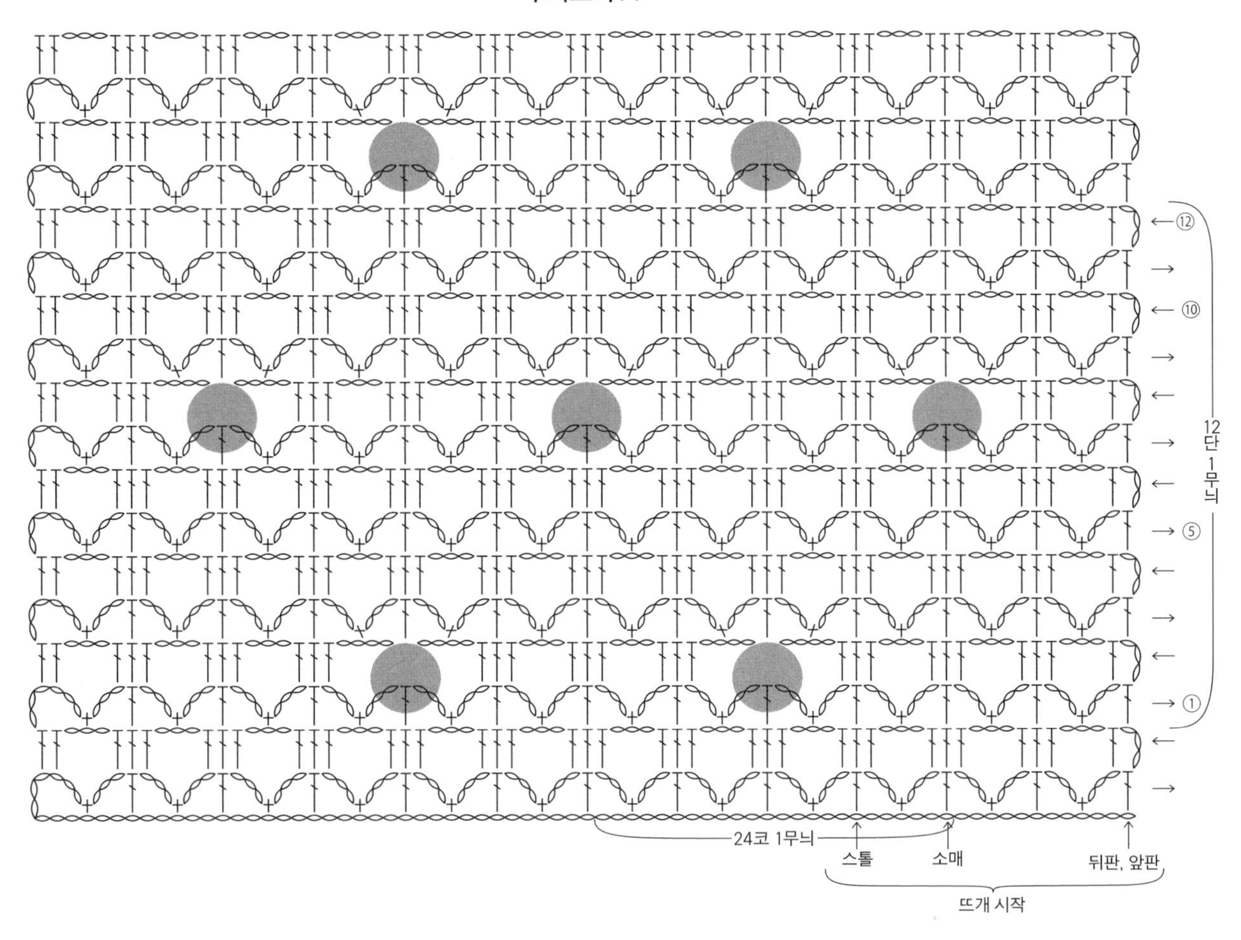

12
⑩
12단 1무늬
⑤
①
24코 1무늬
스톨
소매
뒤판, 앞판
뜨개 시작

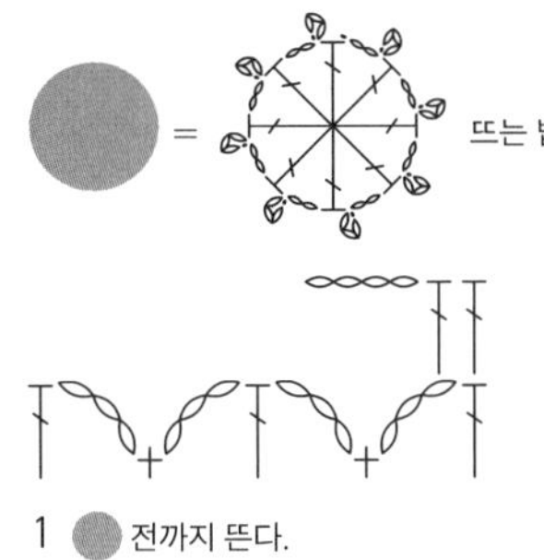

뜨는 법

1 ● 전까지 뜬다.

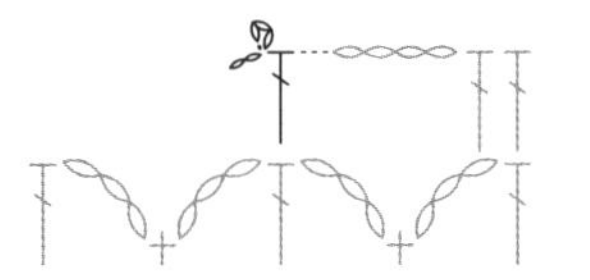

2 앞단의 한길 긴뜨기에 한길 긴뜨기, 사슬 3코 피코뜨기, 사슬뜨기 2코를 한다.

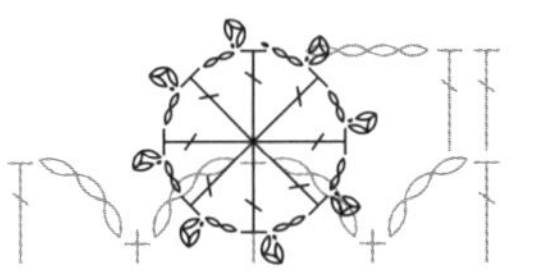

3 편물을 돌려가면서 2의 과정을 7번 반복하고 첫 한길 긴뜨기에 빼뜨기한다.

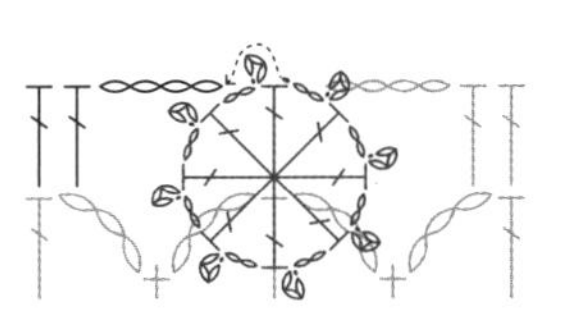

4 사슬을 4코 떠서 뜨개를 계속한다.

무늬뜨기 B

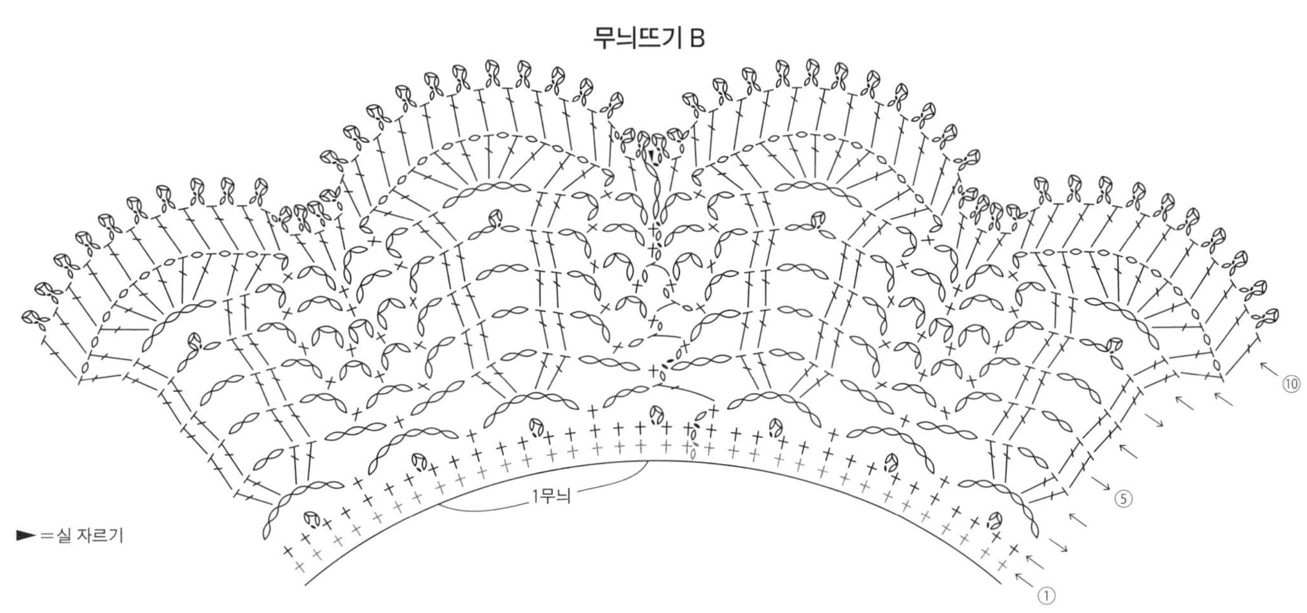

⑩
⑤
①
1무늬

►=실 자르기

122페이지로 이어집니다. ▶

▶ 121페이지에서 이어집니다.

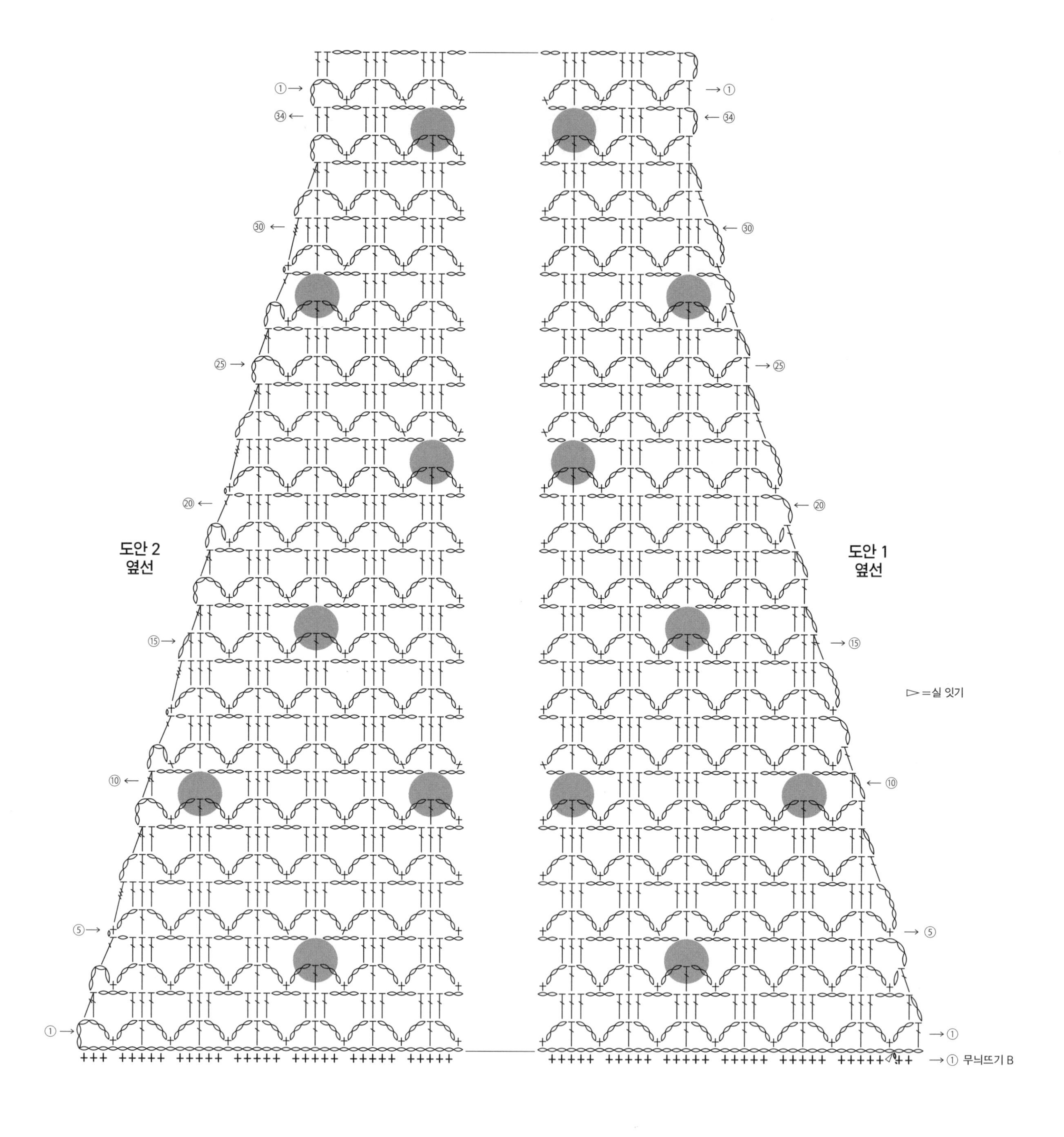

①→
㉞←
㉚←
㉕→
⑳←
⑮→
⑩←
⑤→
①→
도안 2
옆선
→①
←㉞
←㉚
→㉕
←⑳
→⑮
←⑩
→⑤
→①
→① 무늬뜨기 B
도안 1
옆선
▷=실 잇기

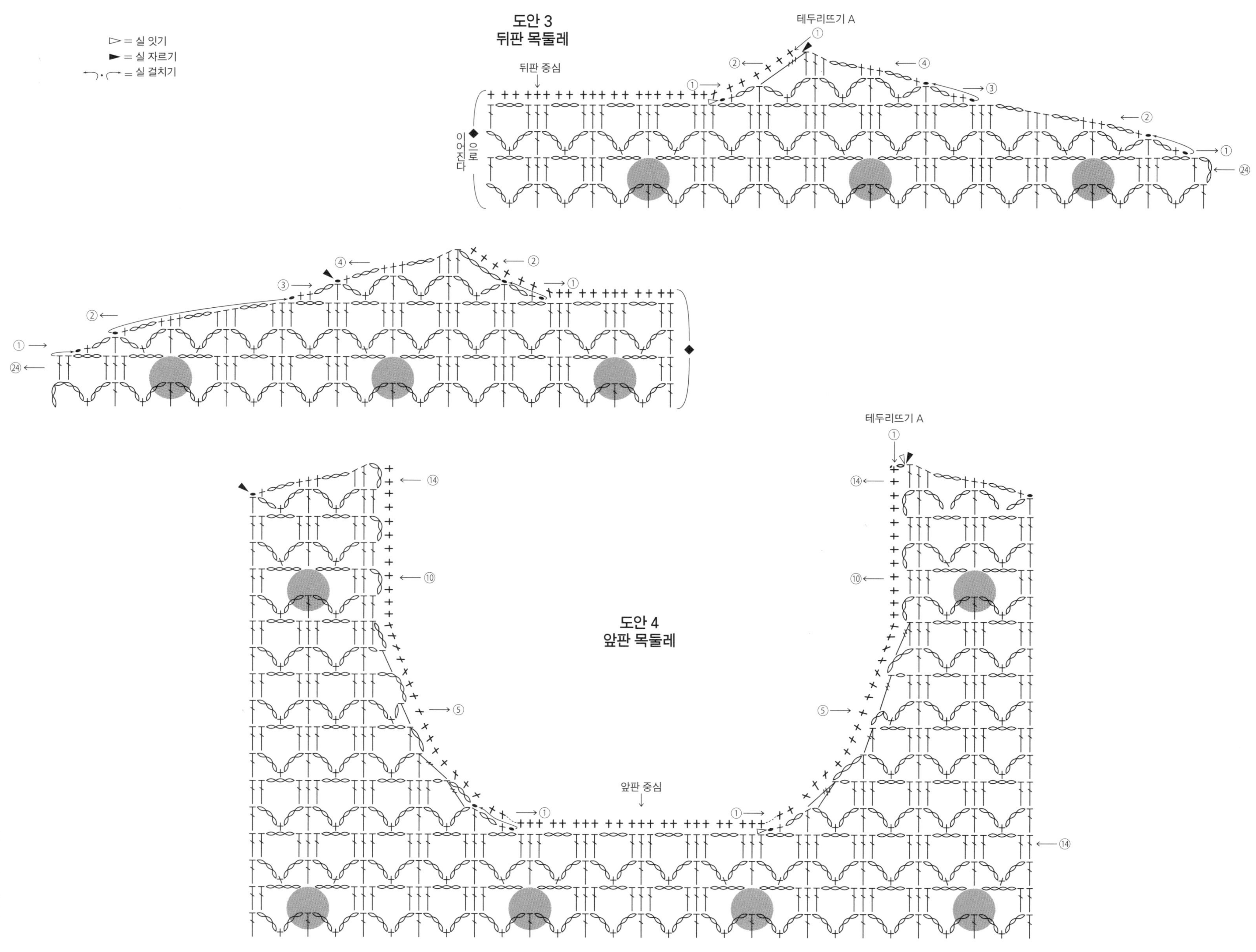

▷ = 실 잇기
▶ = 실 자르기
= 실 걸치기
도안 3
뒤판 목둘레
뒤판 중심
테두리뜨기 A
◆ 으로 이어진다
도안 4
앞판 목둘레
앞판 중심
테두리뜨기 A

124페이지로 이어집니다. ▶

▶ 123페이지에서 이어집니다.

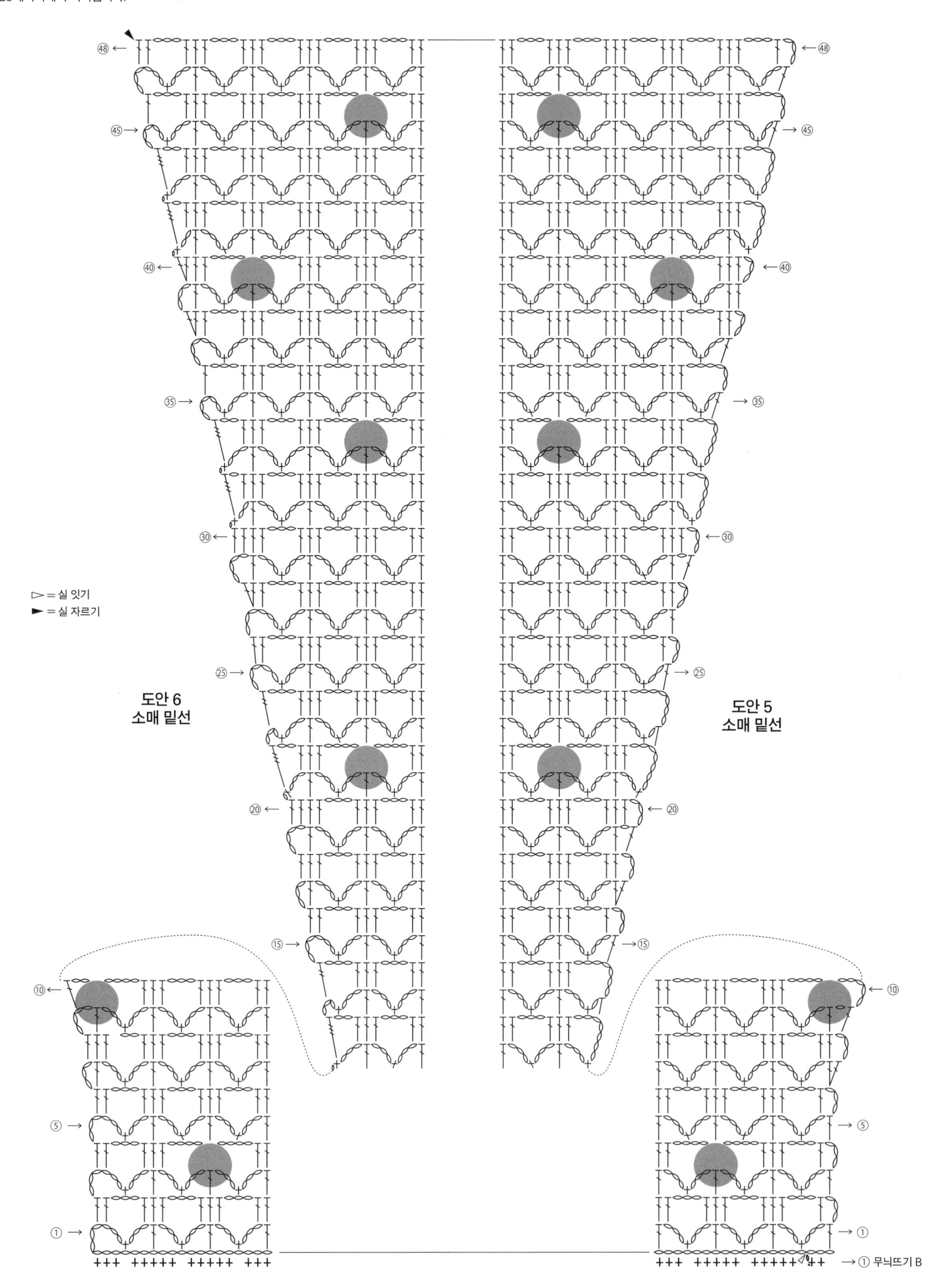

▷ = 실 잇기
► = 실 자르기
도안 6
소매 밑선
도안 5
소매 밑선
48
45
40
35
30
25
20
15
10
5
1
→ ① 무늬뜨기 B

니트와 프릴의 근사한 관계
29 page 작품 ★★★
시젠노 쓰무기 mofu

재료
올림포스 시젠노 쓰무기 mofu 오프화이트(201) 250g 9볼

도구
대바늘 7호·10호

완성 크기
가슴둘레 102㎝, 어깨너비 38㎝, 기장 52.5㎝, 소매 길이 41.5㎝

게이지(10×10㎝)
메리야스뜨기 18코×25단

POINT
●몸판·소매…몸판은 손가락에 걸어서 만드는 기초코로 뜨개를 시작해서 무늬뜨기와 메리야스뜨기를 합니다. 줄임코는 2코부터는 덮어씌우기, 첫 코는 가장자리 1코를 세워 줄임코를 합니다. 소맷부리 '위', 소맷부리 '아래'는 몸판과 같은 방법으로 뜨개를 시작해서 무늬뜨기, 메리야스뜨기를 합니다. 지정된 단수만큼 뜨면 쉼코를 하고 2장을 겹쳐 놓고 코를 주워서 소매를 뜹니다. 소매 밑선의 늘림코는 1코 안쪽에서 돌려뜨기 늘림코를 합니다.
●마무리…어깨는 덮어씌워 잇기, 옆선·소매 밑선은 떠서 꿰매기하는데 소맷부리는 '위', '아래'를 각각 꿰맵니다. 목둘레 장식은 몸판과 같은 방법으로 뜨개를 시작해서 무늬뜨기를 원형으로 뜹니다. 뜨개 끝은 쉼코를 합니다. 목둘레는 지정된 콧수만큼 주워서 2단은 목둘레 장식을 안쪽에서 겹쳐 놓고 함께 코를 주워서 1코 고무뜨기를 원형으로 뜹니다. 뜨개 끝은 무늬를 계속 뜨면서 덮어씌워 코막음합니다. 소매는 빼뜨기 잇기로 몸판과 연결합니다.

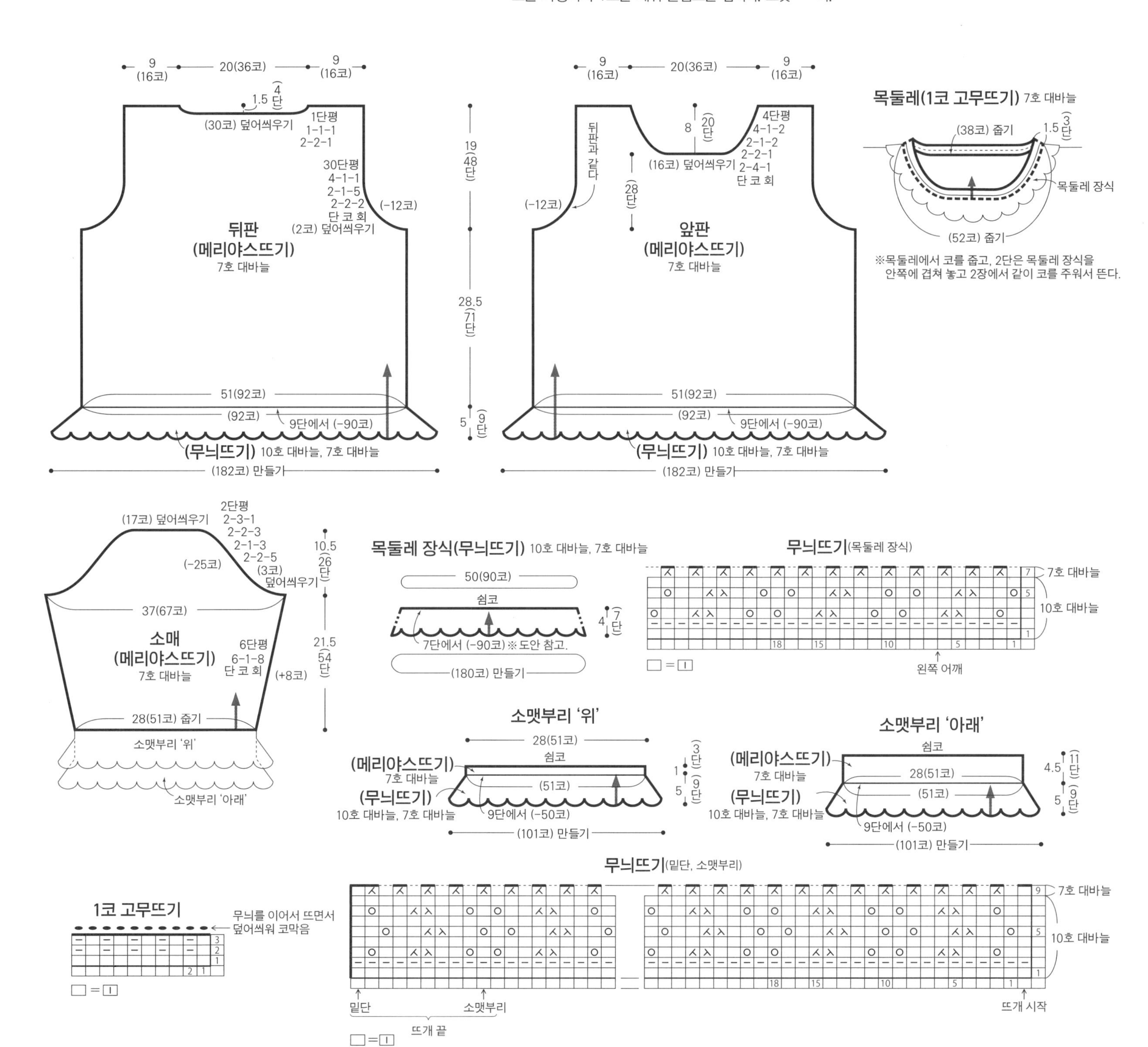
뒤판
(메리야스뜨기)
7호 대바늘
(30코) 덮어씌우기
1단평 1-1-1 2-2-1
30단평 4-1-1 2-1-5 2-2-2 단 코 회
(-12코)
(2코) 덮어씌우기
51(92코)
(92코)
9단에서 (-90코)
(무늬뜨기) 10호 대바늘, 7호 대바늘
(182코) 만들기
앞판
(메리야스뜨기)
7호 대바늘
뒤판과 같다
(16코) 덮어씌우기
4단평 4-1-2 2-1-2 2-2-1 2-4-1 단 코 회
목둘레(1코 고무뜨기) 7호 대바늘
(38코) 줍기
목둘레 장식
(52코) 줍기
※목둘레에서 코를 줍고, 2단은 목둘레 장식을 안쪽에 겹쳐 놓고 2장에서 같이 코를 주워서 뜬다.
소매
(메리야스뜨기)
7호 대바늘
(17코) 덮어씌우기
2단평 2-3-1 2-2-3 2-1-3 2-2-5
(-25코)
(3코) 덮어씌우기
37(67코)
6단평 6-1-8 단 코 회
(+8코)
28(51코) 줍기
소맷부리 '위'
소맷부리 '아래'
목둘레 장식(무늬뜨기) 10호 대바늘, 7호 대바늘
50(90코)
쉼코
7단에서 (-90코) ※도안 참고.
(180코) 만들기
무늬뜨기(목둘레 장식)
7호 대바늘
10호 대바늘
왼쪽 어깨
소맷부리 '위'
소맷부리 '아래'
(메리야스뜨기)
(무늬뜨기)
10호 대바늘, 7호 대바늘
9단에서 (-50코)
(101코) 만들기
무늬뜨기(밑단, 소맷부리)
1코 고무뜨기
무늬를 이어서 뜨면서 덮어씌워 코막음
밑단
소맷부리
뜨개 끝
뜨개 시작

케이폭 코튼

손가락에 걸어서 만드는 1코 고무뜨기 기초코

※일본어 사이트

재료

하마나카 케이폭 코튼 초록색(7). 사용량은 표를 참고하세요.

도구

대바늘 5호·3호

완성 크기

S…가슴둘레 118㎝, 기장 43㎝, 화장 41.5㎝
M…가슴둘레 124㎝, 기장 44.5㎝, 화장 43㎝
L…가슴둘레 132㎝, 기장 47.5㎝, 화장 45㎝
XL…가슴둘레 138㎝, 기장 49.5㎝, 화장 46.5㎝

게이지(10×10㎝)

무늬뜨기 18.5코×26단

POINT

●몸판·소매…몸판은 손가락에 걸어서 만드는 1코 고무뜨기 기초코로 뜨개를 시작해서 1코 고무뜨기, 무늬뜨기를 합니다. 무늬뜨기는 단에 따라 콧수가 달라지므로 주의하세요. 목둘레 줄임코는 도안을 참고하세요. 어깨는 빼뜨기 잇기를 합니다. 소매는 지정된 콧수만큼 주워서 메리야스뜨기, 무늬뜨기, 1코 고무뜨기를 합니다. 뜨개 끝은 1코 고무뜨기 코막음 합니다.

●마무리…옆선은 떠서 꿰매기합니다. 목둘레는 지정된 콧수만큼 주워서 1코 고무뜨기를 원형으로 뜹니다. 뜨개 끝은 소맷부리와 같은 방법으로 합니다.

실 사용량

S	300g 10볼
M	330g 11볼
L	360g 12볼
XL	390g 13볼

S, M

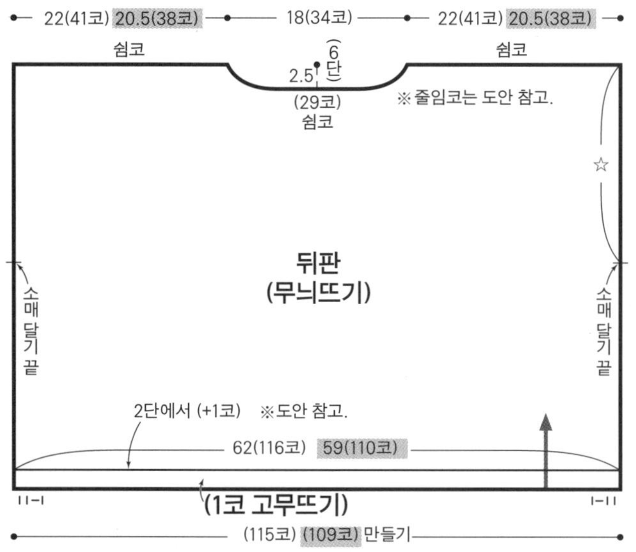
22(41코) 20.5(38코)
18(34코)
쉼코
2.5 6단
(29코) 쉼코
※줄임코는 도안 참고.
뒤판
(무늬뜨기)
소매 달기 끝
20.5 54단
19 50단
22 57단
2 6단
2단에서 (+1코) ※도안 참고.
62(116코) 59(110코)
(1코 고무뜨기)
(115코) (109코) 만들기
7 18단
(17코) 쉼코
36단 32단
앞판
(무늬뜨기)

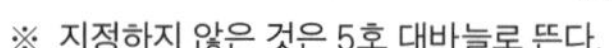

※ 지정하지 않은 것은 5호 대바늘로 뜬다.

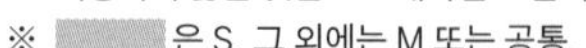

※ 은 S, 그 외에는 M 또는 공통.

(119코) (113코)
(1코 고무뜨기)
소매(무늬뜨기)
(+39코) (+37코) ※도안 참고.
64(119코) 61(113코)
(80코) (76코)
(메리야스뜨기)
★에서(40코)(38코)줍기 ☆에서(40코)(38코)줍기
※맞춤 기호는 오른쪽 소매.
2단 / 10 26단 / 2단

목둘레(1코 고무뜨기) 3호 대바늘

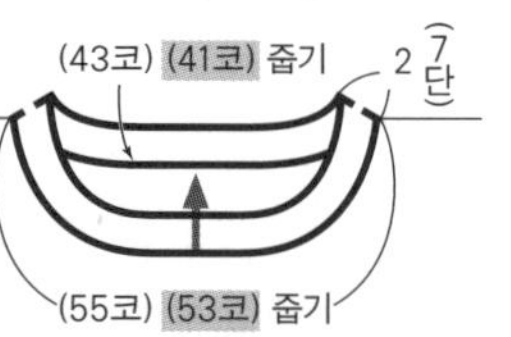
(43코) (41코) 줍기
2 7단
(55코) (53코) 줍기

1코 고무뜨기(목둘레)

무늬뜨기

□=⎕
▒=코가 없는 부분

※소매의 뜨개 시작은 다른 도안 참고.

1코 고무뜨기(밑단)

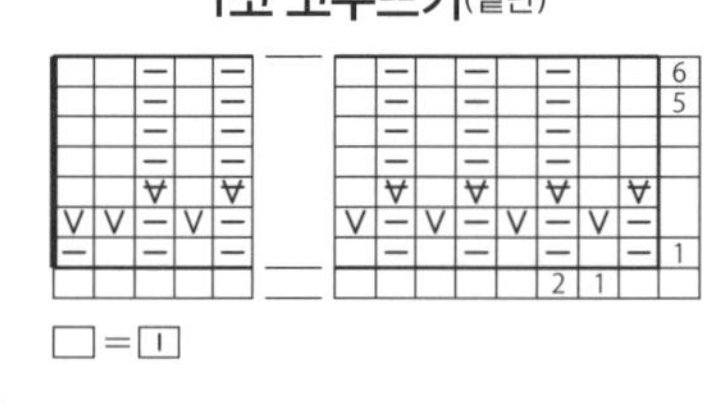

1코 고무뜨기(소맷부리)

무늬뜨기하는 법

1 걸기코를 하고 다음 3코를 겉뜨기한다.

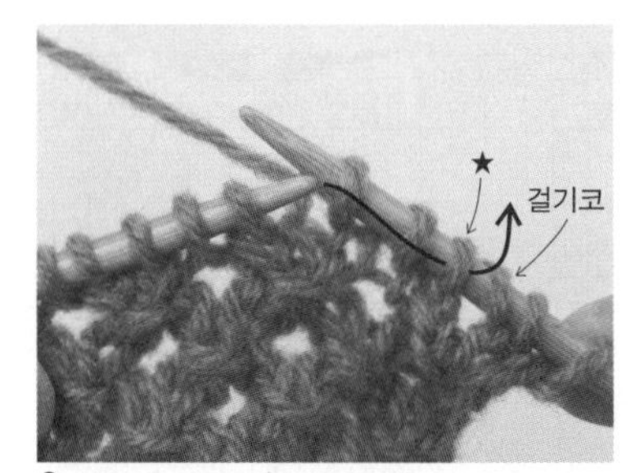
★
걸기코

2 ★코에 왼쪽 바늘을 찌르고 왼쪽 2코에 덮어씌운다.

3 덮어씌운 모습. 1~3을 반복한다.

4 완성.

L, XL

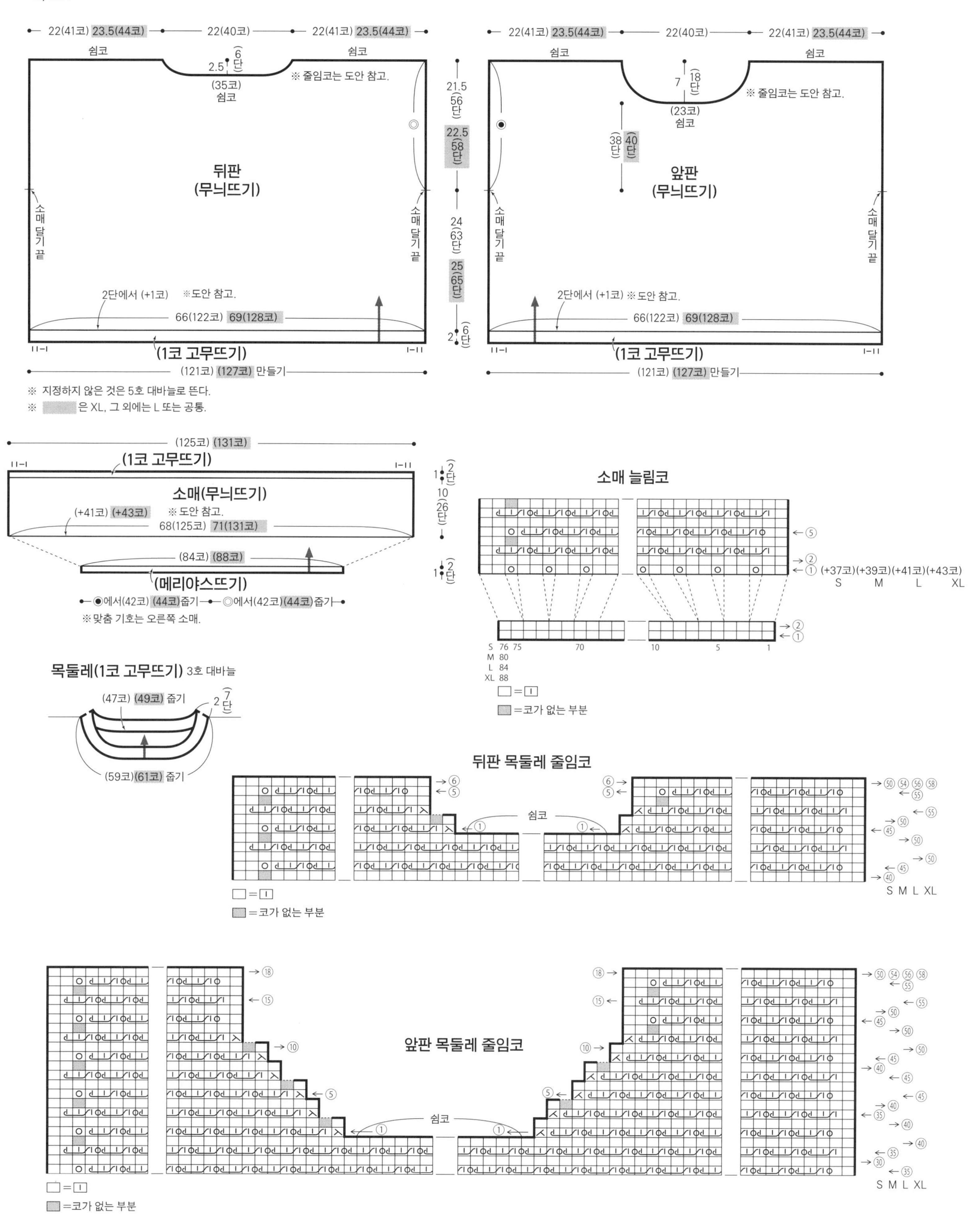

22(41코) 23.5(44코)
22(40코)
22(41코) 23.5(44코)
쉼코
2.5 (6단)
(35코)
쉼코
※ 줄임코는 도안 참고.
뒤판
(무늬뜨기)
소매 달기 끝
21.5 (56단)
22.5 (58단)
24 (63단)
25 (65단)
2 (6단)
2단에서 (+1코) ※도안 참고.
66(122코) 69(128코)
(1코 고무뜨기)
(121코) (127코) 만들기
7 (18단)
(23코)
38단 40단
앞판
(무늬뜨기)
※ 지정하지 않은 것은 5호 대바늘로 뜬다.
※ 은 XL, 그 외에는 L 또는 공통.
(125코) (131코)
(1코 고무뜨기)
소매(무늬뜨기)
(+41코) (+43코) ※ 도안 참고.
68(125코) 71(131코)
1 (2단)
10 (26단)
(84코) (88코)
(메리야스뜨기)
◉에서(42코) (44코)줍기 ◎에서(42코)(44코)줍기
※맞춤 기호는 오른쪽 소매.
소매 늘림코
(+37코)(+39코)(+41코)(+43코)
S M L XL
S 76 75 70 10 5 1
M 80
L 84
XL 88
□=Ⅰ
▒=코가 없는 부분
목둘레(1코 고무뜨기) 3호 대바늘
(47코) (49코) 줍기
2 (7단)
(59코)(61코) 줍기
뒤판 목둘레 줄임코
쉼코
S M L XL
앞판 목둘레 줄임코

Enjoy Keito
39 page ★
앨프 내추럴
리리리

재료

페자 앨프 내추럴 에크뤼(701) 70g 1타래, 사레도 리리리 앤티크 화이트(2004L) 50g 1콘

도구

코바늘 7/0호

완성 크기

머리둘레 56㎝, 깊이 22.5㎝

게이지(10×10㎝)

한길 긴뜨기 15코×7.5단

POINT

●모두 앨프 내추럴 1가닥과 리리리 1가닥을 합사해서 뜹니다. 원으로 기초코를 만들어 톱부터 뜨기 시작해 한길 긴뜨기로 뜹니다. 늘림코는 도안을 참고하세요.

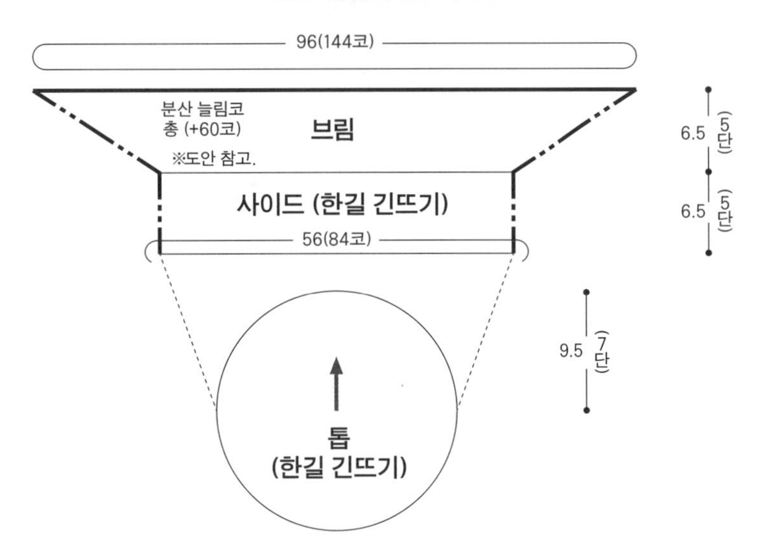
96(144코)
분산 늘림코
총 (+60코)
※도안 참고.
브림
사이드 (한길 긴뜨기)
56(84코)
6.5 (5단)
6.5 (5단)
9.5 (7단)
톱
(한길 긴뜨기)

※ 모두 7/0호 코바늘로 앨프 내추럴 1가닥과 리리리 1가닥을 합사해서 뜬다.

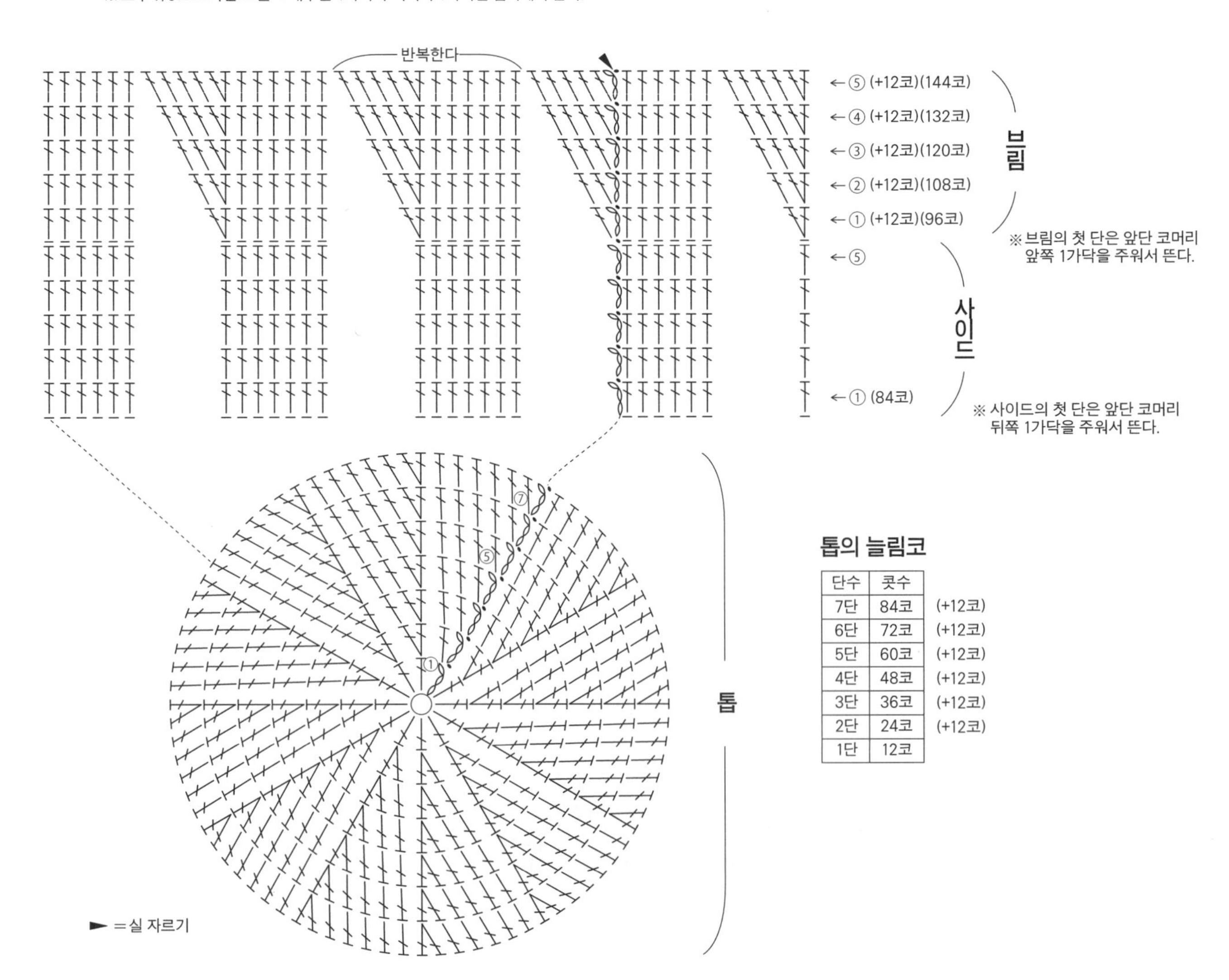
반복한다
←⑤ (+12코)(144코)
←④ (+12코)(132코)
←③ (+12코)(120코)
←② (+12코)(108코)
←① (+12코)(96코)
브림
※브림의 첫 단은 앞단 코머리 앞쪽 1가닥을 주워서 뜬다.
←⑤
사이드
←① (84코)
※ 사이드의 첫 단은 앞단 코머리 뒤쪽 1가닥을 주워서 뜬다.
톱
► =실 자르기

톱의 늘림코

단수	콧수	
7단	84코	(+12코)
6단	72코	(+12코)
5단	60코	(+12코)
4단	48코	(+12코)
3단	36코	(+12코)
2단	24코	(+12코)
1단	12코	

베이직한 크로셰 웨어

13 page ★★★

다이아 코스타 소르베

한길 긴 앞걸어뜨기 한길 긴 앞걸어뜨기

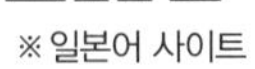

※일본어 사이트 ※일본어 사이트

재료

다이아몬드 모사 다이아 코스타 소르베 남색 계열 믹스(3111) 265g 9볼

도구

코바늘 4/0호

완성 크기

가슴둘레 108㎝, 기장 52.5㎝, 화장 29.5㎝

게이지(10×10㎝)

무늬뜨기 29.5코×11.5단

POINT

●몸판…사슬뜨기로 기초코를 만들어 뜨기 시작해 무늬뜨기로 뜹니다. 줄임코는 도안을 참고하세요. 밑단은 기초코 사슬에서 코를 주워 테두리뜨기 A로 뜹니다.

●마무리…어깨는 사슬뜨기와 빼뜨기로 잇기, 옆선은 사슬뜨기와 빼뜨기로 꿰매기를 합니다. 목둘레·소맷부리는 지정 콧수를 주워 테두리뜨기 B로 원형으로 뜨는데, 목둘레의 2번째 단은 불규칙해지는 부분이 있으므로 주의합니다.

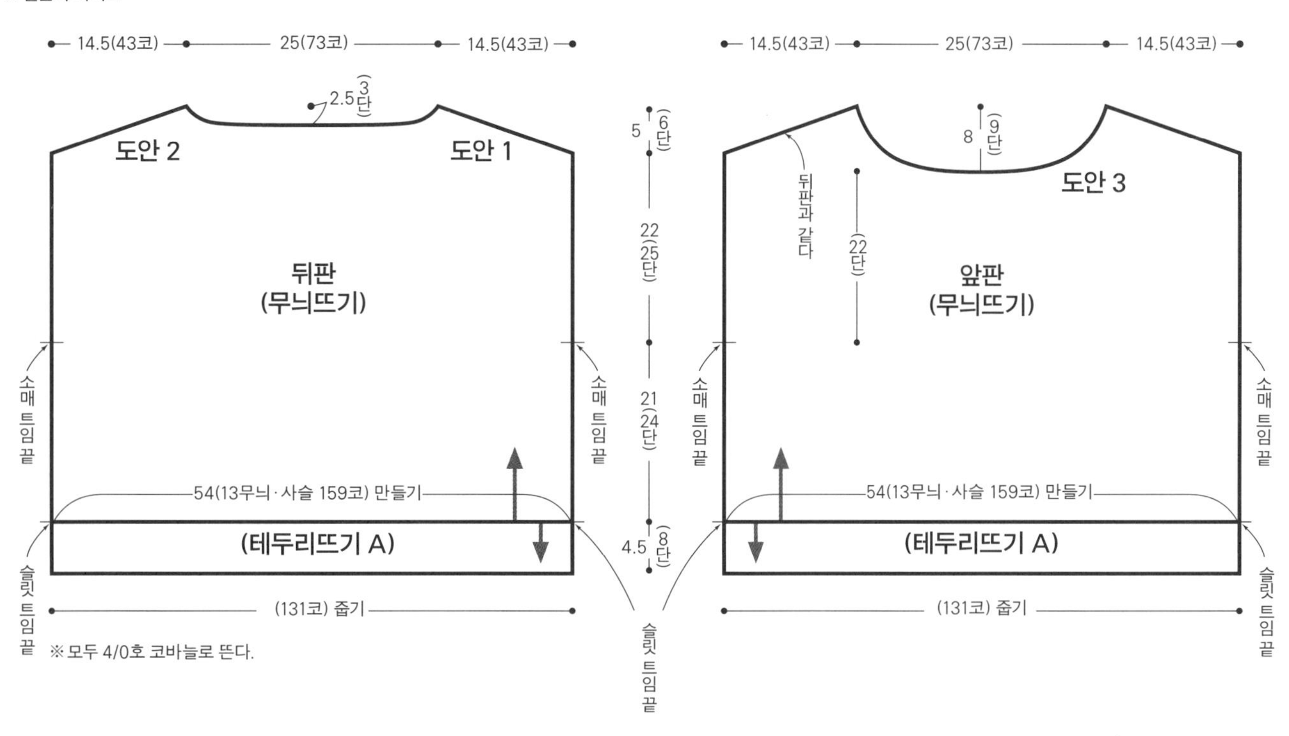
14.5(43코)
25(73코)
14.5(43코)
2.5(3단)
도안 2
도안 1
5(6단)
뒤판
(무늬뜨기)
22(25단)
소매트임끝
21(24단)
54(13무늬·사슬 159코) 만들기
(테두리뜨기 A)
4.5(8단)
슬릿트임끝
(131코) 줍기
※ 모두 4/0호 코바늘로 뜬다.
8(9단)
도안 3
뒤판과 같다
22단
앞판
(무늬뜨기)

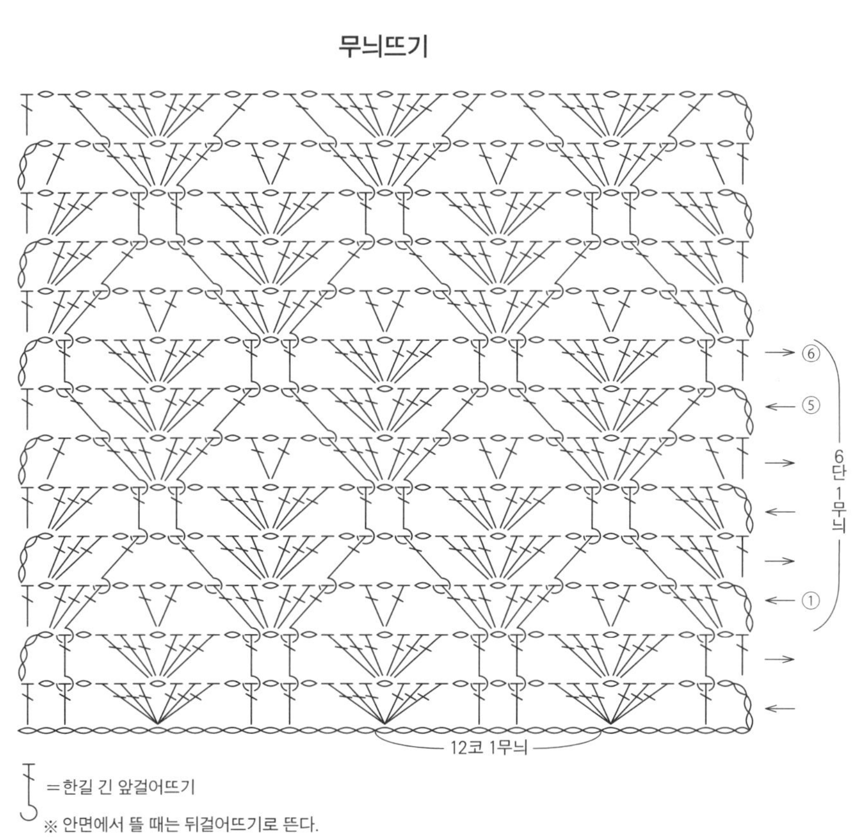
무늬뜨기
6단 1무늬
12코 1무늬
=한길 긴 앞걸어뜨기
※ 안면에서 뜰 때는 뒤걸어뜨기로 뜬다.

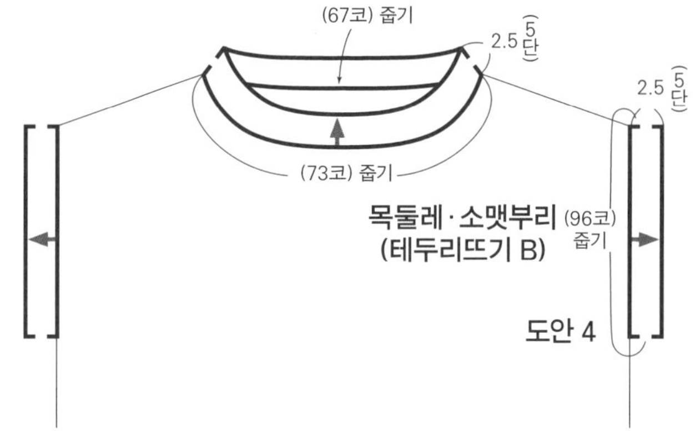
(67코) 줍기
2.5(5단)
(73코) 줍기
목둘레·소맷부리
(테두리뜨기 B)
(96코) 줍기
도안 4

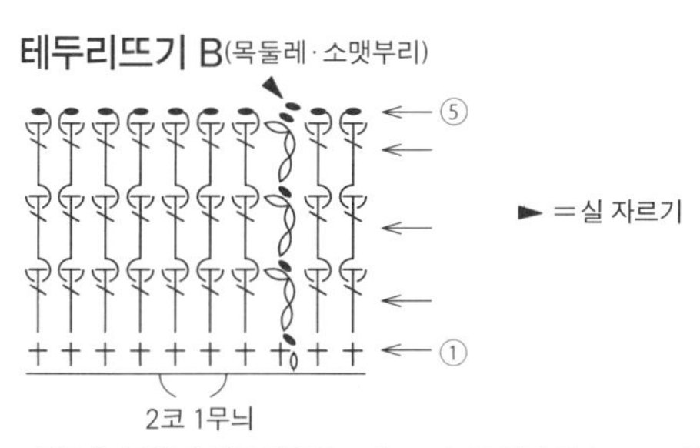
테두리뜨기 B(목둘레·소맷부리)
2코 1무늬
►=실 자르기

※목둘레의 2번째 단은 앞걸어뜨기로 뜨는 부분이 있으므로 도안을 참고한다.

=한길 긴 앞걸어뜨기

=한길 긴 뒤걸어뜨기

=앞걸어뜨기를 뜨듯이 바늘을 넣어 빼뜨기

=뒤걸어뜨기를 뜨듯이 바늘을 넣어 빼뜨기

130페이지로 이어집니다. ▶

▶ 129페이지에서 이어집니다.

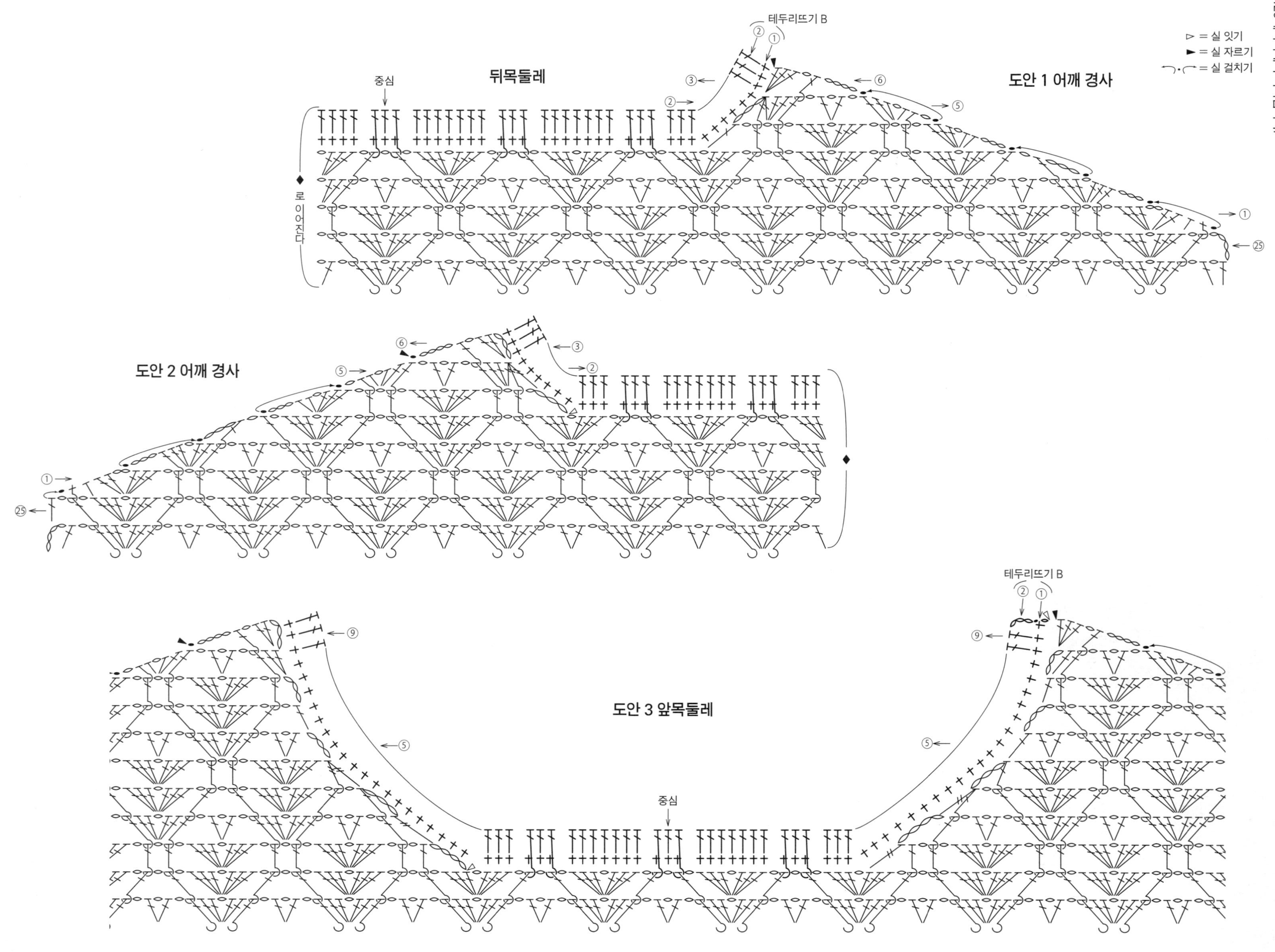
▷ = 실 잇기
▶ = 실 자르기
= 실 걸치기
도안 1 어깨 경사
테두리뜨기 B
뒤목둘레
중심
◆로 이어진다
도안 2 어깨 경사
도안 3 앞목둘레
테두리뜨기 B
중심

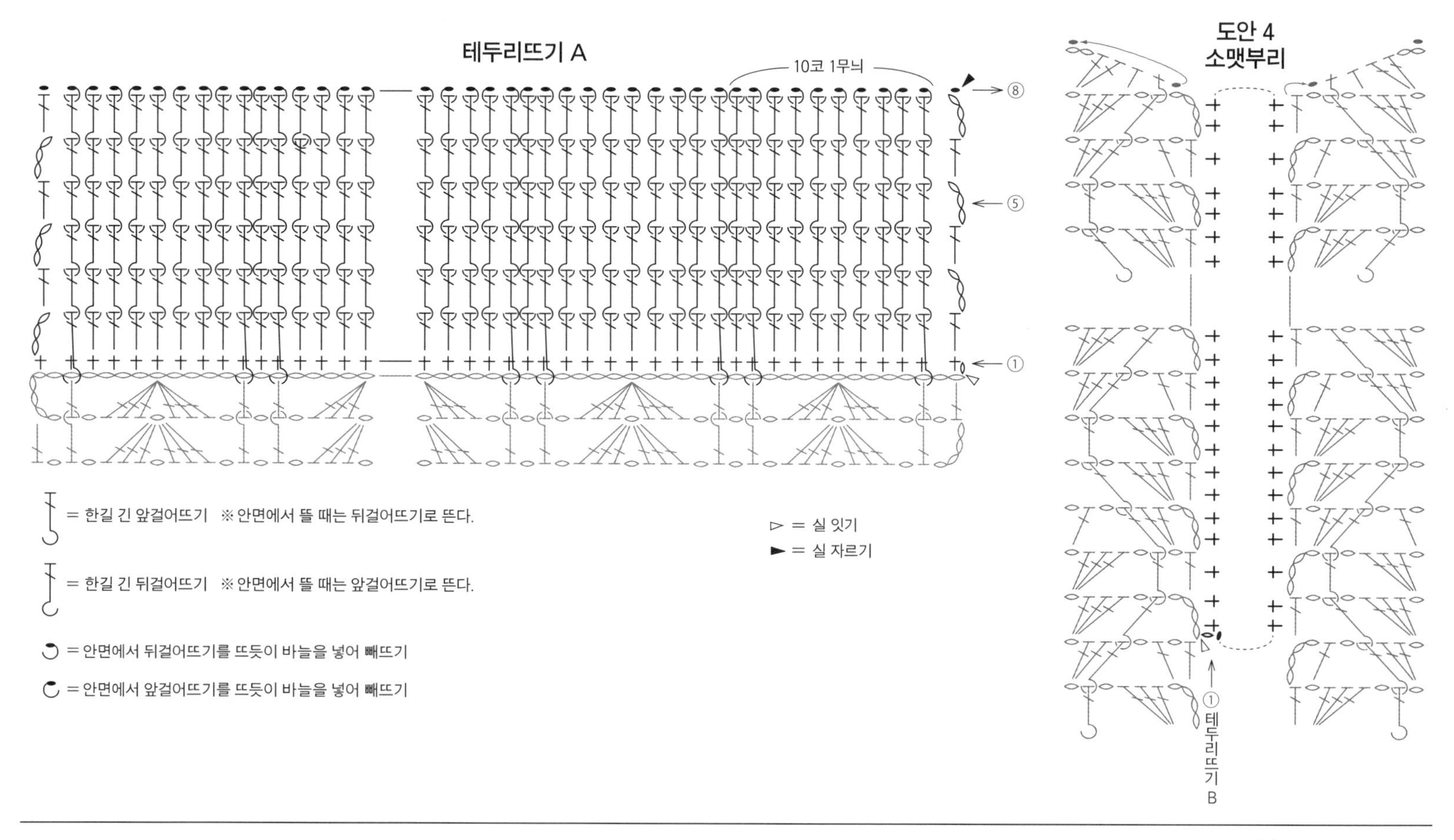

테두리뜨기 A
10코 1무늬
도안 4
소맷부리
테두리뜨기 B
= 한길 긴 앞걸어뜨기 ※안면에서 뜰 때는 뒤걸어뜨기로 뜬다.
= 한길 긴 뒤걸어뜨기 ※안면에서 뜰 때는 앞걸어뜨기로 뜬다.
= 안면에서 뒤걸어뜨기를 뜨듯이 바늘을 넣어 빼뜨기
= 안면에서 앞걸어뜨기를 뜨듯이 바늘을 넣어 빼뜨기
= 실 잇기
= 실 자르기

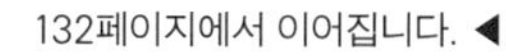

132페이지에서 이어집니다. ◀

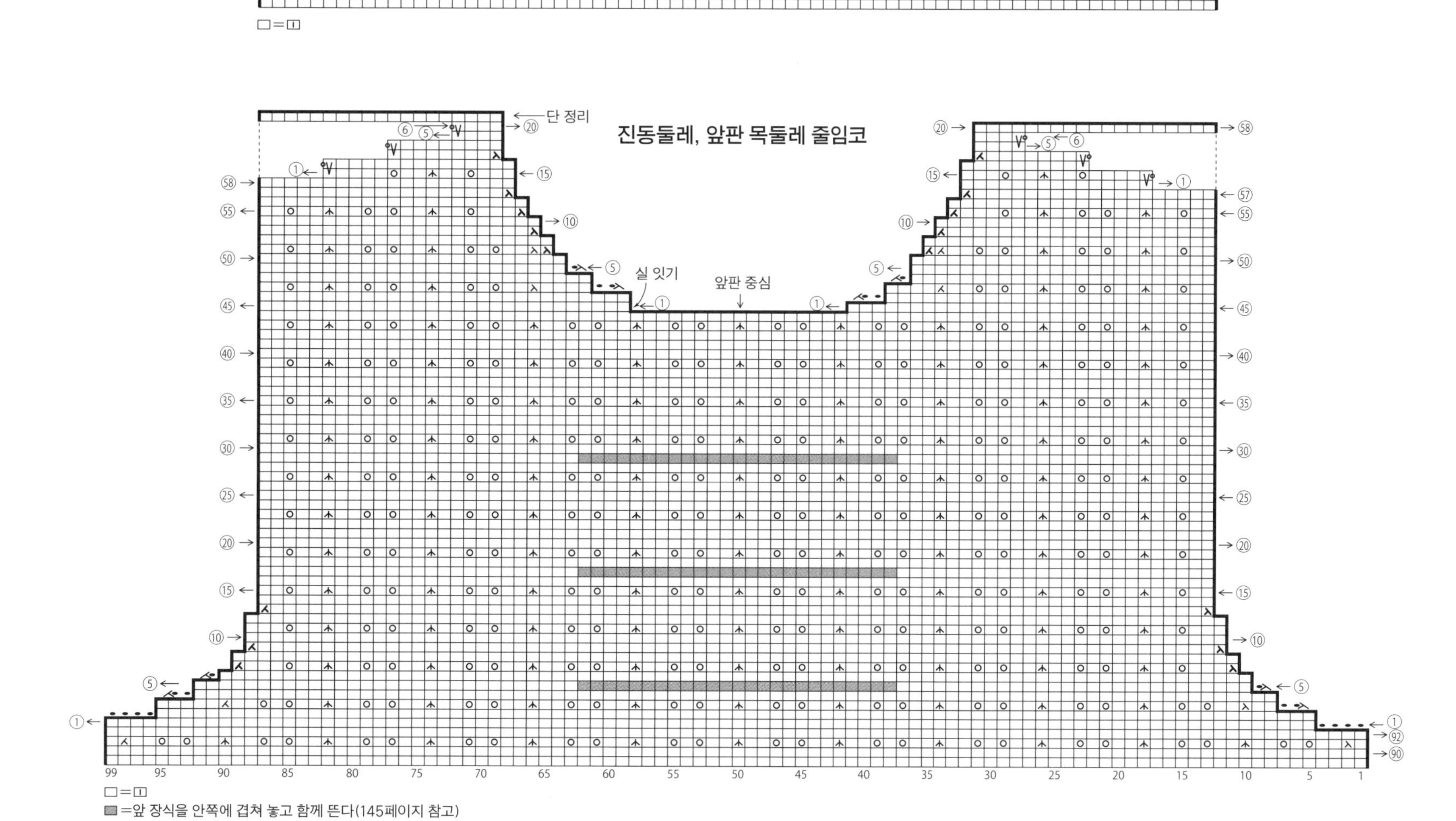

뒤판 목둘레 줄임코
단 정리
뒤판 중심
실 잇기
진동둘레, 앞판 목둘레 줄임코
앞판 중심
=앞 장식을 안쪽에 겹쳐 놓고 함께 뜬다(145페이지 참고)

스키 리넨 실크

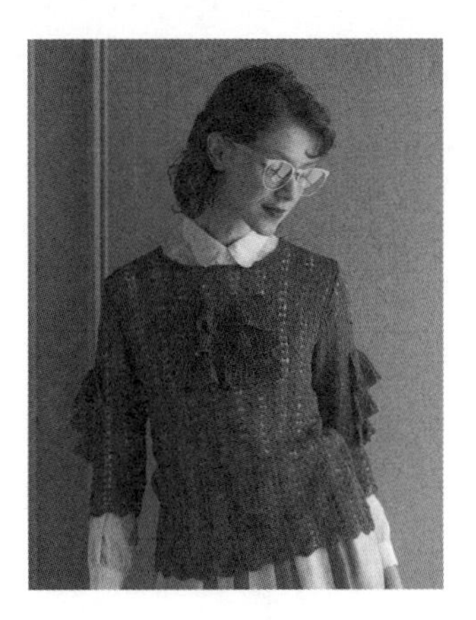

재료
스키얀 스키 리넨 실크 회색(1430) 210g 9볼
도구
대바늘 4호·10호, 코바늘 4/0호·7/0호
완성 크기
가슴둘레 94㎝, 어깨너비 36㎝, 기장 54.5㎝, 소매 길이 38㎝
게이지(10×10㎝)
무늬뜨기 B 21코×30단

POINT
●몸판·소매…앞 장식, 소매 장식은 133페이지를 참고해서 코를 만들어서 1코 고무뜨기합니다. 뜨개 끝은 쉼코를 합니다. 몸판, 소매는 코바늘로 떠서 붙이는 기초코로 뜨개를 시작해서 무늬뜨기 A, B를 뜹니다. 증감코는 도안을 참고하세요. 앞판과 소매는 지정된 위치에 앞 장식, 소매 장식을 겹쳐 놓고 줄임코를 하면서 함께 뜹니다.
●마무리…어깨는 덮어씌워 잇기, 옆선, 소매 밑선은 떠서 꿰매기합니다. 목둘레는 지정된 콧수만큼 주워서 가터뜨기를 원형으로 뜹니다. 뜨개 끝은 덮어씌워 코막음합니다. 소매는 빼뜨기 꿰매기로 몸판과 연결합니다.

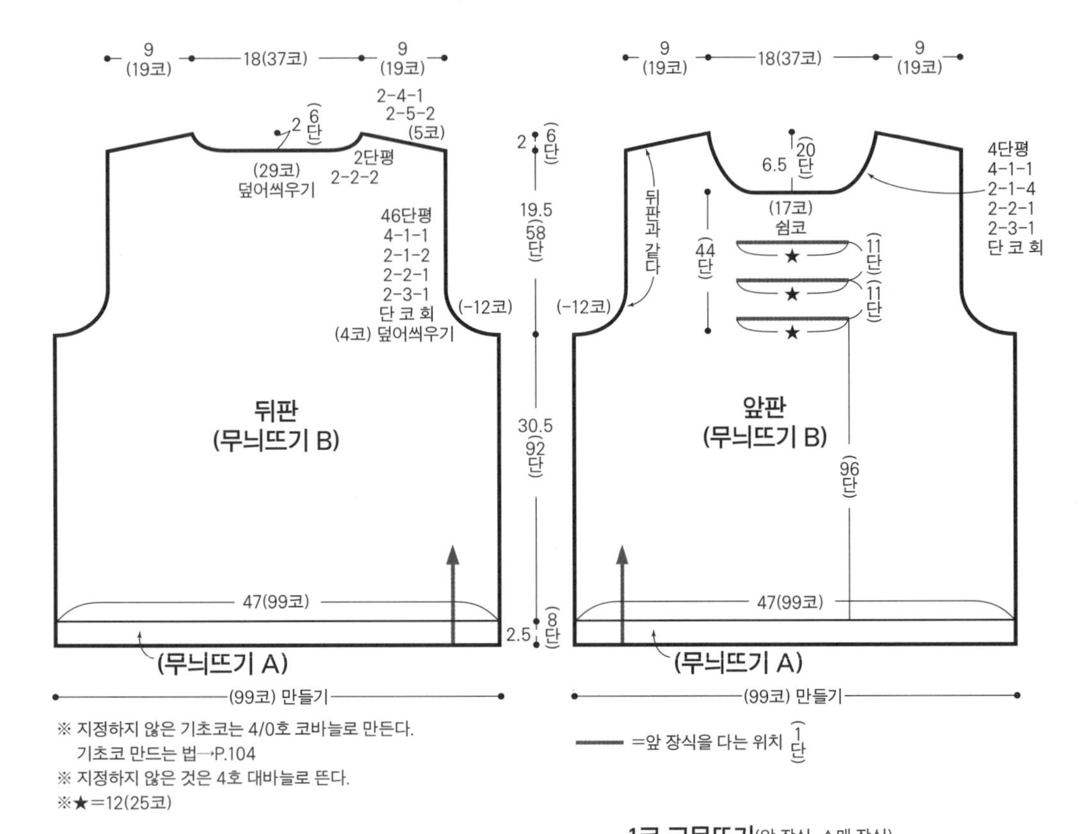
뒤판
(무늬뜨기 B)
앞판
(무늬뜨기 B)
(무늬뜨기 A)
47(99코)
(99코) 만들기
9 (19코)
18(37코)
(29코) 덮어씌우기
(17코) 쉼코
46단평 4-1-1 2-1-2 2-2-1 2-3-1 단 코 회
(4코) 덮어씌우기
4단평 4-1-1 2-1-4 2-2-1 2-3-1 단 코 회
(-12코)
19.5 (58단)
30.5 (92단)
2.5 (8단)
6.5 (20단)
뒤판과 같다
※ 지정하지 않은 기초코는 4/0호 코바늘로 만든다.
기초코 만드는 법→P.104
※ 지정하지 않은 것은 4호 대바늘로 뜬다.
※★=12(25코)
=앞 장식을 다는 위치 (1단)

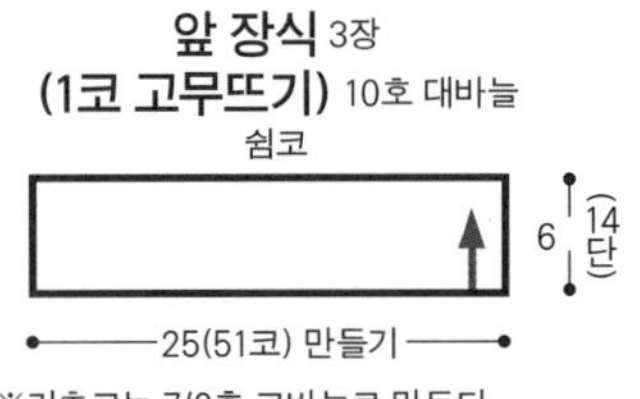
앞 장식 3장
(1코 고무뜨기) 10호 대바늘
쉼코
6 (14단)
25(51코) 만들기
※기초코는 7/0호 코바늘로 만든다.
※기초코 사이의 사슬은 콧수로 세지 않는다.

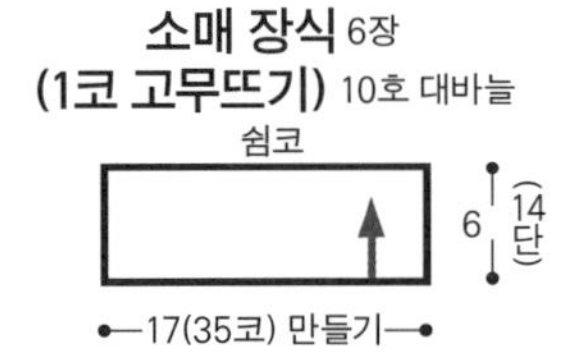
소매 장식 6장
(1코 고무뜨기) 10호 대바늘
쉼코
6 (14단)
17(35코) 만들기
※기초코는 7/0호 코바늘로 만든다.
※기초코 사이의 사슬은 콧수로 세지 않는다.

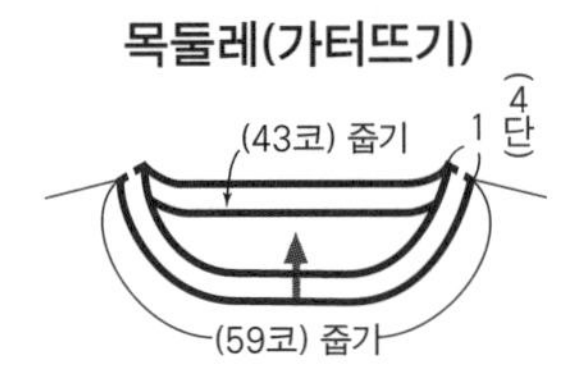
목둘레(가터뜨기)
(43코) 줍기
1 (4단)
(59코) 줍기

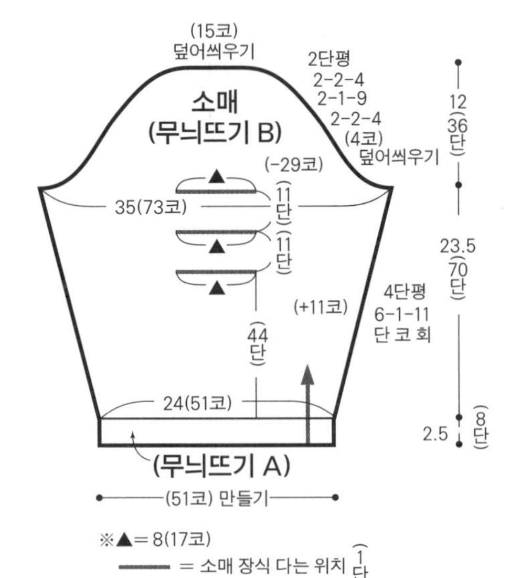
소매
(무늬뜨기 B)
(15코) 덮어씌우기
2단평 2-2-4 2-1-9 2-2-4
(4코) 덮어씌우기
(-29코)
35(73코)
(+11코)
4단평 6-1-11 단 코 회
24(51코)
(무늬뜨기 A)
(51코) 만들기
12 (36단)
23.5 (70단)
2.5 (8단)
※▲= 8(17코)
= 소매 장식 다는 위치 (1단)

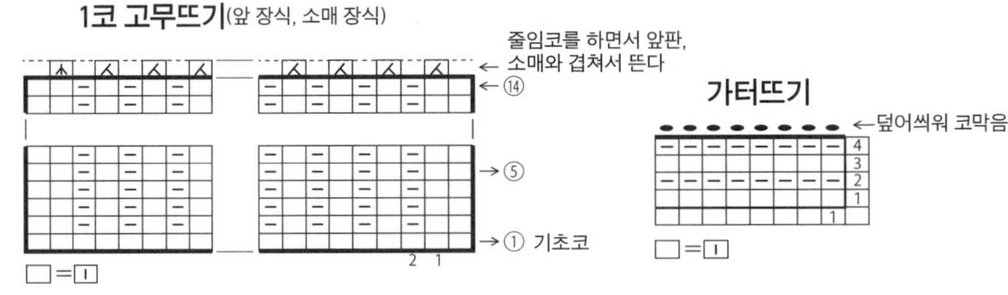
1코 고무뜨기(앞 장식, 소매 장식)
줄임코를 하면서 앞판, 소매와 겹쳐서 뜬다
① 기초코
□=□

가터뜨기
덮어씌워 코막음
□=□

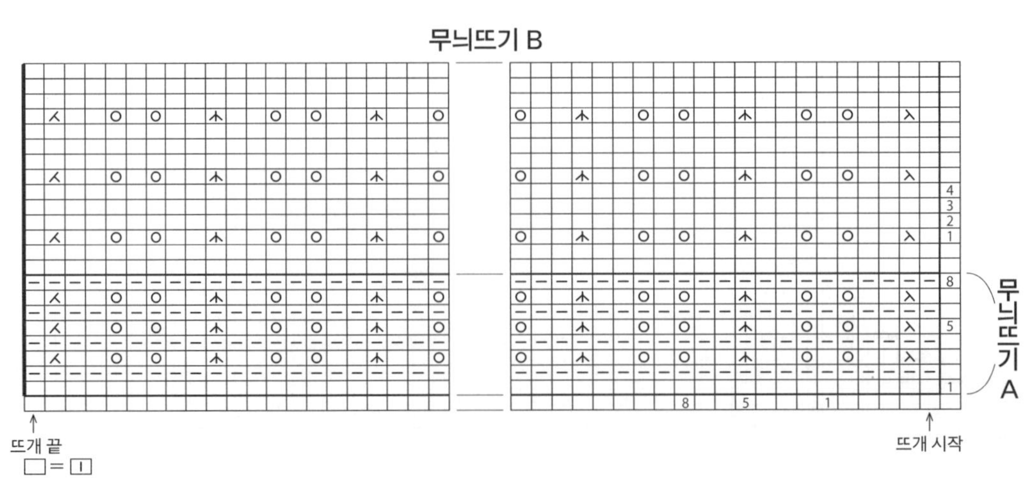
무늬뜨기 B
무늬뜨기 A
뜨개 끝
뜨개 시작
□=□

131페이지로 이어집니다.◀

소매 증감코

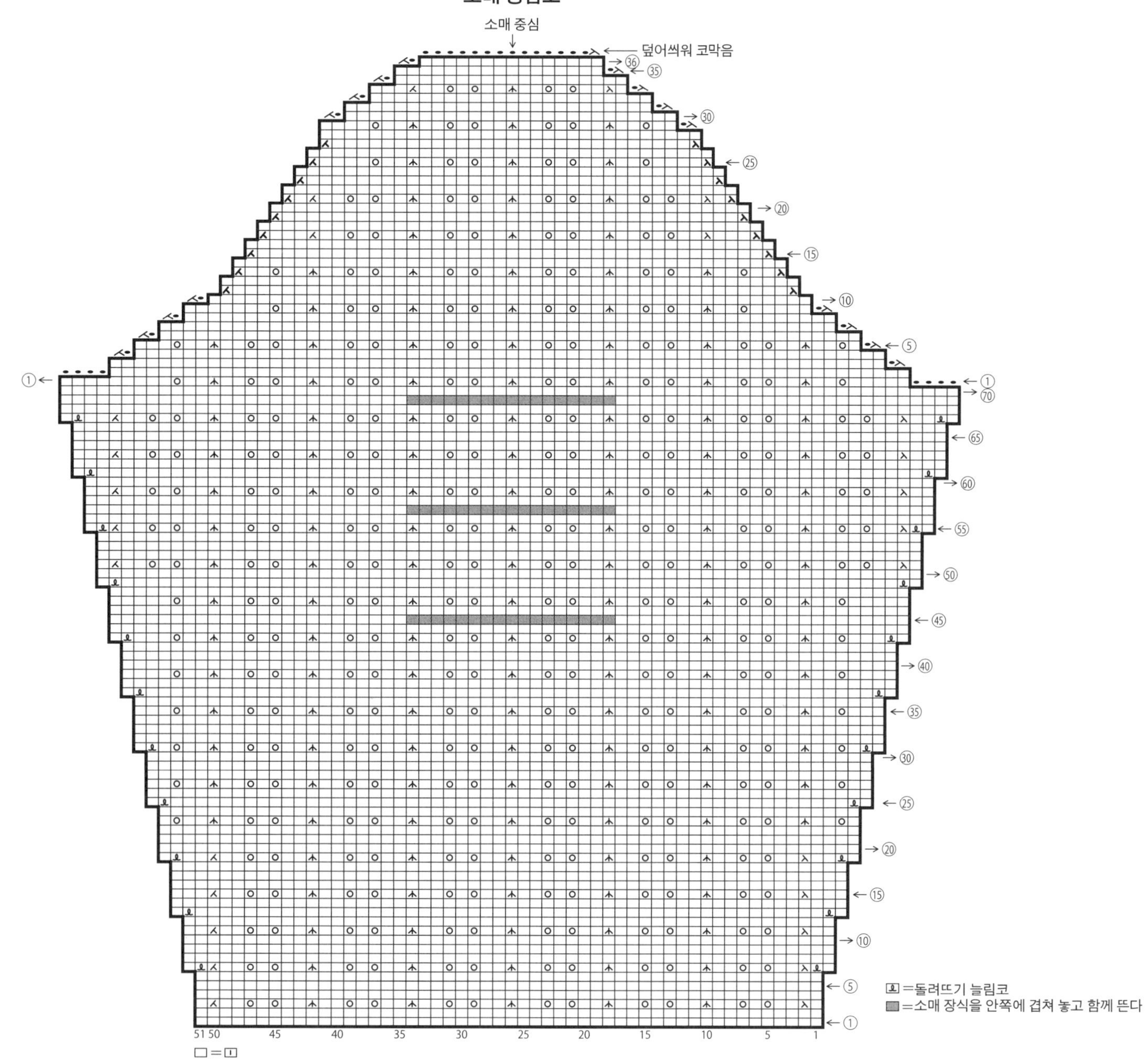
소매 중심
덮어씌워 코막음
=돌려뜨기 늘림코
=소매 장식을 안쪽에 겹쳐 놓고 함께 뜬다
□=Ⅰ

장식 기초코

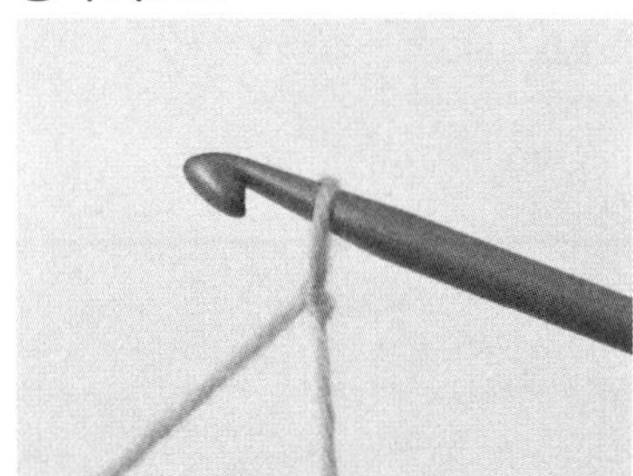

1 코바늘로 사슬뜨기를 하듯이 첫 고리를 만든다.

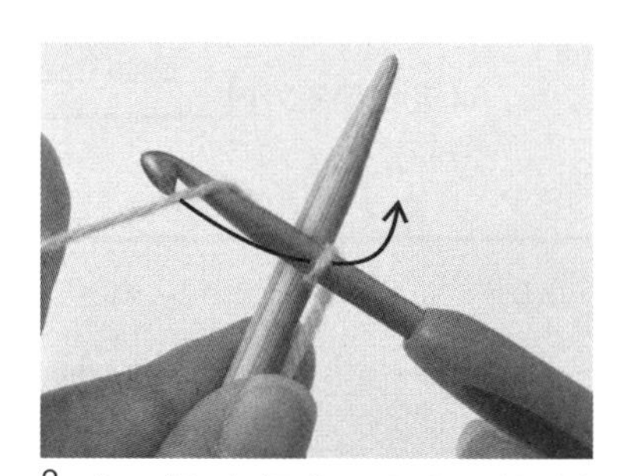

2 바늘 1개를 실 앞쪽에 오도록 잡고, 실을 걸어서 빼낸다.

3 계속해서 사슬을 1코 뜬다.

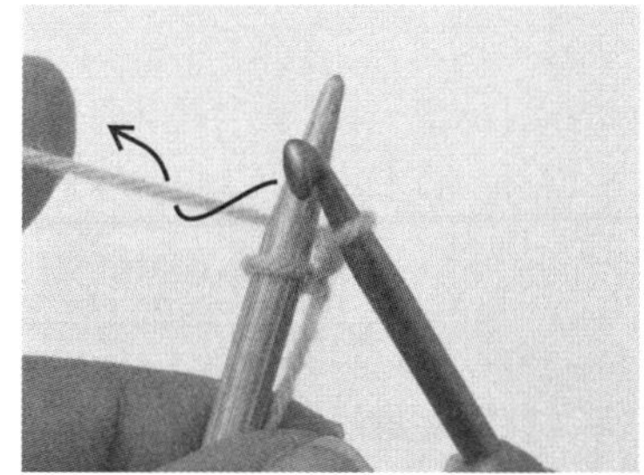

4 실을 대바늘 바깥쪽으로 돌려서 실을 빼낸다. 3, 4를 반복한다.

장식 연결하는 법

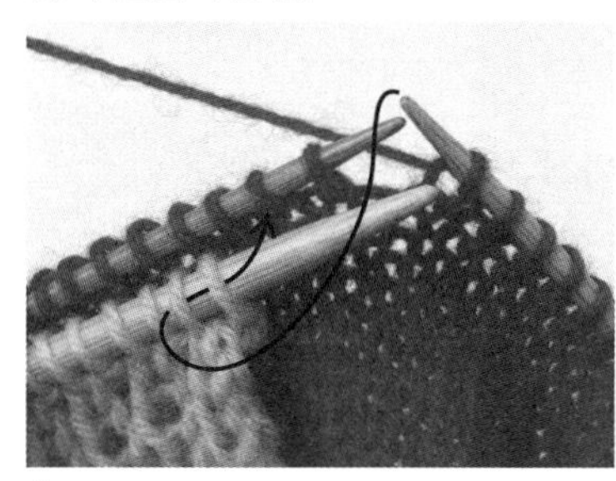

1 장식을 다는 위치까지 뜬 다음 안쪽에 장식을 겹쳐서 들고, 화살표처럼 2코에 바늘을 넣어서 오른쪽 바늘로 옮긴다.

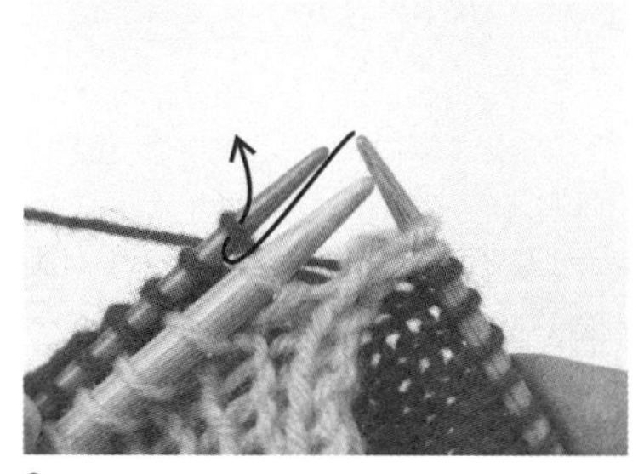

2 바깥쪽 편물에 화살표처럼 바늘을 넣어서 겉뜨기한다.

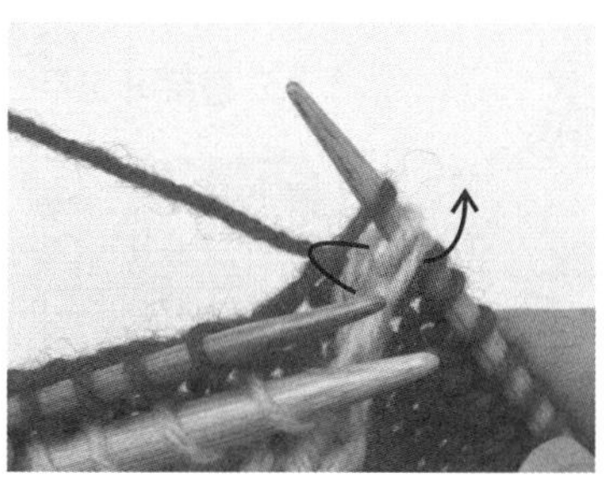

3 1에서 옮겨 놓은 2코에 왼쪽 바늘을 찔러 넣고 2에서 뜬 코에 덮어씌운다.

4 1~3을 반복해서 장식을 줄임코하면서 연결한다.

니트와 프릴의 근사한 관계
28 page 작품 ★★★
시젠노 쓰무기 mofu

1코 고무뜨기 코막음 (원형뜨기)

※일본어 사이트

재료
올림포스 시젠노 쓰무기 mofu 베이비 블루(203) 265g 9볼, 베이비 핑크(206) 25g 1볼

도구
대바늘 8호·6호

완성 크기
가슴둘레 102㎝, 기장 55㎝, 화장 62.5㎝

게이지(10×10㎝)
메리야스뜨기 16코×22단

POINT
●몸판·소매…베이비 핑크로 손가락에 걸어서 만드는 기초코로 뜨개를 시작해서 밑단 '위', 밑단 '아래'를 줄무늬 무늬뜨기, 1코 고무뜨기합니다. 뜨개 끝은 쉼코를 합니다. 몸판은 밑단 '아래'의 위에 밑단 '위'를 겹쳐 놓고 2장에서 한꺼번에 코를 주워서 1코 고무뜨기, 메리야스뜨기를 합니다. 늘림코는 2코 안쪽에서 돌려뜨기 늘림코, 목둘레 줄임코는 2코부터는 덮어씌우기, 첫 코는 가장자리에서 2째 코와 3째코를 모아뜨기합니다. 소매는 몸판과 같은 방법으로 뜹니다. 소매 밑선의 줄임코는 가장자리에서 3째코와 4째코를 모아뜨기합니다. 뜨개 끝은 쉼코를 합니다.
●마무리…어깨는 덮어씌워 잇기를 합니다. 목둘레는 지정된 콧수만큼 주워서 줄무늬 1코 고무뜨기를 원형으로 뜹니다. 뜨개 끝은 1코 고무뜨기 코막음합니다. 소매는 코와 단 잇기로 몸판과 연결합니다. 옆선, 소매 밑선은 떠서 꿰매기하는데 밑단, 소맷부리 '위', '아래'는 각각 꿰맵니다.

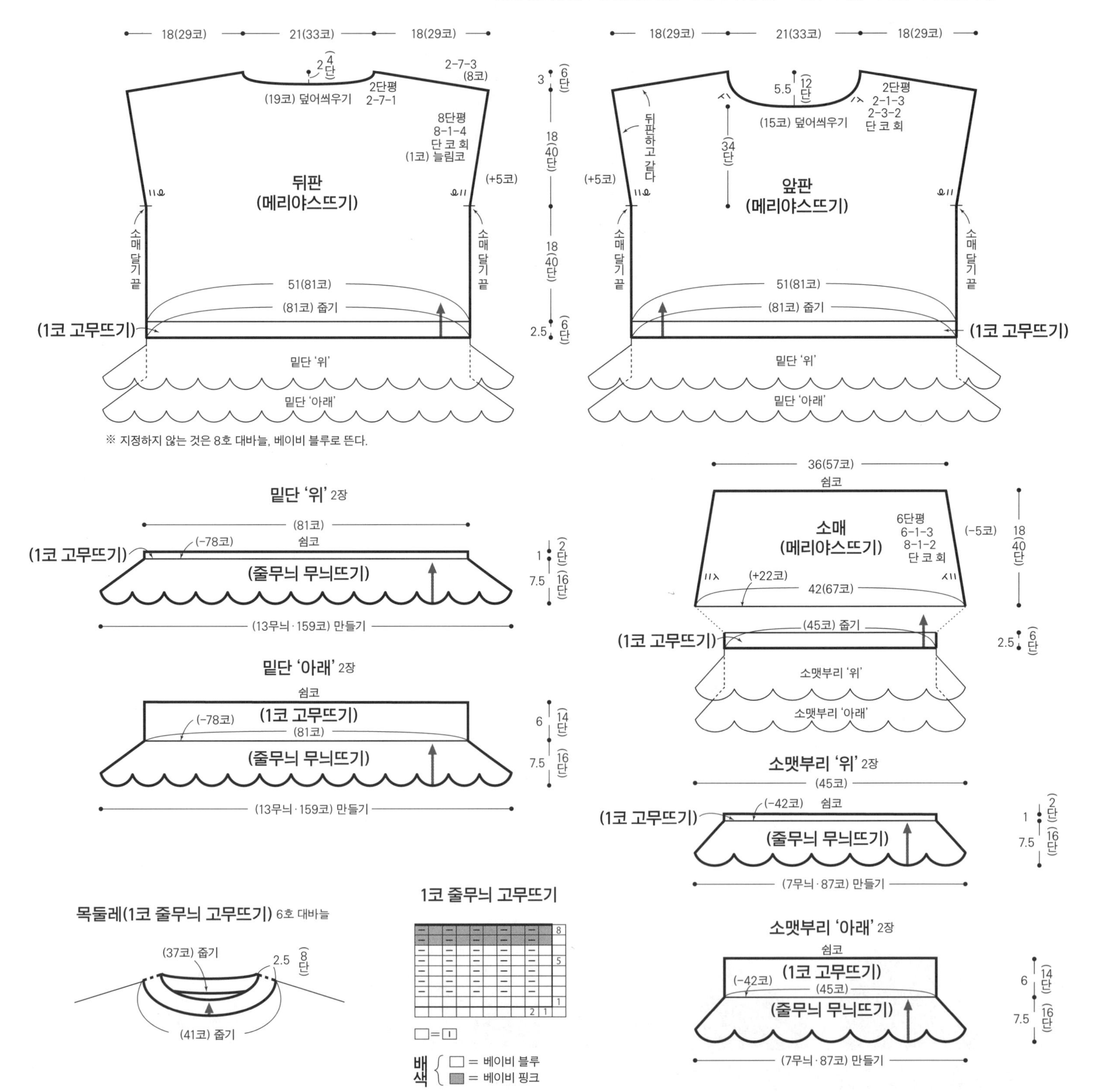

18(29코) 21(33코) 18(29코)
2-7-3 (8코)
2 (4단)
(19코) 덮어씌우기
2단평 2-7-1
8단평 8-1-4 단 코 회 (1코) 늘림코
뒤판 (메리야스뜨기)
(+5코)
소매 달기 끝
51(81코)
(81코) 줍기
(1코 고무뜨기)
3 (6단)
18 (40단)
18 (40단)
2.5 (6단)
밑단 '위'
밑단 '아래'
※ 지정하지 않는 것은 8호 대바늘, 베이비 블루로 뜬다.
5.5 (12단)
2단평 2-1-3 2-3-2 단 코 회
(15코) 덮어씌우기
(34단)
뒤판하고 같다
앞판 (메리야스뜨기)
밑단 '위' 2장
(81코)
(-78코) 쉼코
(줄무늬 무늬뜨기)
1 (2단)
7.5 (16단)
(13무늬·159코) 만들기
밑단 '아래' 2장
쉼코
(1코 고무뜨기)
(-78코)
(81코)
6 (14단)
36(57코)
쉼코
소매 (메리야스뜨기)
6단평 6-1-3 8-1-2 단 코 회
(-5코)
(+22코)
42(67코)
(45코) 줍기
소맷부리 '위'
소맷부리 '아래'
소맷부리 '위' 2장
(45코)
(-42코) 쉼코
(7무늬·87코) 만들기
소맷부리 '아래' 2장
목둘레(1코 줄무늬 고무뜨기) 6호 대바늘
(37코) 줍기
2.5 (8단)
(41코) 줍기
1코 줄무늬 고무뜨기
8
5
1
2 1
□=□
배색
□ = 베이비 블루
■ = 베이비 핑크

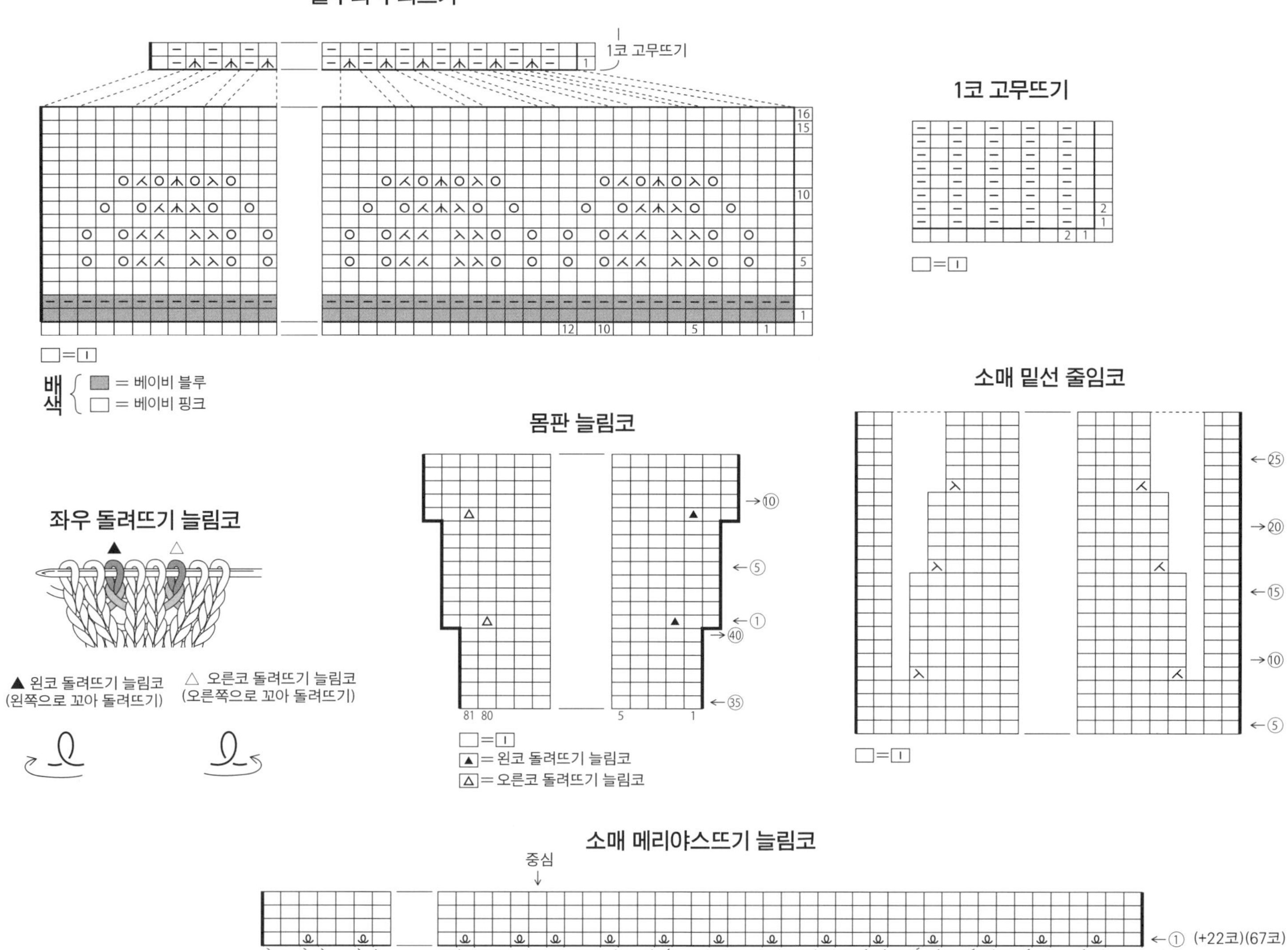
줄무늬 무늬뜨기
1코 고무뜨기
1코 고무뜨기
배색
= 베이비 블루
= 베이비 핑크
몸판 늘림코
= 왼코 돌려뜨기 늘림코
= 오른코 돌려뜨기 늘림코
소매 밑선 줄임코
좌우 돌려뜨기 늘림코
▲ 왼코 돌려뜨기 늘림코
(왼쪽으로 꼬아 돌려뜨기)
△ 오른코 돌려뜨기 늘림코
(오른쪽으로 꼬아 돌려뜨기)
소매 메리야스뜨기 늘림코
중심
(+22코)(67코)
(45코)
=돌려뜨기 늘림코

136페이지에서 이어집니다. ◀

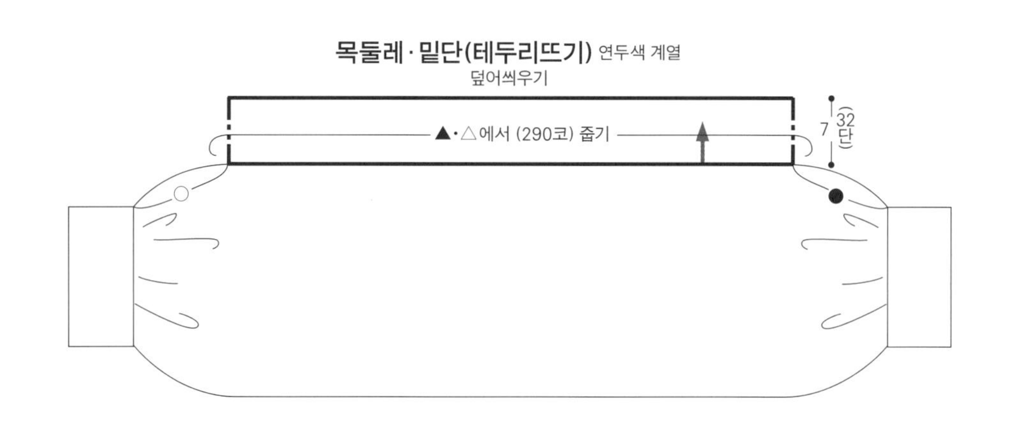
목둘레 · 밑단(테두리뜨기) 연두색 계열
덮어씌우기
▲·△에서 (290코) 줍기
7 (32단)

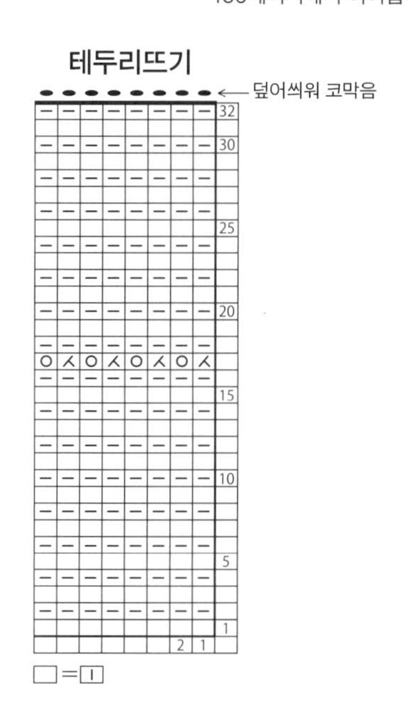
테두리뜨기
덮어씌워 코막음

31 page 작품 ★★★

실크 파카

재료

말라브리고 실크 파카 연두색 계열(037 Lettuce) 40g 1타래, 남색 계열(052 Paris Night) 20g 1타래, 연녹색·연보라 계열(863 Zarzamora) 20g 1타래, 보라색 계열(853 Abrill) 20g 1타래, 파란색 계열(856 Azules) 10g 1타래, 연보라색 계열(192 Periwinkle) 10g 1타래

도구

대바늘 3호

완성 크기

기장 57㎝, 화장 47㎝

게이지(10×10㎝)

줄무늬 무늬뜨기 25코×40단

POINT

●별도 사슬 기초코로 뜨개를 시작해서 줄무늬 무늬뜨기를 합니다. 뜨개 끝은 쉼코를 합니다. ●, ○끼리 떠서 꿰매기해서 연결합니다. 목둘레·밑단은 지정된 콧수만큼 주워서 테두리뜨기를 원형으로 뜹니다. 뜨개 끝은 덮어씌워 코막음합니다. 소맷부리는 뜨개 끝 쪽은 쉼코, 뜨개 시작 쪽은 기초코 사슬을 풀어서 줄임코를 하면서 코를 주운 다음 목둘레·밑단과 같은 방법으로 뜹니다.

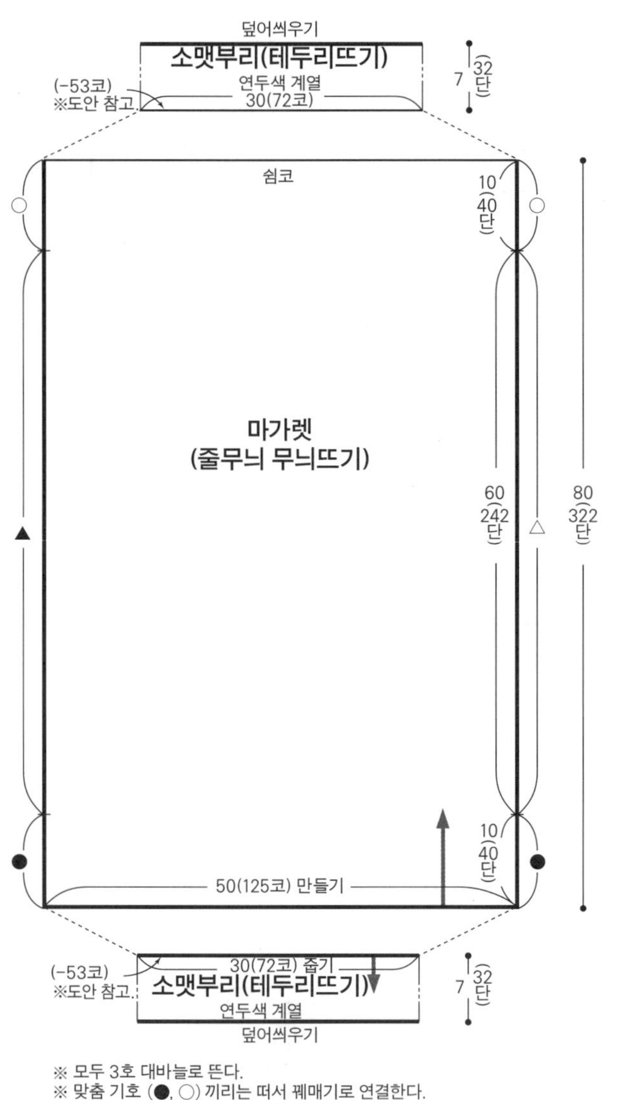

덮어씌우기
소맷부리(테두리뜨기)
(-53코)
※도안 참고
연두색 계열
30(72코)
7 (32단)
쉼코
10 (40단)
마가렛
(줄무늬 무늬뜨기)
60 (242단)
80 (322단)
50(125코) 만들기
30(72코) 줍기

※ 모두 3호 대바늘로 뜬다.
※ 맞춤 기호 (●, ○) 끼리는 떠서 꿰매기로 연결한다.

소맷부리 코줍기

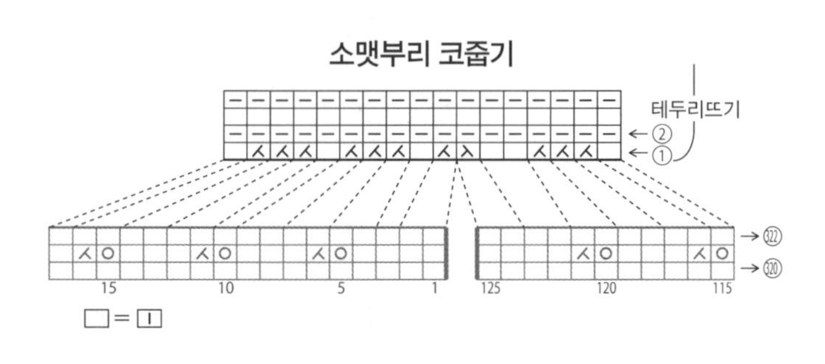

테두리뜨기
15
10
5
1
125
120
115

줄무늬 무늬뜨기

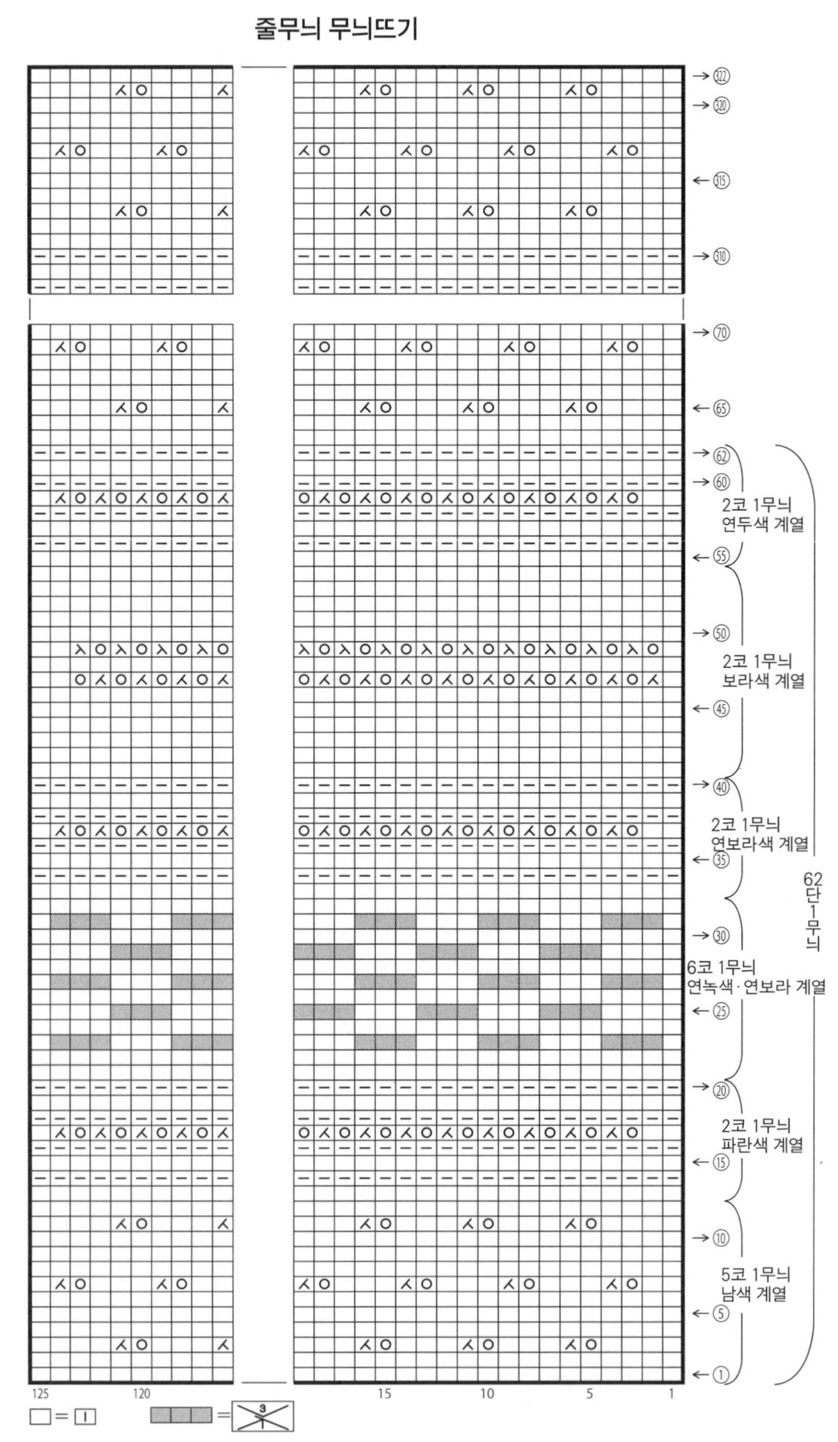

2코 1무늬
연두색 계열
2코 1무늬
보라색 계열
2코 1무늬
연보라색 계열
62단 1무늬
6코 1무늬
연녹색·연보라 계열
2코 1무늬
파란색 계열
5코 1무늬
남색 계열
125
120
15
10
5
1

◀ 135페이지로 이어집니다.

재료
말라브리고 모라 초록색 계열 그러데이션(416 Indiecita) 175g 4타래, 분홍색(057 English Rose) 50g 1타래, 연두색(037 Lettuce) 50g 1타래

도구
코바늘 5/0호

완성 크기
기장 40.5㎝, 화장 58.5㎝

게이지
줄무늬 무늬뜨기 A 1무늬 5.5㎝, 10㎝=13.5단

POINT
●몸판·소매…몸판은 사슬뜨기 기초코로 뜨개를 시작해서 앞뒤판을 이어서 줄무늬 무늬뜨기 A를 합니다. 소매 트임 끝에서 위쪽은 뒤판, 오른쪽 앞판, 왼쪽 앞판으로 나눠서 뜹니다. 소매는 몸판과 같은 방법으로 뜨는데 20단부터는 초록색 계열 그러데이션 실만 사용하므로 주의하세요.
●마무리…어깨는 빼뜨기 사슬 잇기, 소매 밑선은 빼뜨기 사슬 꿰매기합니다. 밑단·앞단·목둘레, 소맷부리는 테두리뜨기를 원형으로 뜹니다. 소매는 빼뜨기 사슬 잇기로 몸통과 연결합니다. 끈은 줄무늬 무늬뜨기 B로 떠서 지정된 위치에 통과시킵니다.

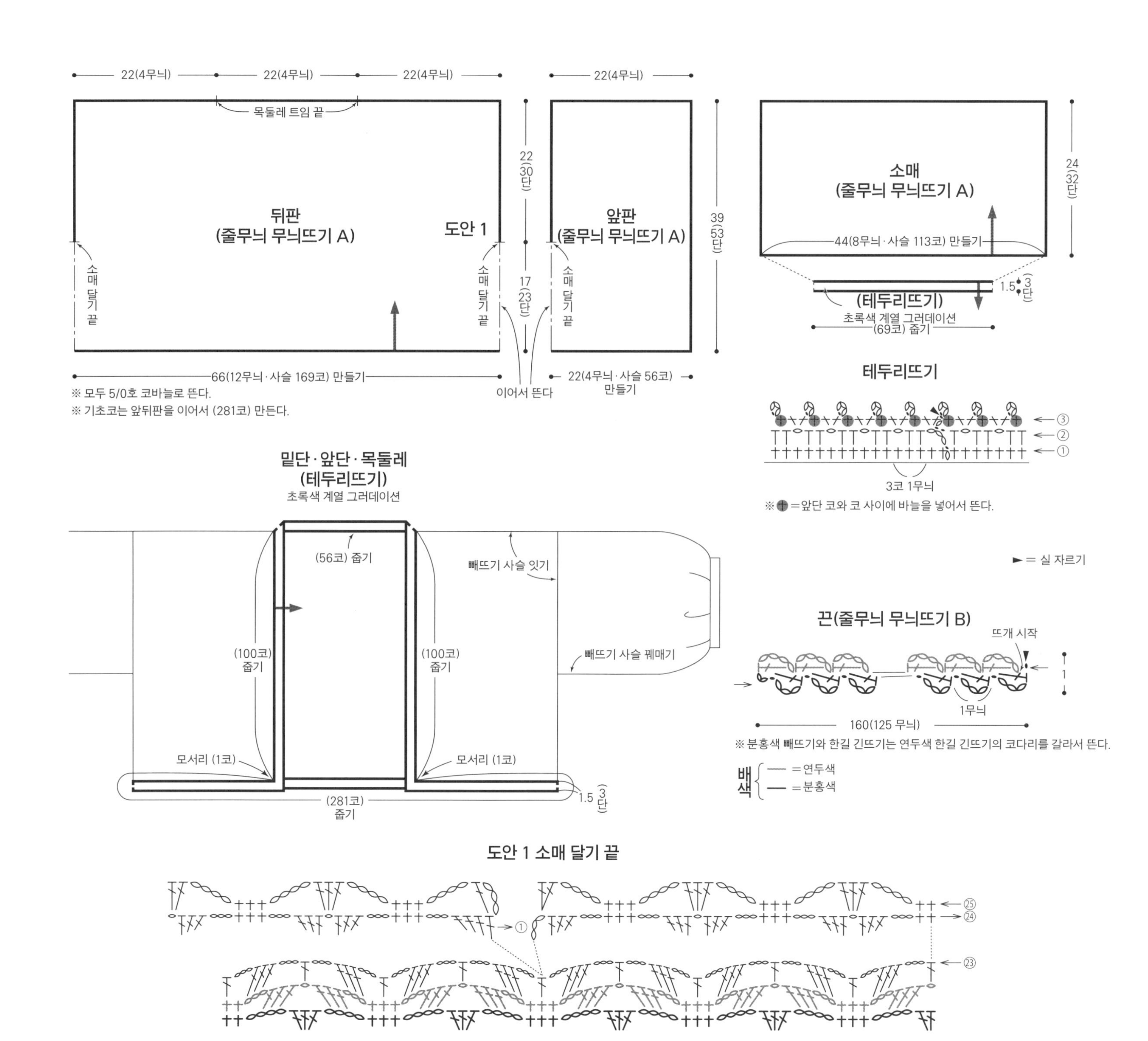
22(4무늬)
목둘레 트임 끝
22
30단
뒤판
(줄무늬 무늬뜨기 A)
도안 1
소매 달기 끝
17
23단
66(12무늬·사슬 169코) 만들기
※ 모두 5/0호 코바늘로 뜬다.
※ 기초코는 앞뒤판을 이어서 (281코) 만든다.
이어서 뜬다
앞판
(줄무늬 무늬뜨기 A)
39
53단
22(4무늬·사슬 56코) 만들기
소매
(줄무늬 무늬뜨기 A)
24
32단
44(8무늬·사슬 113코) 만들기
(테두리뜨기)
초록색 계열 그러데이션
(69코) 줍기
1.5 3단
테두리뜨기
3코 1무늬
※●=앞단 코와 코 사이에 바늘을 넣어서 뜬다.
밑단·앞단·목둘레
(테두리뜨기)
초록색 계열 그러데이션
(56코) 줍기
빼뜨기 사슬 잇기
빼뜨기 사슬 꿰매기
(100코) 줍기
모서리 (1코)
(281코) 줍기
1.5 3단
►= 실 자르기
끈(줄무늬 무늬뜨기 B)
뜨개 시작
1무늬
160(125 무늬)
※ 분홍색 빼뜨기와 한길 긴뜨기는 연두색 한길 긴뜨기의 코다리를 갈라서 뜬다.
배색
=연두색
=분홍색
도안 1 소매 달기 끝

138페이지로 이어집니다. ▶

▶ 137페이지에서 이어집니다.

줄무늬 무늬뜨기 A

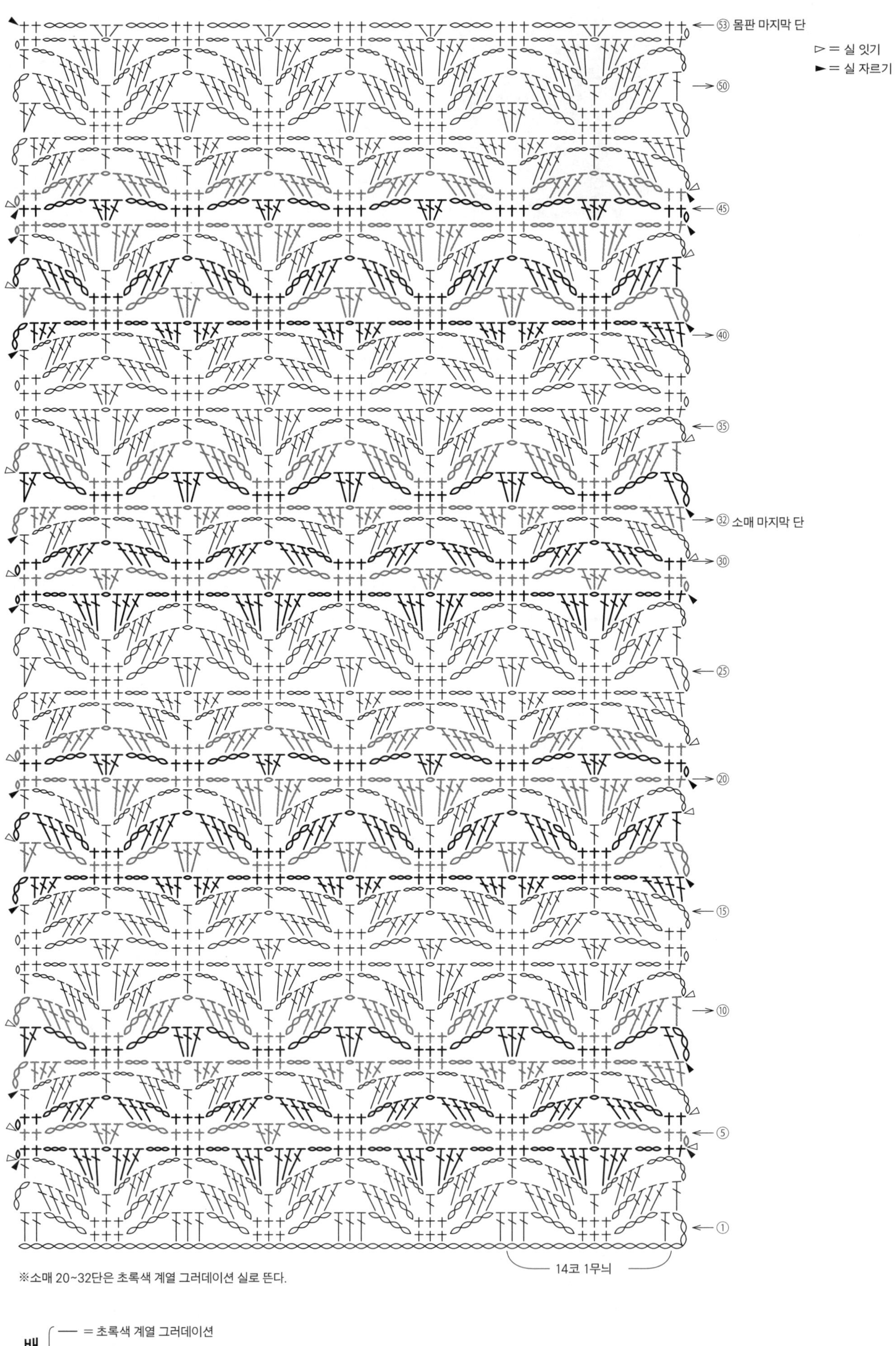

53 몸판 마지막 단
▷ = 실 잇기
► = 실 자르기
50
45
40
35
32 소매 마지막 단
30
25
20
15
10
5
1
14코 1무늬

※소매 20~32단은 초록색 계열 그러데이션 실로 뜬다.

배색
— = 초록색 계열 그러데이션
— = 분홍색
— = 연두색

테두리뜨기 코 줍는 법과 모서리 뜨는 법
뒤판 목둘레
뒤판 중심
오른쪽 앞판
왼쪽 앞판
왼쪽 옆선
= 끈 다는 위치
▷ = 실 잇기
▶ = 실 자르기
배색
= 초록색 계열 그러데이션
= 분홍색
= 연두색
테두리뜨기 ① ② ③
소맷부리 코 줍는 법
① 테두리뜨기

이벤트용 니트
36·37 page ★★★
소노모노 헤어리
워시 코튼《크로셰》
마 끈

재료

하마나카 소노모노 헤어리, 워시 코튼《크로셰》, DARUMA 마 끈. 실의 색이름·색번호·사용량·부자재는 도안의 표를 참고하세요.

도구

코바늘 2/0호·3/0호·8/0호

완성 크기

도안 참고

POINT

●도안을 참고해 각 파트를 뜹니다. 마무리하는 법을 참고해 완성합니다.

실 사용량과 부자재

	실이름	색이름(색번호)	사용량	부자재
아기 제비 5마리 분량	하마나카 소노모노 헤어리	진그레이(126)	10g	수예 솜 적당히
		에크뤼(121)	8g	솔리드 아이 4mm(H221-304-1) 블랙 10개
		베이지(122)	2g	테크노 로트(H204-593) 35cm
	하마나카 워시 코튼《크로셰》	연노란색(141)	5g	열 수축 튜브 5cm

아기 제비 ※모두 3/0호 코바늘로 뜬다.

뜨는 순서

1. 본체와 입 안을 뜬다.
2. 테크노 로트를 고리로 만든다.
3. 본체에 솜을 채운다.
4. 본체와 입 안의 맞춤 표시를 맞추고 테크노 로트를 감싸면서 부리를 뜬다.

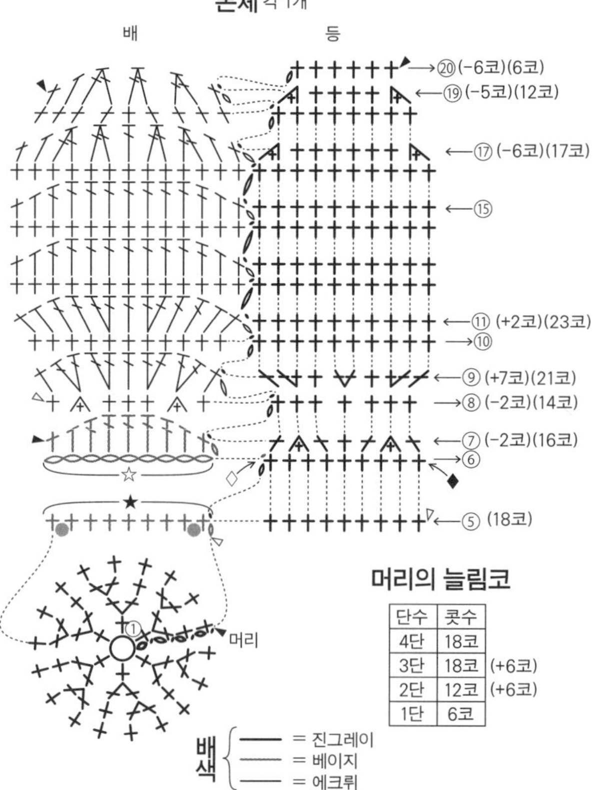

본체 각 1개
배
등
⑳(-6코)(6코)
⑲(-5코)(12코)
⑰(-6코)(17코)
⑮
⑪(+2코)(23코)
⑩
⑨(+7코)(21코)
⑧(-2코)(14코)
⑦(-2코)(16코)
⑥
⑤(18코)
머리
머리의 늘림코
배색
= 진그레이
= 베이지
= 에크뤼

단수	콧수	
4단	18코	
3단	18코	(+6코)
2단	12코	(+6코)
1단	6코	

● = 눈 붙이는 위치

※ 5~19단째는 세로로 실을 걸치면서 뜬다.

※ 20단째는 배와 등을 겉면이 겉을 보도록 합치고 19단째를 겹쳐서 뜬다.

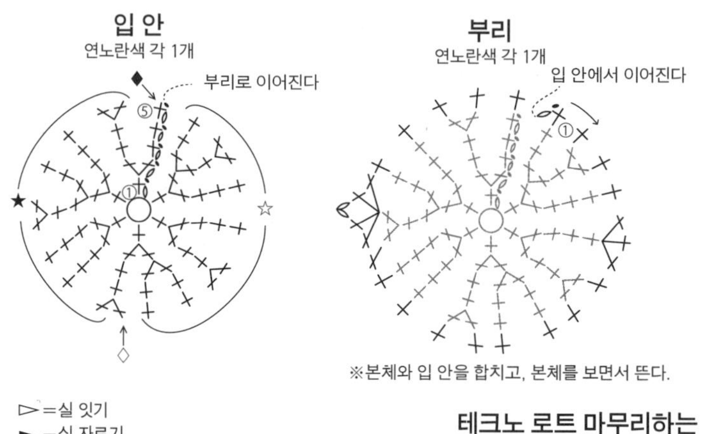

입 안
연노란색 각 1개
부리로 이어진다
부리
연노란색 각 1개
입 안에서 이어진다

※본체와 입 안을 합치고, 본체를 보면서 뜬다.

▷ = 실 잇기

▶ = 실 자르기

테크노 로트 마무리하는 법

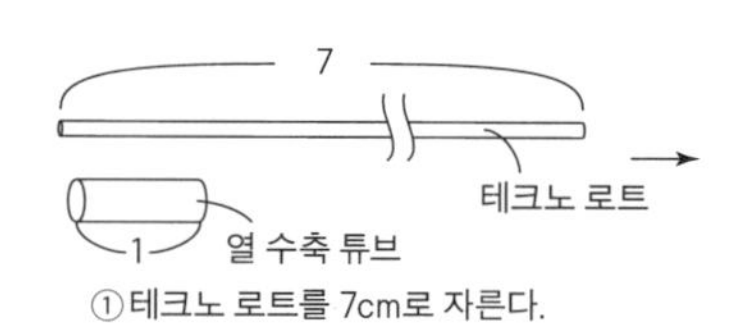

7
테크노 로트
열 수축 튜브
1

① 테크노 로트를 7cm로 자른다.

② 테크노 로트에 열 수축 튜브를 통과시키고, 끝을 1cm 겹쳐서 꼰다. 꼰 부분을 열 수축 튜브로 감싸고, 드라이어로 열을 가해 고정한다.

날개 진그레이 각 2개

※ 안쪽을 겉으로 해서 본체에 붙인다.

아기 제비 마무리하는 법

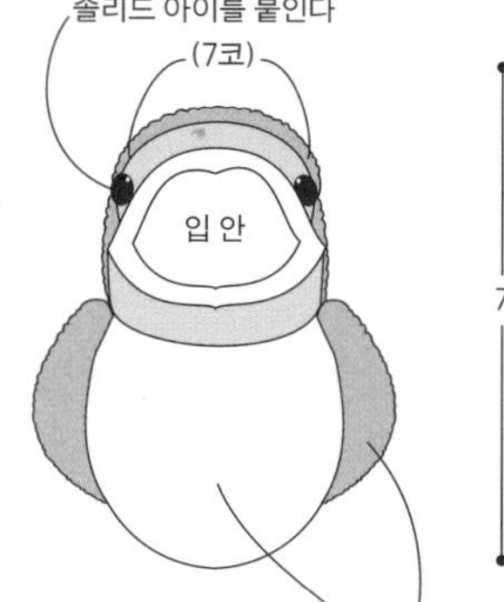

눈 붙이는 위치에 솔리드 아이를 붙인다
(7코)
입 안

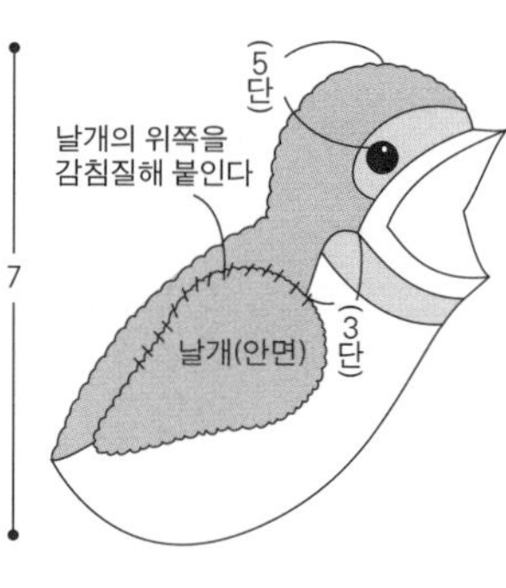

5단
날개의 위쪽을 감침질해 붙인다
7
날개(안면)
3단

본체와 날개는 빗으로 털을 부풀린다

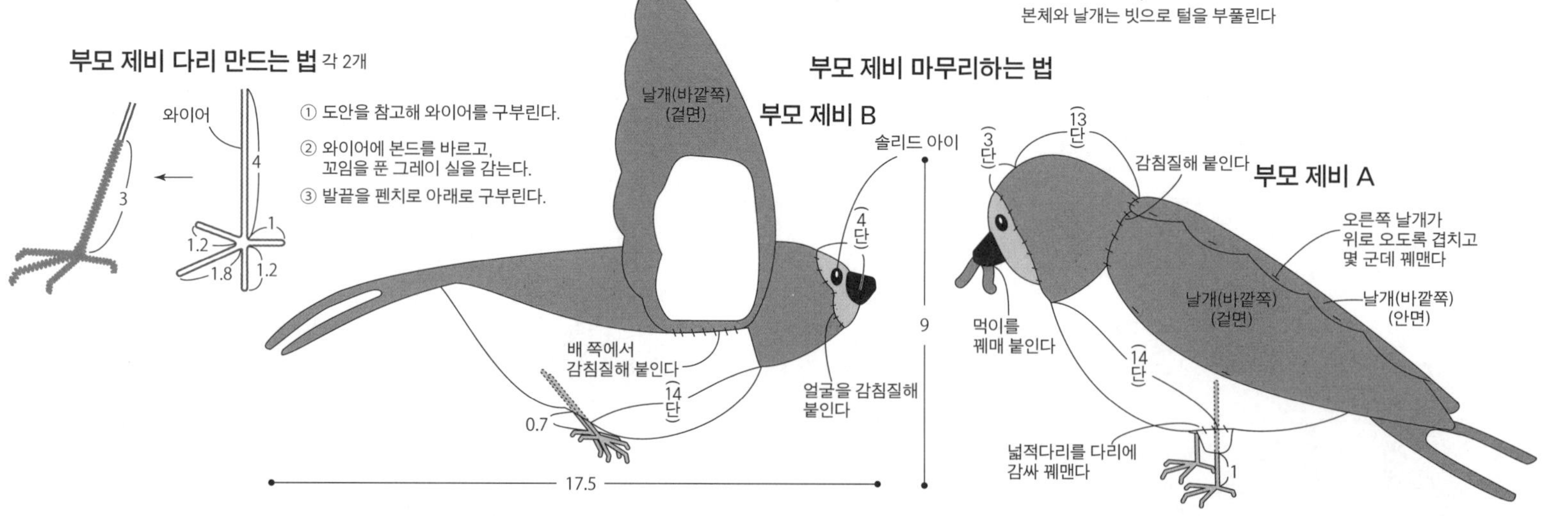

부모 제비 다리 만드는 법 각 2개
와이어
4
3
1
1.2
1.8
1.2
① 도안을 참고해 와이어를 구부린다.
② 와이어에 본드를 바르고, 꼬임을 푼 그레이 실을 감는다.
③ 발끝을 펜치로 아래로 구부린다.
부모 제비 마무리하는 법
날개(바깥쪽)(겉면)
부모 제비 B
솔리드 아이
4단
배 쪽에서 감침질해 붙인다
14단
0.7
얼굴을 감침질해 붙인다
17.5
9
3단
13단
감침질해 붙인다
부모 제비 A
오른쪽 날개가 위로 오도록 겹치고 몇 군데 꿰맨다
날개(바깥쪽)(겉면)
날개(바깥쪽)(안면)
먹이를 꿰매 붙인다
14단
넓적다리를 다리에 감싸 꿰맨다
1

실 사용량과 부자재

	실이름	색이름(색번호)	사용량	부자재
부모 제비 2마리 분량	하마나카 워시 코튼《크로셰》	남색(127)	25g	수예 솜 적당히 플라워 와이어 #24(35cm) 4개 솔리드 아이 4.5mm(H221-345-1) 블랙 4개
		하얀색(101)	15g	
		빨간색(145)	1g	
		그레이(130)	조금	
		검정색(120)	조금	
먹이	하마나카 소모노모 헤어리	진그레이(126)	조금	
둥지	DARUMA 마 끈	무착색(1)	35g	스프레이 풀 적당히

부모 제비 ※모두 2/0 코바늘로 뜬다.

얼굴 각 1개

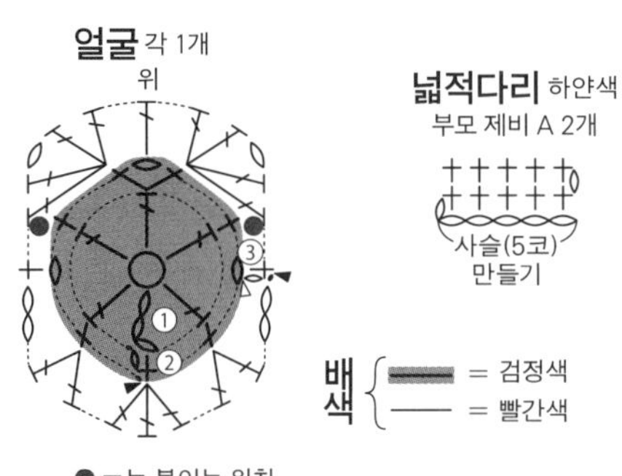

위
①
②
③

●=눈 붙이는 위치

▷=실 잇기
►=실 자르기

넓적다리 하얀색 부모 제비 A 2개

사슬(5코) 만들기

배색 ▬ = 검정색, ── = 빨간색

먹이 3/0호 코바늘 진그레이

사슬(5코)

날개(안쪽) 하얀색 부모 제비 B 2개

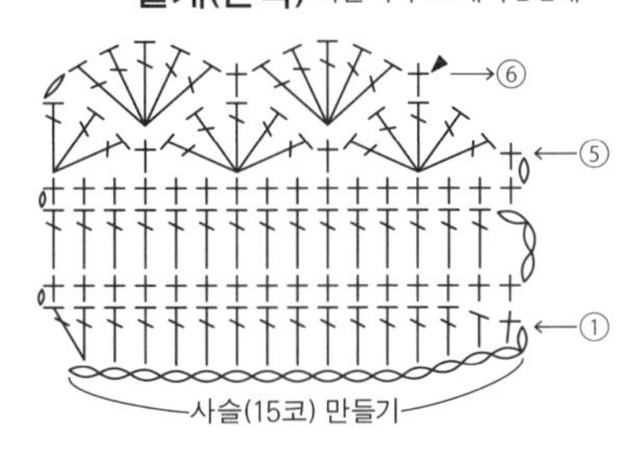

⑥
⑤
①
사슬(15코) 만들기

날개(바깥쪽) 남색 각 2개

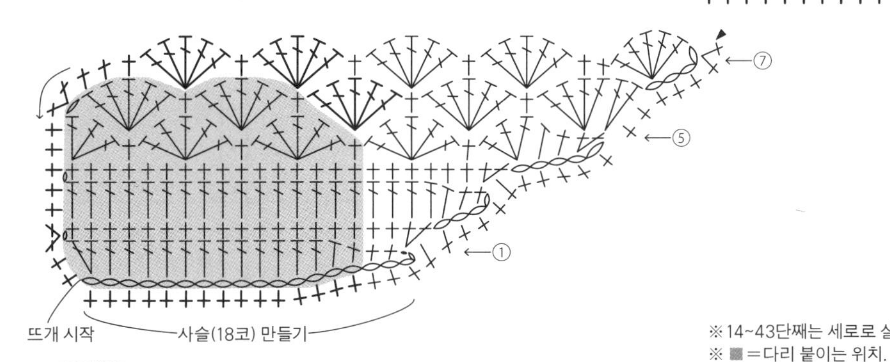

⑦
⑤
①
뜨개 시작
사슬(18코) 만들기

▒ =날개(안쪽) 겹치는 위치(부모 제비 B)

+ · T =날개(안쪽)의 코를 같이 주워서 뜬다(부모 제비 B)

※오른쪽 날개는 날개(안쪽)를 위로, 왼쪽 날개는 아래로 겹친다.

본체 각 1개

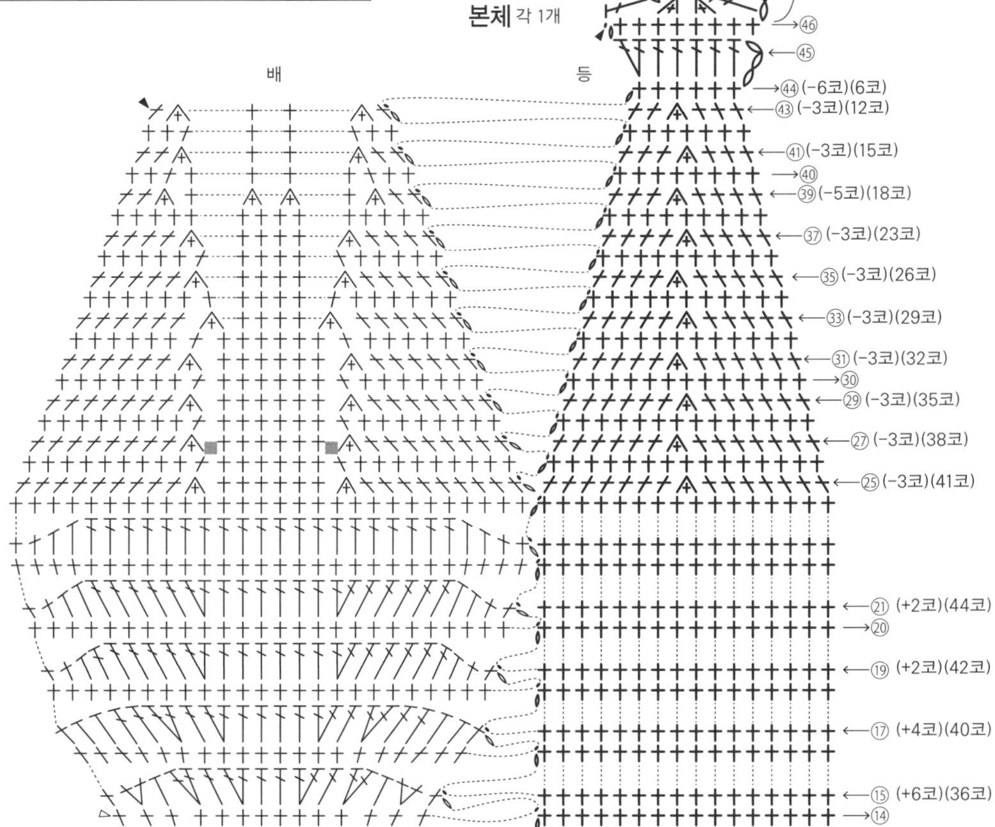

배
등
㊼
(15코)
㊻
㊺
㊹(-6코)(6코)
㊸(-3코)(12코)
㊶(-3코)(15코)
㊵
㊴(-5코)(18코)
㊲(-3코)(23코)
㉟(-3코)(26코)
㉝(-3코)(29코)
㉛(-3코)(32코)
㉚
㉙(-3코)(35코)
㉗(-3코)(38코)
㉕(-3코)(41코)
㉑ (+2코)(44코)
⑳
⑲ (+2코)(42코)
⑰ (+4코)(40코)
⑮ (+6코)(36코)
⑭
⑬ (+3코)(30코)
⑪ (-3코)(27코)
⑩
⑦ (30코)

머리

머리의 늘림코

단수	콧수	
6단	30코	(+3코)
5단	27코	(+3코)
4단	24코	(+6코)
3단	18코	(+6코)
2단	12코	(+6코)
1단	6코	

배색 ── = 남색, ── = 하얀색

※14~43단째는 세로로 실을 건네면서 뜬다.
※ ■ =다리 붙이는 위치.
※44단째는 솜을 채운 다음 배와 등을 겉면이 겉을 보도록 합치고 43단째를 겹쳐서 뜬다.

둥지 8/0호 코바늘

앞

20

⑩
⑤
①
사슬(3코) 만들기

뒤

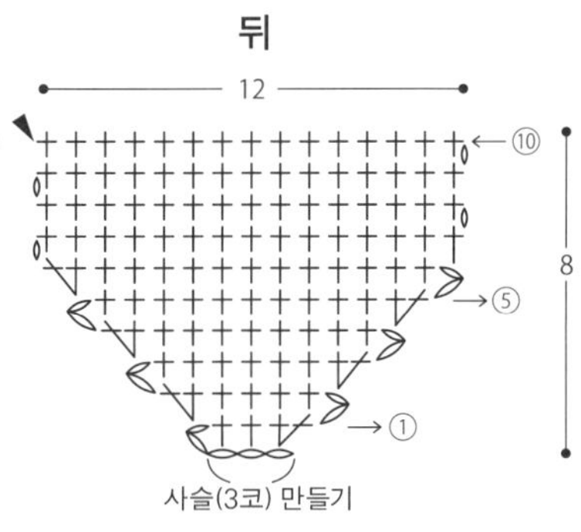

12
8
⑩
⑤
①
사슬(3코) 만들기

둥지 마무리하는 법

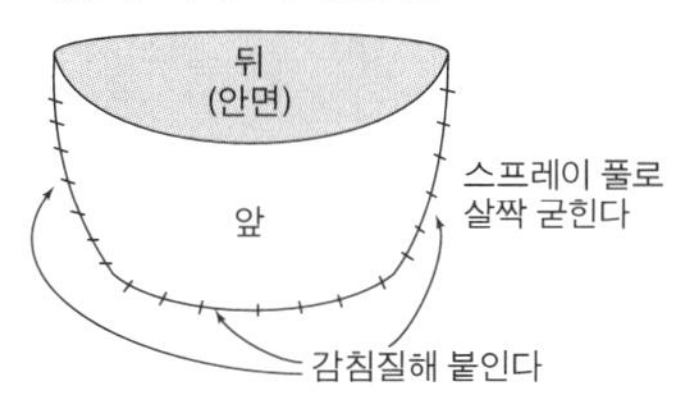

뒤
(안면)
앞
스프레이 풀로
살짝 굳힌다
감침질해 붙인다

베이직한 크로셰 웨어

19 page ★★★

우루리

1코 고무뜨기 코막음 (원형뜨기일 때)

※일본어 사이트

돌려 오른코 겹쳐 2코 모아뜨기

※일본어 사이트

재료

실…Keito 우루리 블루(05) 360g 4볼, 에크뤼(00) 25g 1볼

단추…지름 18㎜ 6개

도구

코바늘 5/0호, 대바늘 3호

완성 크기

가슴둘레 118㎝, 기장 48㎝, 화장 69㎝

게이지

모티브 1변 8.5㎝, 무늬뜨기(10×10㎝) 23.5코×11단

POINT

●몸판·소매…모티브 A·B·C는 원형코를 만들어 뜨기 시작해 지정 장수만큼 뜹니다. 모티브를 겉끼리 맞대고 바깥쪽 반 코끼리 빼뜨기로 연결합니다. 모티브 잇기 부분에서 지정 콧수를 주워 무늬뜨기를 뜹니다. 소매 밑선은 도안을 참고하세요.

●마무리…어깨는 모티브 부분은 다른 모티브처럼 연결하고, 무늬뜨기 부분은 빼뜨기로 꿰매기를 합니다. 옆선·소매 밑선은 빼뜨기로 잇기를 합니다. 밑단·목둘레·앞단·소맷부리는 지정 콧수를 주워 돌려 1코 고무뜨기로 뜹니다. 오른쪽 앞단에는 단춧구멍을 냅니다. 뜨개 끝은 1코 고무뜨기 코막음을 합니다. 소매는 빼뜨기로 잇기로 몸판과 연결합니다. 단추를 달아 마무리합니다.

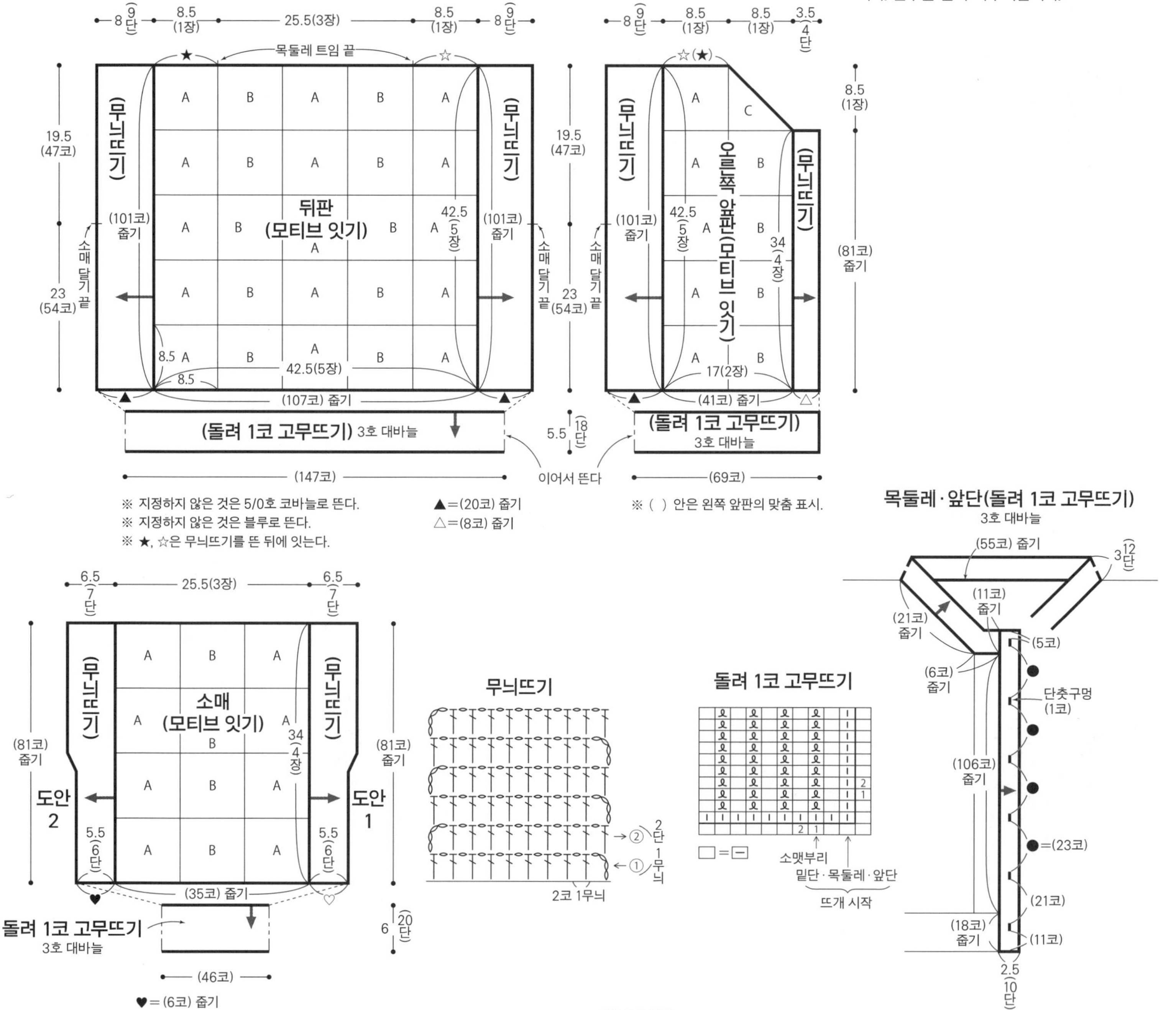

목둘레 트임 끝
뒤판 (모티브 잇기)
(무늬뜨기)
오른쪽 앞판(모티브 잇기)
(돌려 1코 고무뜨기) 3호 대바늘
이어서 뜬다
※ 지정하지 않은 것은 5/0호 코바늘로 뜬다.
※ 지정하지 않은 것은 블루로 뜬다.
※ ★, ☆은 무늬뜨기를 뜬 뒤에 잇는다.
▲=(20코) 줍기
△=(8코) 줍기
※( ) 안은 왼쪽 앞판의 맞춤 표시.
목둘레·앞단(돌려 1코 고무뜨기)
3호 대바늘
단춧구멍 (1코)
소매 (모티브 잇기)
도안 1
도안 2
돌려 1코 고무뜨기
3호 대바늘
♥=(6코) 줍기
♡=(5코) 줍기
무늬뜨기
2코 1무늬
돌려 1코 고무뜨기
소맷부리
밑단·목둘레·앞단
뜨개 시작
단춧구멍(오른쪽 앞단)
=돌려 오른코 겹쳐 2코 모아뜨기

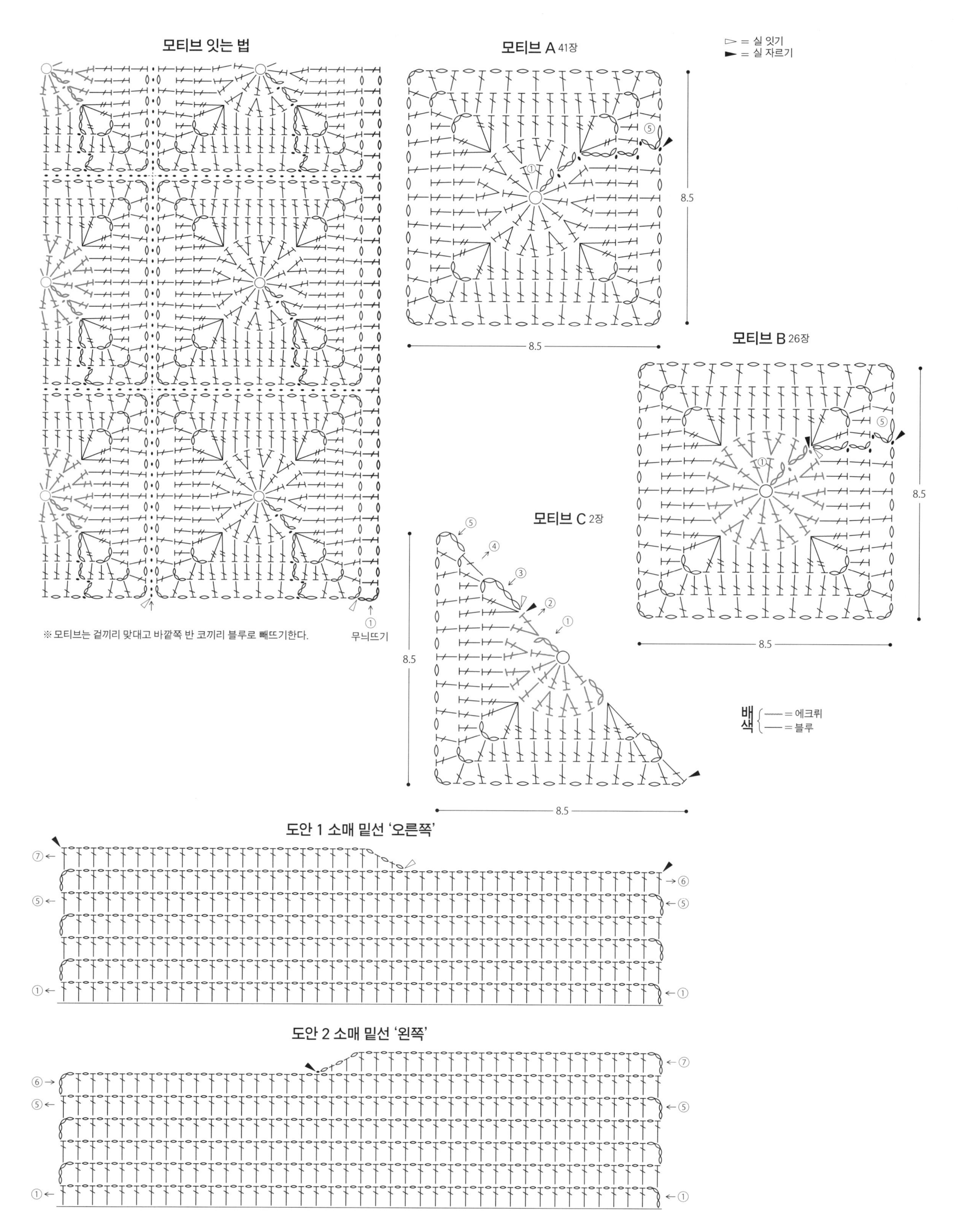
모티브 잇는 법
모티브 A 41장
▷ = 실 잇기
▶ = 실 자르기
8.5
8.5
모티브 B 26장
8.5
8.5
모티브 C 2장
8.5
8.5
※ 모티브는 겉끼리 맞대고 바깥쪽 반 코끼리 블루로 빼뜨기한다.
무늬뜨기
배색
= 에크뤼
= 블루
도안 1 소매 밑선 '오른쪽'
도안 2 소매 밑선 '왼쪽'

되돌아 짧은뜨기

※일본어 사이트

재료

Silk HASEGAWA 세이카12 진핑크(35 AZALEA) 실 사용량은 도안의 표를 참고하세요.

도구

대바늘 6호, 코바늘 5/0호

완성 크기

XS…가슴둘레 92cm, 어깨너비 37cm, 기장 49.5cm, 소매길이 52cm

S…가슴둘레 98cm, 어깨너비 39cm, 기장 51.5cm, 소매길이 54cm

M…가슴둘레 106cm, 어깨너비 41cm, 기장 52cm, 소매길이 54cm

L…가슴둘레 112cm, 어깨너비 44cm, 기장 54cm, 소매길이 55cm

XL…가슴둘레 120cm, 어깨너비 45cm, 기장 55cm, 소매길이 55cm

게이지(10×10cm)

메리야스뜨기 21코×30단

POINT

●몸판·소매…모두 2가닥으로 뜹니다. 손가락에 실을 걸어서 기초코를 만들어 뜨기 시작해 메리야스뜨기로 뜹니다. 줄임코는 2코 이상은 덮어씌우기, 1코는 가장자리 1코를 세워서 줄임코를 합니다. 소매 밑선의 늘림코는 1코 안쪽에서 돌려뜨기 늘림코를 합니다.

●마무리…어깨는 덮어씌워 잇기, 옆선·소매 밑선은 떠서 꿰매기를 합니다. 지정 콧수를 주워 밑단은 테두리뜨기 A, 목둘레는 테두리뜨기 B로 원형뜨기를 합니다. 소매는 빼뜨기 꿰매기로 몸판과 연결합니다.

실 사용량

XS	125g 5볼
S	140g 6볼
M	150g 6볼
L	160g 7볼
XL	170g 7볼

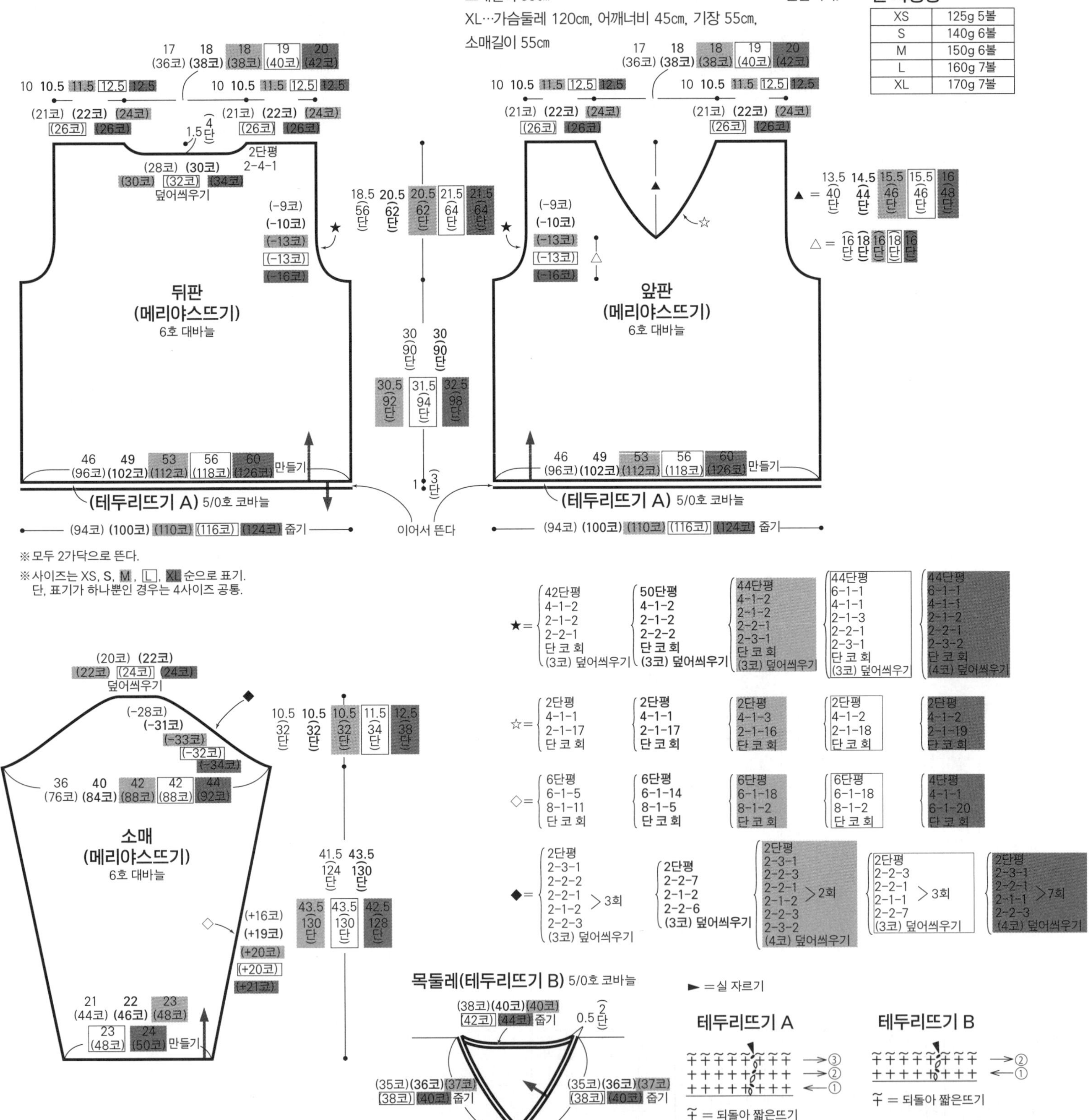
뒤판
(메리야스뜨기)
6호 대바늘
앞판
(메리야스뜨기)
6호 대바늘
(테두리뜨기 A) 5/0호 코바늘
(94코) (100코) (110코) (116코) (124코) 줍기
이어서 뜬다
46 (96코) 49 (102코) 53 (112코) 56 (118코) 60 (126코) 만들기
덮어씌우기
2단평 2-4-1
※모두 2가닥으로 뜬다.
※사이즈는 XS, S, M, L, XL 순으로 표기.
단, 표기가 하나뿐인 경우는 4사이즈 공통.
소매
(메리야스뜨기)
6호 대바늘
21 (44코) 22 (46코) 23 (48코) 23 (48코) 24 (50코) 만들기
36 (76코) 40 (84코) 42 (88코) 42 (88코) 44 (92코)
(20코) (22코) (22코) (24코) (24코) 덮어씌우기
★= 42단평 4-1-2 2-1-2 2-2-1 단 코 회 (3코) 덮어씌우기
50단평 4-1-2 2-1-2 2-2-2 단 코 회 (3코) 덮어씌우기
44단평 4-1-2 2-1-2 2-2-1 2-3-1 단 코 회 (3코) 덮어씌우기
44단평 6-1-1 4-1-1 2-1-3 2-2-1 2-3-1 단 코 회 (3코) 덮어씌우기
44단평 6-1-1 4-1-1 2-1-2 2-2-1 2-3-2 단 코 회 (4코) 덮어씌우기
☆= 2단평 4-1-1 2-1-17 단 코 회
2단평 4-1-1 2-1-17 단 코 회
2단평 4-1-3 2-1-16 단 코 회
2단평 4-1-2 2-1-18 단 코 회
2단평 4-1-2 2-1-19 단 코 회
◇= 6단평 6-1-5 8-1-11 단 코 회
6단평 6-1-14 8-1-5 단 코 회
6단평 6-1-18 8-1-2 단 코 회
6단평 6-1-18 8-1-2 단 코 회
4단평 4-1-1 6-1-20 단 코 회
목둘레(테두리뜨기 B) 5/0호 코바늘
(38코)(40코)(40코) (42코)(44코) 줍기
(35코)(36코)(37코) (38코)(40코) 줍기
►=실 자르기
테두리뜨기 A
테두리뜨기 B
= 되돌아 짧은뜨기

꽃 모티브

40 page ★★★

나투라

되돌아 짧은뜨기

※ 일본어 사이트

한길 긴 5코 팝콘뜨기

※ 일본어 사이트

재료

DMC 나투라 하얀색(N01) 190g 4볼, 연녹색(N12)·라이트 브라운(N44)·연노란색(N83)·오렌지(N111) 각 65g 2볼, 황록색(N76) 60g 2볼

도구

코바늘 5/0호·4/0호

완성 크기

가슴둘레 104㎝, 기장 52.5㎝, 화장 59㎝

게이지(10×10㎝)

모티브 크기는 도안 참고

POINT

●모티브 잇기로 뜹니다. 2번째 장부터는 마지막 단에서 옆 모티브와 연결하며 뜹니다. 지정 콧수를 주워 목둘레는 테두리뜨기, 밑단·소맷부리는 짧은뜨기로 원형뜨기를 합니다.

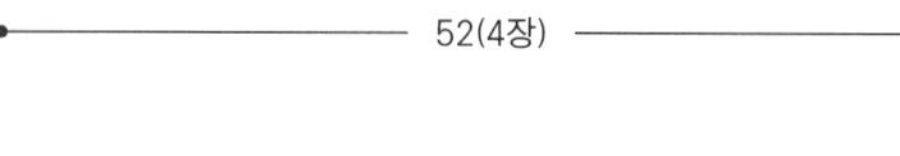

52(4장)

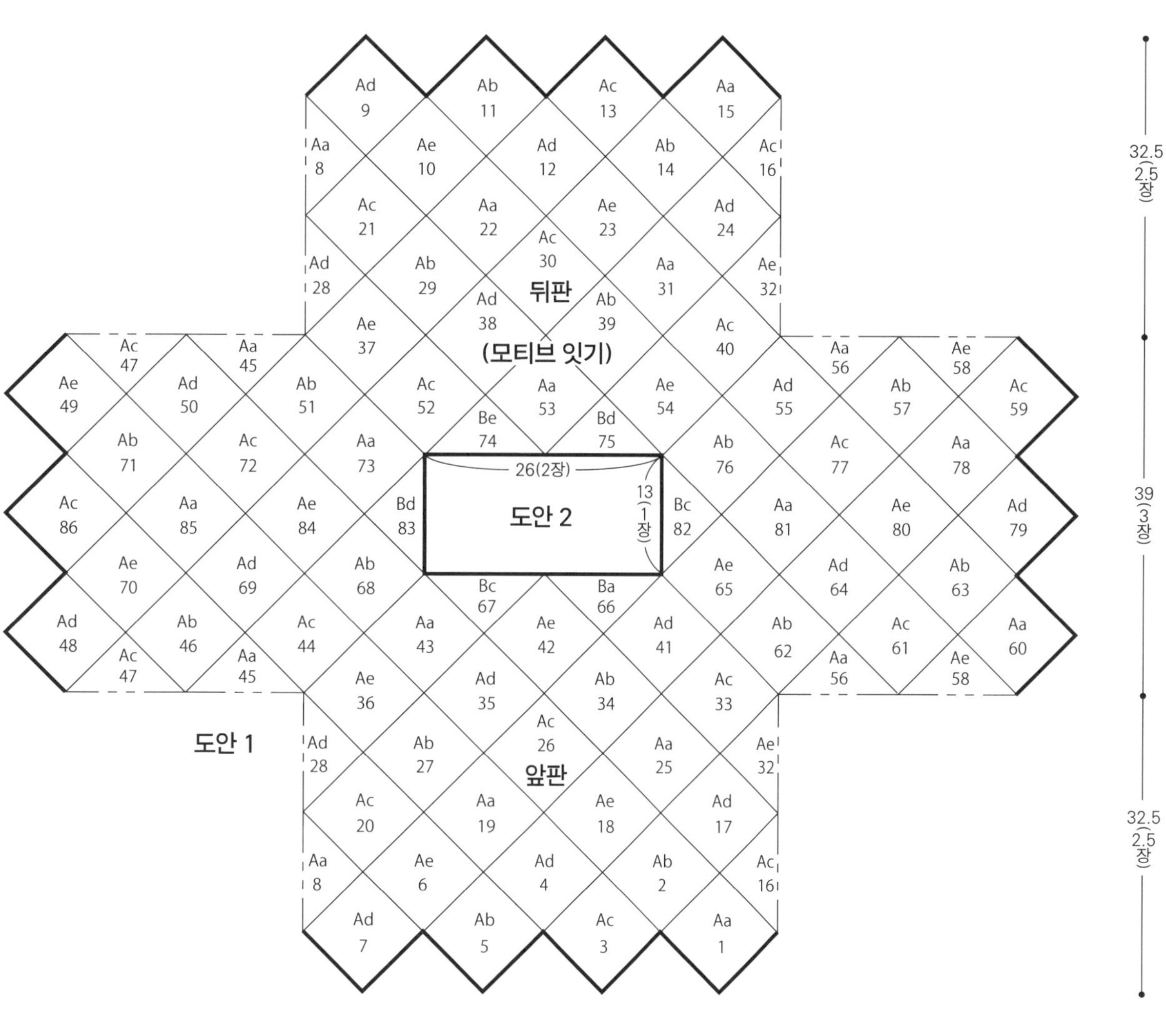

32.5 (2.5장)
39 (3장)
32.5 (2.5장)
뒤판
(모티브 잇기)
26(2장)
13 (1장)
도안 2
도안 1
앞판
Ad 9
Ab 11
Ac 13
Aa 15
Aa 8
Ae 10
Ad 12
Ab 14
Ac 16
Ac 21
Aa 22
Ae 23
Ad 24
Ac 30
Ad 28
Ab 29
Aa 31
Ae 32
Ad 38
Ab 39
Ae 37
Ac 40
Ac 47
Aa 45
Aa 56
Ae 58
Ae 49
Ad 50
Ab 51
Ac 52
Aa 53
Ae 54
Ad 55
Ab 57
Ac 59
Be 74
Bd 75
Ab 71
Ac 72
Aa 73
Ab 76
Ac 77
Aa 78
Ac 86
Aa 85
Ae 84
Bd 83
Bc 82
Aa 81
Ae 80
Ad 79
Ae 70
Ad 69
Ab 68
Bc 67
Ba 66
Ae 65
Ad 64
Ab 63
Ad 48
Ab 46
Ac 44
Aa 43
Ae 42
Ad 41
Ab 62
Ac 61
Aa 60
Ac 47
Aa 45
Aa 56
Ae 58
Ae 36
Ad 35
Ab 34
Ac 33
Ac 26
Ad 28
Ab 27
Aa 25
Ae 32
Ac 20
Aa 19
Ae 18
Ad 17
Aa 8
Ae 6
Ad 4
Ab 2
Ac 16
Ad 7
Ab 5
Ac 3
Aa 1
32.5(2.5장)
52(4장)
32.5(2.5장)

※ 지정하지 않은 것은 5/0호 코바늘로 뜬다.

※ 모티브 안의 숫자는 연결하는 순서다.

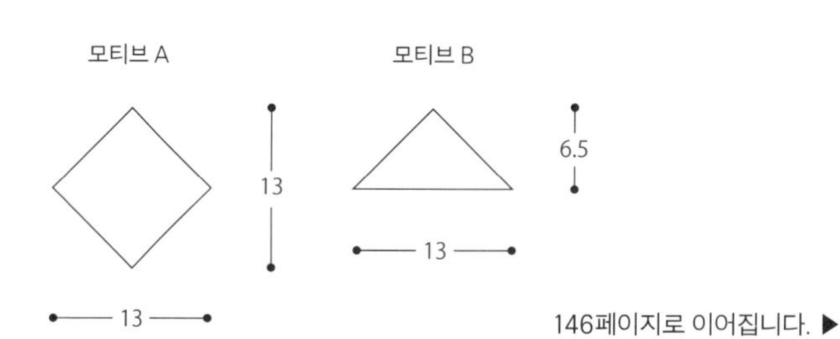

모티브 A
13
13
모티브 B
6.5
13

146페이지로 이어집니다. ▶

▶ 145페이지에서 이어집니다.

모티브 배색과 장수

	1단	2단	3·4단	5·6단	모티브 A	모티브 B
a	연노란색	오렌지	라이트 브라운	하얀색	16장	1장
b	오렌지	연녹색	황록색	하얀색	16장	
c	라이트 브라운	황록색	오렌지	하얀색	17장	2장
d	황록색	연노란색	연녹색	하얀색	16장	2장
e	연녹색	라이트 브라운	연노란색	하얀색	15장	1장

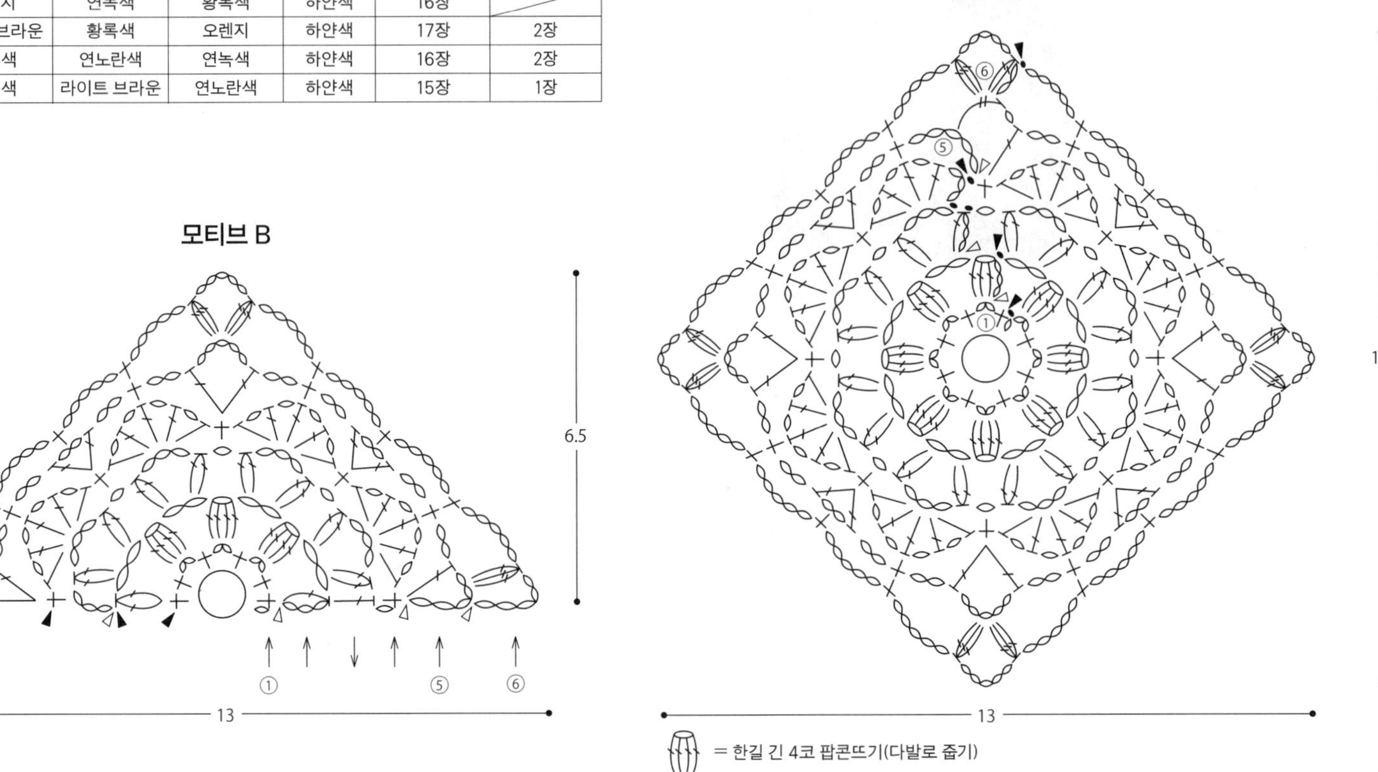
▷ = 실 잇기
► = 실 자르기
모티브 A
13
13
모티브 B
6.5
① ⑤ ⑥
13
= 한길 긴 4코 팝콘뜨기(다발로 줍기)

모티브 잇는 법

26 25 32
19 18 17 24
4 2 16
5 3 1 15
①
짧은뜨기

도안 1
소매 밑선

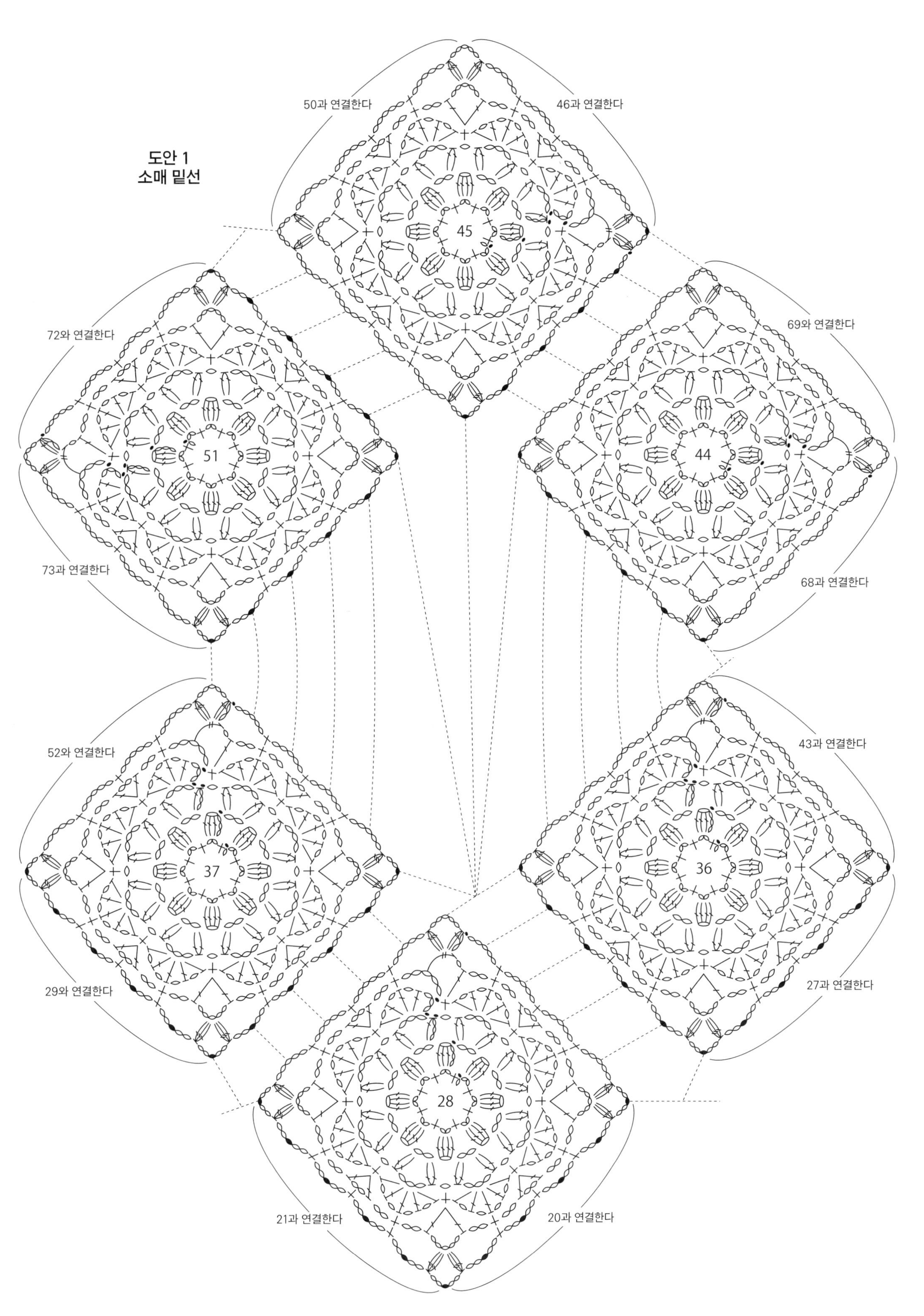

50과 연결한다
46과 연결한다
45
72와 연결한다
69와 연결한다
51
44
73과 연결한다
68과 연결한다
52와 연결한다
43과 연결한다
37
36
29와 연결한다
27과 연결한다
28
21과 연결한다
20과 연결한다

148페이지로 이어집니다. ▶

▶ 147페이지에서 이어집니다.

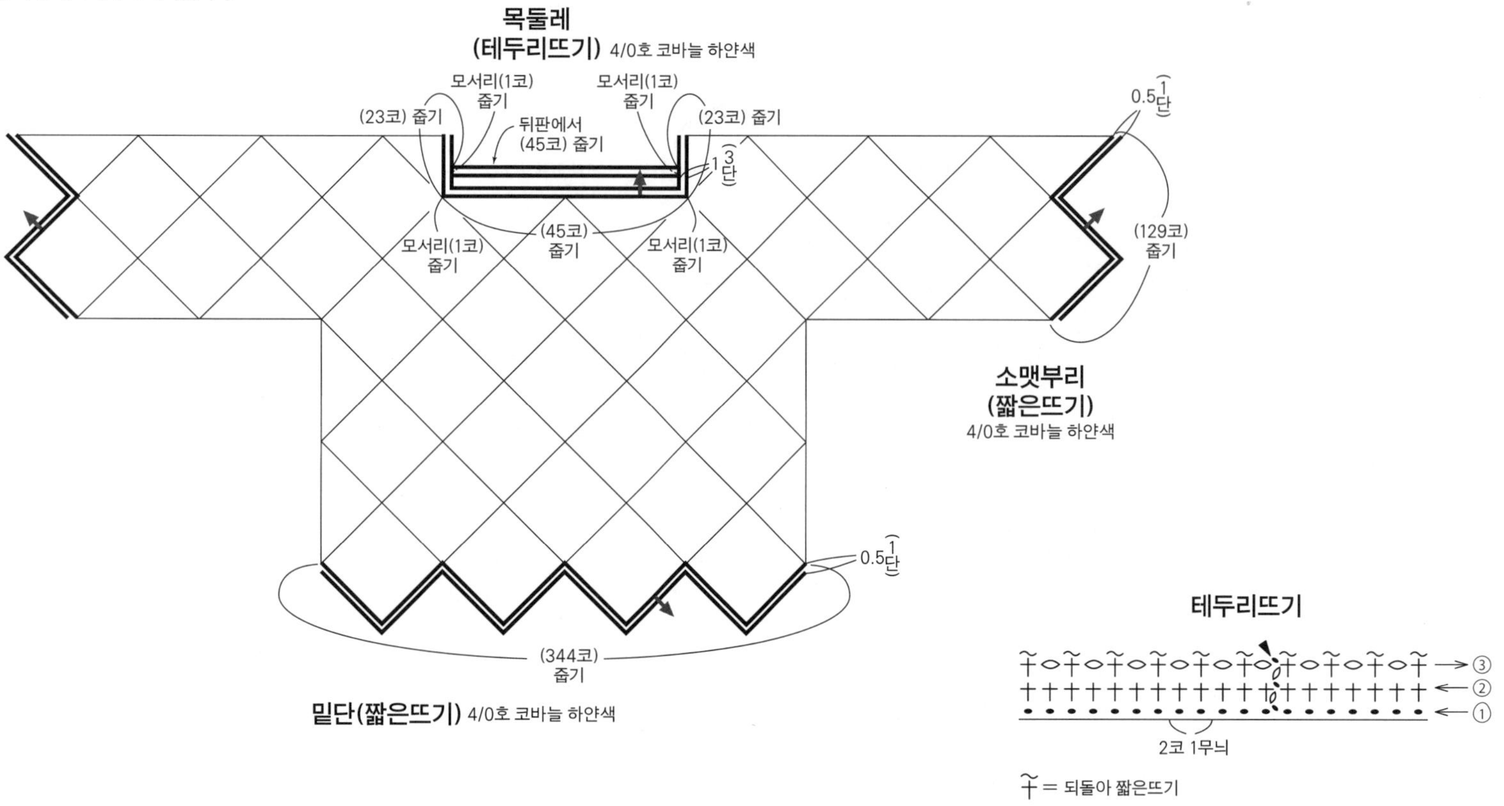
목둘레
(테두리뜨기) 4/0호 코바늘 하얀색
모서리(1코) 줍기
모서리(1코) 줍기
(23코) 줍기
뒤판에서 (45코) 줍기
(23코) 줍기
0.5단
1단
3단
모서리(1코) 줍기
(45코) 줍기
모서리(1코) 줍기
(129코) 줍기
소맷부리
(짧은뜨기)
4/0호 코바늘 하얀색
0.5단
1단
(344코) 줍기
밑단(짧은뜨기) 4/0호 코바늘 하얀색

테두리뜨기

2코 1무늬

= 되돌아 짧은뜨기

도안 2 목둘레
테두리뜨기
= 실 잇기
= 실 자르기

꽃 모티브

41 page ★★★

나투라

재료

DMC 나투라

[베스트] 핑크(N82) 200g 4볼, 체리 핑크(N61) 35g 1볼, 크림(N81) 25g 1볼, 황록색(N76) 20g 1볼

[모자] 핑크(N82) 35g 1볼, 체리 핑크(N61)·크림(N81) 각 20g 1볼, 황록색(N76) 15g 1볼

도구

코바늘 5/0호

완성 크기

[베스트] 가슴둘레 100㎝, 어깨너비 32㎝, 기장 49.5㎝

[모자] 머리둘레 54㎝, 깊이 21.5㎝

게이지

모티브 1변 12.5㎝, 무늬뜨기(10×10㎝) 25.5코×13.5단

POINT

●베스트…모티브 잇기부터 뜹니다. 2번째 장부터는 마지막 단에서 옆 모티브와 연결하며 뜹니다. 모티브 잇기의 위쪽에서 코를 주워 무늬뜨기로 원형뜨기를 합니다. 진동둘레에서 위쪽은 앞뒤로 나눠서 뜹니다. 줄임코는 도안을 참고하세요. 어깨는 사슬뜨기와 빼뜨기로 잇기를 합니다. 지정 콧수를 주워 밑단은 테두리뜨기 A, 목둘레·진동둘레는 테두리뜨기 B로 원형뜨기를 합니다.

●모자…사이드는 모티브 잇기로 뜹니다. 톱은 모티브 잇기에서 코를 주워 무늬뜨기로 원형뜨기를 합니다. 분산 줄임코는 도안을 참고하세요. 뜨개 끝은 마지막 단의 뒤쪽 반 코에 실을 통과시켜 조입니다. 모자 입구는 모티브 잇기의 반대쪽에서 코를 주워 테두리뜨기 C로 원형뜨기를 합니다. 분산 줄임코는 도안을 참고하세요.

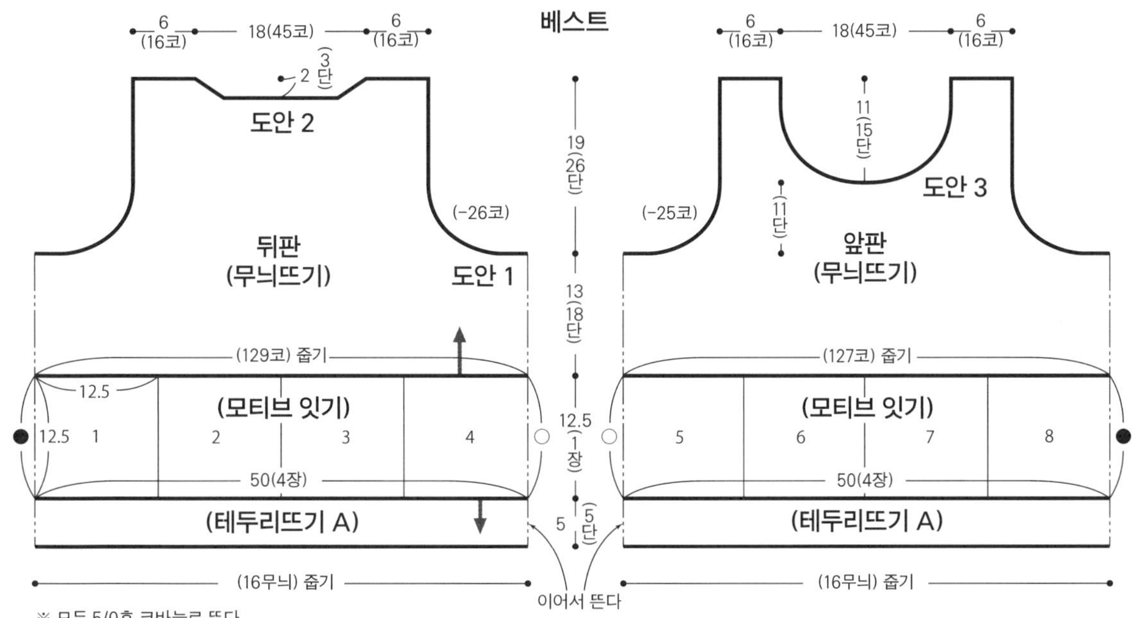
베스트
6 (16코)
18(45코)
2
3 단
도안 2
19 (26단)
11 (15단)
도안 3
(-26코)
(-25코)
(11단)
뒤판 (무늬뜨기)
도안 1
앞판 (무늬뜨기)
13 (18단)
(129코) 줍기
(127코) 줍기
12.5
(모티브 잇기)
1
2
3
4
5
6
7
8
12.5 1장
50(4장)
(테두리뜨기 A)
5 (5단)
(16무늬) 줍기
이어서 뜬다

※ 모두 5/0호 코바늘로 뜬다.
※ 지정하지 않은 것은 핑크로 뜬다.
※ 모티브 안의 숫자는 연결하는 순서다.
※ 맞춤 표시끼리는 뜨면서 연결한다.

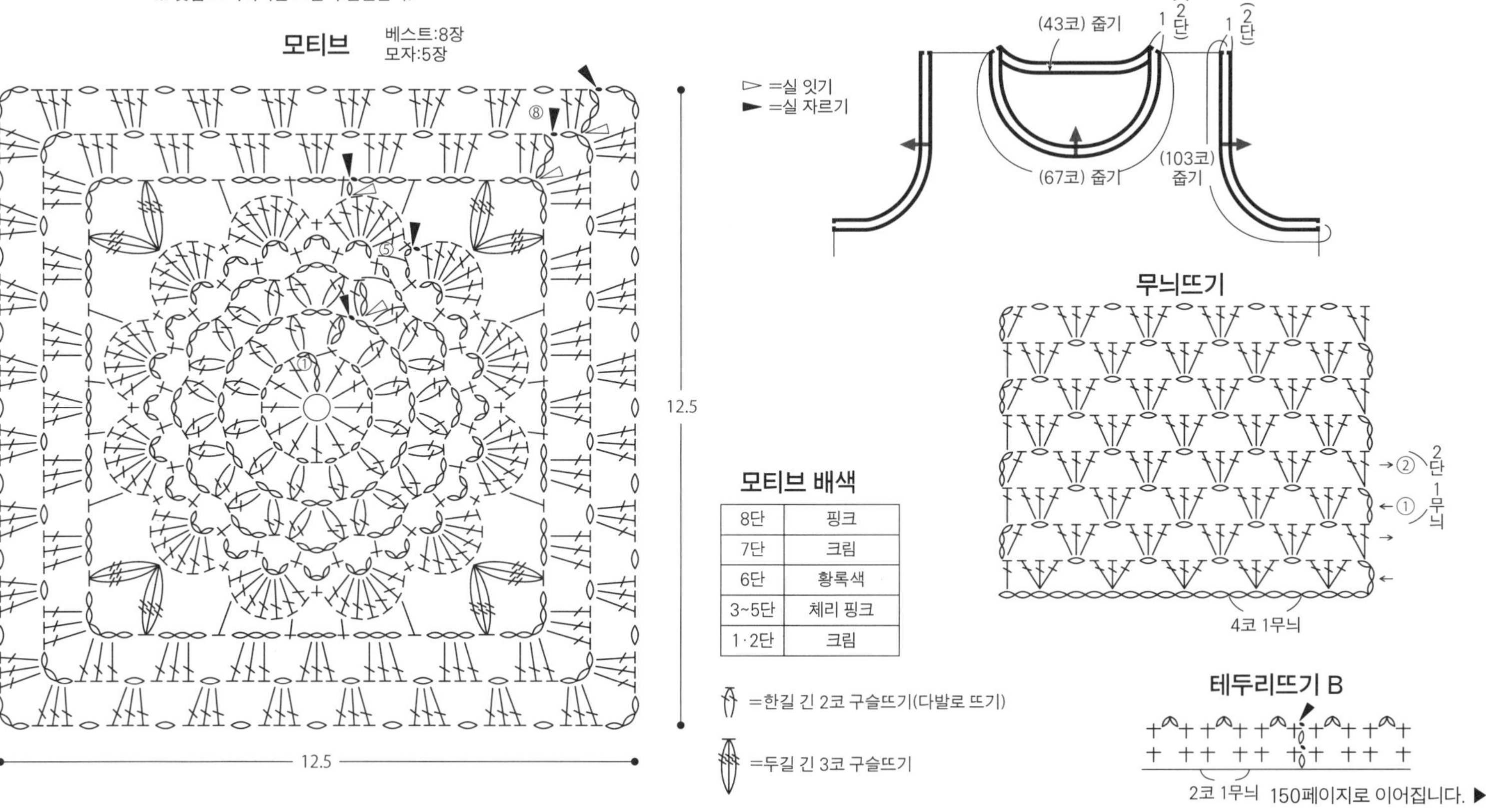
모티브
베스트:8장
모자:5장
12.5
▷ =실 잇기
▶ =실 자르기
목둘레·진동둘레 (테두리뜨기 B)
(43코) 줍기
1 (2단)
(67코) 줍기
(103코) 줍기
무늬뜨기
2단
1무늬
4코 1무늬
테두리뜨기 B
2코 1무늬
=한길 긴 2코 구슬뜨기(다발로 뜨기)
=두길 긴 3코 구슬뜨기

모티브 배색

단	색
8단	핑크
7단	크림
6단	황록색
3~5단	체리 핑크
1·2단	크림

150페이지로 이어집니다. ▶

▶ 149페이지에서 이어집니다.

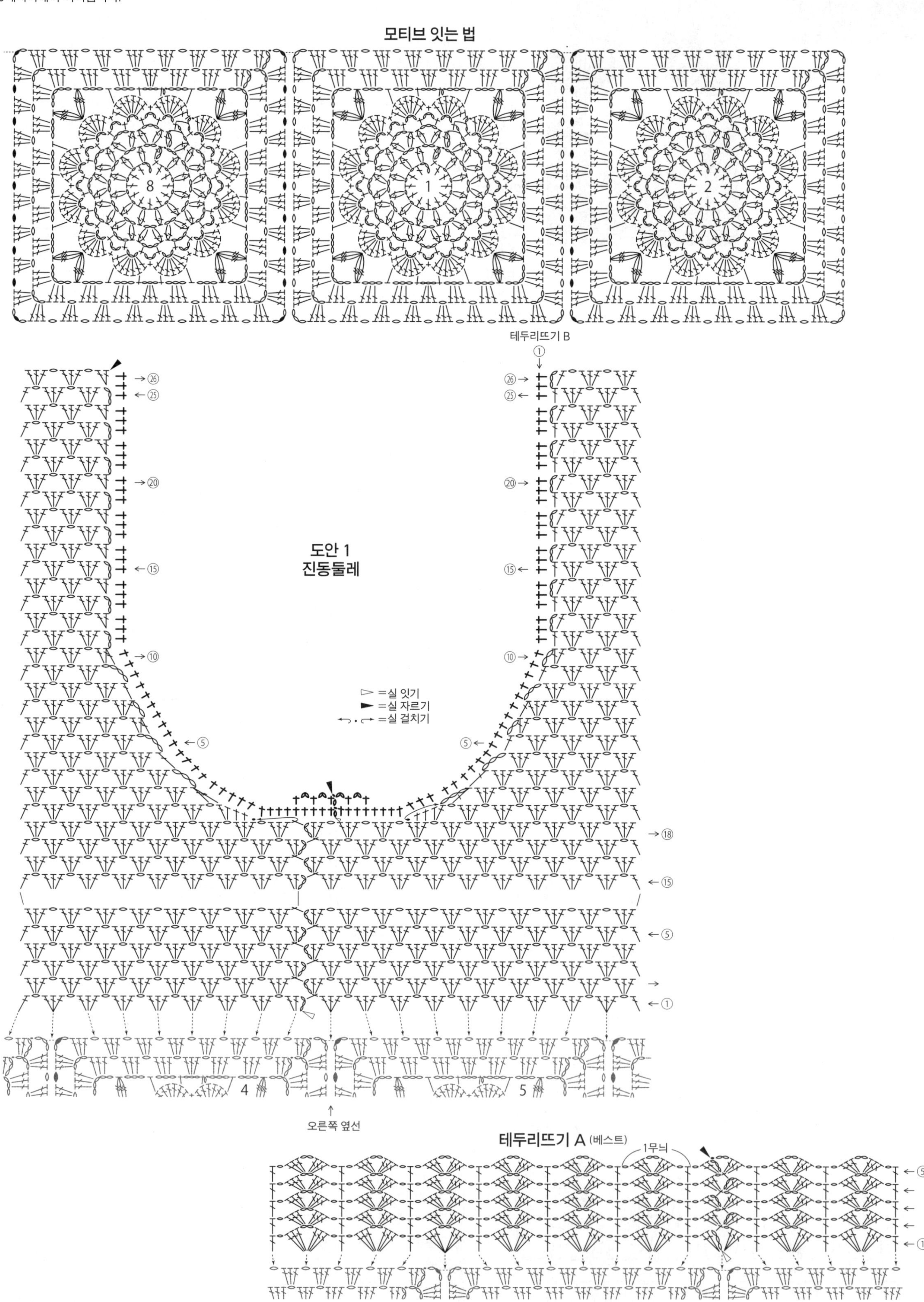

모티브 잇는 법
8
1
2
테두리뜨기 B
①
㉖
㉕
⑳
⑮
⑩
⑤
도안 1
진동둘레
=실 잇기
=실 자르기
=실 걸치기
⑱
⑮
⑤
①
4
5
오른쪽 옆선
테두리뜨기 A (베스트)
1무늬
⑤
①

 ★ 개수는 작품을 선택하는 기준으로 참고해주세요. ★…초심자도 안심, ★★…자신이 조금 생겼다면, ★★★…끈기도 겸비한 중·상급자, ★★★★…솜씨에 자신 있음. 실은 실물 크기입니다.

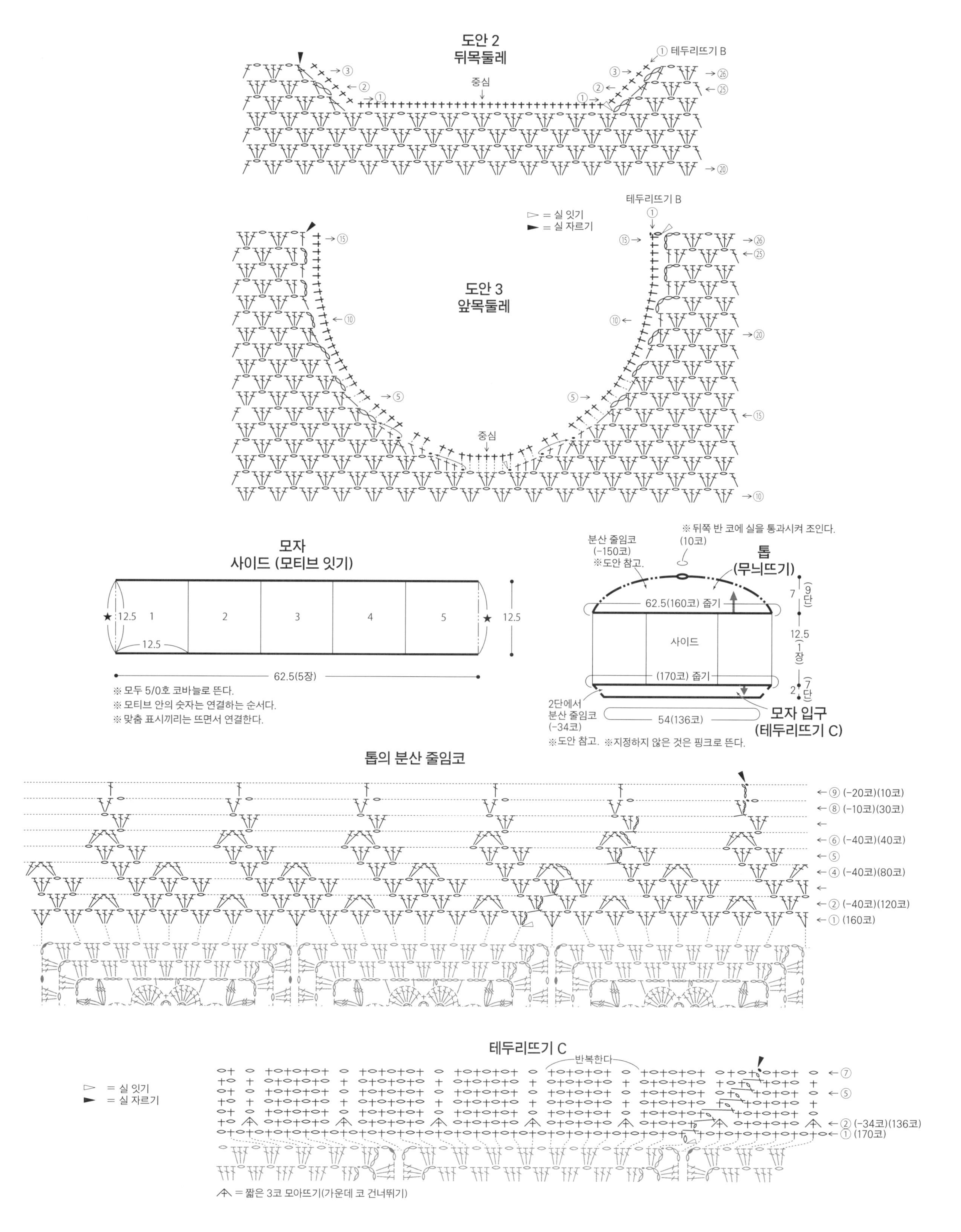

도안 2
뒤목둘레
① 테두리뜨기 B
중심
도안 3
앞목둘레
테두리뜨기 B
▷ = 실 잇기
► = 실 자르기
중심
모자
사이드 (모티브 잇기)
★ 12.5 1 2 3 4 5 ★ 12.5
12.5
62.5(5장)
※ 모두 5/0호 코바늘로 뜬다.
※ 모티브 안의 숫자는 연결하는 순서다.
※ 맞춤 표시끼리는 뜨면서 연결한다.
※ 뒤쪽 반 코에 실을 통과시켜 조인다.
분산 줄임코
(-150코)
※도안 참고.
(10코)
톱
(무늬뜨기)
62.5(160코) 줍기
7 (9단)
사이드
12.5 (1장)
(170코) 줍기
2 (7단)
2단에서
분산 줄임코
(-34코)
※도안 참고.
54(136코)
모자 입구
(테두리뜨기 C)
※지정하지 않은 것은 핑크로 뜬다.
톱의 분산 줄임코
⑨ (-20코)(10코)
⑧ (-10코)(30코)
⑥ (-40코)(40코)
⑤
④ (-40코)(80코)
② (-40코)(120코)
① (160코)
테두리뜨기 C
반복한다
▷ = 실 잇기
► = 실 자르기
⑦
⑤
② (-34코)(136코)
① (170코)
= 짧은 3코 모아뜨기(가운데 코 건너뛰기)

꽃 모티브

42 page ★★

에미 그란데

에미 그란데 〈컬러즈〉

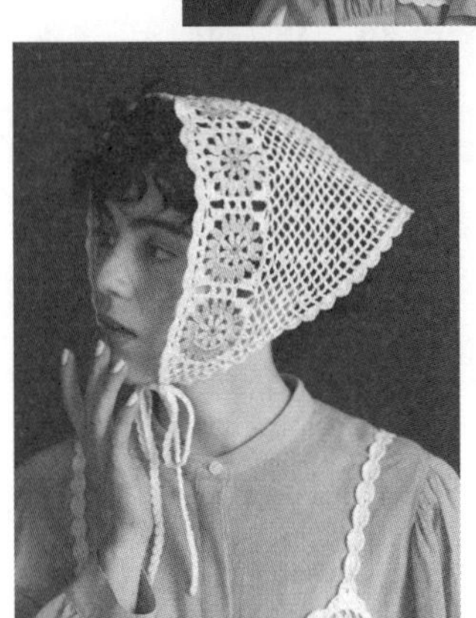

재료

[캐미솔] 올림포스 에미 그란데 에크뤼(804) 80g 2볼, 페일 블루(364) 35g 1볼, 오팔 그린(261) 30g 1볼, 페일 라일락(672) 20g 1볼, 에미 그란데 〈컬러즈〉 피스타치오(292) 10g 1볼

[바부슈카] 올림포스 에미 그란데 에크뤼(804) 40g 1볼, 페일 블루(364)·오팔 그린(261) 각 5g 1볼, 페일 라일락(672) 조금 1볼, 에미 그란데 〈컬러즈〉 피스타치오(292) 조금 1볼

도구

코바늘 2/0호

완성 크기

[캐미솔] 가슴둘레 91㎝, 기장 35.5㎝(어깨끈 길이 미포함).

[바부슈카] 폭 54.5㎝, 길이 32.5㎝(끈 길이 미포함)

게이지

모티브 1변 6.5㎝, 무늬뜨기 B 1무늬=6.5㎝, 18단=10㎝

POINT

●캐미솔…앞뒤 몸판은 모티브 잇기로 뜹니다. 모티브는 사슬뜨기로 기초코를 만들어 뜨기 시작해 2번째 장부터는 마지막 단에서 옆 모티브와 연결하며 뜹니다. 밑단·테두리 두르기는 도안을 참고해서 코를 주워 테두리뜨기 A로 원형뜨기를 하는데, 불규칙한 부분이 있으므로 도안을 참고해 뜹니다. 어깨끈은 무늬뜨기 A로 떠서 지정 위치에 꿰매 답니다.

●바브슈카…모티브 잇기로 뜹니다. 지정 위치에서 코를 주워 네트뜨기, 무늬뜨기 B를 뜹니다. 줄임코는 도안을 참고하세요. 테두리뜨기 A를 2단 뜨고, 3단은 테두리뜨기 B와 끈의 무늬뜨기 C를 이어서 뜹니다.

캐미솔

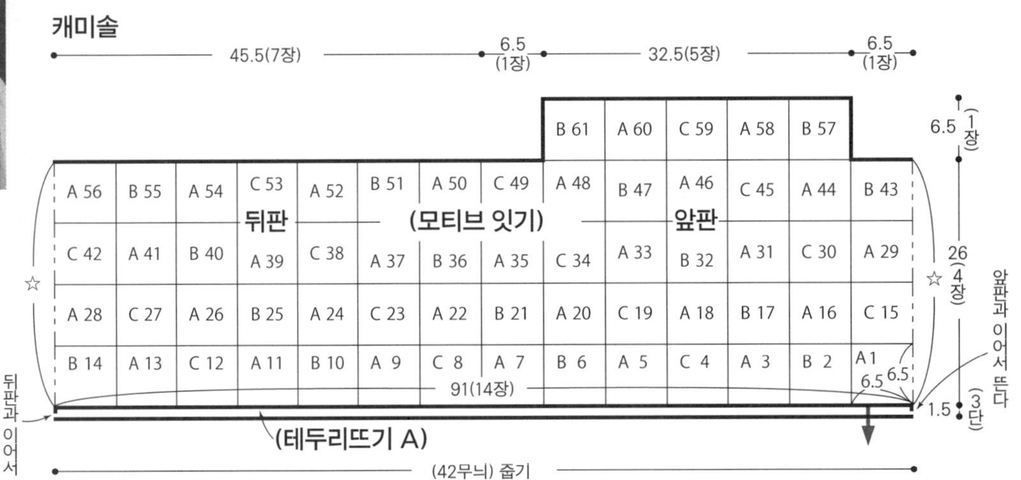

45.5(7장)
6.5 (1장)
32.5(5장)
6.5 (1장)
B 61 A 60 C 59 A 58 B 57
A 56 B 55 A 54 C 53 A 52 B 51 A 50 C 49 A 48 B 47 A 46 C 45 A 44 B 43
뒤판
(모티브 잇기)
앞판
C 42 A 41 B 40 A 39 C 38 A 37 B 36 A 35 C 34 A 33 B 32 A 31 C 30 A 29
A 28 C 27 A 26 B 25 A 24 C 23 A 22 B 21 A 20 C 19 A 18 B 17 A 16 C 15
B 14 A 13 C 12 A 11 B 10 A 9 C 8 A 7 B 6 A 5 C 4 A 3 B 2 A1
6.5 6.5
91(14장)
6.5 (1장)
26 (4장)
1.5 (3단)
앞판과 이어서 뜬다
뒤판과 이어서 뜬다
(테두리뜨기 A)
(42무늬) 줍기

※ 모두 2/0호 코바늘로 뜬다.
※ 지정하지 않은 것은 에크뤼로 뜬다.
※ 모티브 안의 숫자는 연결하는 순서다.
※ 맞춤 표시끼리는 뜨면서 연결한다.

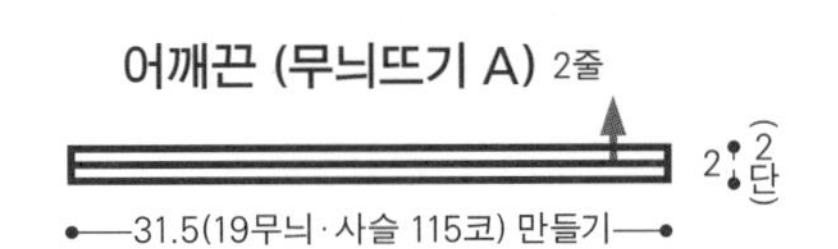

어깨끈 (무늬뜨기 A) 2줄
2 (2단)
31.5(19무늬·사슬 115코) 만들기

모티브

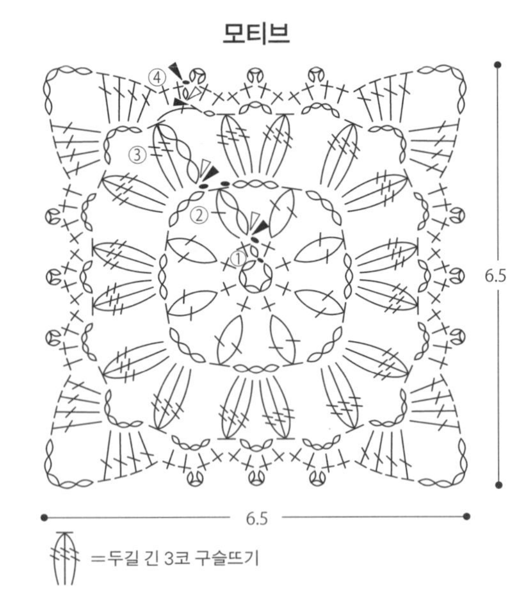

6.5
6.5
=두길 긴 3코 구슬뜨기

테두리 두르기 (테두리뜨기 A)

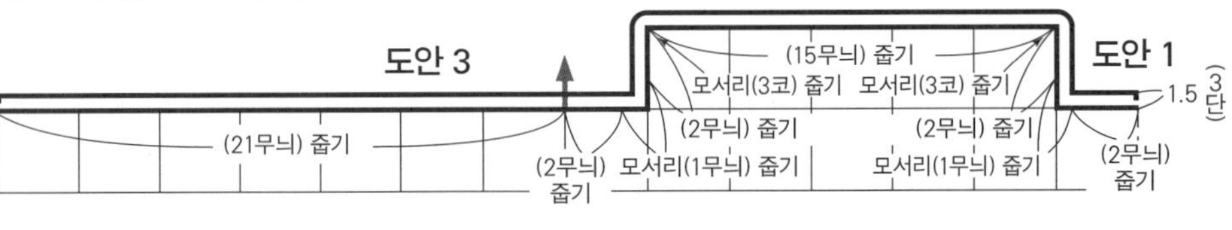

도안 2
도안 3
도안 1
(15무늬) 줍기
모서리(3코) 줍기 모서리(3코) 줍기
1.5 (3단)
(21무늬) 줍기
(2무늬) 줍기
(2무늬) 줍기
(2무늬) 줍기 모서리(1무늬) 줍기
모서리(1무늬) 줍기
(2무늬) 줍기

테두리뜨기 A

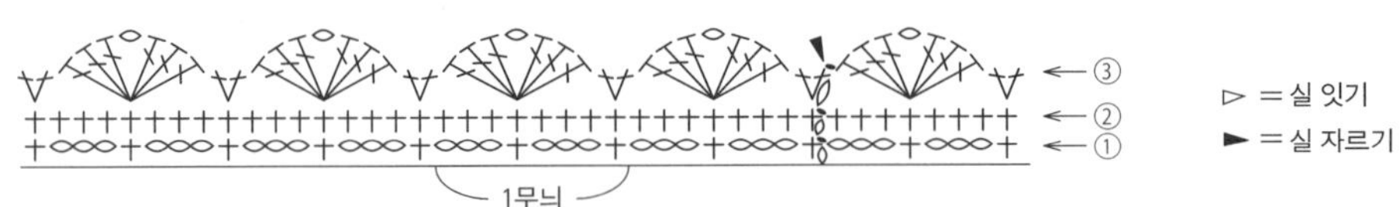

1무늬
▷ = 실 잇기
▶ = 실 자르기

※불규칙하게 뜨는 부분이 있으므로 도안을 참고한다.

무늬뜨기 A

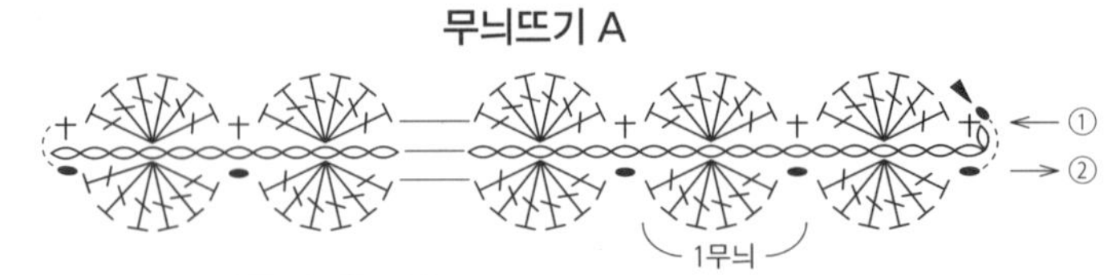

1무늬

모티브 배색과 장수

	1단	2단	3단	4단	캐미솔	바브슈카
A	피스타치오	오팔 그린	페일 블루	에크뤼	30장	3장
B			페일 라일락		16장	2장
C		페일 블루	오팔 그린		15장	2장

도안 3 뒤판

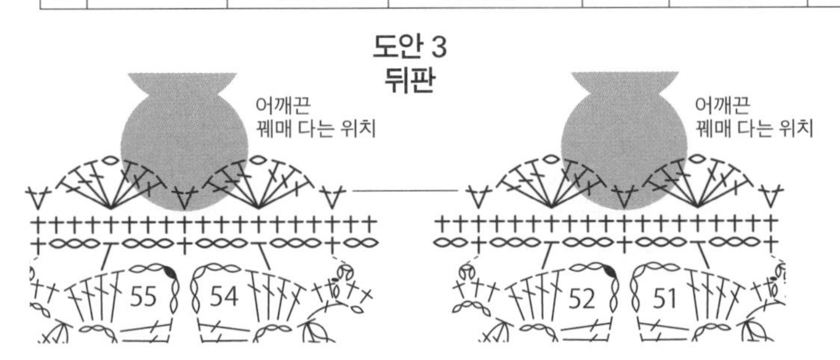

어깨끈 꿰매 다는 위치
55 54
어깨끈 꿰매 다는 위치
52 51

마무리하는 법

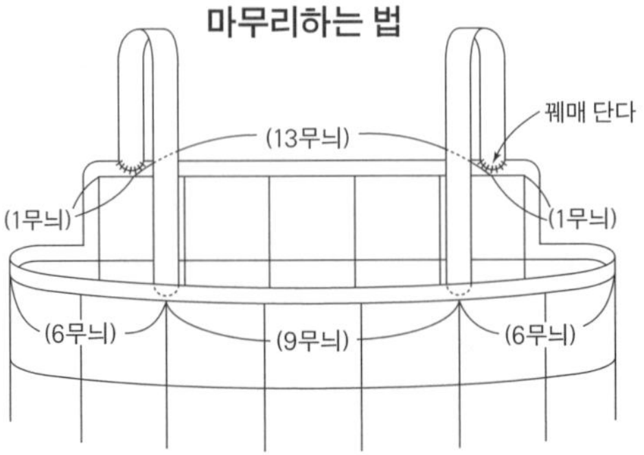

꿰매 단다
(13무늬)
(1무늬)
(1무늬)
(6무늬)
(9무늬)
(6무늬)

모티브 잇는 법

16
15
28
2
1
14
①
②
③
테두리뜨기 A

도안 2
앞판

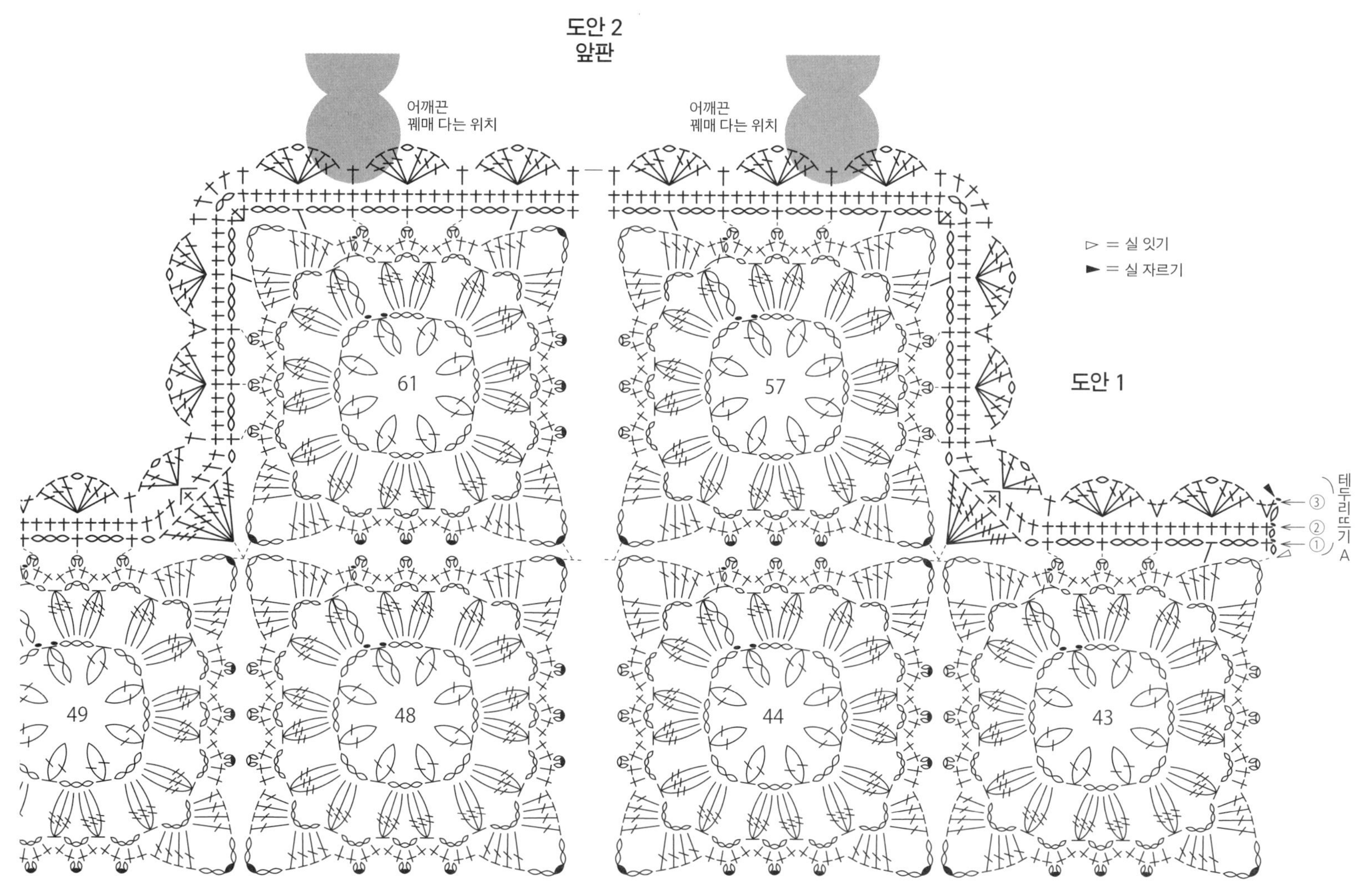
어깨끈 꿰매 다는 위치
어깨끈 꿰매 다는 위치
▷ = 실 잇기
► = 실 자르기
도안 1
61
57
49
48
44
43
③
②
①
테두리뜨기 A

154페이지로 이어집니다. ▶

▶ 153페이지에서 이어집니다.

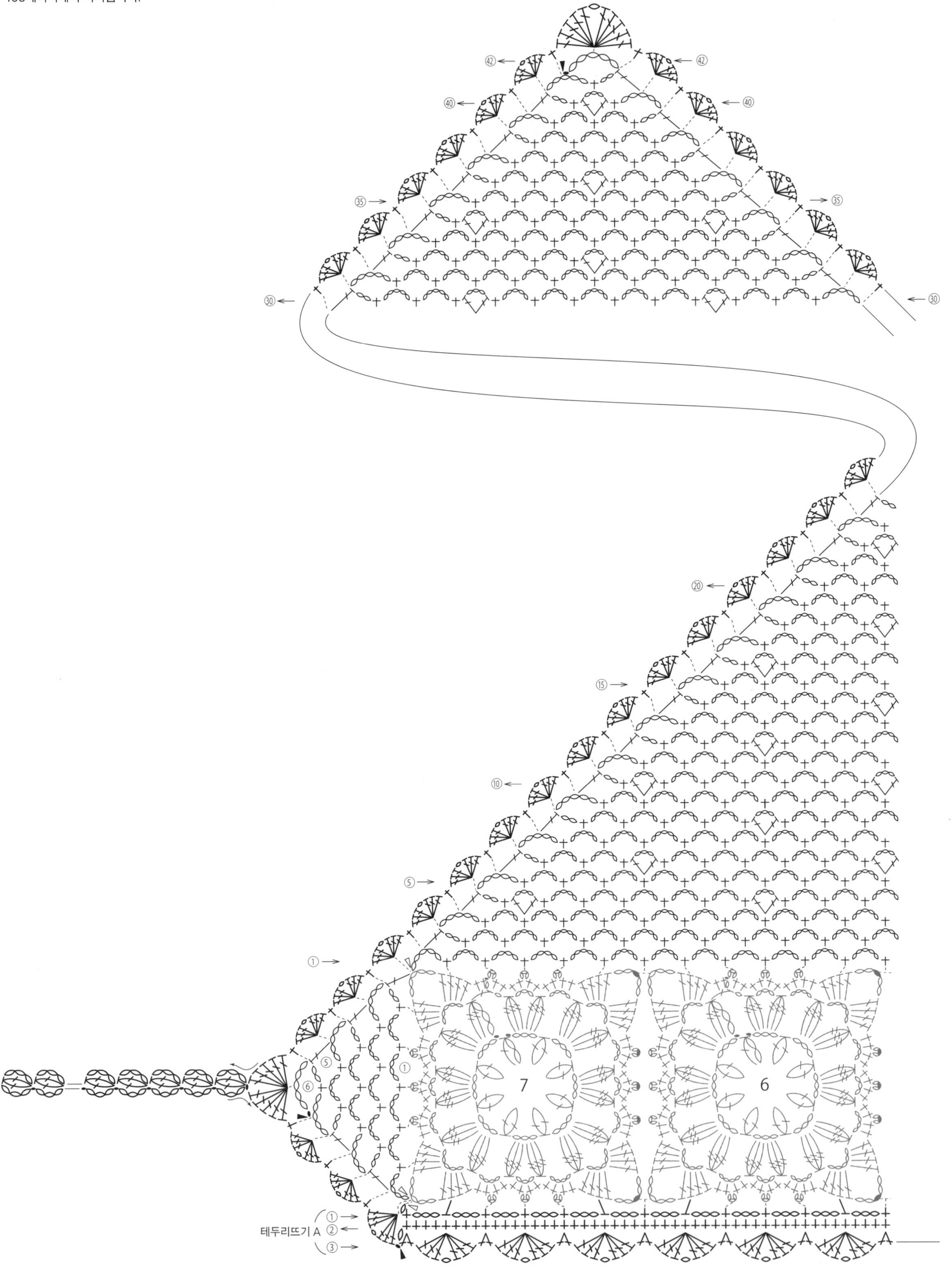

42
42
40
40
35
35
30
30
20
15
10
5
1
5
6
1
7
6
테두리뜨기 A
1
2
3

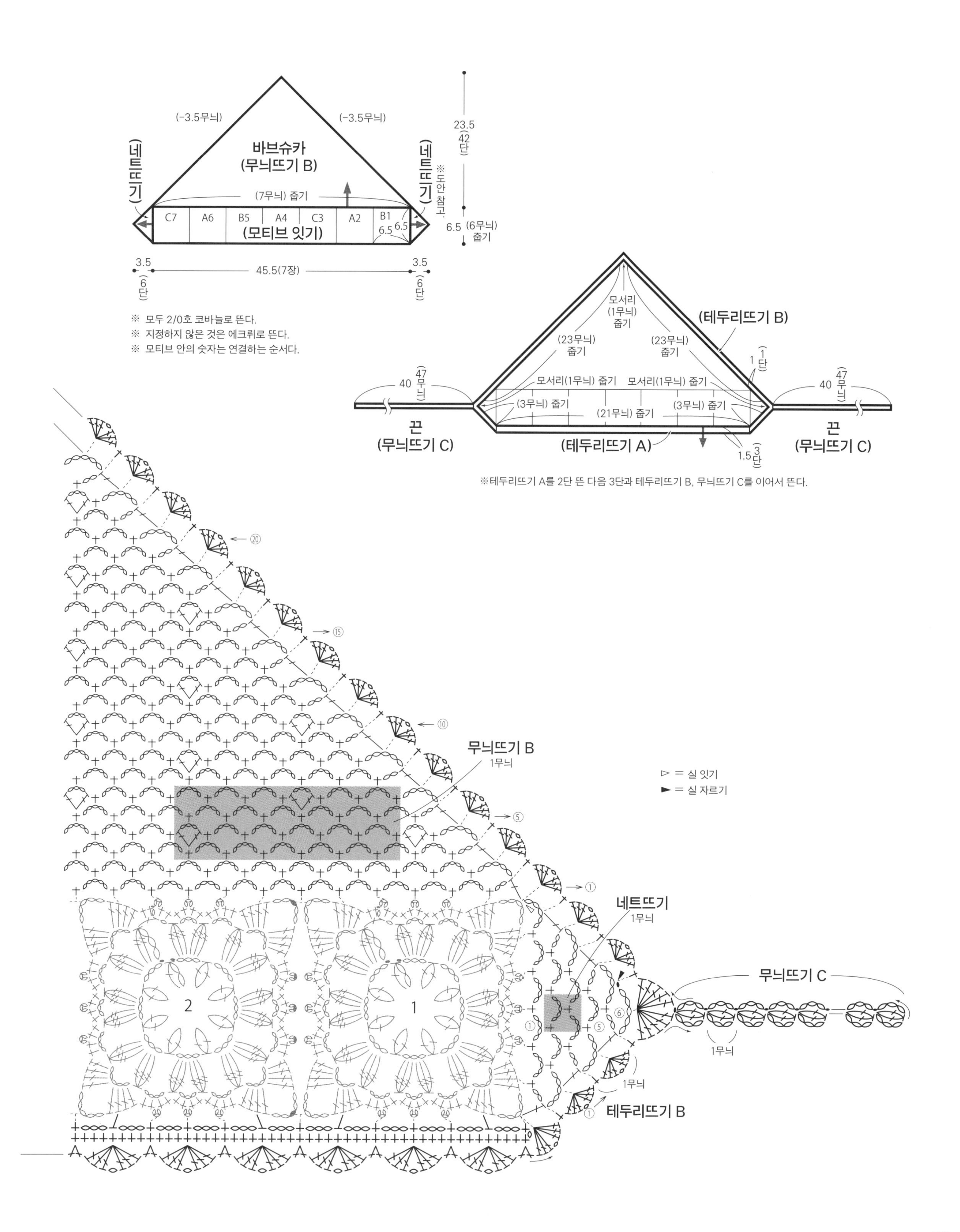
(-3.5무늬)
(-3.5무늬)
바브슈카
(무늬뜨기 B)
(네트뜨기)
(네트뜨기)
※도안 참고.
(7무늬) 줍기
C7
A6
B5
A4
C3
A2
B1
6.5
6.5
(모티브 잇기)
23.5 (42단)
6.5 (6무늬) 줍기
3.5 (6단)
45.5(7장)
3.5 (6단)
※ 모두 2/0호 코바늘로 뜬다.
※ 지정하지 않은 것은 에크뤼로 뜬다.
※ 모티브 안의 숫자는 연결하는 순서다.
모서리 (1무늬) 줍기
(테두리뜨기 B)
(23무늬) 줍기
(23무늬) 줍기
1 (1단)
40 (47무늬)
40 (47무늬)
모서리(1무늬) 줍기
모서리(1무늬) 줍기
(3무늬) 줍기
(21무늬) 줍기
(3무늬) 줍기
끈
(무늬뜨기 C)
끈
(무늬뜨기 C)
(테두리뜨기 A)
1.5 (3단)
※테두리뜨기 A를 2단 뜬 다음 3단과 테두리뜨기 B, 무늬뜨기 C를 이어서 뜬다.
⑳
⑮
⑩
⑤
①
무늬뜨기 B
1무늬
▷ = 실 잇기
► = 실 자르기
네트뜨기
1무늬
무늬뜨기 C
2
1
①
⑤
⑥
1무늬
1무늬
①
테두리뜨기 B

꽃 모티브

43 page ★★★

에미 그란데

짧은 뒤걸어뜨기

※ 일본어 사이트

짧은 앞걸어뜨기

※ 일본어 사이트

한길 긴 앞걸어뜨기

※ 일본어 사이트

재료

실…올림포스 에미 그란데 딥 레드(147) 345g 7볼

걸고리…길이 1㎝×4쌍

도구

코바늘 3/0호

완성 크기

가슴둘레 100㎝, 기장 51㎝, 화장 45㎝

게이지(10×10㎝)

모티브 크기는 도안 참고

POINT

●몸판…모티브 잇기로 뜹니다. 2번째 장부터는 마지막 단에서 옆 모티브와 빼뜨기로 연결하며 뜨는데, 옆선과 어깨선은 잇는 법이 불규칙해지므로 주의합니다.

●마무리…밑단은 지정 무늬 수만큼 주워 테두리뜨기 A로 뜹니다. 앞여밈단·목둘레는 지정 위치에 실을 이어서 가장자리를 정돈한 다음 테두리뜨기 B로 뜹니다. 소맷부리는 테두리뜨기 A'로 원형뜨기를 합니다. 지정 위치에 걸고리를 달아 마무리합니다.

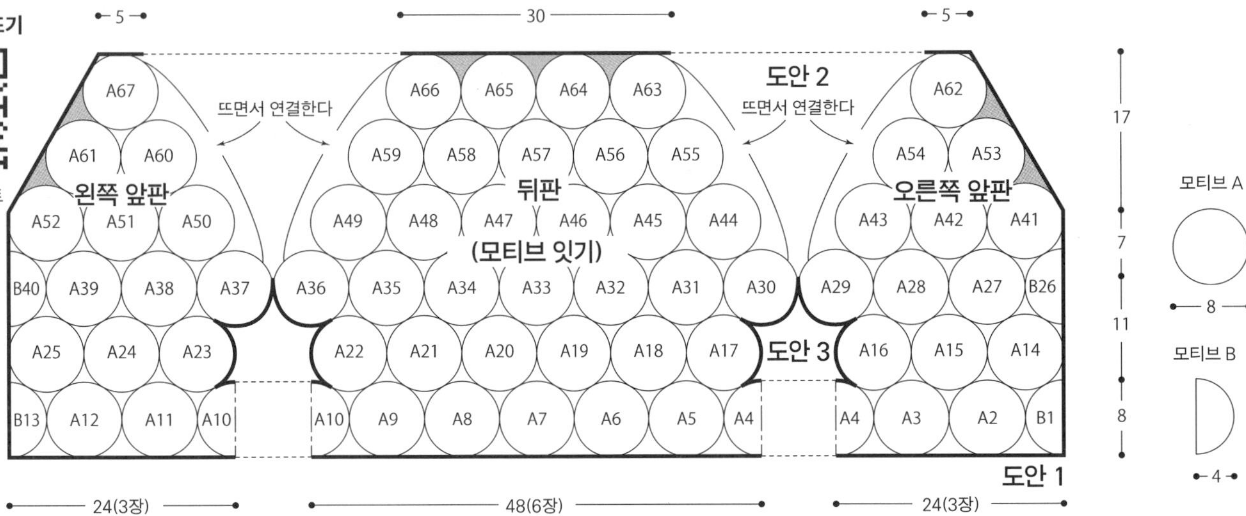

5
30
5
A67
뜨면서 연결한다
A66 A65 A64 A63
도안 2
뜨면서 연결한다
A62
A61 A60
A59 A58 A57 A56 A55
A54 A53
왼쪽 앞판
뒤판
오른쪽 앞판
A52 A51 A50
A49 A48 A47 A46 A45 A44
A43 A42 A41
(모티브 잇기)
B40 A39 A38 A37 A36 A35 A34 A33 A32 A31 A30 A29 A28 A27 B26
A25 A24 A23 A22 A21 A20 A19 A18 A17
도안 3
A16 A15 A14
B13 A12 A11 A10 A10 A9 A8 A7 A6 A5 A4 A4 A3 A2 B1
도안 1
24(3장)
48(6장)
24(3장)
17
7
11
8
모티브 A
8
8
모티브 B
8
4

※ 모두 3/0호 코바늘로 뜬다.

※ 모티브 안의 숫자는 연결하는 순서다.

※ ▒ = 가장자리를 정돈하는 위치(도안 참고)

► = 실 자르기

모티브 B 4장

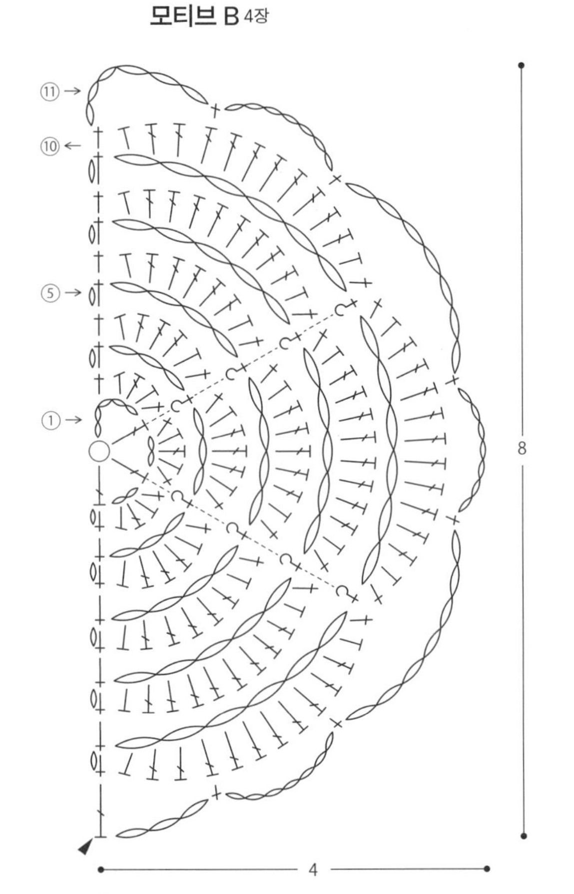

⑪
⑩
⑤
①
8
4

= 짧은 뒤걸어뜨기

※ 안면에서는 앞걸어뜨기로 뜬다.

모티브 A 63장

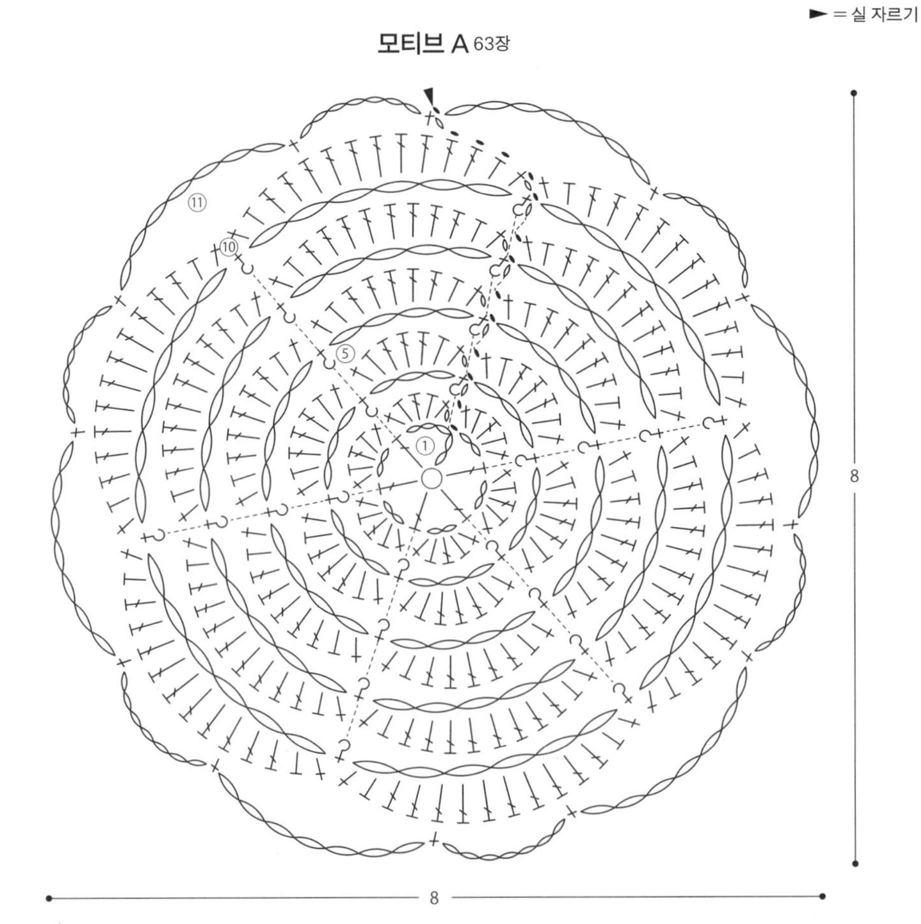

⑪
⑩
⑤
①
8
8

= 짧은 뒤걸어뜨기

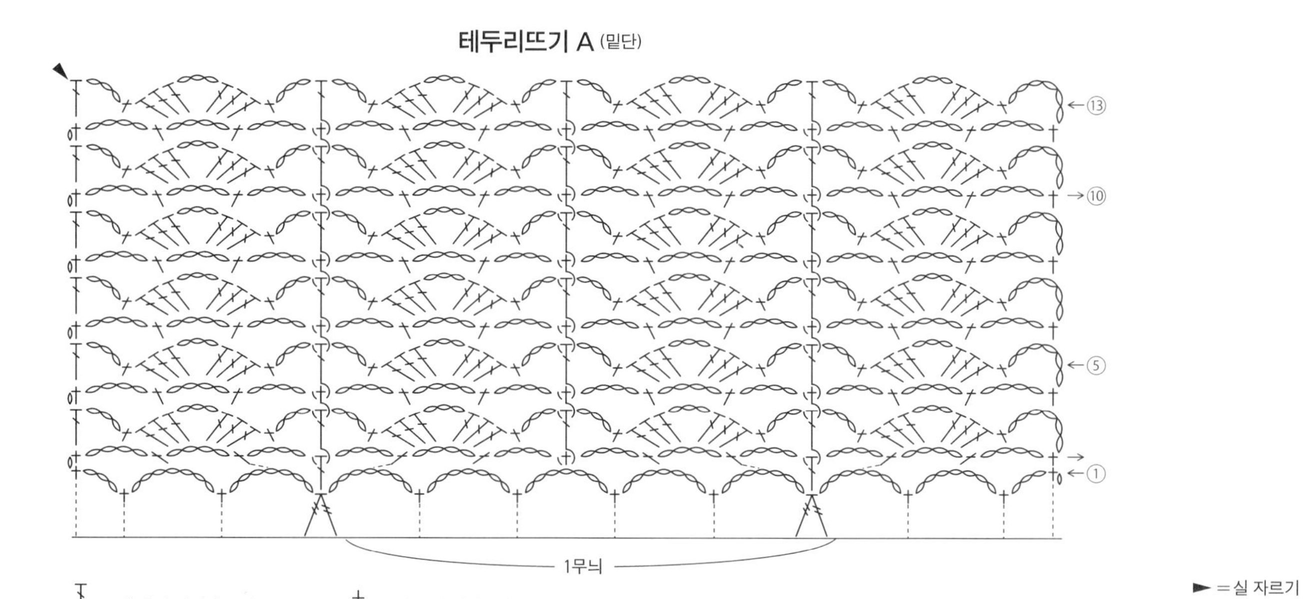

테두리뜨기 A (밑단)
⑬
⑩
⑤
①
1무늬

= 한길 긴 앞걸어뜨기　　= 짧은 앞걸어뜨기 ※안면에서는 한길 긴 뒤걸어뜨기로 뜬다.

► = 실 자르기

테두리뜨기 B

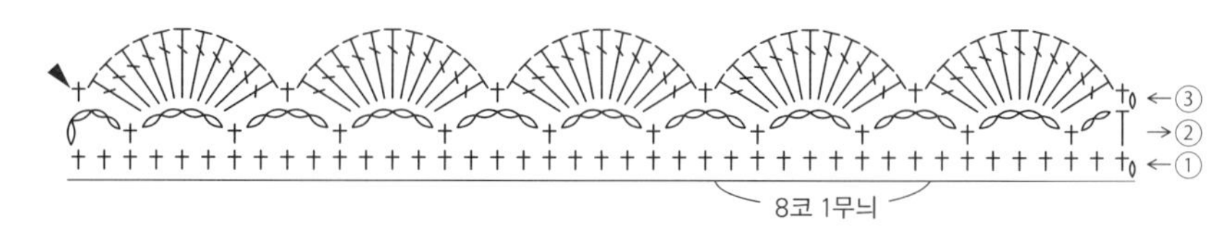

③
②
①
8코 1무늬

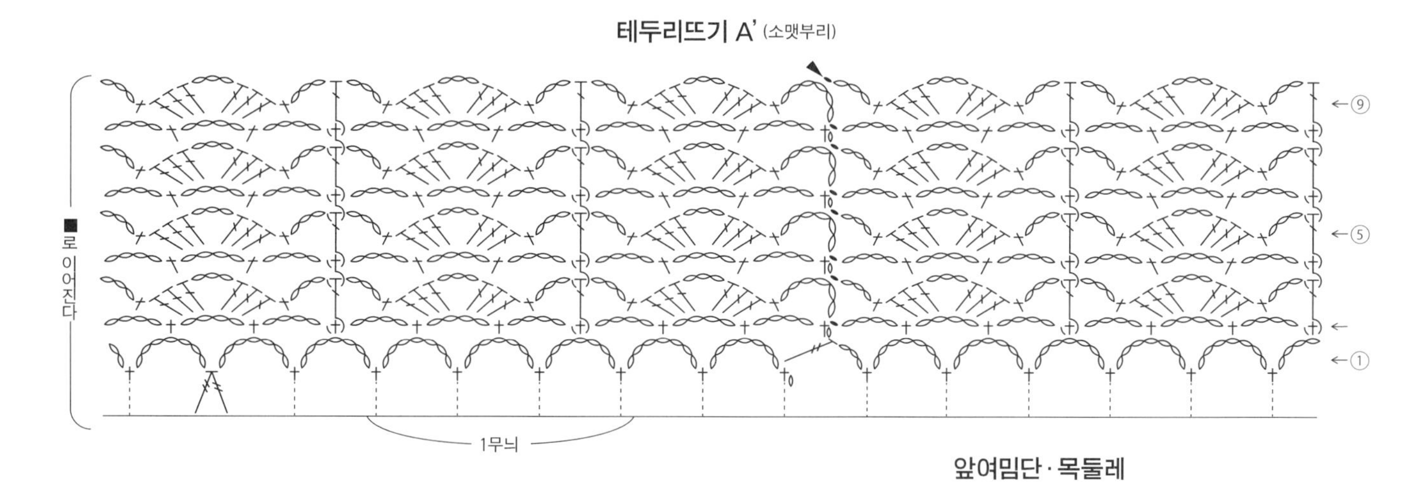

테두리뜨기 A' (소맷부리)
⑨
⑤
①
■로 이어진다
1무늬

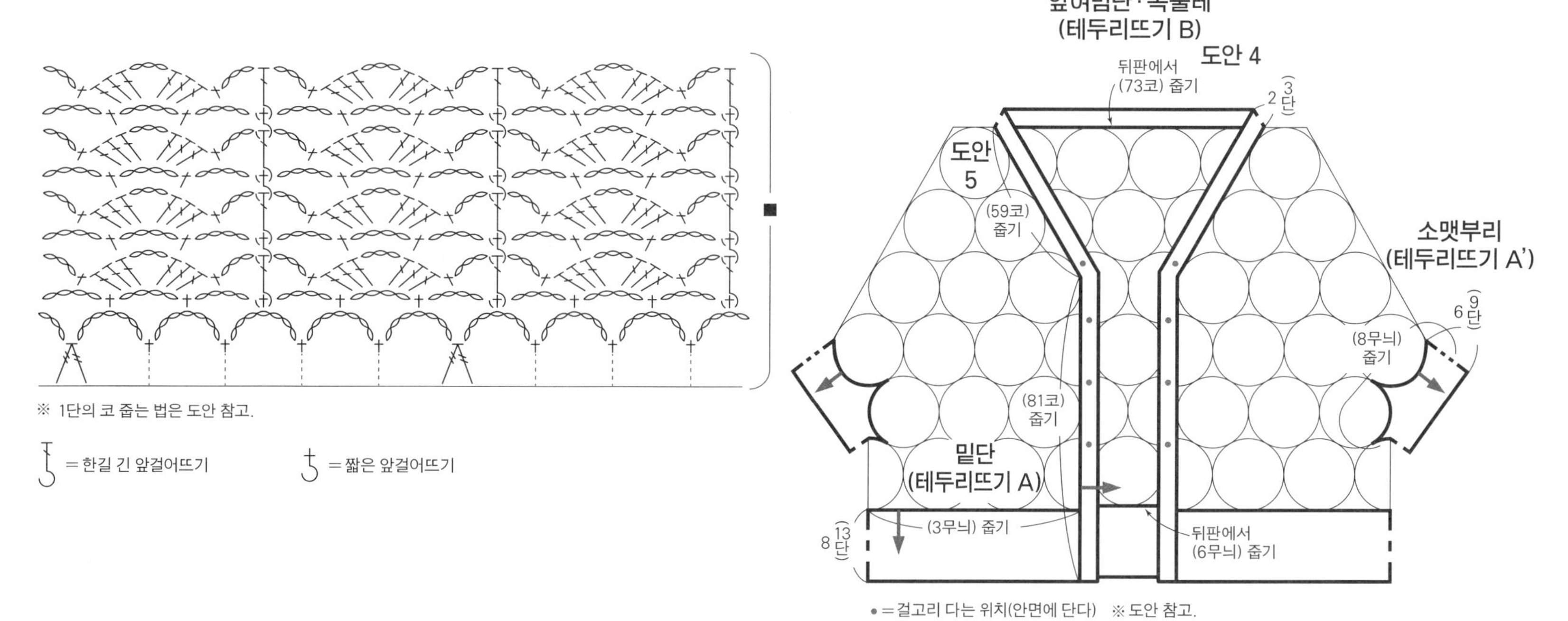

■
※ 1단의 코 줍는 법은 도안 참고.
= 한길 긴 앞걸어뜨기
= 짧은 앞걸어뜨기
앞여밈단·목둘레
(테두리뜨기 B)
도안 4
뒤판에서
(73코) 줍기
2 3 단
도안 5
(59코)
줍기
소맷부리
(테두리뜨기 A')
6 9 단
(8무늬)
줍기
(81코)
줍기
밑단
(테두리뜨기 A)
8 13 단
(3무늬) 줍기
뒤판에서
(6무늬) 줍기
• = 걸고리 다는 위치(안면에 단다) ※ 도안 참고.

158페이지로 이어집니다. ▶

▶ 157페이지에서 이어집니다.

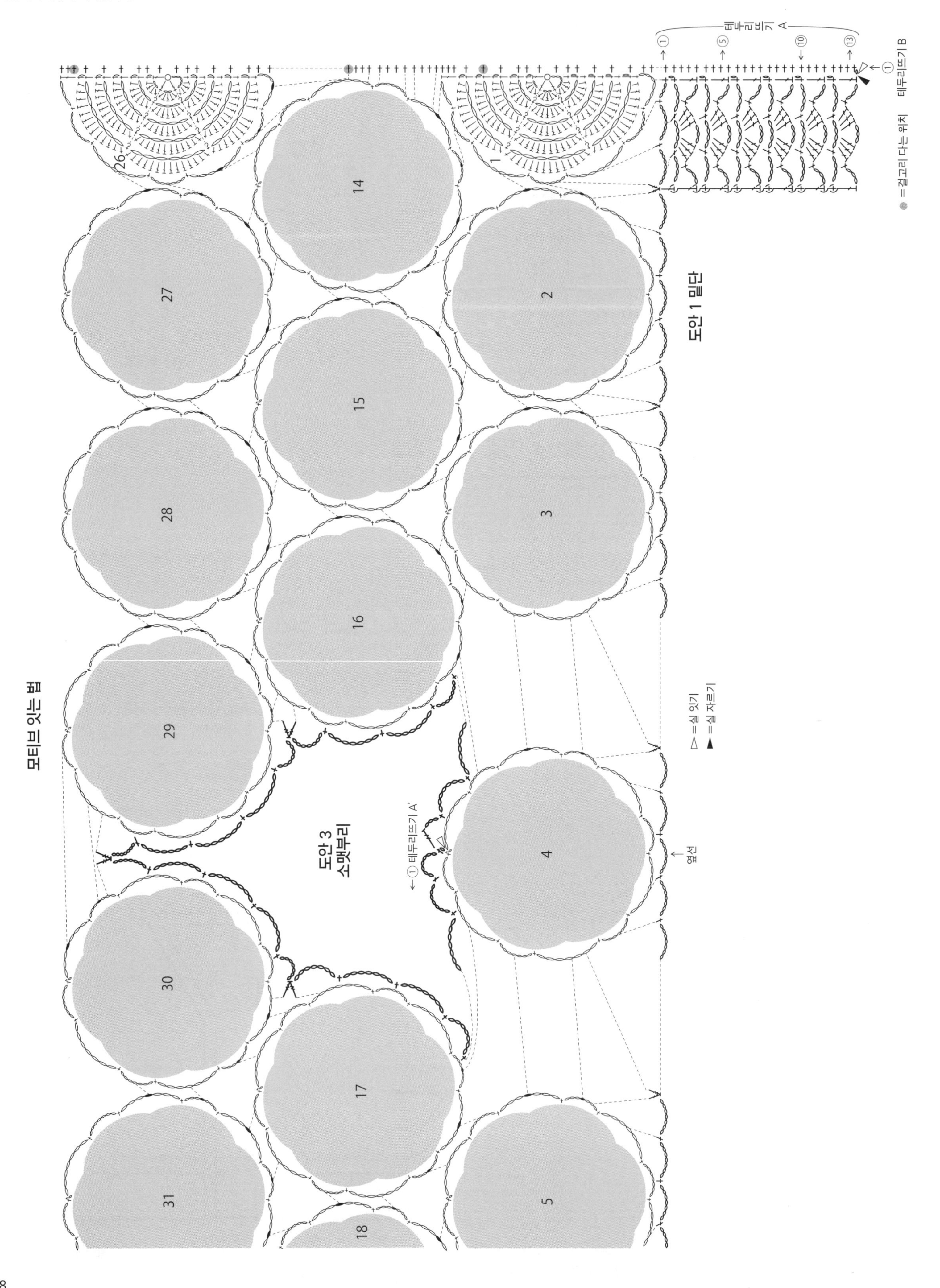
모티브 잇는 법
도안 1 밑단
도안 3 소맷부리
테두리뜨기 A
테두리뜨기 B
① 테두리뜨기 A'
옆선
▷=실 잇기
▶=실 자르기
●=걸고리 다는 위치
1
2
3
4
5
14
15
16
17
18
26
27
28
29
30
31

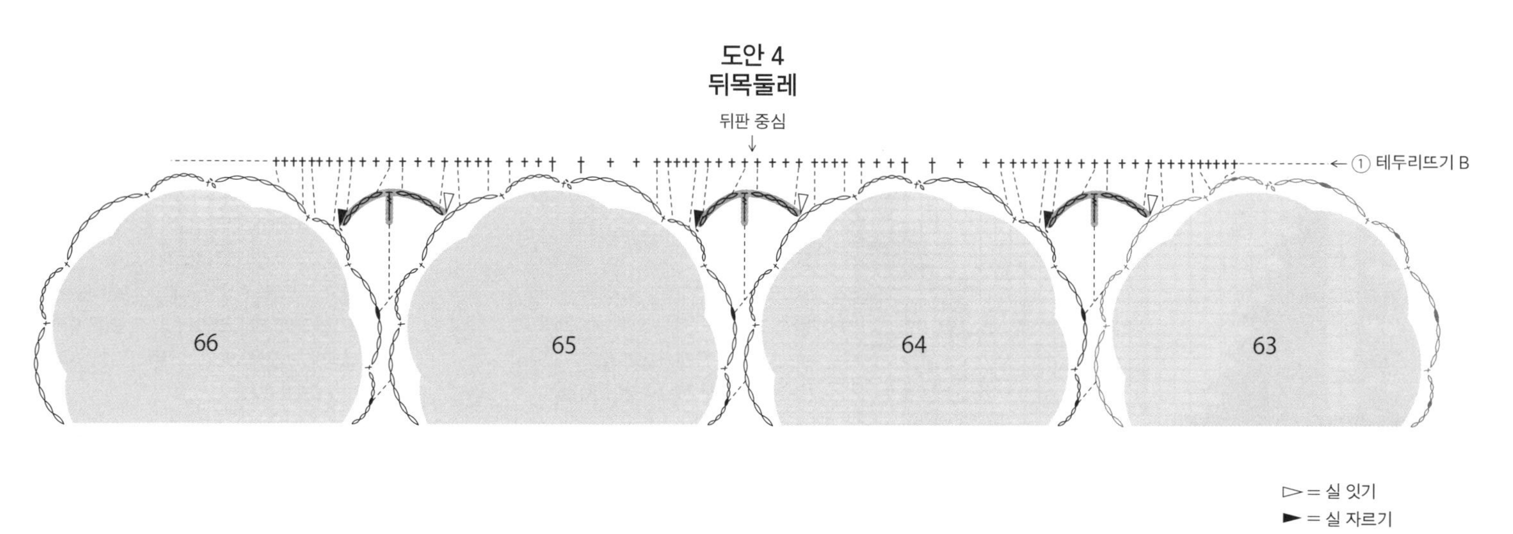
도안 4
뒤목둘레
뒤판 중심
① 테두리뜨기 B
66
65
64
63

▷ = 실 잇기
► = 실 자르기
=가장자리를 정돈하는 부분

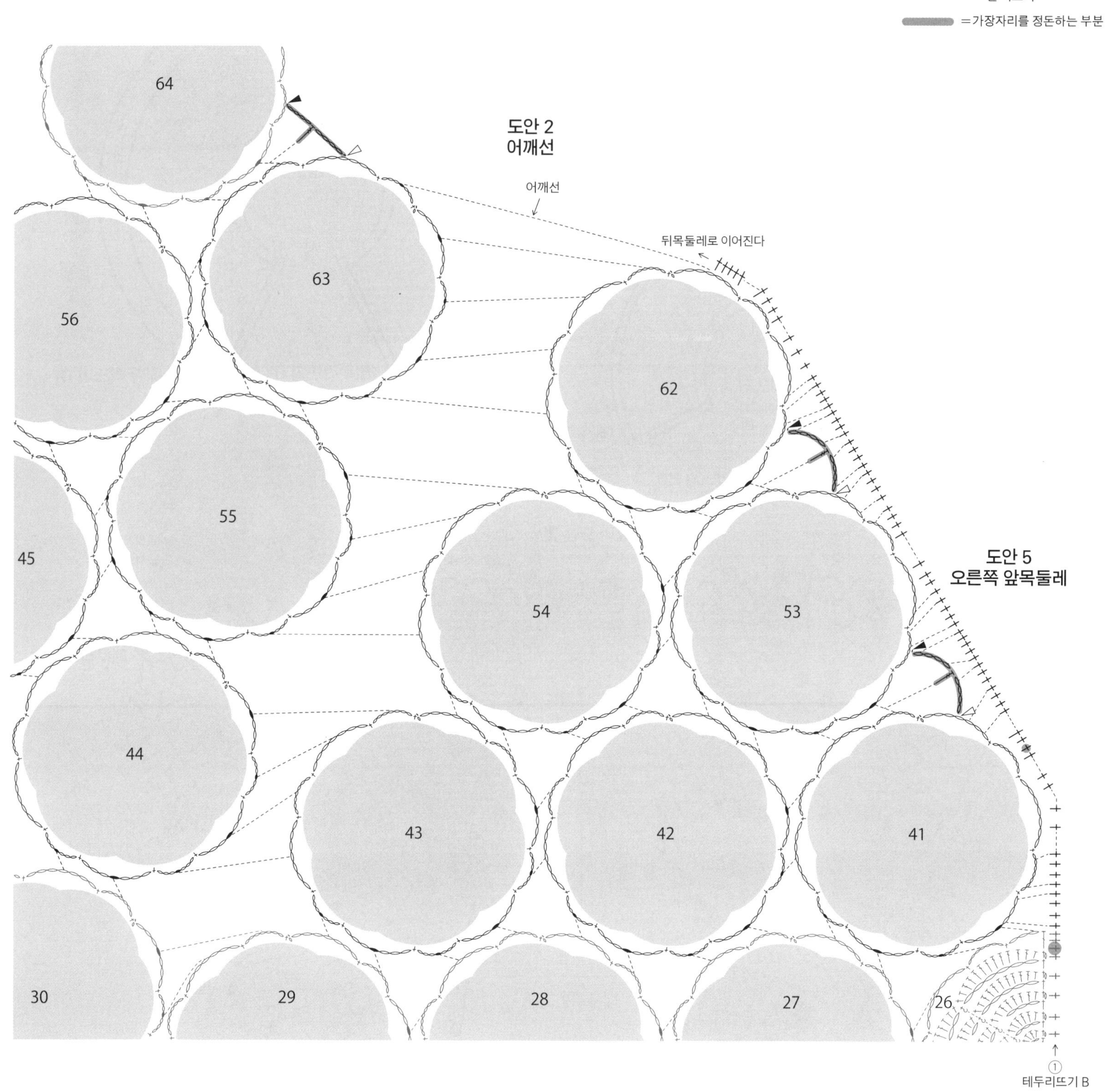
도안 2
어깨선
어깨선
뒤목둘레로 이어진다
도안 5
오른쪽 앞목둘레
64
63
56
62
55
45
54
53
44
43
42
41
30
29
28
27
26
①
테두리뜨기 B

Color Palette
66·67 page ★★★
에미 그란데

A

B C D E

재료

올림포스 에미 그란데

[A] 아이보리 화이트(732) 50g 1볼

[B] 라이트 스카이 블루(341) 50g 1볼

[C] 피스타슈(292) 50g 1볼

[D] 미디엄 그레이(413) 130g 3볼

[E] 올드 로즈(166) 130g 3볼

도구

코바늘 2/0호

완성 크기

[A, B, C] 목둘레 53㎝, 길이 13.5㎝

[D, E] 목둘레 67㎝, 길이 21㎝

게이지

무늬뜨기 1무늬=2.8㎝(뜨개 시작 쪽), 10.5단=10㎝

POINT

●A, B, C…사슬뜨기로 기초코를 만들어 뜨기 시작하고, 무늬뜨기로 뜹니다. 12단 떴으면 실을 자르고, 둘레에 테두리뜨기 A, B, C를 이어서 뜹니다.

●D, E…사슬뜨기로 기초코를 만들어 뜨기 시작하고, 무늬뜨기로 뜹니다. 16단 떴으면 실을 자르고, 둘레에 테두리뜨기 A, B, D를 이어서 뜹니다.

●공통…끈을 뜨고, 테두리뜨기 A에 통과시켜서 마무리합니다.

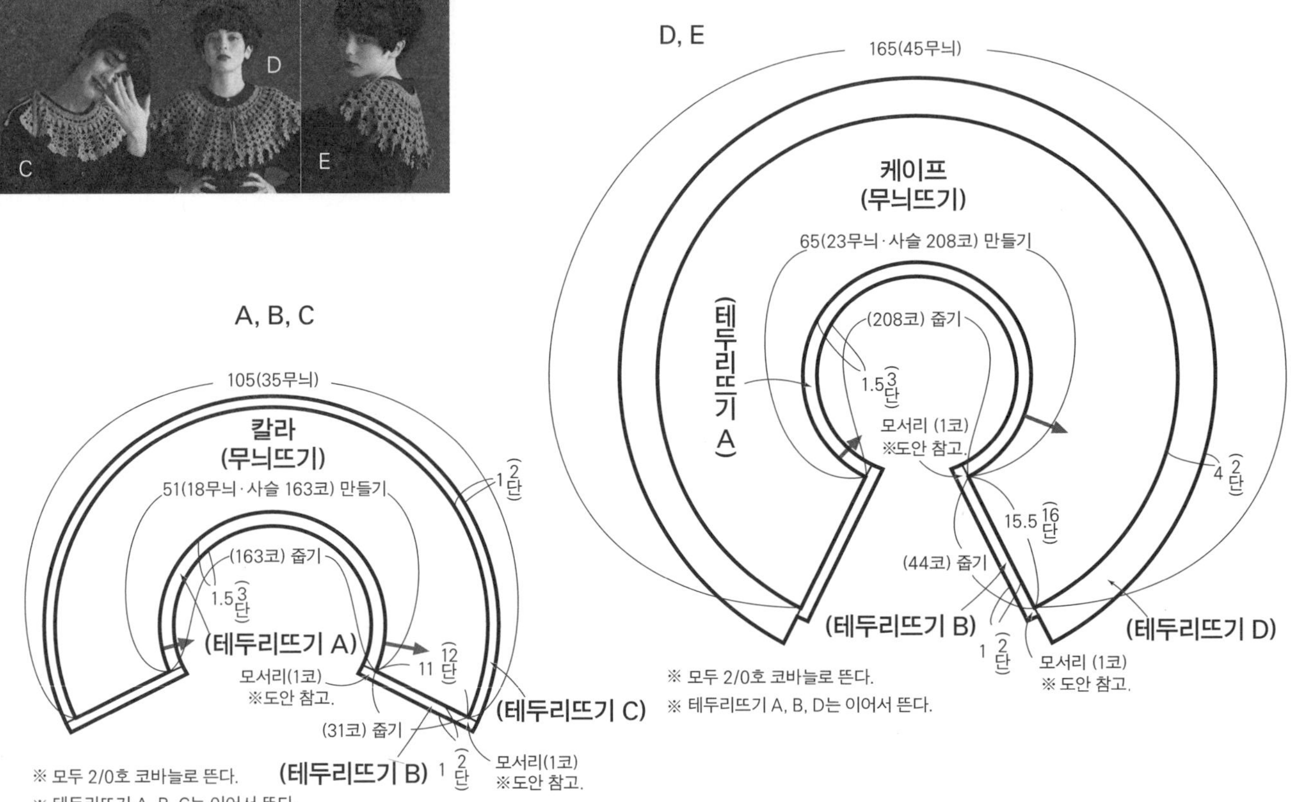
A, B, C
105(35무늬)
칼라
(무늬뜨기)
51(18무늬·사슬 163코) 만들기
1 2단
(163코) 줍기
1.5 3단
(테두리뜨기 A)
11 12단
모서리(1코)
※도안 참고.
(31코) 줍기
(테두리뜨기 C)
(테두리뜨기 B) 1 2단
모서리(1코)
※도안 참고.
※ 모두 2/0호 코바늘로 뜬다.
※ 테두리뜨기 A, B, C는 이어서 뜬다.
D, E
165(45무늬)
케이프
(무늬뜨기)
65(23무늬·사슬 208코) 만들기
(208코) 줍기
(테두리뜨기 A)
1.5 3단
모서리 (1코)
※도안 참고.
4 2단
15.5 16단
(44코) 줍기
(테두리뜨기 B)
(테두리뜨기 D)
1 2단
모서리 (1코)
※ 도안 참고.
※ 모두 2/0호 코바늘로 뜬다.
※ 테두리뜨기 A, B, D는 이어서 뜬다.

칼라 뜨는 법(A, B, C)

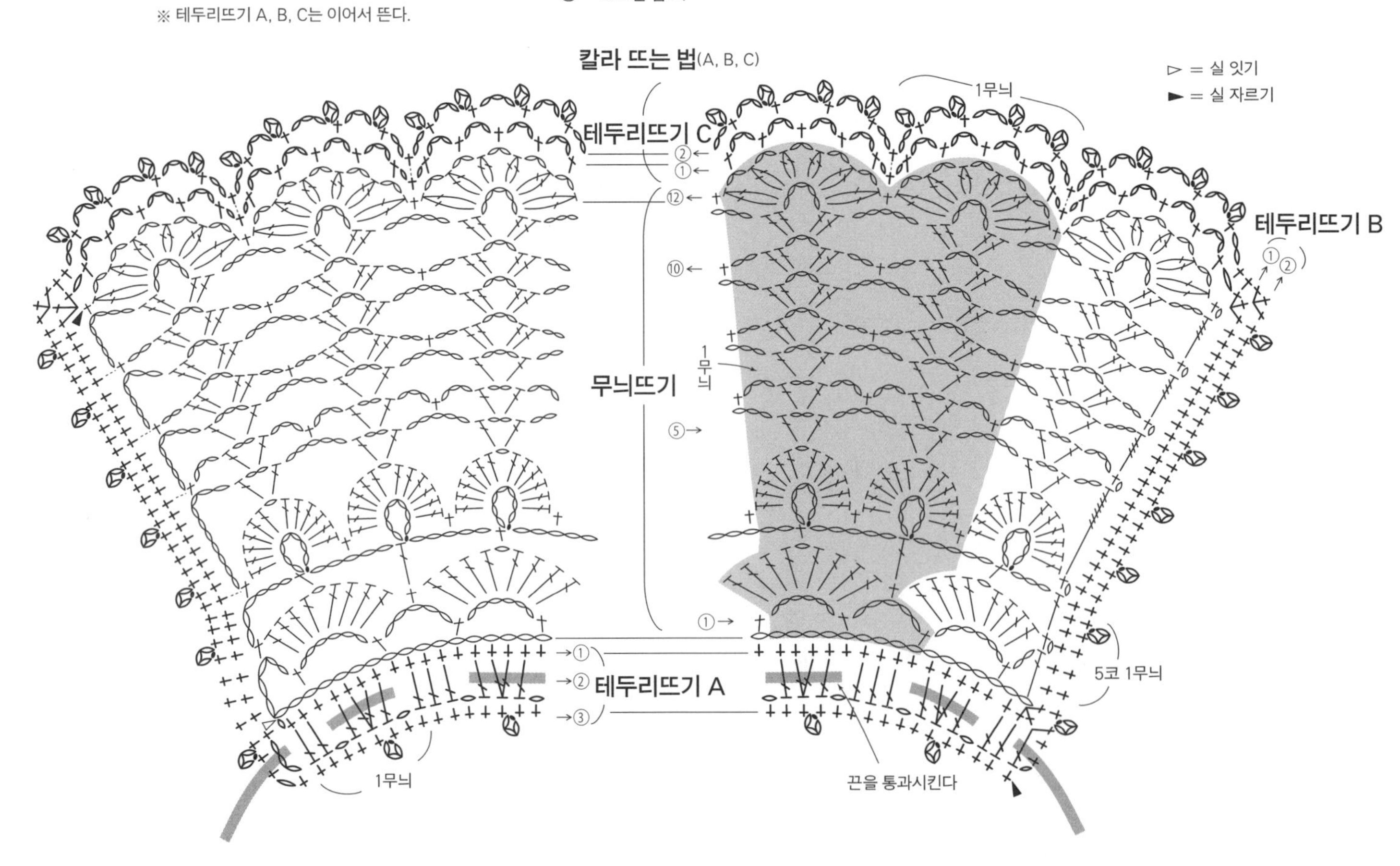
▷ = 실 잇기
► = 실 자르기
1무늬
테두리뜨기 C
테두리뜨기 B
무늬뜨기
1무늬
테두리뜨기 A
5코 1무늬
1무늬
끈을 통과시킨다

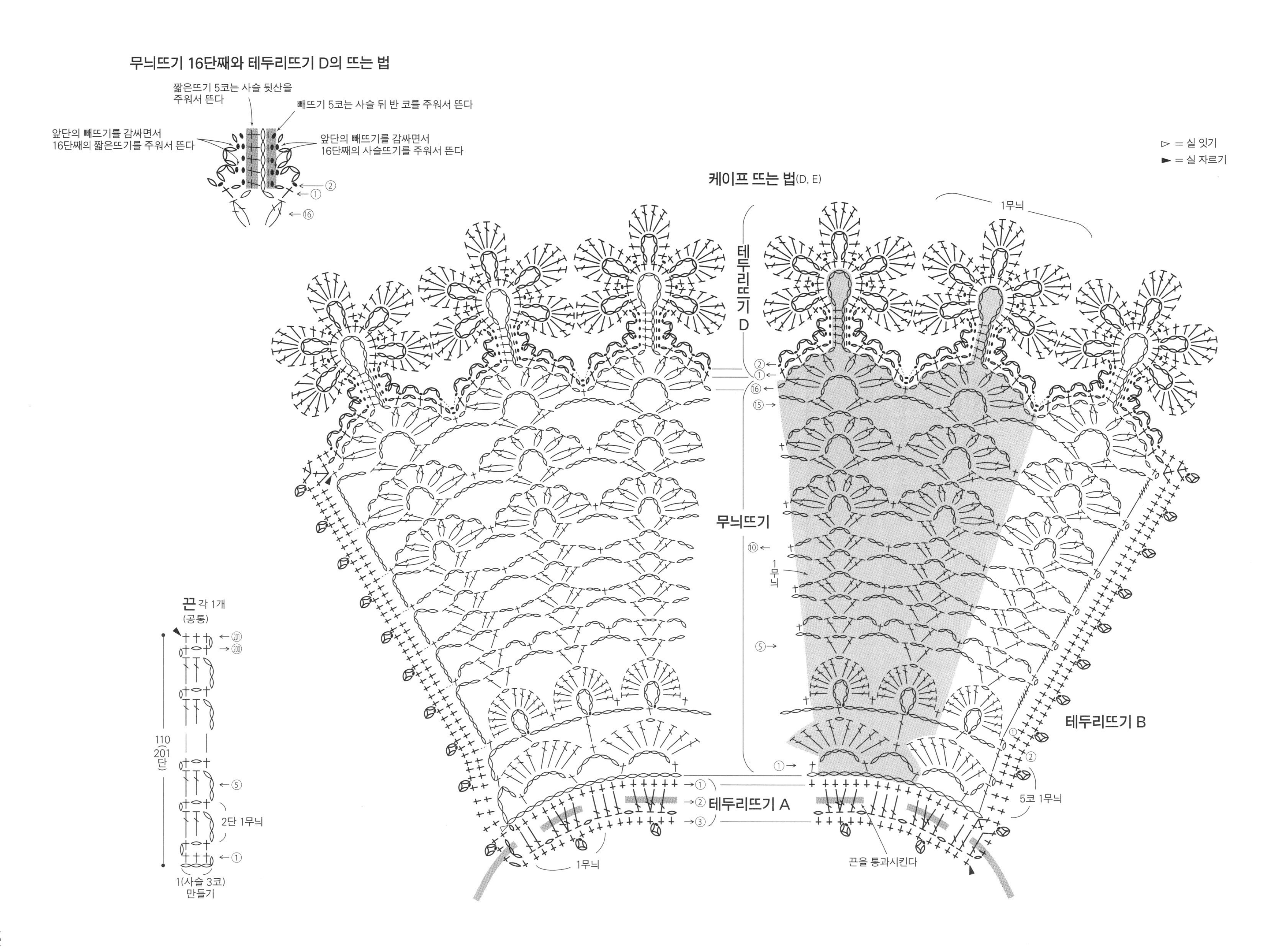

무늬뜨기 16단째와 테두리뜨기 D의 뜨는 법
짧은뜨기 5코는 사슬 뒷산을 주워서 뜬다
빼뜨기 5코는 사슬 뒤 반 코를 주워서 뜬다
앞단의 빼뜨기를 감싸면서 16단째의 짧은뜨기를 주워서 뜬다
앞단의 빼뜨기를 감싸면서 16단째의 사슬뜨기를 주워서 뜬다
▷ = 실 잇기
► = 실 자르기
케이프 뜨는 법(D, E)
1무늬
테두리뜨기 D
무늬뜨기
테두리뜨기 B
테두리뜨기 A
5코 1무늬
끈을 통과시킨다
끈 각 1개 (공통)
110 201 단
2단 1무늬
1(사슬 3코) 만들기

꽃 모티브

44 page ★★

코튼 필 파인

재료

[스톨] 호비라 호비레 코튼 필 파인 황록색(05) 30g 2볼, 보라색(36)·에크뤼(15)·파란색(27)·그레이지(33) 각 15g 1볼

[블랭킷] 호비라 호비레 코튼 필 파인 황록색(05) 70g 3볼, 블루 그레이(21)·하얀색(01)·하늘색(07)·핑크(35)·그레이지(33)·보라색(36)·파란색(27)·에크뤼(15) 각 15g 1볼

도구

코바늘 3/0호

완성 크기

[스톨] 폭 17.5㎝, 길이 123㎝.

[블랭킷] 폭 87.5㎝, 길이 53㎝

게이지

모티브 크기는 도안 참고

POINT

●모두 모티브 잇기로 뜹니다. 모티브 A는 원으로 기초코를 만들어 뜨기 시작해 필요한 장수만큼 떠 둡니다. 모티브 B·C는 모티브 A와 연결하며 뜹니다.

블랭킷 (모티브 잇기)

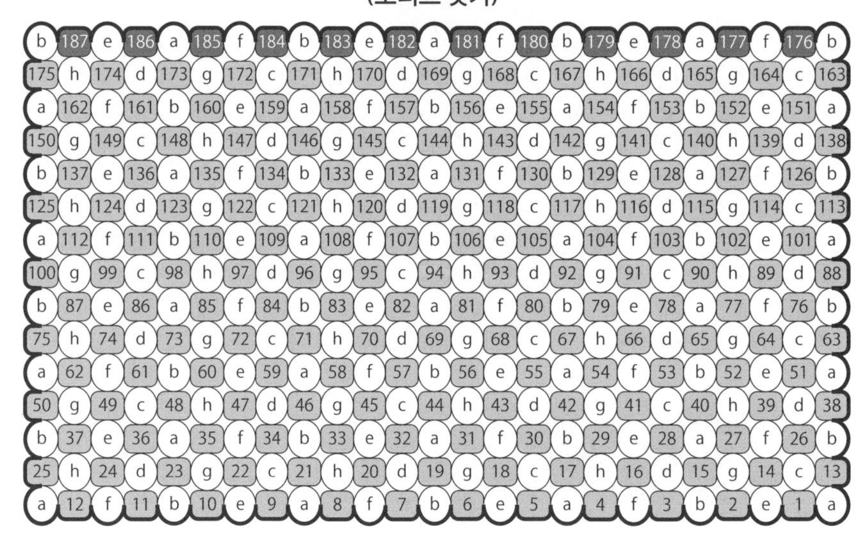

53(15장)
87.5(25장)

※ 모두 3/0호 코바늘로 뜬다.
※ 모티브 B·C 안의 숫자는 연결하는 순서다.

○ = 모티브 A
= 모티브 B
= 모티브 C

▷ = 실 잇기
► = 실 자르기

모티브 A

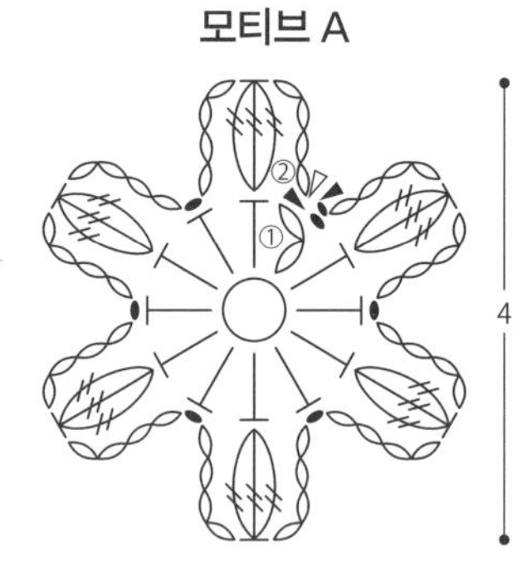

4
3.5

모티브 B 황록색

블랭킷…175장
스톨…85장

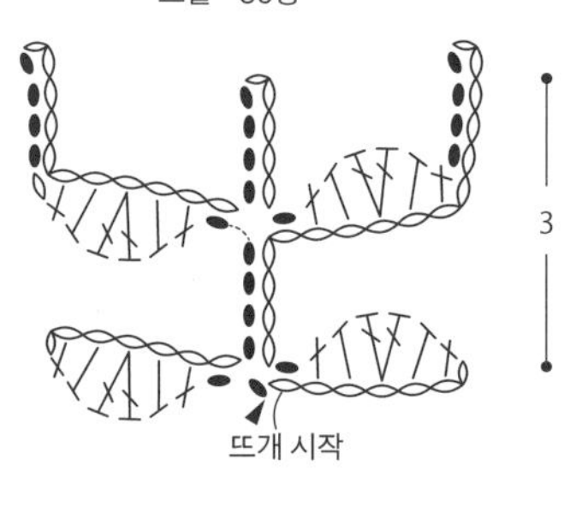

3
뜨개 시작
3.5

※ 두 번째 줄부터는 모티브 A에 실을 이어서 뜨개를 시작한다.

스톨 (모티브 잇기)

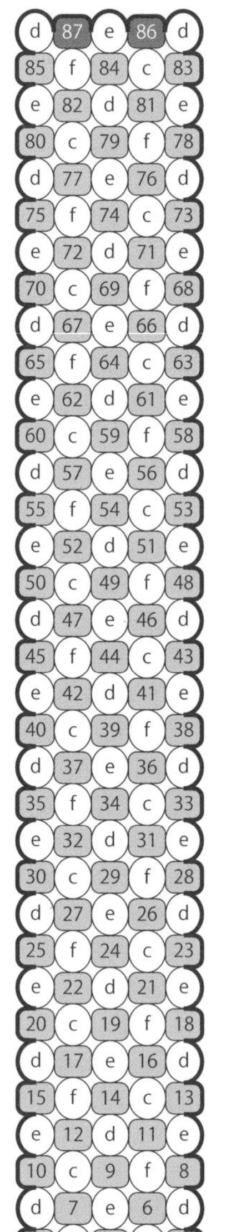

123(35단)
17.5(5장)

※ 모두 3/0호 코바늘로 뜬다.
※ 모티브 B·C 안의 숫자는 연결하는 순서다.

모티브 A 배색과 장수 (스톨)

	1단	2단	장수
e	보라색	에크뤼	27장
d	파란색	그레이지	27장
c	그레이지	보라색	17장
f	에크뤼	파란색	17장

모티브 A 배색과 장수 (블랭킷)

	1단	2단	장수
a	블루 그레이	하얀색	28장
b	하늘색	핑크	28장
c	그레이지	보라색	21장
d	파란색	그레이지	21장
e	보라색	에크뤼	24장
f	에크뤼	파란색	24장
g	핑크	블루 그레이	21장
h	하얀색	하늘색	21장

모티브 C 황록색

블랭킷…12장
스톨…2장

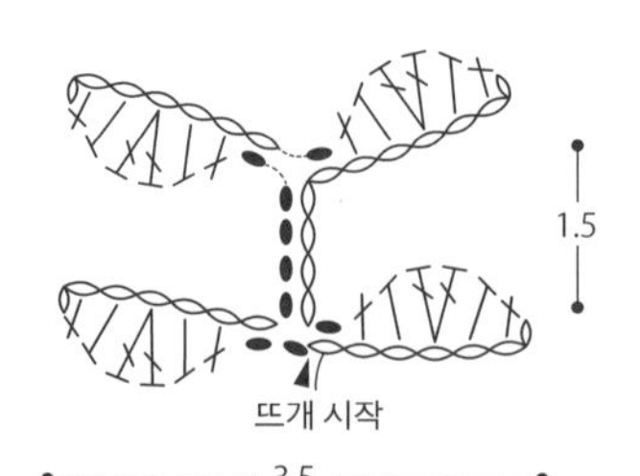

1.5
뜨개 시작
3.5

※ 모티브 A에 실을 이어서 뜨개를 시작한다.

모티브 잇는 법 (스톨)

87
86
85
84
83
82
81
10
9
8
7
6
5
4
3
2
1

※ 블랭킷도 같은 요령으로 잇는다.

▷ = 실 잇기
► = 실 자르기

164페이지에서 이어집니다. ◀

모티브 배치도

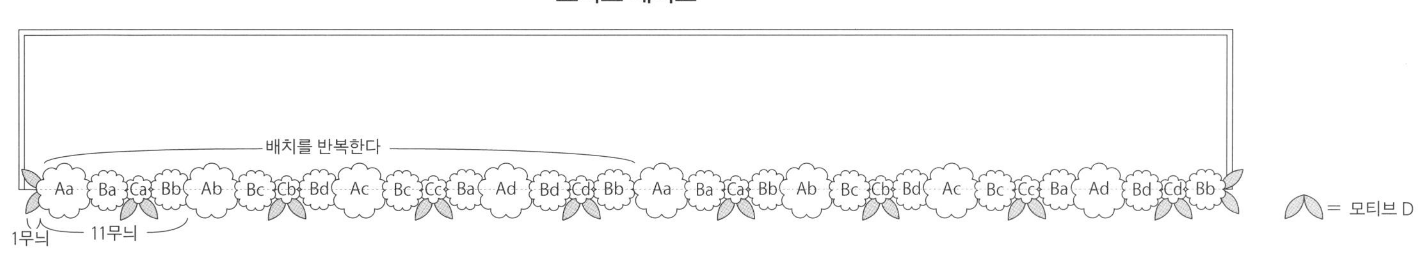
배치를 반복한다
Aa Ba Ca Bb Ab Bc Cb Bd Ac Bc Cc Ba Ad Bd Cd Bb Aa Ba Ca Bb Ab Bc Cb Bd Ac Bc Cc Ba Ad Bd Cd Bb
1무늬
11무늬
= 모티브 D

※ 모티브 A~C의 마지막 단을 띄우듯이 해서 안면을 휘감아 꿰맨다.

꽃 모티브

45 page ★★

파인 리넨

재료

호비라 호비레 파인 리넨 에크뤼(06)·핑크(12)·보라색(13)·황록색(14) 각 40g 1볼

도구

코바늘 4/0호

완성 크기

길이 130㎝, 폭 17㎝(모티브 미포함)

게이지

줄무늬 무늬뜨기(10×10㎝) 28코×15단

모티브 크기는 도안 참고

POINT

●사슬뜨기로 기초코를 만들어 뜨기 시작해 줄무늬 무늬뜨기, 테두리뜨기로 뜹니다. 모티브를 지정된 장수만큼 뜨고 모티브 배치도를 참고해 꿰매 답니다.

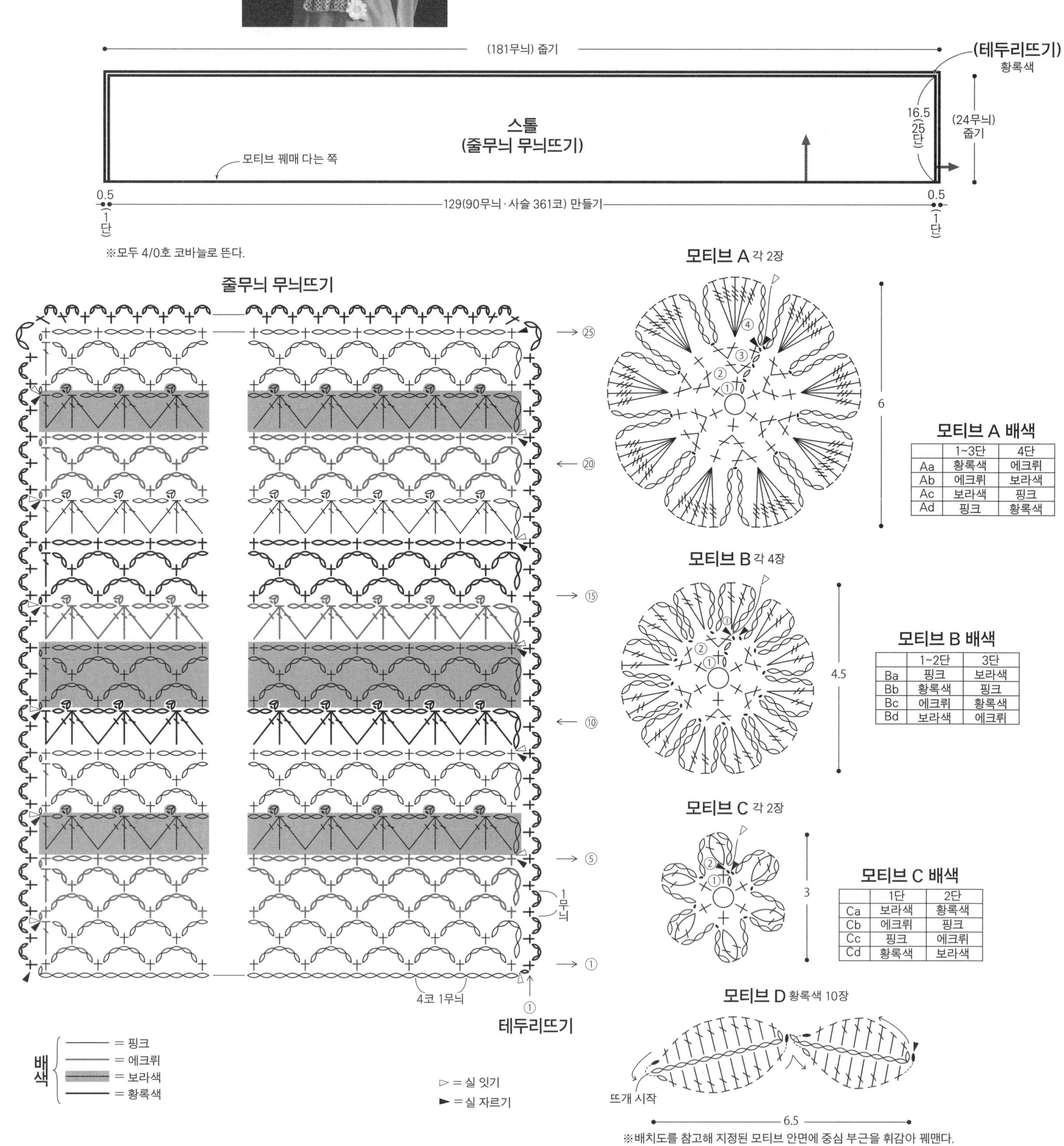

(181무늬) 줍기
(테두리뜨기)
황록색
스톨
(줄무늬 무늬뜨기)
16.5
(25단)
(24무늬)
줍기
모티브 꿰매 다는 쪽
0.5
(1단)
129(90무늬 · 사슬 361코) 만들기
0.5
(1단)
※모두 4/0호 코바늘로 뜬다.
줄무늬 무늬뜨기
㉕
⑳
⑮
⑩
⑤
①
1무늬
4코 1무늬
①
테두리뜨기
배색
= 핑크
= 에크뤼
= 보라색
= 황록색
▷ = 실 잇기
► = 실 자르기
모티브 A 각 2장
①
②
③
④
6
모티브 A 배색
모티브 B 각 4장
①
②
③
4.5
모티브 B 배색
모티브 C 각 2장
①
②
3
모티브 C 배색
모티브 D 황록색 10장
뜨개 시작
6.5
※배치도를 참고해 지정된 모티브 안면에 중심 부근을 휘감아 꿰맨다.

모티브 A 배색

	1~3단	4단
Aa	황록색	에크뤼
Ab	에크뤼	보라색
Ac	보라색	핑크
Ad	핑크	황록색

모티브 B 배색

	1~2단	3단
Ba	핑크	보라색
Bb	황록색	핑크
Bc	에크뤼	황록색
Bd	보라색	에크뤼

모티브 C 배색

	1단	2단
Ca	보라색	황록색
Cb	에크뤼	핑크
Cc	핑크	에크뤼
Cd	황록색	보라색

◀ 163페이지로 이어집니다.

하야시 고토미의 Happy Knitting
65 page ★★★

슈퍼 소프트

겉뜨기

※일본어 사이트

되돌아뜨기

※일본어 사이트

안뜨기

※일본어 사이트

메리야스뜨기

※일본어 사이트

교차뜨기

※일본어 사이트

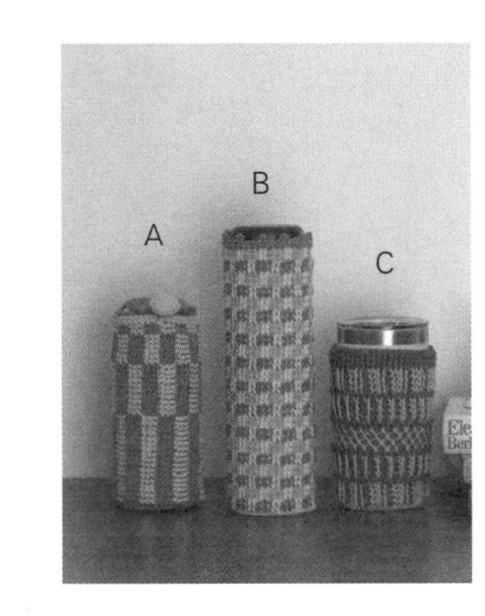
A
B
C

재료

라나 가토 슈퍼 소프트

[A] 핑크(5286) 30g 1볼, 노란색(14648) 20g 1볼, 지름 20mm 싸개 단추 알맹이 1개

[B] 하얀색(10001) 30g 1볼, 핑크(5286) 20g 1볼, 황록색(14631) 15g 1볼

[C] 황록색(14631)·파란색(13993) 각 20g 각 1볼

도구

더블 훅 아프간바늘 6호, 코바늘 6/0호

완성 크기

[A] 폭 10㎝, 깊이 14.5㎝

[B] 폭 9㎝, 깊이 21㎝

[C] 폭 11.5㎝, 깊이 12.5㎝

게이지(10×10㎝)

[A] 줄무늬 무늬뜨기 A 24코×25.5단, 플레인 아프간뜨기 24코×22단

[B] 줄무늬 무늬뜨기 B 24.5코×22단

[C] 줄무늬 무늬뜨기 C 24코×21.5단

POINT

●A…옆면은 핑크로 사슬뜨기 기초코를 만들어 뜨기 시작하고, 무늬뜨기A 줄무늬로 원형뜨기합니다. 뜨개 끝은 백 스티치를 뜨면서 36코 빼뜨기 코막음합니다. 뚜껑은 이어서 남은 12코를 백 스티치로 코줍기를 하고, 플레인 아프간뜨기를 왕복으로 뜹니다. 뜨개 끝은 빼뜨기 코막음을 하면서 단춧고리를 만듭니다. 바닥은 기초코의 사슬에서 코를 주워 도안을 참고해 줄임코를 하면서 짧은뜨기로 뜹니다. 뜨개 끝은 마지막 단의 코에 실을 통과시켜 오므립니다. 싸개 단추는 고리로 기초코를 만들어 뜨고, 뜨개 끝은 바닥과 같은 방법으로 합니다.

●B…옆면은 하얀색으로 사슬뜨기로 기초코를 만들어 뜨기 시작하고, 줄무늬 무늬뜨기 B로 원형뜨기합니다. 테두리뜨기를 뜨면서 빼뜨기 코막음합니다. 바닥은 기초코의 사슬에서 코를 주워 도안을 참고해 줄임코를 하면서 짧은뜨기로 뜹니다. 뜨개 끝은 마지막 단의 코에 실을 통과시켜서 오므립니다.

●C…옆면은 황록색으로 사슬뜨기 기초코를 만들어 뜨기 시작하고, 줄무늬 무늬뜨기 C로 원형뜨기합니다. 분산 늘림코는 도안을 참고합니다. 뜨개 끝은 백 스티치를 뜨면서 빼뜨기 코막음을 합니다. 바닥은 기초코의 사슬에서 코를 줍고, 도안을 참고해 줄임코를 하면서 짧은뜨기로 뜹니다. 뜨개 끝은 마지막 단의 코에 실을 통과시켜서 오므립니다.

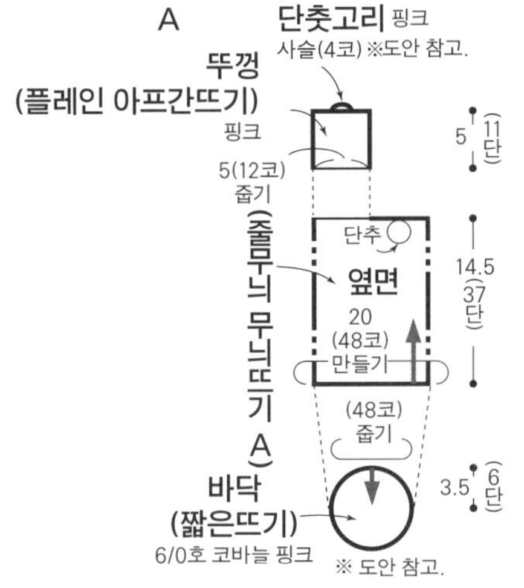
A
단춧고리 핑크
사슬(4코) ※도안 참고.
뚜껑
(플레인 아프간뜨기)
핑크
5(12코)
줍기
5 11단
단추
옆면
20
(48코)
만들기
14.5 37단
(줄무늬 무늬뜨기 A)
(48코)
줍기
바닥
(짧은뜨기)
6/0호 코바늘 핑크
※ 도안 참고.
3.5 6단
※ 지정하지 않은 것은 더블 훅 아프간바늘 6호로 뜬다.

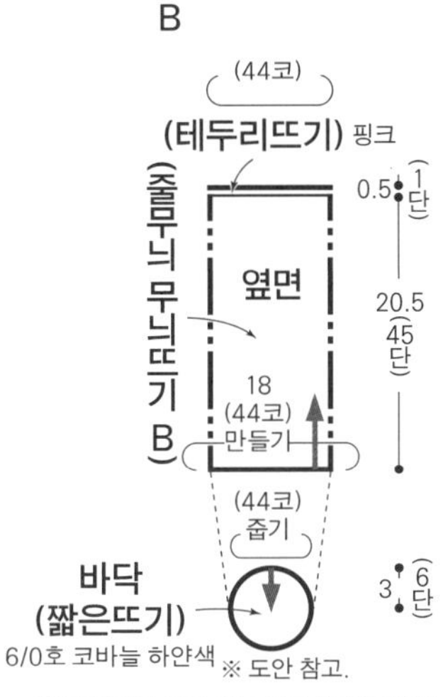
B
(44코)
(테두리뜨기) 핑크
0.5 1단
(줄무늬 무늬뜨기 B)
옆면
18
(44코)
만들기
20.5 45단
(44코)
줍기
바닥
(짧은뜨기)
6/0호 코바늘 하얀색
※ 도안 참고.
3 6단
※ 지정하지 않은 것은 더블 훅 아프간바늘 6호로 뜬다.

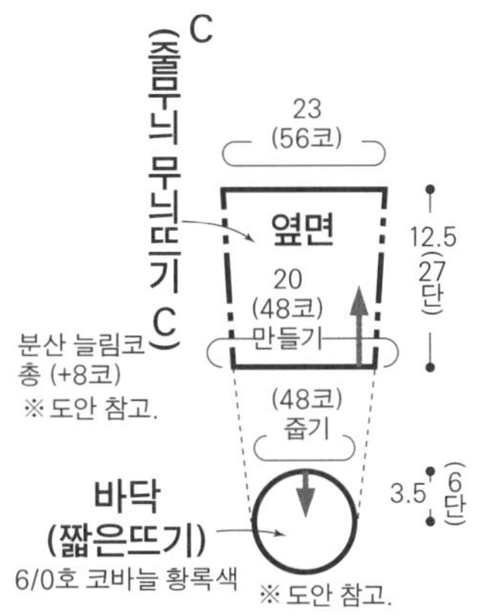
C
(줄무늬 무늬뜨기 C)
23
(56코)
옆면
20
(48코)
만들기
12.5 27단
분산 늘림코
총 (+8코)
※ 도안 참고.
(48코)
줍기
바닥
(짧은뜨기)
6/0호 코바늘 황록색
※ 도안 참고.
3.5 6단
※ 지정하지 않은 것은 더블 훅 아프간바늘 6호로 뜬다.

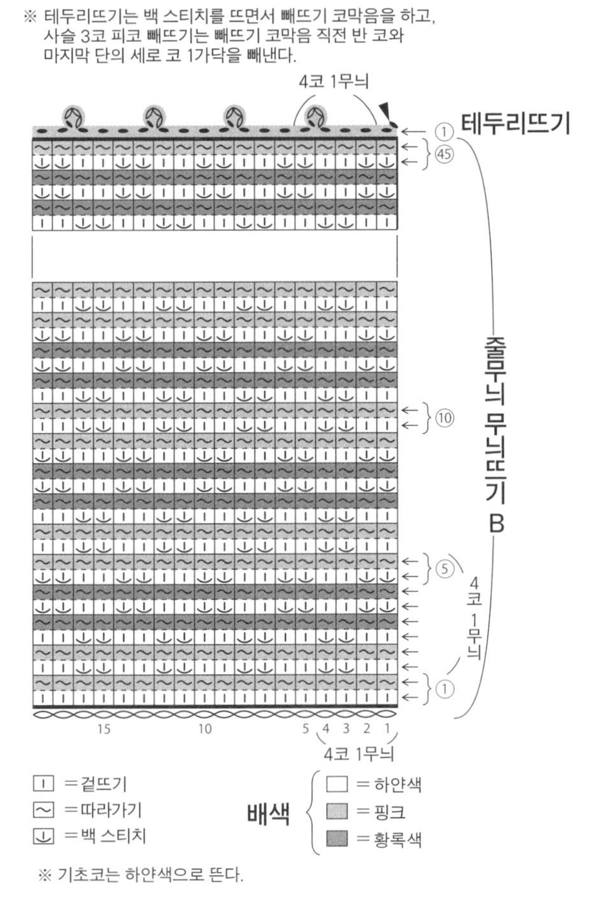
※ 테두리뜨기는 백 스티치를 뜨면서 빼뜨기 코막음을 하고, 사슬 3코 피코 빼뜨기는 빼뜨기 코막음 직전 반 코와 마지막 단의 세로 코 1가닥을 빼낸다.
4코 1무늬
테두리뜨기
1
45
줄무늬 무늬뜨기 B
10
5
4코 1무늬
1
15
10
5 4 3 2 1
4코 1무늬
= 겉뜨기
= 따라가기
= 백 스티치
배색
= 하얀색
= 핑크
= 황록색
※ 기초코는 하얀색으로 뜬다.

166페이지로 이어집니다. ▶

▶ 165페이지에서 이어집니다.

단춧고리

빼뜨기 코막음을 하면서 단춧고리를 만든다

⑪ ⑩ ⑤ ① (12코)

플레인 아프간뜨기

바닥 (A, C)

← ⑥ (-8코)(8코)
← ⑤ (-8코)(16코)
← ④ (-8코)(24코)
← ③ (-8코)(32코)
← ② (-8코)(40코)
← ① (48코)

※ 마지막 단의 코에 실을 통과시켜서 오므린다.

바닥 (B)

← ⑥ (-7코)(7코)
← ⑤ (-7코)(14코)
← ④ (-7코)(21코)
← ③ (-7코)(28코)
← ② (-9코)(35코)
← ① (44코)

※ 마지막 단의 코에 실을 통과시켜서 오므린다.

핑크로 백 스티치를 뜨면서 빼뜨기 코막음

㊲ ㉟ ㉚ ㉕ ⑳ ⑮ ⑩ ⑤ ①

줄무늬 무늬뜨기 A

48 45 40 35 20 15 10 6 5 1

6코 1무늬

► =실 자르기

싸개 단추 (A) 1개

6/0호 코바늘 노란색

실 끝을 약 15cm 남긴다

⑤ ①

※ 4단 떴으면, 싸개 단추 알맹이를 넣는다.
뜨개 끝은 남긴 실을 마지막 단의 코에 통과시켜서 오므린다.

배색 { □ = 핑크 / ■ = 노란색 }

Ⅰ = 겉뜨기
～ = 따라가기 코, 되돌아뜨기
⏊ = 백 스티치
Ⴔ = 메리야스뜨기
※ 기초코는 핑크로 뜬다.
○ = 단추 다는 위치

백 스티치 뜨는 법

1 화살표처럼 세로 코(떠나가기 코)의 뒤로 바늘을 넣는 방법.

2 편물을 앞으로 눕히고 세로 코에 바늘을 넣고,

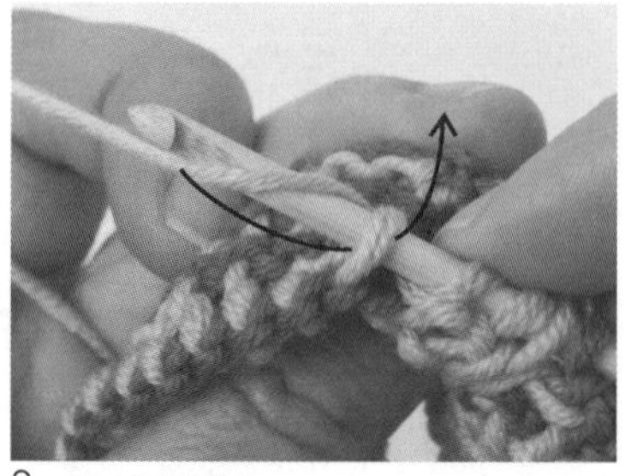

3 실을 걸어 빼낸다.

4 앞단의 따라가기 코의 뒷산이 앞쪽에 나온다.

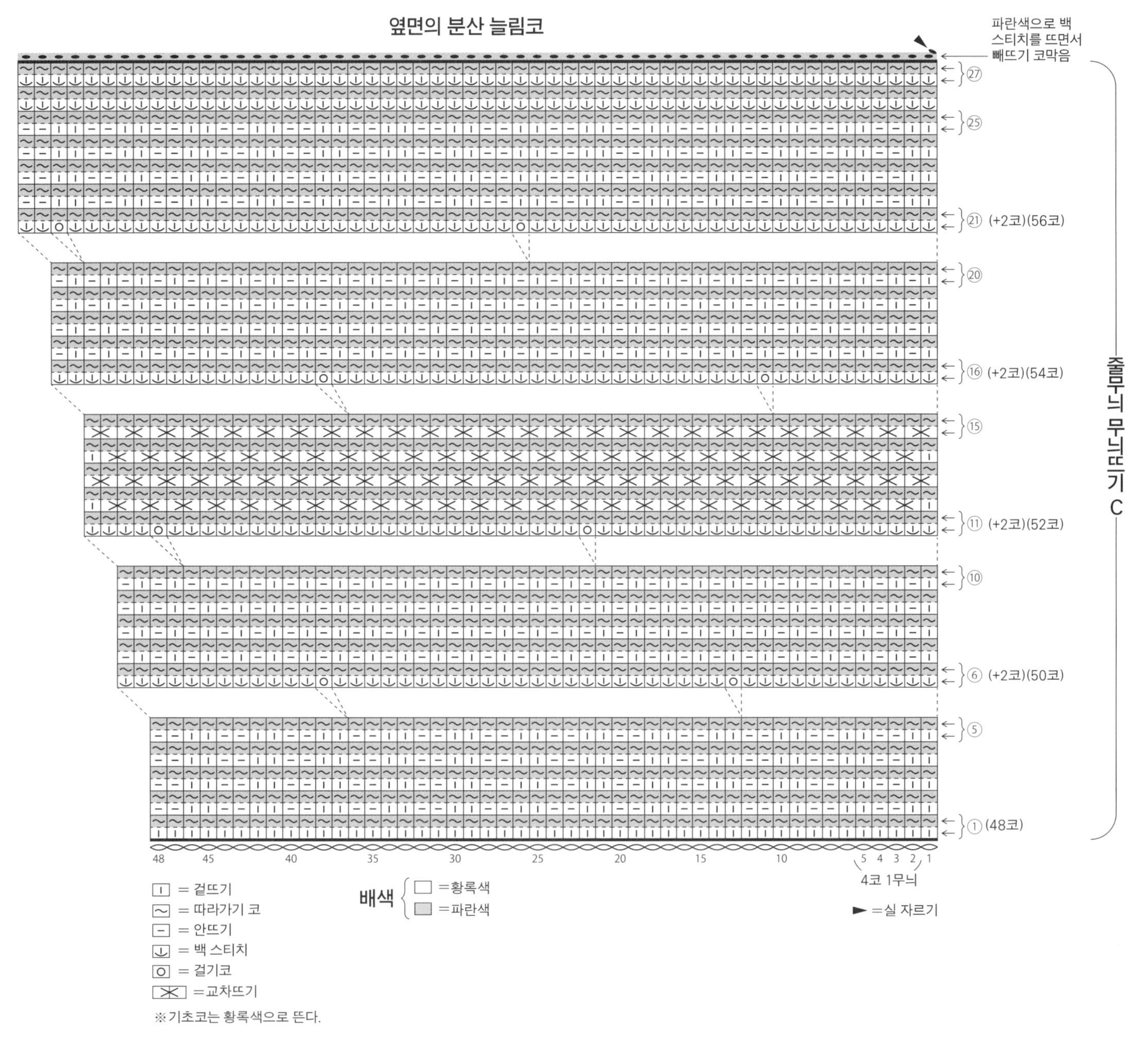

옆면의 분산 늘림코
파란색으로 백 스티치를 뜨면서 빼뜨기 코막음
㉗
㉕
㉑ (+2코)(56코)
⑳
⑯ (+2코)(54코)
⑮
⑪ (+2코)(52코)
⑩
⑥ (+2코)(50코)
⑤
① (48코)
줄무늬 무늬뜨기 C
48 45 40 35 30 25 20 15 10 5 4 3 2 1
4코 1무늬
= 겉뜨기
= 따라가기 코
= 안뜨기
= 백 스티치
= 걸기코
= 교차뜨기
배색
= 황록색
= 파란색
= 실 자르기
※기초코는 황록색으로 뜬다.

걸기코의 늘림코 뜨는 법

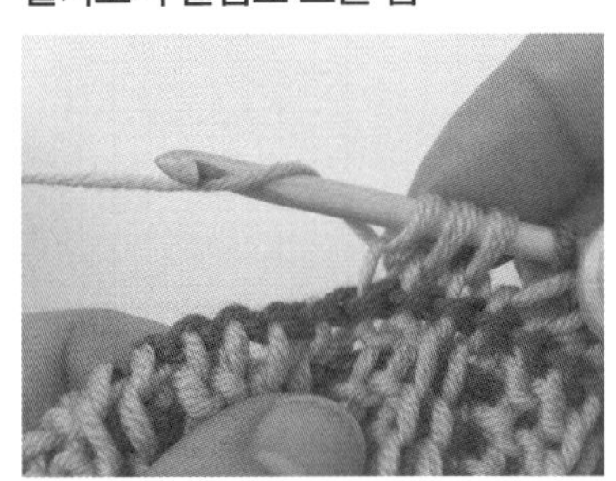

1 늘림코를 위해 걸기코를 뜬다. 실을 뒤에서 앞으로 바늘에 건다.

걸기코

2 도안에 따라 다음 코를 백 스티치로 뜬다.

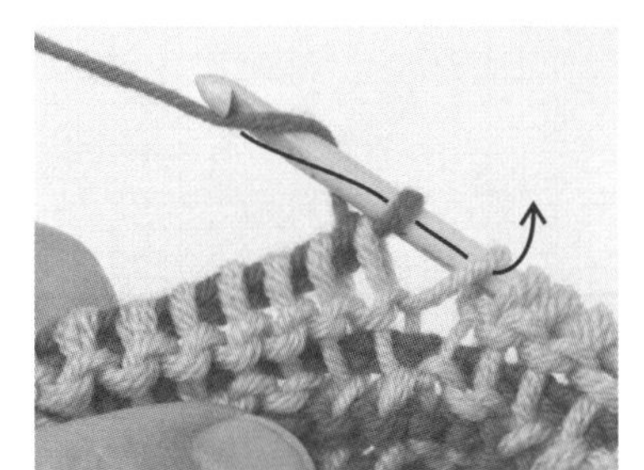

3 따라가기 코는 걸기코도 1코로 하고 1코씩 뜬다.

걸기코의 늘림코

4 걸기코의 늘림코가 완성.

백 스티치를 뜨면서 빼뜨기 코막음하기

1 마지막 단까지 떴으면 편물을 앞으로 눕히고,

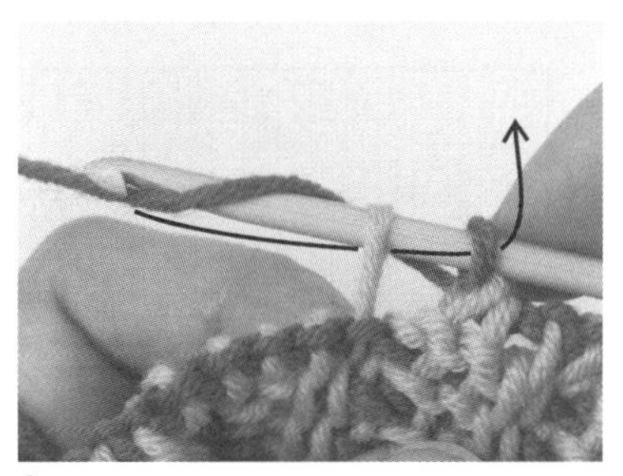

2 백 스티치를 뜨듯이 세로 코에 바늘을 넣고, 실을 걸어 2루프로 한 번에 빼낸다.

3 빼뜨기 코막음 1코를 했다.

4 2를 반복한다.

쿠튀르 어레인지

75 page 작품 ★★★

다이아 코스타 우노

오른코 위 돌려 2코 모아뜨기

※일본어 사이트

왼코 위 돌려 2코 모아뜨기

※일본어 사이트

재료

실…다이아몬드케이토 다이아 코스타 우노 연녹색 (535) 210g 6볼

단추…지름 20mm 싸개 단추 알맹이 2개

도구

대바늘 6호·4호·3호

완성 크기

기장 53㎝, 화장 28㎝

게이지(10×10㎝)

무늬뜨기 B 22코×28단,

무늬뜨기 C 21.5코×28단

POINT

●몸판…별도 사슬로 기초코를 만들어 뜨기 시작하고, 무늬뜨기 A, B, C, 가터뜨기로 뜹니다. 무늬의 경계의 증감코는 도안을 참고합니다. 목둘레선의 줄임코는 2코 이상은 덮어씌우기, 1코는 가장자리 1코를 세우는 줄임코를 합니다. 밑단은 기초코의 사슬을 풀어서 코를 줍고, 무늬뜨기 D로 뜹니다. 뜨개 끝은 1코 돌려 고무뜨기 코막음을 합니다.

●마무리…어깨는 덮어씌워 잇기를 합니다. 목둘레는 지정 콧수를 주워 무늬뜨기 D로 원형뜨기합니다. 뜨개 끝은 밑단과 같은 방법으로 합니다. 지정 위치에 단춧고리를 만듭니다. 싸개 단추는 손가락에 실을 걸어서 기초코를 만들고 메리야스뜨기로 뜨고, 뜨개 끝은 덮어씌워 코막음합니다. 싸개 단추의 마무리하는 법을 참고해서 만들고, 지정 위치에 꿰맵니다.

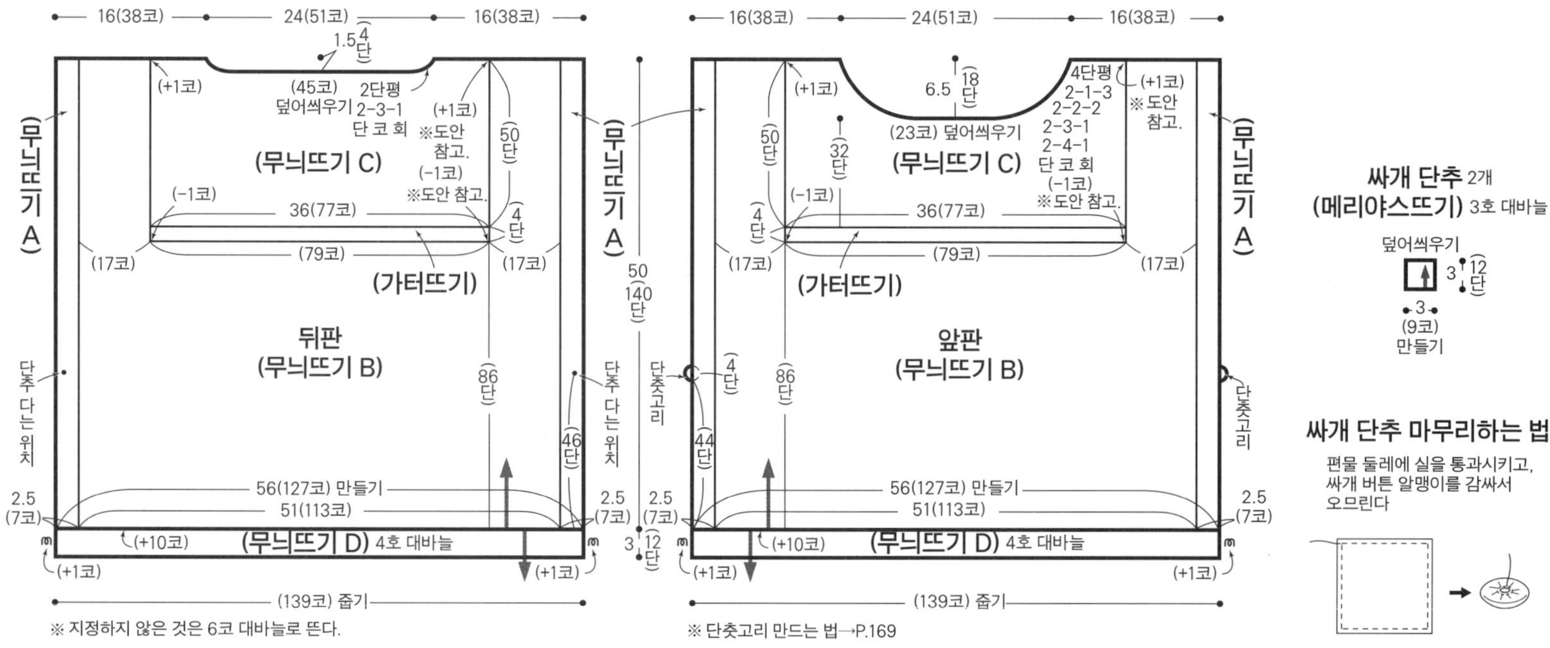

16(38코)
24(51코)
16(38코)
뒤판
(무늬뜨기 B)
앞판
(무늬뜨기 B)
(무늬뜨기 C)
(가터뜨기)
(무늬뜨기 A)
(무늬뜨기 D) 4호 대바늘
56(127코) 만들기
51(113코)
(139코) 줍기
36(77코)
(79코)
(45코) 덮어씌우기
(23코) 덮어씌우기
단추 다는 위치
단춧고리
50 140단
※ 지정하지 않은 것은 6코 대바늘로 뜬다.
※ 단춧고리 만드는 법→P.169
싸개 단추 2개
(메리야스뜨기) 3호 대바늘
덮어씌우기
(9코) 만들기

싸개 단추 마무리하는 법

편물 둘레에 실을 통과시키고, 싸개 버튼 알맹이를 감싸서 오므린다

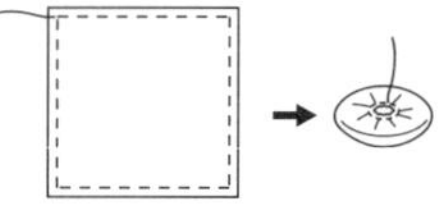

무늬뜨기 C

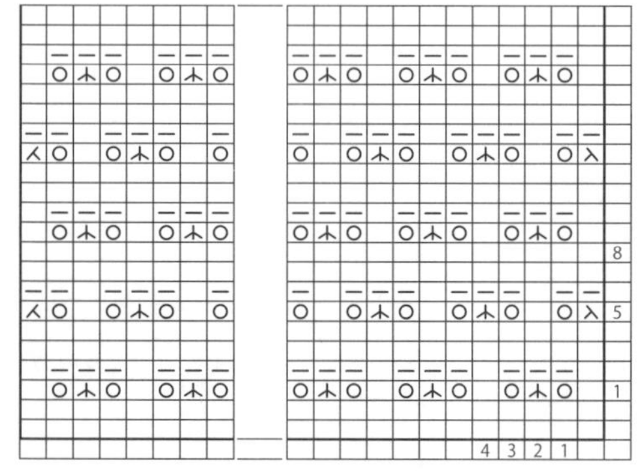

무늬뜨기 B

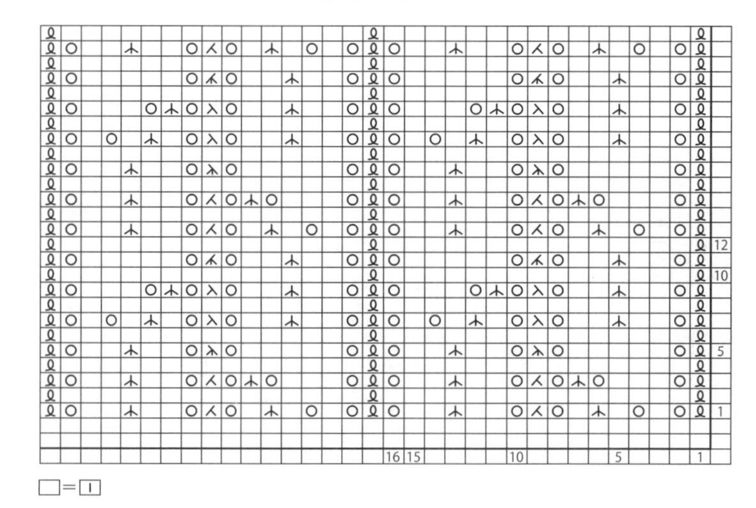

무늬뜨기 A

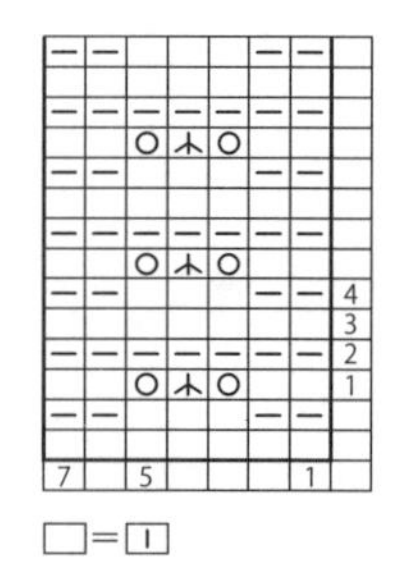

목둘레(무늬뜨기 D) 4호 대바늘

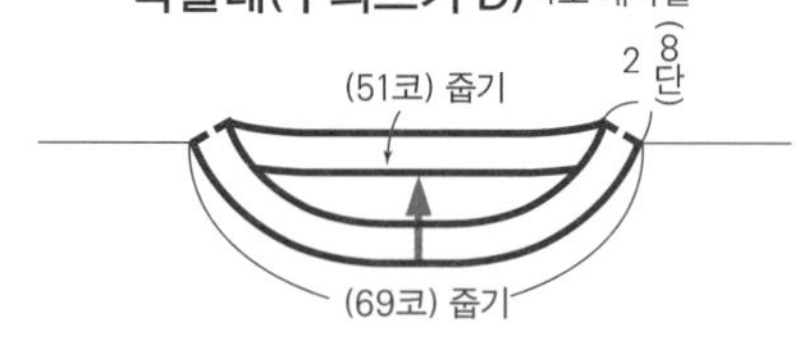

(51코) 줍기
2 8단
(69코) 줍기

가터뜨기

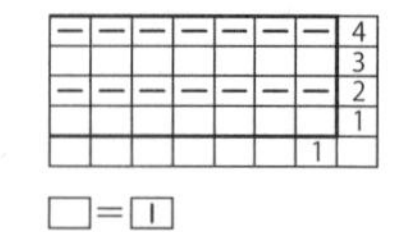

무늬뜨기 D(밑단)

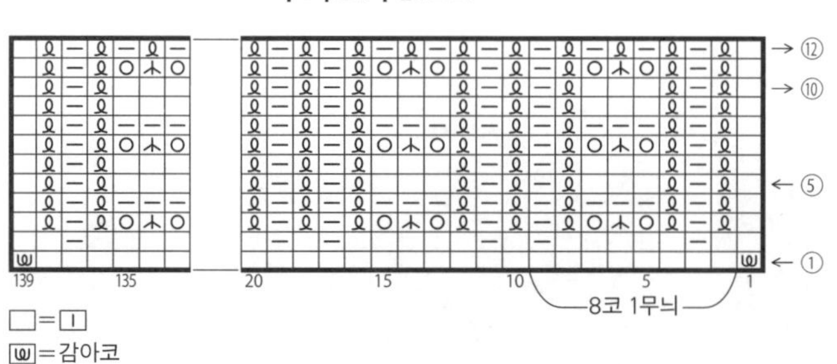

8코 1무늬
⊡=감아코

무늬뜨기 D (목둘레)

뒤판 중심
앞판 중심

심리스 니트
70 page ★★★
쿠 울
울 야잠 실크

걸러뜨기 안뜨기 (2단일 때)

※ 일본어 사이트

1코 고무뜨기 코막음 (원형뜨기일 때)

※ 일본어 사이트

재료

데오리야 쿠 울 연핑크(14) 200g, 진핑크(15) 25g
울 야잠 실크 핑크(04) 85g

도구

대바늘 6호·4호

완성 크기

가슴둘레 96㎝, 기장 51.5㎝, 화장 62.5㎝

게이지(10×10㎝)

메리야스뜨기 22코×33단, 무늬뜨기 A·B 22코×36단

POINT

●요크, 몸판, 소매…요크는 별도 사슬로 기초코를 만들어 뜨기 시작하고, 줄무늬 무늬뜨기 A로 원형뜨기합니다. 분산 늘림코는 도안을 참고합니다. 뒤판은 앞뒤 단차로 8단 왕복으로 메리야스뜨기를 합니다. 이어서 뒤판·앞판은 거싯의 별도 사슬과 요크에서 지정 콧수를 줍고, 메리스야뜨기, 줄무늬 무늬뜨기 B, 1코 고무뜨기로 원형뜨기합니다. 뜨개 끝은 1코 고무뜨기 코막음을 합니다. 소매는 요크의 쉼코와 거싯의 별도 사슬을 푼 코와 앞뒤 단차에서 코를 주워, 몸판과 같은 방법으로 뜹니다. 소매 밑선의 늘림코는 도안을 참고합니다.

●마무리…목둘레는 기초코의 사슬을 풀어 코를 줍고, 1코 고무뜨기로 원형뜨기합니다. 뜨개 끝은 밑단과 같은 방법으로 합니다.

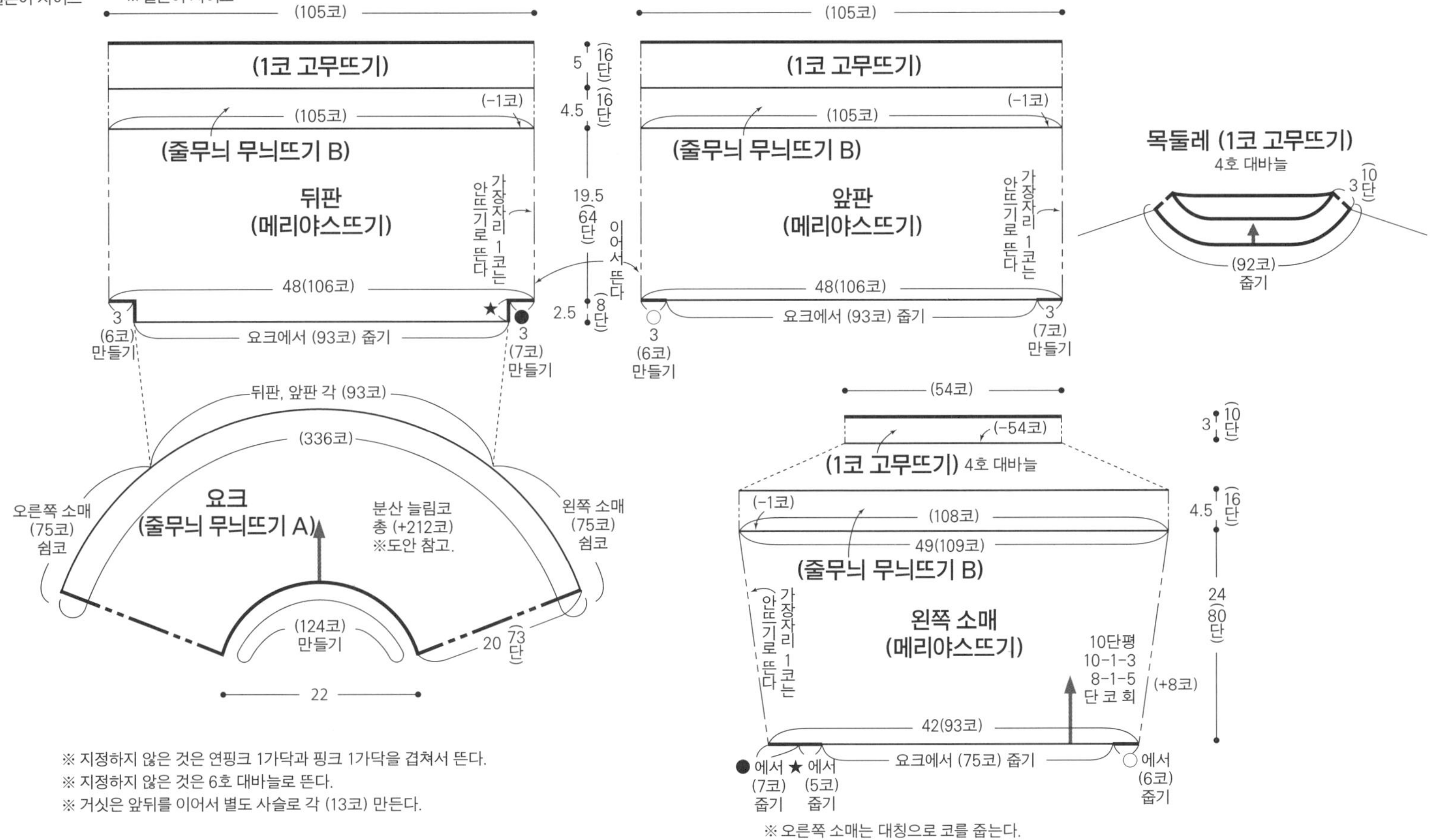
(105코)
(1코 고무뜨기)
(줄무늬 무늬뜨기 B)
뒤판
(메리야스뜨기)
가장자리 1코는 안뜨기로 뜬다
48(106코)
요크에서 (93코) 줍기
3 (6코) 만들기
3 (7코) 만들기
이어서 뜬다
앞판
(메리야스뜨기)
목둘레 (1코 고무뜨기)
4호 대바늘
(92코) 줍기
뒤판, 앞판 각 (93코)
(336코)
요크
(줄무늬 무늬뜨기 A)
분산 늘림코 총 (+212코) ※도안 참고.
오른쪽 소매 (75코) 쉼코
왼쪽 소매 (75코) 쉼코
(124코) 만들기
(54코)
(-54코)
(1코 고무뜨기) 4호 대바늘
(108코)
49(109코)
왼쪽 소매
(메리야스뜨기)
10단평 10-1-3 8-1-5 단 코 회
(+8코)
42(93코)
요크에서 (75코) 줍기
●에서 (7코) 줍기
★에서 (5코) 줍기
○에서 (6코) 줍기
※ 오른쪽 소매는 대칭으로 코를 줍는다.

※ 지정하지 않은 것은 연핑크 1가닥과 핑크 1가닥을 겹쳐서 뜬다.
※ 지정하지 않은 것은 6호 대바늘로 뜬다.
※ 거싯은 앞뒤를 이어서 별도 사슬로 각 (13코) 만든다.

170페이지로 이어집니다. ▶

▶ 168페이지에서 이어집니다.

단춧고리

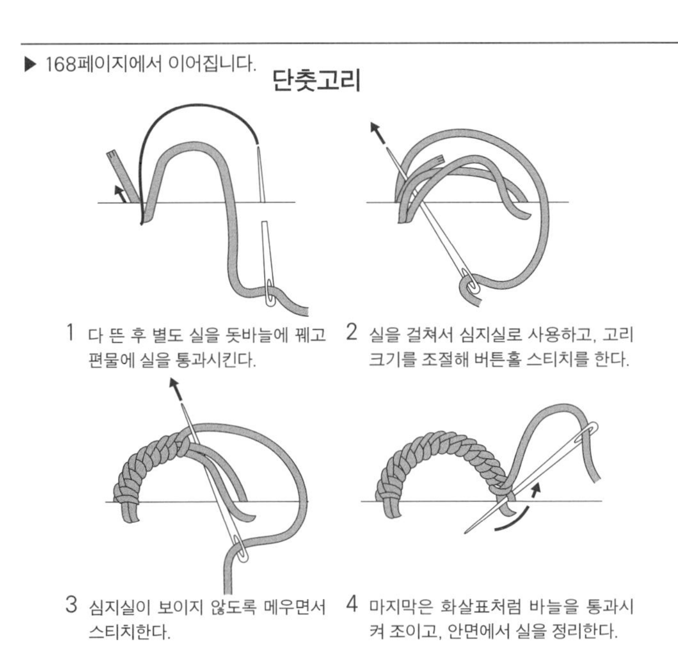

1 다 뜬 후 별도 실을 돗바늘에 꿰고 편물에 실을 통과시킨다.

2 실을 걸쳐서 심지실로 사용하고, 고리 크기를 조절해 버튼홀 스티치를 한다.

3 심지실이 보이지 않도록 메우면서 스티치한다.

4 마지막은 화살표처럼 바늘을 통과시켜 조이고, 안면에서 실을 정리한다.

무늬의 경계의 증감코

□=Ⅰ
Ⓠ=돌려뜨기 늘림코
⋏=오른코 위 돌려 2코 모아뜨기
⋌=왼코 위 돌려 2코 모아뜨기

▶ 169페이지에서 이어집니다.

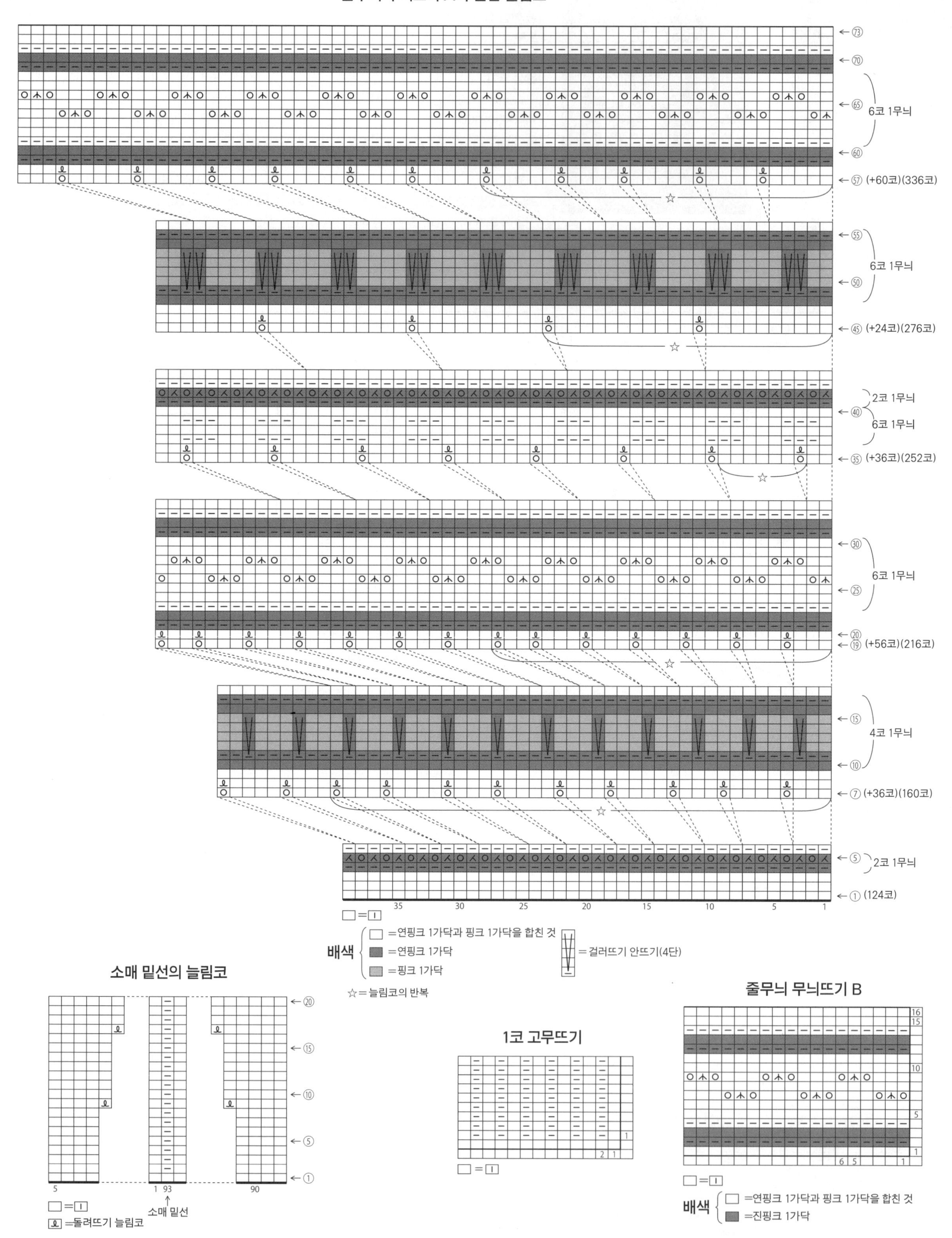

줄무늬 무늬뜨기 A와 분산 늘림코
73
70
65
6코 1무늬
60
57 (+60코)(336코)
☆
55
6코 1무늬
50
45 (+24코)(276코)
2코 1무늬
40
6코 1무늬
35 (+36코)(252코)
30
6코 1무늬
25
20
19 (+56코)(216코)
15
4코 1무늬
10
7 (+36코)(160코)
5
2코 1무늬
1 (124코)
35
30
25
20
15
10
5
1
배색
=연핑크 1가닥과 핑크 1가닥을 합친 것
=연핑크 1가닥
=핑크 1가닥
=걸러뜨기 안뜨기(4단)
☆=늘림코의 반복
소매 밑선의 늘림코
20
15
10
5
1
5
1 93
90
소매 밑선
=돌려뜨기 늘림코
1코 고무뜨기
2 1
줄무늬 무늬뜨기 B
16
15
10
5
1
6 5
1
배색
=연핑크 1가닥과 핑크 1가닥을 합친 것
=진핑크 1가닥

심리스 니트
69 page ★★★
피마 베이식

오른코 위 돌려 교차뜨기 (아래쪽이 안뜨기)

※일본어 사이트

왼코 위 돌려 교차뜨기 (아래쪽이 안뜨기)

※일본어 사이트

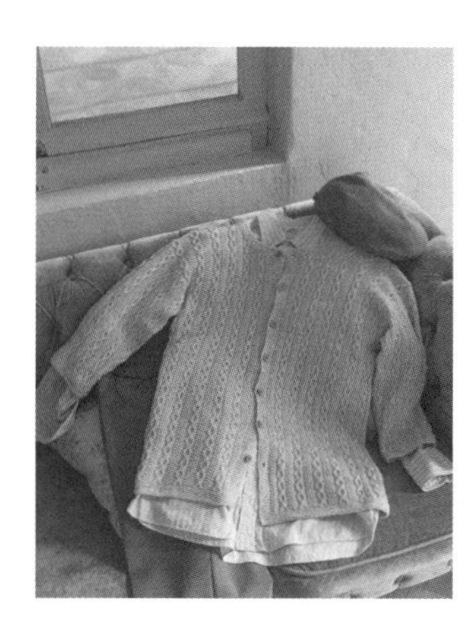

재료

[남성용] 퍼피 피마 베이식 베이지(601) 465g 12볼, 지름 15mm 단추 8개

[여성용] 퍼피 피마 베이식 베이지(601) 370g 10볼, 지름 15mm 단추 7개

도구

대바늘 4호·3호

완성 크기

[남성용] 가슴둘레 111.5㎝, 기장 70.5㎝, 화장 64㎝

[여성용] 가슴둘레 95.5㎝, 기장 65.5㎝, 화장 57.5㎝

게이지(10×10㎝)

무늬뜨기 24.5×33단

POINT

●몸판, 소매…손가락에 실을 걸어서 기초코를 만들고 뒤판 오른쪽 어깨부터 무늬뜨기로 뜨기 시작합니다. 4단을 떴으면 쉼코를 하고, 왼쪽 어깨를 뜨기 시작합니다. 5단째부터는 좌우를 이어서 뜹니다. 소매 달기 끝까지 떴으면 쉼코를 합니다. 앞판은 뒤판 어깨에서 코를 줍고, 왼쪽 앞판, 오른쪽 앞판을 각각 무늬뜨기와 가터뜨기로 뜹니다. 왼쪽 앞여밈단에는 단춧구멍을 냅니다. 앞여밈단의 되돌아뜨기는 도안을 참고합니다. 소매 달기 끝부터는 앞뒤를 이어서 뜨는데, 양옆에서 1코씩 늘림코를 합니다. 밑단은 가터뜨기를 뜨고, 뜨개 끝은 안뜨기를 뜨면서 덮어씌워 코막음합니다. 소매는 몸판에서 코를 줍고, 무늬뜨기와 가터뜨기로 원형뜨기를 합니다. 소매 밑선의 줄임코는 도안을 참고합니다. 뜨개 끝은 밑단과 같은 방법으로 합니다.

●마무리…목둘레는 지정 콧수를 주워 가터뜨기로 뜨고, 지정 위치에 단춧구멍을 냅니다. 단추를 달아서 완성합니다.

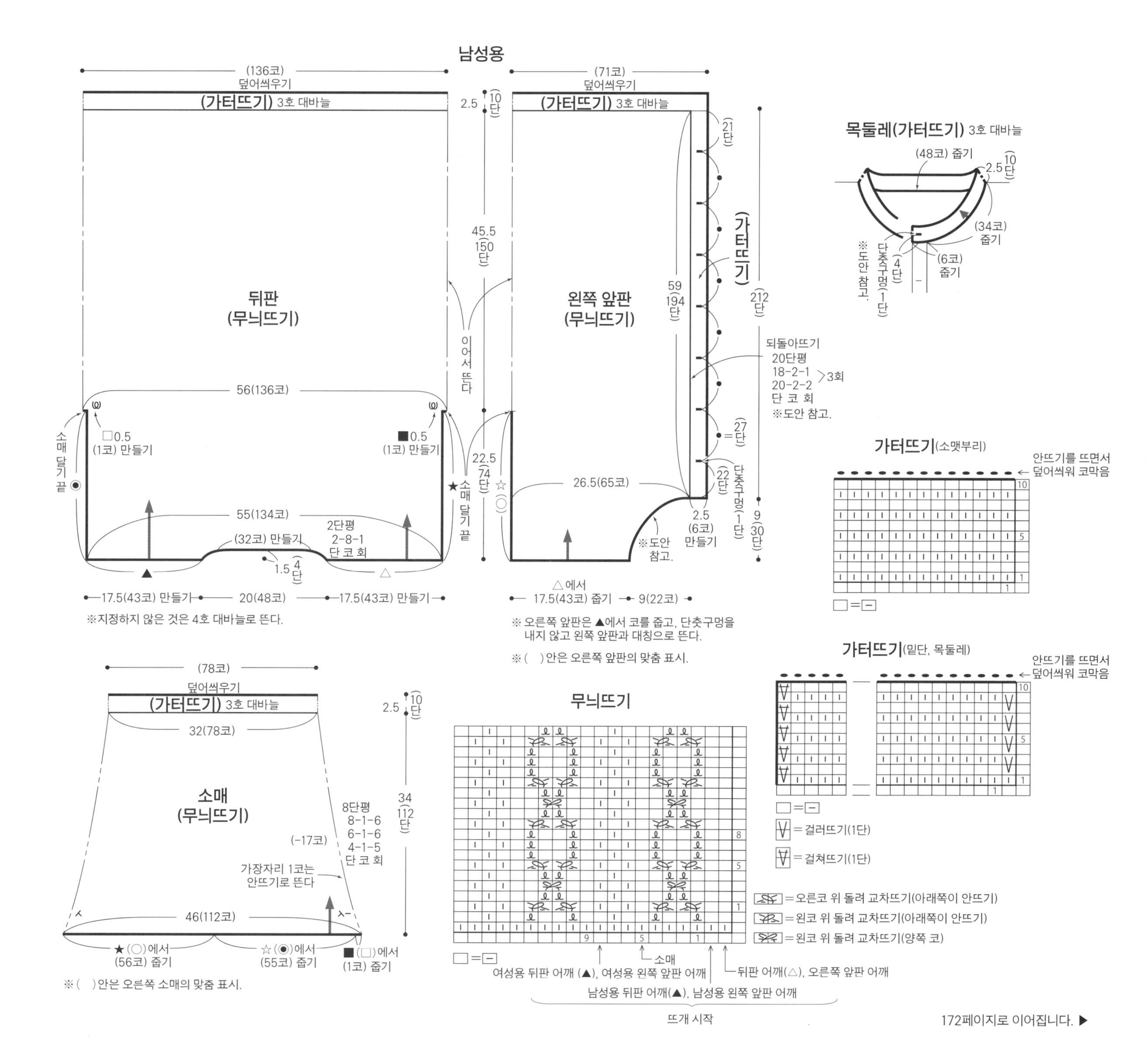
남성용
(136코)
덮어씌우기
(가터뜨기) 3호 대바늘
2.5 (10단)
뒤판
(무늬뜨기)
45.5 (150단)
이어서 뜬다
56(136코)
□0.5 (1코) 만들기
■0.5 (1코) 만들기
소매 달기 끝 ◉
★소매 달기 끝
22.5 (74단)
55(134코)
(32코) 만들기
2단평
2-8-1
단 코 회
1.5 (4단)
17.5(43코) 만들기
20(48코)
17.5(43코) 만들기
※지정하지 않은 것은 4호 대바늘로 뜬다.
(71코)
덮어씌우기
(가터뜨기) 3호 대바늘
(21단)
(가터뜨기)
왼쪽 앞판
(무늬뜨기)
59 (194단)
(212단)
되돌아뜨기
20단평
18-2-1
20-2-2 3회
단 코 회
※도안 참고.
=(27단)
26.5(65코)
(22단)
단춧구멍(1단)
2.5 (6코) 만들기
9 (30단)
※도안 참고.
△에서
17.5(43코) 줍기
9(22코)
※오른쪽 앞판은 ▲에서 코를 줍고, 단춧구멍을 내지 않고 왼쪽 앞판과 대칭으로 뜬다.
※( ) 안은 오른쪽 앞판의 맞춤 표시.
목둘레(가터뜨기) 3호 대바늘
(48코) 줍기
2.5 (10단)
(34코) 줍기
(6코) 줍기
(4단)
단춧구멍(1단)
※도안 참고.
가터뜨기(소맷부리)
안뜨기를 뜨면서 덮어씌워 코막음
□=⊟
가터뜨기(밑단, 목둘레)
안뜨기를 뜨면서 덮어씌워 코막음
□=⊟
=걸러뜨기(1단)
=걸쳐뜨기(1단)
=오른코 위 돌려 교차뜨기(아래쪽이 안뜨기)
=왼코 위 돌려 교차뜨기(아래쪽이 안뜨기)
=왼코 위 돌려 교차뜨기(양쪽 코)
(78코)
덮어씌우기
(가터뜨기) 3호 대바늘
2.5 (10단)
32(78코)
소매
(무늬뜨기)
34 (112단)
8단평
8-1-6
6-1-6
4-1-5
단 코 회
(-17코)
가장자리 1코는 안뜨기로 뜬다
46(112코)
★(○)에서 (56코) 줍기
☆(◉)에서 (55코) 줍기
■(□)에서 (1코) 줍기
※( ) 안은 오른쪽 소매의 맞춤 표시.
무늬뜨기
□=⊟
소매
여성용 뒤판 어깨(▲), 여성용 왼쪽 앞판 어깨
뒤판 어깨(△), 오른쪽 앞판 어깨
남성용 뒤판 어깨(▲), 남성용 왼쪽 앞판 어깨
뜨개 시작

172페이지로 이어집니다. ▶

▶ 171페이지에서 이어집니다.

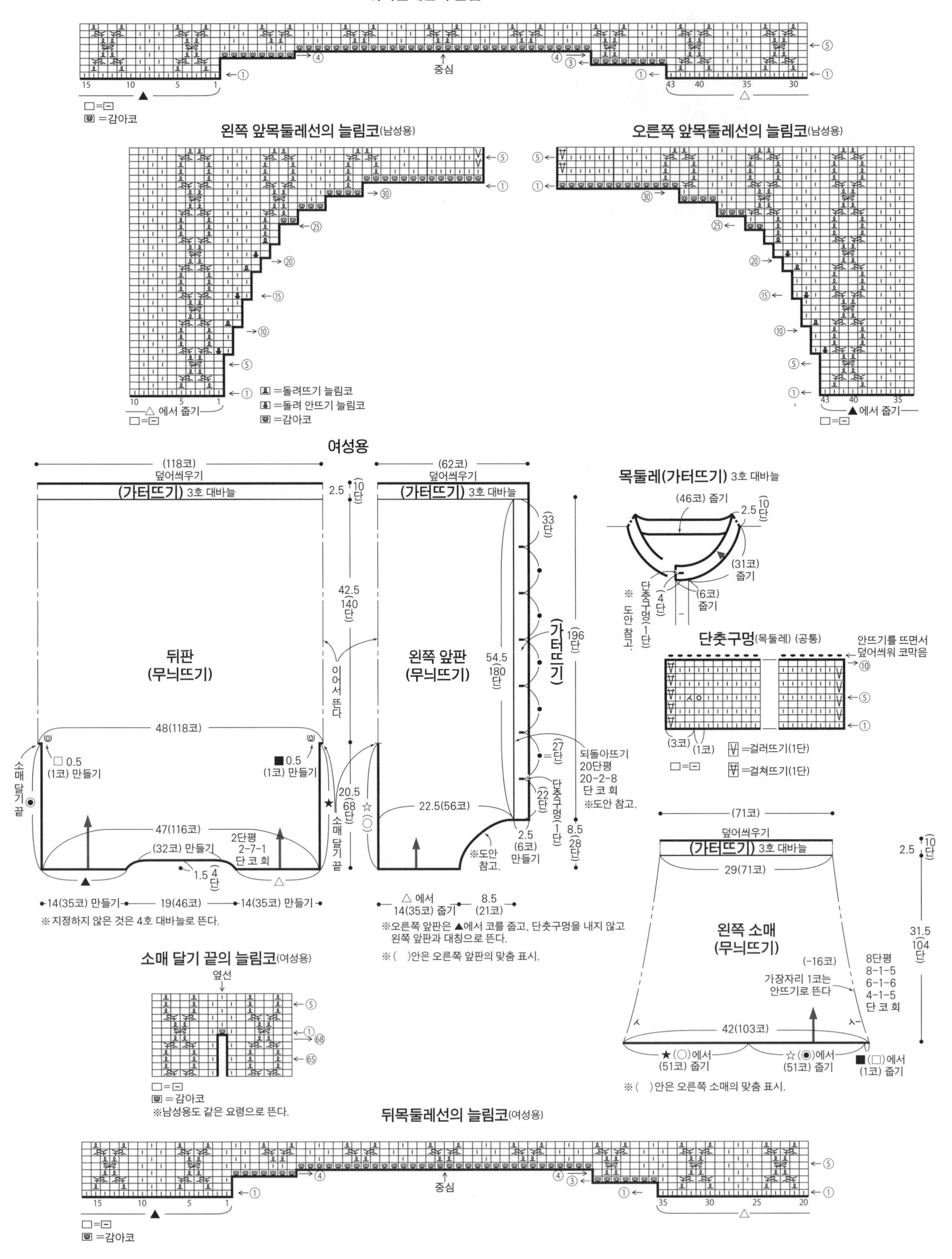
뒤목둘레선의 늘림코(남성용)
중심
□=⊟
▣=감아코
왼쪽 앞목둘레선의 늘림코(남성용)
오른쪽 앞목둘레선의 늘림코(남성용)
△에서 줍기
▲에서 줍기
=돌려뜨기 늘림코
=돌려 안뜨기 늘림코
=감아코
여성용
(118코)
덮어씌우기
(가터뜨기) 3호 대바늘
뒤판
(무늬뜨기)
42.5
140단
이어서 뜬다
48(118코)
□ 0.5
(1코) 만들기
■0.5
(1코) 만들기
소매 달기 끝
20.5
68단
47(116코)
(32코) 만들기
2단평
2-7-1
단 코 회
1.5 4단
14(35코) 만들기
19(46코)
14(35코) 만들기
※지정하지 않은 것은 4호 대바늘로 뜬다.
(62코)
왼쪽 앞판
(무늬뜨기)
54.5
180단
(가터뜨기)
196단
33단
27단
되돌아뜨기
20단평
20-2-8
단 코 회
※도안 참고.
22단
단춧구멍(1단)
22.5(56코)
2.5
(6코)
만들기
8.5
28단
※도안 참고.
△에서
14(35코) 줍기
8.5
(21코)
※오른쪽 앞판은 ▲에서 코를 줍고, 단춧구멍을 내지 않고 왼쪽 앞판과 대칭으로 뜬다.
※( )안은 오른쪽 앞판의 맞춤 표시.
목둘레(가터뜨기) 3호 대바늘
(46코) 줍기
2.5 10단
(31코) 줍기
(6코) 줍기
단춧구멍(1단) 4단
※도안 참고.
단춧구멍(목둘레) (공통)
안뜨기를 뜨면서 덮어씌워 코막음
(3코)
(1코)
=걸러뜨기(1단)
=걸쳐뜨기(1단)
(71코)
덮어씌우기
(가터뜨기) 3호 대바늘
29(71코)
왼쪽 소매
(무늬뜨기)
31.5
104단
(-16코)
가장자리 1코는 안뜨기로 뜬다
8단평
8-1-5
6-1-6
4-1-5
단 코 회
42(103코)
★(○)에서
(51코) 줍기
☆(◉)에서
(51코) 줍기
■(□)에서
(1코) 줍기
※( )안은 오른쪽 소매의 맞춤 표시.
소매 달기 끝의 늘림코(여성용)
옆선
※남성용도 같은 요령으로 뜬다.
뒤목둘레선의 늘림코(여성용)

왼쪽 앞목둘레선의 늘림코(여성용)

←⑤
←①
→㉘
←㉕
→⑳
←⑮
→⑩
←⑤
←①

10 5 1

△에서 줍기

□=⊟

[Ձ] =돌려뜨기 늘림코

[Ձ] =돌려 안뜨기 늘림코

[◎] =감아코

오른쪽 앞목둘레선의 늘림코(여성용)

⑤←
①←
㉘→
㉕←
⑳→
⑮←
⑩→
⑤←
①←

35 30 25

▲에서 줍기

□=⊟

소매 밑선의 줄임코

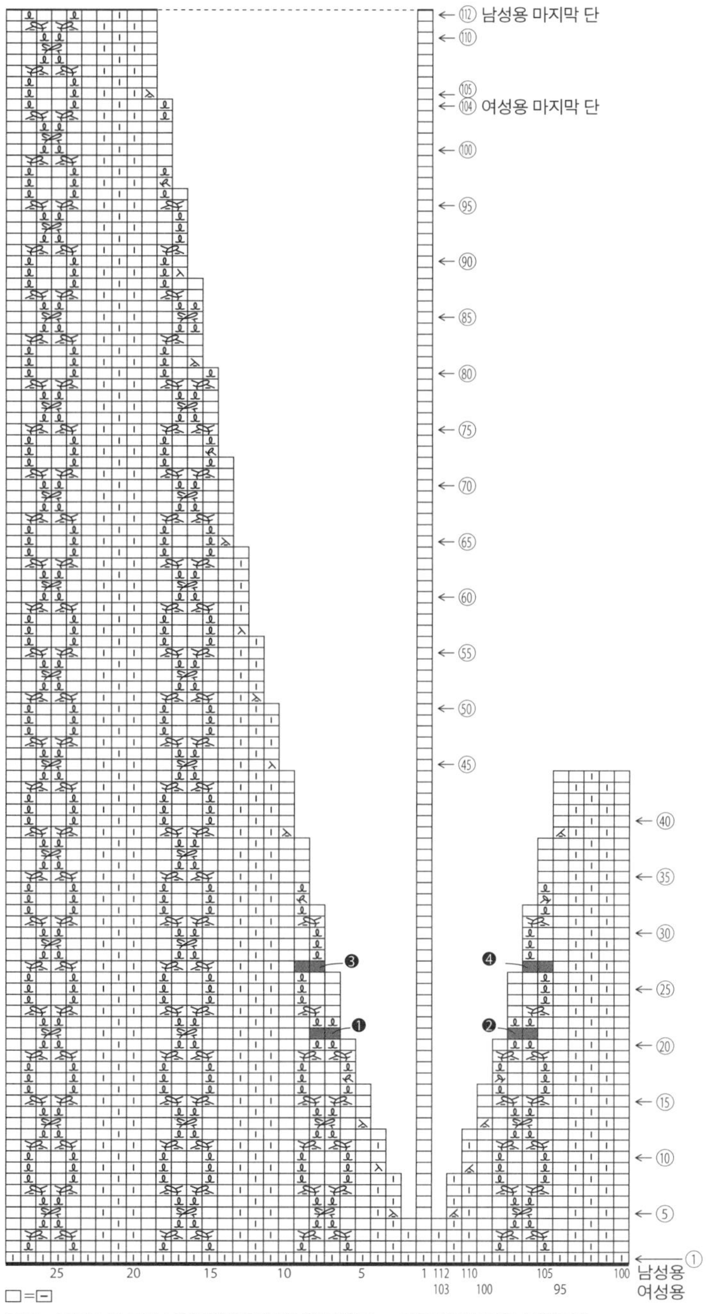

⑫ 남성용 마지막 단
⑩
⑯
⑭ 여성용 마지막 단
⑩
㊺
㊵
㉟
㉚
㉕
⑳
⑮
⑩
⑤
①
❶
❷
❸
❹
25 20 15 10 5 1 112 110 105 100
103 100 95
남성용
여성용

□=⊟

[≶] =오른코 위 돌려 교차뜨기(아래쪽이 안뜨기) [⋏] = 왼코 위 돌려 2코 모아뜨기

[≷] =왼코 위 돌려 교차뜨기(아래쪽이 안뜨기) [⋏] = 오른코 위 돌려 2코 모아뜨기

[≷] =왼코 위 돌려 교차뜨기(양쪽 코)

❶ = =1의 코를 오른바늘에 옮기고, 2의 코를 꽈배기바늘에 옮겨 뒤쪽에 놓고, 1, 3의 코를 왼코 위 돌려 2코 모아뜨기로 뜬다. 2의 코를 돌려뜨기한다.

❷ = =1의 코를 꽈배기바늘에 옮겨 앞쪽에 놓고, 2의 코를 돌려뜨기한다. 1, 3의 코를 오른코 위 돌려 2코 모아뜨기로 뜬다.

❸ = =1의 코를 오른바늘에 옮기고, 2의 코를 꽈배기바늘에 옮겨 뒤쪽에 놓고, 1, 3의 코를 왼코 위 돌려 2코 모아뜨기로 뜬다. 2의 코를 안뜨기한다.

❹ = =1의 코를 꽈배기바늘에 옮겨 앞쪽에 놓고, 2의 코를 안뜨기한다. 1, 3의 코를 오른코 위 돌려 2코 모아뜨기로 뜬다.

앞여밈단의 되돌아뜨기와 단춧구멍(여성용)

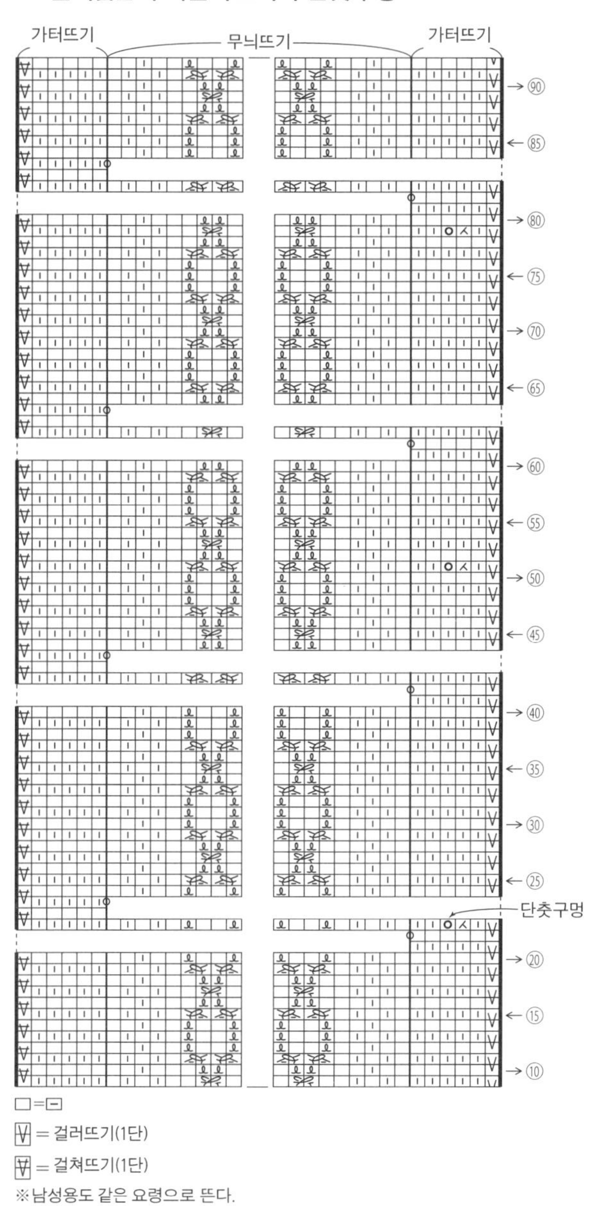

가터뜨기
무늬뜨기
가터뜨기
⑨
㊽
⑧
㊺
⑦
㊻
⑥
⑤
㊺
㊵
㉟
㉚
㉕
단춧구멍
⑳
⑮
⑩

□=⊟

[V] = 걸러뜨기(1단)

[V] = 걸쳐뜨기(1단)

※남성용도 같은 요령으로 뜬다.

심리스 니트

68 page ★★★

퍼피 리넨 100

재료

퍼피 퍼피 리넨 100 하늘색(912) 205g 6볼

도구

대바늘 5호·3호

완성 크기

가슴둘레 104㎝, 기장 53.5㎝, 화장 64㎝

게이지(10×10㎝)

메리야스뜨기 18코×33단

POINT

●요크, 몸판, 소매…요크는 별도 사슬로 기초코를 만들어 뜨기 시작하고, 메리야스뜨기와 무늬뜨기로 원형뜨기합니다. 늘림코는 도안을 참고합니다. 뒤판은 앞뒤 단차로 9단 왕복으로 뜹니다. 거싯은 감아코로 코를 만듭니다. 몸판은 앞뒤를 이어서 메리야스뜨기, 무늬뜨기, 2코 고무뜨기로 원형뜨기를 합니다. 뜨개 끝은 무늬를 이어서 뜨면서 덮어씌워 코막음합니다. 소매는 요크의 쉼코, 앞뒤 단차, 거싯에서 코를 줍고, 메리야스뜨기, 무늬뜨기, 2코 고무뜨기로 원형뜨기합니다. 소맷부리의 줄임코는 도안을 참고합니다. 뜨개 끝은 밑단과 같은 방법으로 합니다.

●마무리…목둘레는 기초코의 사슬을 풀어서 코를 줍고, 2코 고무뜨기로 원형뜨기를 합니다. 뜨개 끝은 밑단과 같은 방법으로 합니다.

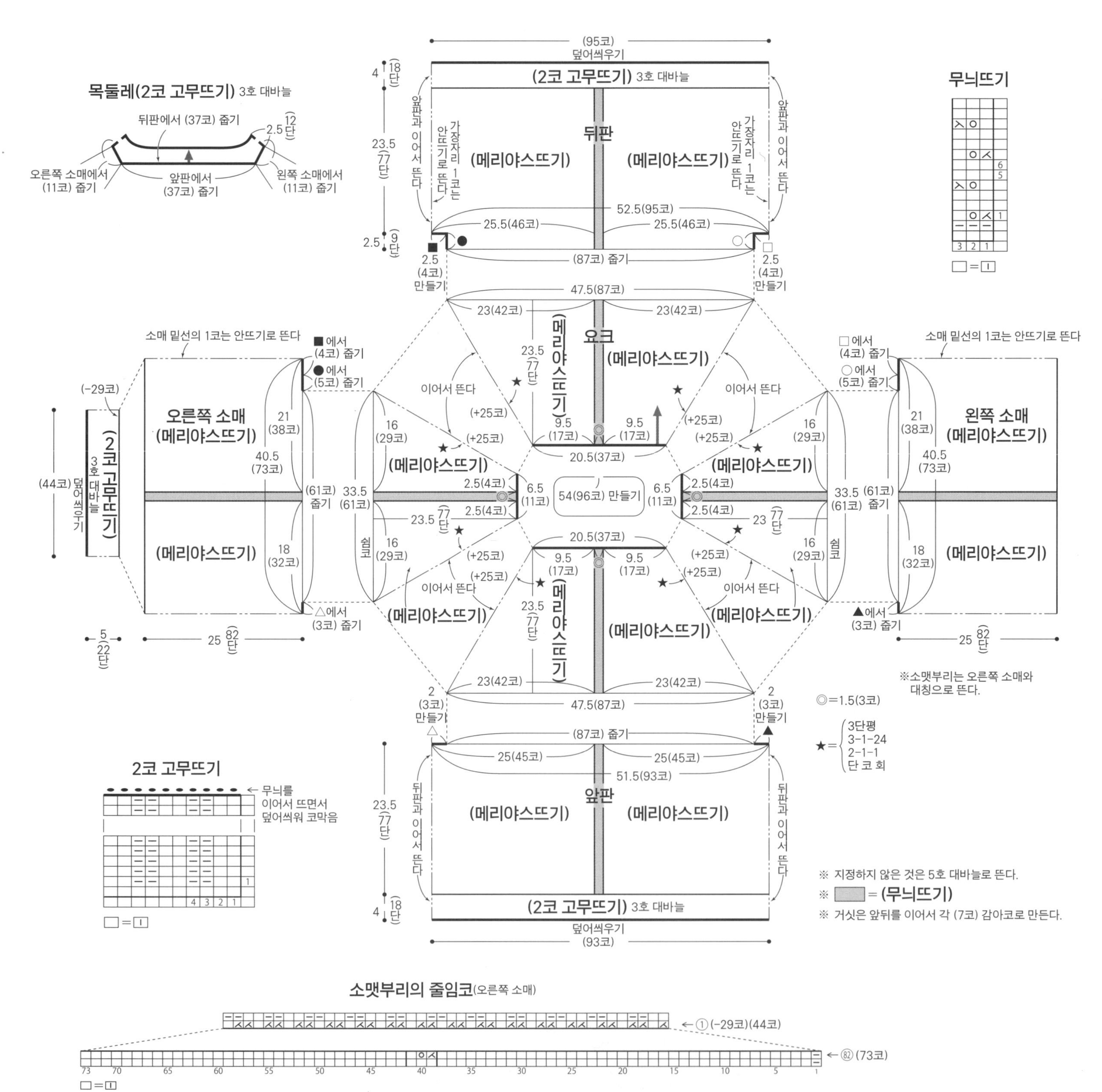

목둘레(2코 고무뜨기) 3호 대바늘
뒤판에서 (37코) 줍기
오른쪽 소매에서 (11코) 줍기
앞판에서 (37코) 줍기
왼쪽 소매에서 (11코) 줍기
(95코) 덮어씌우기
(2코 고무뜨기) 3호 대바늘
뒤판
(메리야스뜨기)
앞판과 이어서 뜬다
가장자리 1코는 안뜨기로 뜬다
52.5(95코)
25.5(46코)
(87코) 줍기
2.5 (4코) 만들기
47.5(87코)
23(42코)
요크
(메리야스뜨기)
이어서 뜬다
(+25코)
9.5 (17코)
20.5(37코)
54(96코) 만들기
6.5 (11코)
2.5(4코)
33.5 (61코)
(61코) 줍기
쉼코
16 (29코)
소매 밑선의 1코는 안뜨기로 뜬다
■에서 (4코) 줍기
●에서 (5코) 줍기
△에서 (3코) 줍기
□에서 (4코) 줍기
○에서 (5코) 줍기
▲에서 (3코) 줍기
오른쪽 소매 (메리야스뜨기)
왼쪽 소매 (메리야스뜨기)
21 (38코)
40.5 (73코)
18 (32코)
(-29코)
(44코) 덮어씌우기
(2코 고무뜨기) 3호 대바늘
25 (82단)
※소맷부리는 오른쪽 소매와 대칭으로 뜬다.
2 (3코) 만들기
◎=1.5(3코)
★= 3단평 3-1-24 2-1-1 단 코 회
앞판
뒤판과 이어서 뜬다
25(45코)
51.5(93코)
(93코) 덮어씌우기
무늬뜨기
□=□
2코 고무뜨기
← 무늬를 이어서 뜨면서 덮어씌워 코막음
※ 지정하지 않은 것은 5호 대바늘로 뜬다.
※ ▒ = (무늬뜨기)
※ 거싯은 앞뒤를 이어서 각 (7코) 감아코로 만든다.
소맷부리의 줄임코(오른쪽 소매)
← ①(-29코)(44코)
← ㉜(73코)

요크의 늘림코

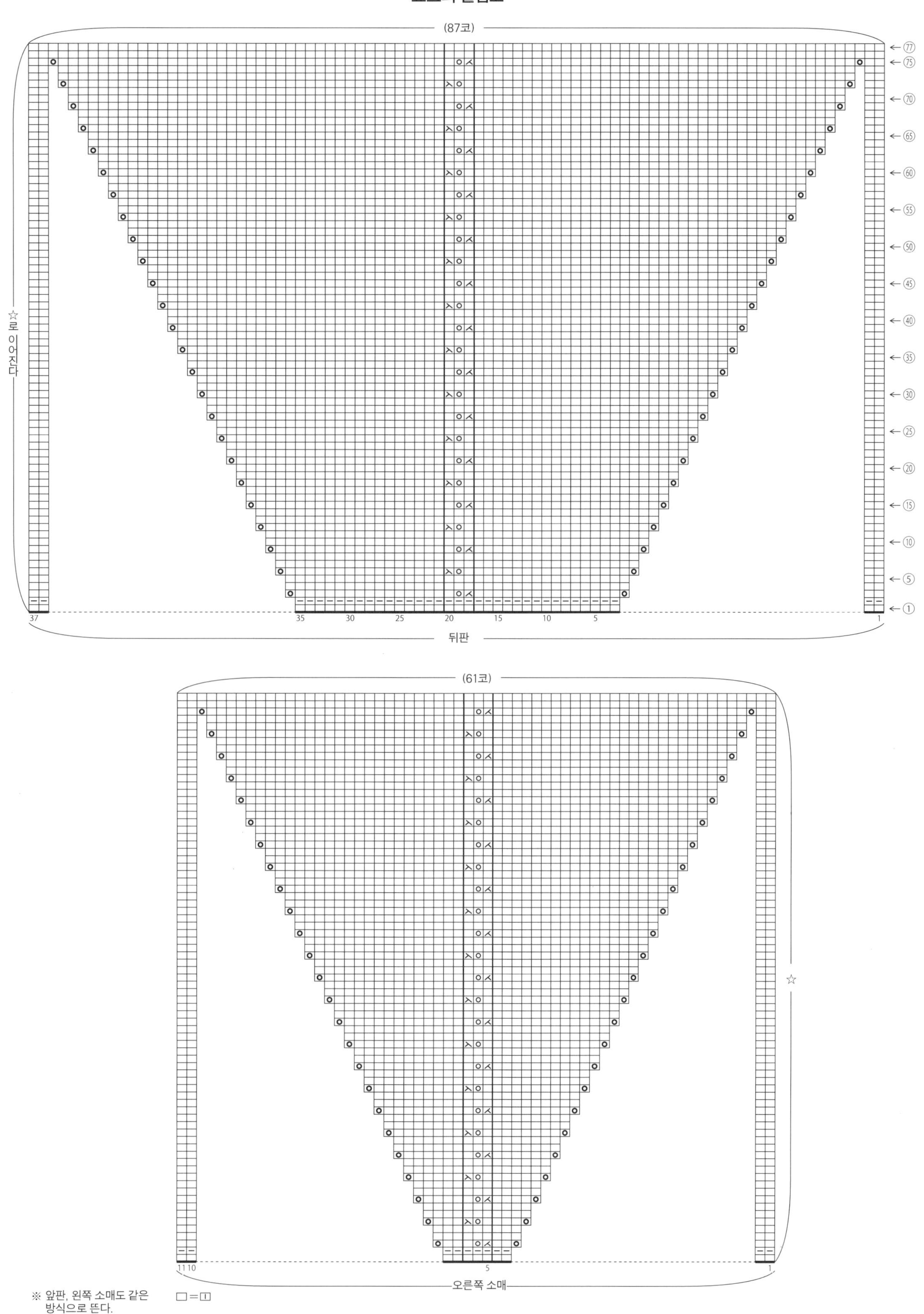
(87코)
77
75
70
65
60
55
50
45
40
35
30
25
20
15
10
5
1
☆로 이어진다
37
35
30
25
20
15
10
5
1
뒤판
(61코)
☆
11 10
5
1
오른쪽 소매

※ 앞판, 왼쪽 소매도 같은 방식으로 뜬다.

□ = Ⅰ

심리스 니트

71 page ★★★★

오리지널 코튼

떠서 만드는 기초코

※일본어 사이트

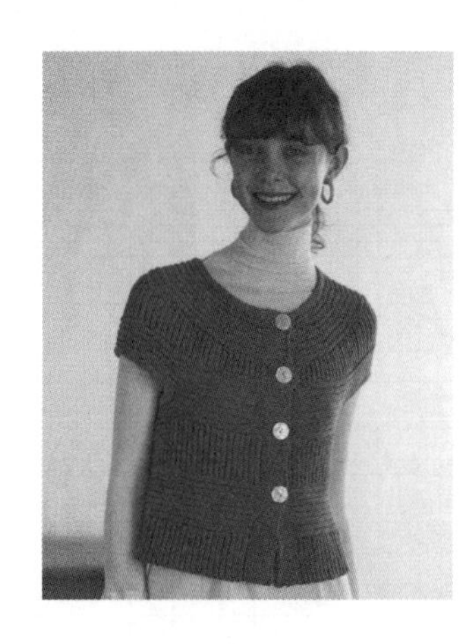

재료

실…데오리야 오리지널 코튼 연청록색(123) 255g
단추…지름 24mm 단추 4개

도구

대바늘 4호

완성 크기

가슴둘레 89㎝, 기장 42.5㎝, 화장 32㎝(실측)

게이지(10×10㎝)

안메리야스뜨기 24코×35단,
무늬뜨기 23코×46단

POINT

●요크, 몸판…작품을 뜨는 실로 사슬 기초코를 만들어 뜨기 시작하고, 목둘레를 안메리야스뜨기로 뜨는데, 1단째는 안면에서의 단이 되므로 주의합니다. 이어서 a~g의 순으로 뜹니다. a는 분산 늘림코를 하면서 가터뜨기와 무늬뜨기로 뜹니다. 뜨개 끝은 쉼코를 합니다. a의 뜨개 끝에서 이어서, 떠서 만드는 기초코를 만들어 b를 뜹니다. 왼쪽 가장자리는 a의 쉼코와 2코 모아뜨기하면서 가터뜨기, 무늬뜨기로 뜹니다. 증감코와 단춧구멍은 도안을 참고합니다. 뜨개 끝은 안면에서 덮어씌워 코막음합니다. c와 b의 오른쪽 가장자리에서 코를 줍고, 가터뜨기와 무늬뜨기로 뜹니다. 22단 떴으면 ■, □의 코는 쉼코를 합니다. 뒤판·앞판은 요크의 쉼코와 별도 사슬의 기초코(★, ☆)에서 코를 줍고, 요크와 같은 요령으로 증감 없이 뜹니다.

●마무리…소맷부리는 기초코의 사슬을 푼 코와 쉼코에서 코를 줍고, 안메리야스뜨기로 원형뜨기를 합니다. 뜨개 끝은 안뜨기를 뜨면서 덮어씌워 코막음합니다. 단춧구멍 둘레에 빼뜨기를 해서 정돈합니다. 단추를 달아서 완성합니다.

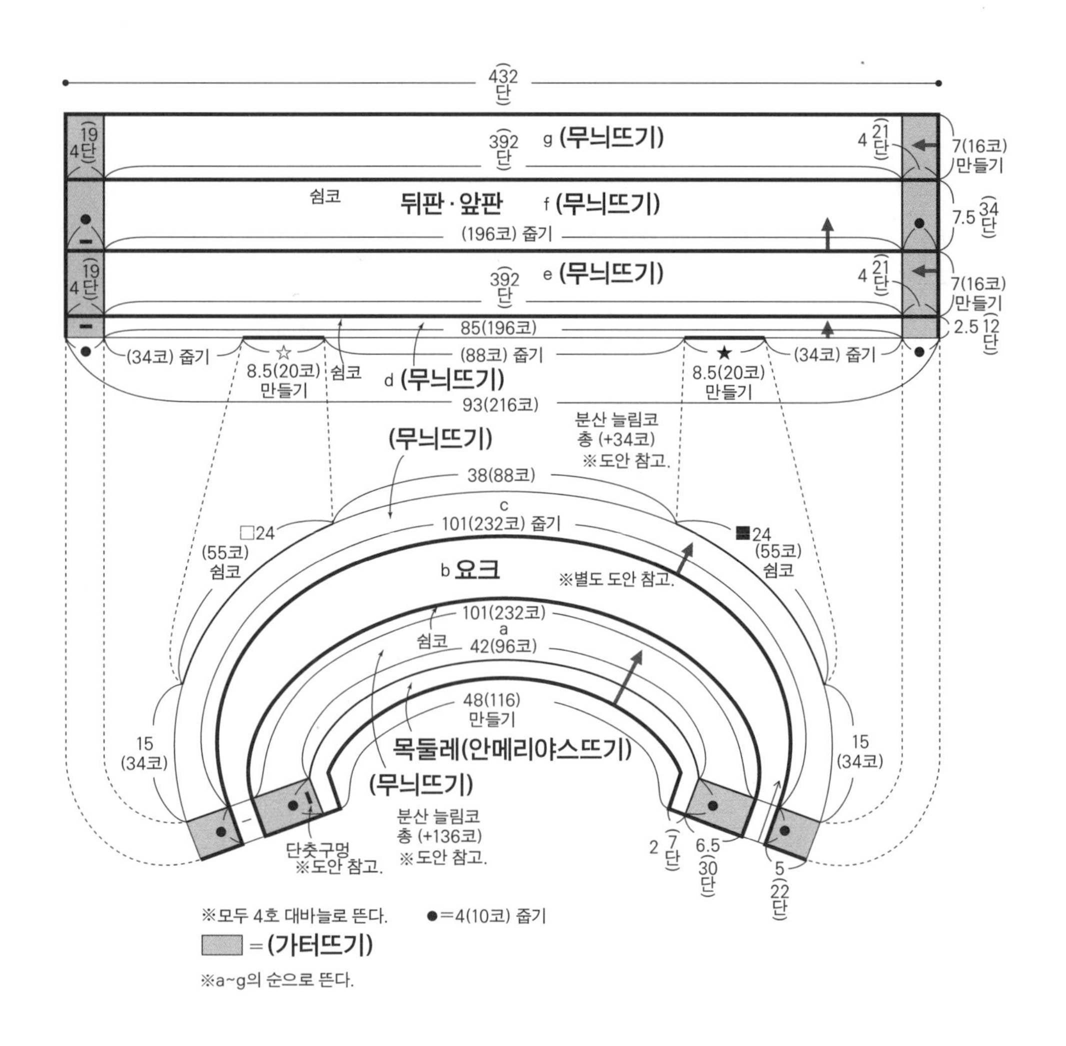

432 단
g (무늬뜨기)
392 단
4 19단
4 21단
7(16코) 만들기
쉼코
뒤판·앞판
f (무늬뜨기)
(196코) 줍기
7.5 34단
e (무늬뜨기)
85(196코)
2.5 12단
(34코) 줍기
8.5(20코) 만들기
(88코) 줍기
d (무늬뜨기)
93(216코)
분산 늘림코 총 (+34코) ※도안 참고.
(무늬뜨기)
38(88코)
c
101(232코) 줍기
□24
■24
(55코) 쉼코
b 요크
※별도 도안 참고.
101(232코)
a
42(96코)
48(116) 만들기
15 (34코)
목둘레(안메리야스뜨기)
(무늬뜨기)
분산 늘림코 총 (+136코) ※도안 참고.
단춧구멍 ※도안 참고.
2 7단
6.5 30단
5 22단
※모두 4호 대바늘로 뜬다.
●=4(10코) 줍기
=(가터뜨기)
※a~g의 순으로 뜬다.

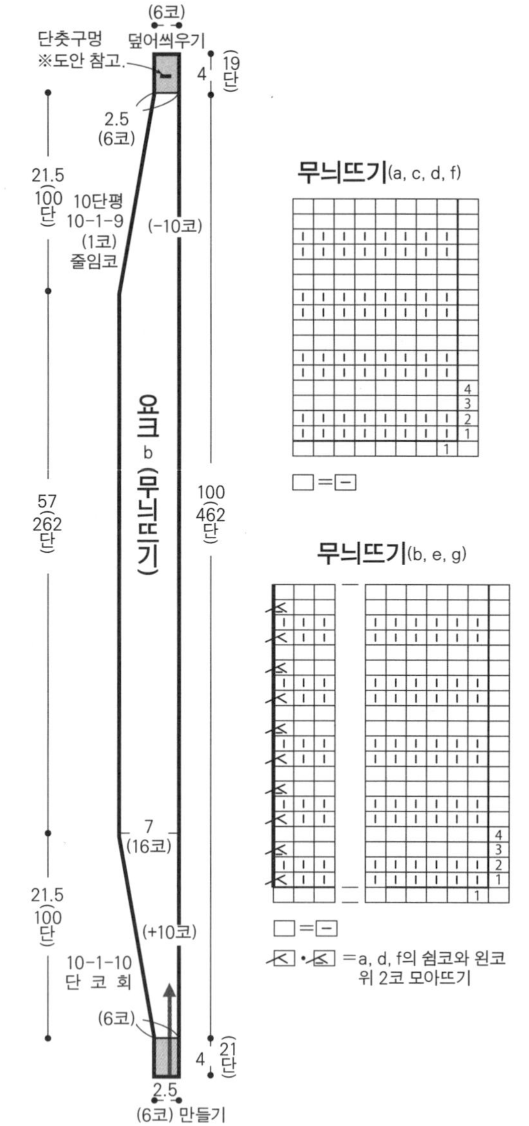

(6코)
단춧구멍 ※도안 참고.
덮어씌우기
4 19단
2.5 (6코)
21.5 100단
10단평 10-1-9 (1코) 줄임코
(-10코)
요크 b (무늬뜨기)
57 262단
100 462단
7 (16코)
(+10코)
10-1-10 단 코 회
(6코)
4 21단
2.5 (6코) 만들기
무늬뜨기(a, c, d, f)
□=⊟
무늬뜨기(b, e, g)
=a, d, f의 쉼코와 왼코 위 2코 모아뜨기

오른쪽 소맷부리(안메리야스뜨기)

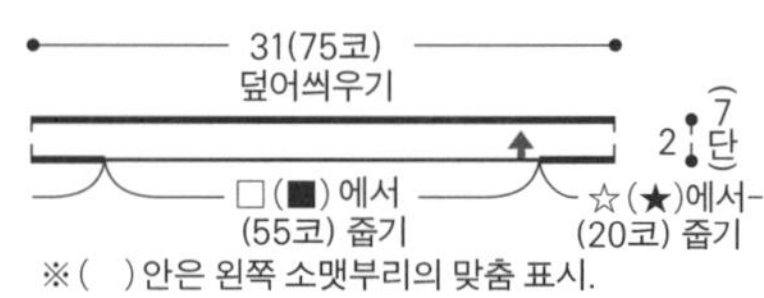

31(75코) 덮어씌우기
2 7단
□(■)에서 (55코) 줍기
☆(★)에서 (20코) 줍기
※( )안은 왼쪽 소맷부리의 맞춤 표시.

가터뜨기(a, c, d, f)

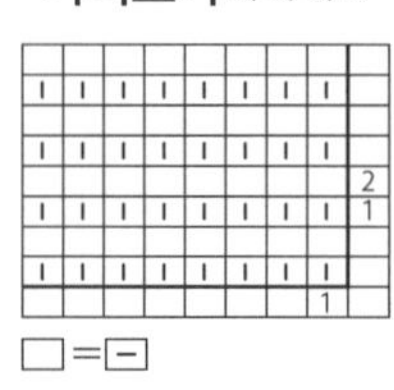

□=⊟

가터뜨기(b, e, g)

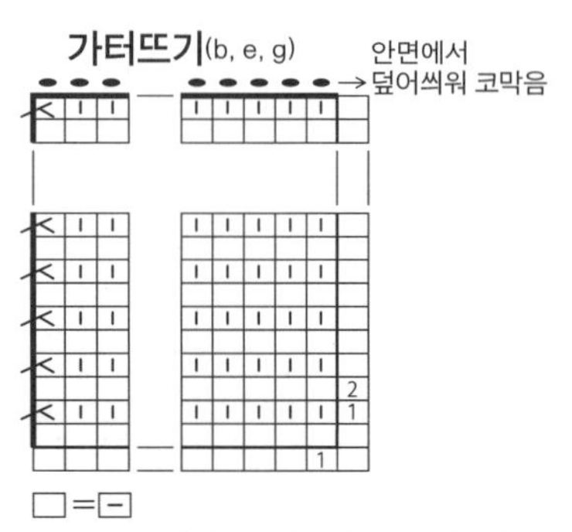

안면에서 덮어씌워 코막음
□=⊟
=a, d, f의 쉼코와 왼코 위 2코 모아뜨기

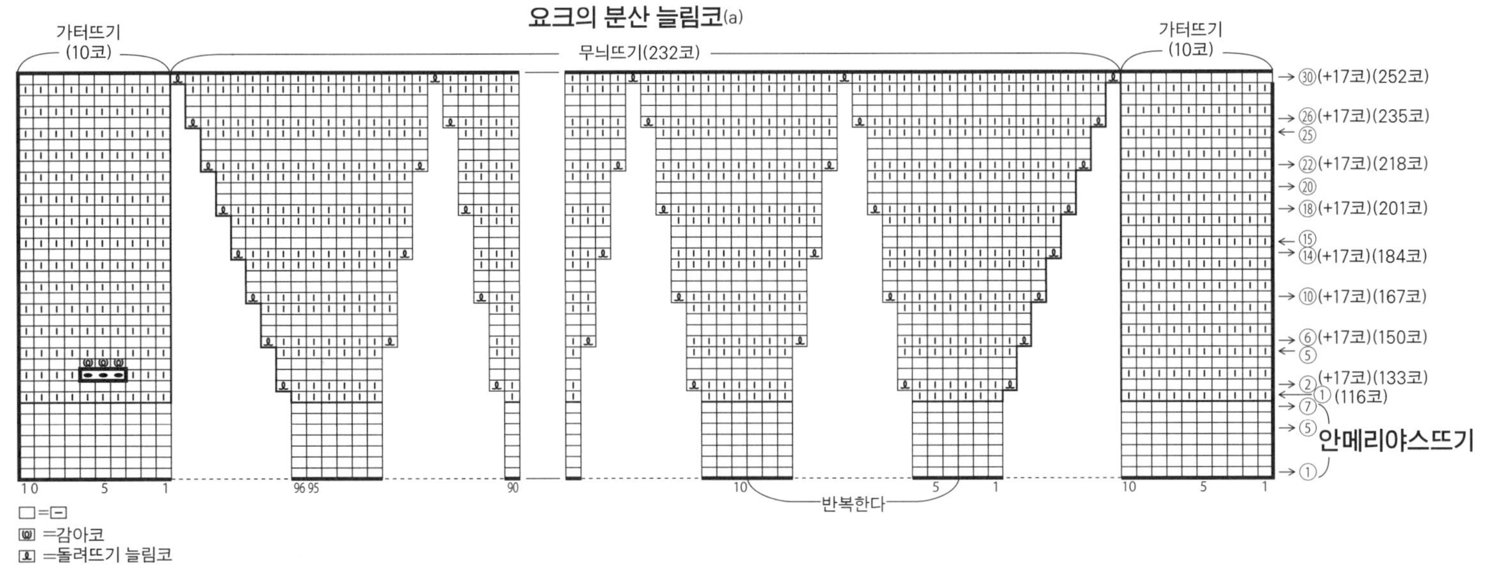

요크의 분산 늘림코(a)
가터뜨기
(10코)
무늬뜨기(232코)
가터뜨기
(10코)
㉚(+17코)(252코)
㉖(+17코)(235코)
㉕
㉒(+17코)(218코)
⑳
⑱(+17코)(201코)
⑮
⑭(+17코)(184코)
⑩(+17코)(167코)
⑥(+17코)(150코)
⑤
②(+17코)(133코)
①(116코)
⑦
⑤
안메리야스뜨기
①
반복한다
=감아코
=돌려뜨기 늘림코

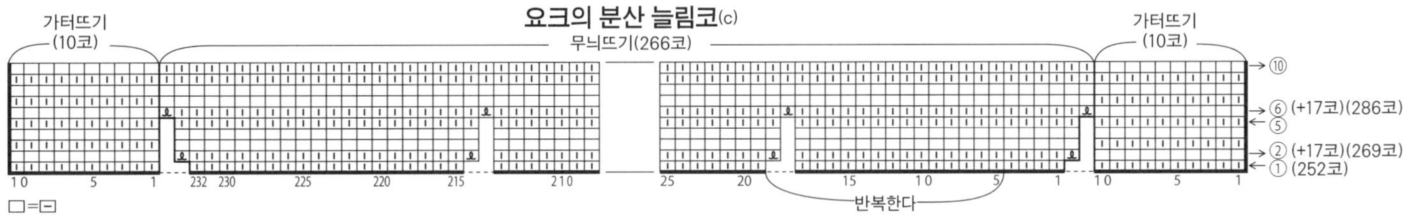

요크의 분산 늘림코(c)
가터뜨기
(10코)
무늬뜨기(266코)
가터뜨기
(10코)
⑩
⑥ (+17코)(286코)
⑤
② (+17코)(269코)
① (252코)
반복한다

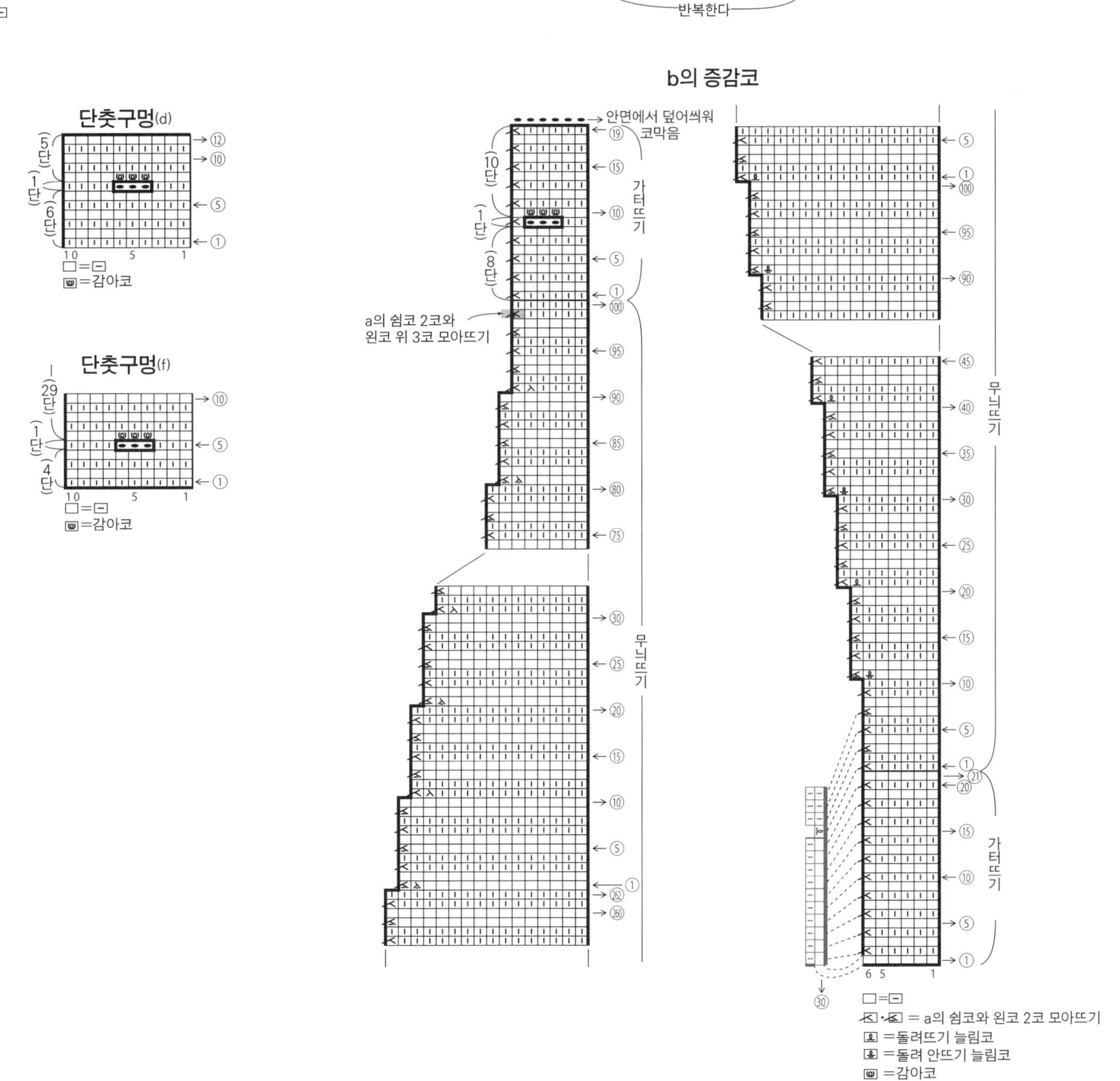

b의 증감코
단춧구멍(d)
5단
1단
6단
=감아코
단춧구멍(f)
29단
1단
4단
=감아코
안면에서 덮어씌워
코막음
가터뜨기
a의 쉼코 2코와
왼코 위 3코 모아뜨기
무늬뜨기
가터뜨기
= a의 쉼코와 왼코 2코 모아뜨기
=돌려뜨기 늘림코
=돌려 안뜨기 늘림코
=감아코

Knit+1
76 page ★★★★
리조니

뜨면서 되돌아뜨기

※일본어 사이트

1코 고무뜨기 코막음 (원형뜨기)

※일본어 사이트

오른코 늘려 뜨기

※일본어 사이트

왼코 늘려 뜨기

※일본어 사이트

재료

실…K'sK 리조니 파란색 계열 혼합(5) 190g 5볼, 라이트 그레이 계열 혼합(3) 180g 5볼

단추…지름 10㎜×5개

도구

대바늘 6호·5호·4호

완성 크기

가슴둘레 97㎝, 기장 46㎝, 화장 55.5㎝

게이지(10×10㎝)

무늬뜨기 14.5코×24단, 메리야스뜨기 19.5코×27단, 줄무늬 무늬뜨기 17코×32단

POINT

●프릴…손가락에 걸어서 만드는 기초코로 뜨개를 시작해서 가터뜨기, 무늬뜨기를 합니다. 되돌아뜨기는 도안을 참고하세요. 마지막 단의 지정된 위치에서 코를 빠뜨려서 줄임코를 합니다. 뜨개 끝은 쉼코를 합니다.

●소매, 몸판…오른쪽 소매·오른쪽 몸판은 별도 사슬 기초코로 뜨개를 시작해서 메리야스뜨기를 원형으로 뜹니다. 소맷부리의 뒤돌려뜨기와 어깨, 소매 밑선의 늘림코는 도안을 참고하세요. 옆선은 별도 사슬 기초코에서 코를 주워서 소매 코를 이어서 가터뜨기, 메리야스뜨기를 왕복으로 뜹니다. 26단은 파란색 계열 혼합으로 뜨고 프릴을 안면에서 겹쳐 놓고 덮어씌워 잇기하는 요령으로 몸판의 코를 빼내서 2장을 연결합니다. 계속해서 가터뜨기, 줄무늬 무늬뜨기를 하는데 라이트 그레이 계열 혼합으로 뜨는 단은 가터뜨기하지 않도록 조심하세요. 19단부터는 앞뒤판을 나눠서 뜨고, 목둘레 줄임코는 도안을 참고하세요. 뜨개 끝은 쉼코를 합니다. 왼쪽 소매·왼쪽 몸판은 같은 방법으로 뜹니다.

●마무리…소맷부리는 지정된 콧수만큼 주워서 1코 고무뜨기를 원형으로 뜹니다. 뜨개 끝은 1코 고무뜨기 코막음을 합니다. 옆선, 뒤판 중심은 덮어씌워 잇기합니다. 앞단·목둘레는 지정된 콧수만큼 주워서 가터뜨기합니다. 오른쪽 앞단에는 단춧구멍을 냅니다. 뜨개 끝은 안면에서 덮어씌워 코막음합니다. 단추를 달아서 마무리합니다.

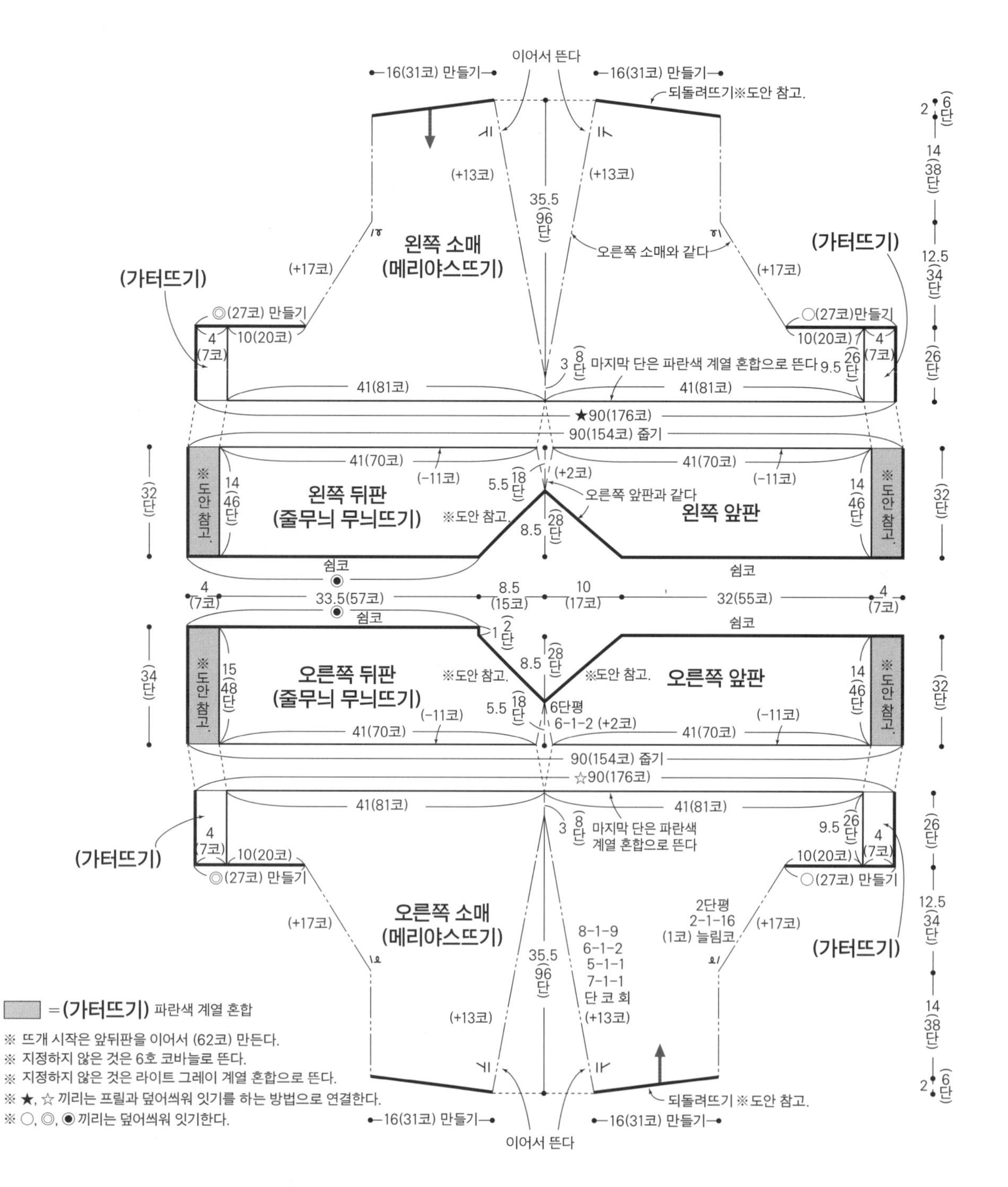
이어서 뜬다
16(31코) 만들기
되돌려뜨기※도안 참고.
(+13코)
35.5 (96단)
왼쪽 소매 (메리야스뜨기)
오른쪽 소매와 같다
(가터뜨기)
(+17코)
◎(27코) 만들기
○(27코)만들기
10(20코)
4 (7코)
3 (8단) 마지막 단은 파란색 계열 혼합으로 뜬다
9.5 (26단)
41(81코)
★90(176코)
90(154코) 줍기
41(70코)
(-11코)
(+2코)
5.5 (18단)
오른쪽 앞판과 같다
왼쪽 뒤판 (줄무늬 무늬뜨기)
※도안 참고.
8.5 (28단)
왼쪽 앞판
14 (46단)
(32단)
※도안 참고.
쉼코
33.5(57코)
8.5 (15코)
10 (17코)
32(55코)
1 (2단)
오른쪽 뒤판 (줄무늬 무늬뜨기)
오른쪽 앞판
15 (48단)
(34단)
6단평
6-1-2 (+2코)
☆90(176코)
오른쪽 소매 (메리야스뜨기)
2단평
2-1-16
(1코) 늘림코
8-1-9
6-1-2
5-1-1
7-1-1
단 코 회
(+13코)
2 (6단)
14 (38단)
12.5 (34단)
(26단)
= (가터뜨기) 파란색 계열 혼합
※ 뜨개 시작은 앞뒤판을 이어서 (62코) 만든다.
※ 지정하지 않은 것은 6호 코바늘로 뜬다.
※ 지정하지 않은 것은 라이트 그레이 계열 혼합으로 뜬다.
※ ★, ☆ 끼리는 프릴과 덮어씌워 잇기를 하는 방법으로 연결한다.
※ ○, ◎, ◉ 끼리는 덮어씌워 잇기한다.

가터뜨기

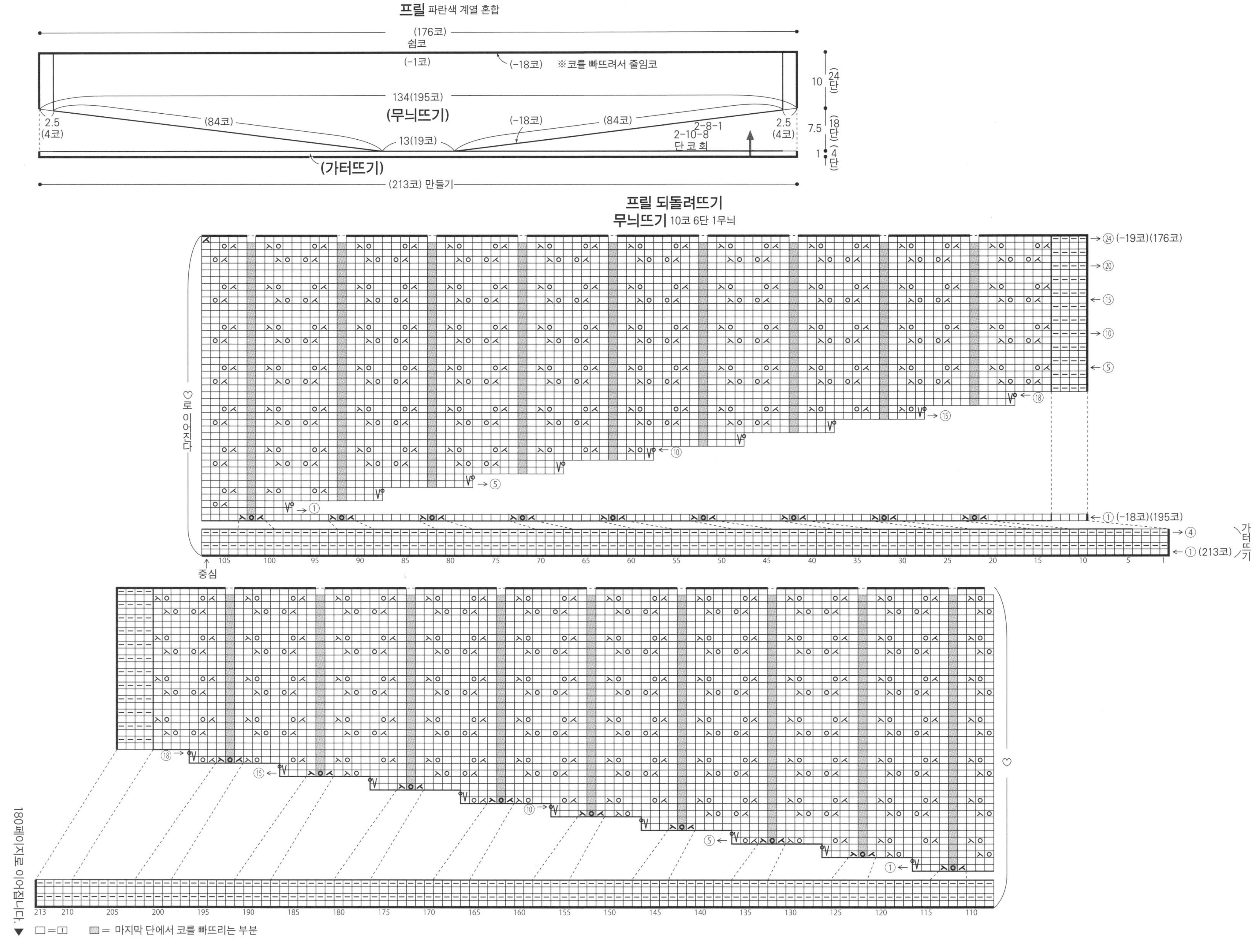

프릴 파란색 계열 혼합
(176코)
쉼코
(-1코)
(-18코)
※코를 빠뜨려서 줄임코
134(195코)
(무늬뜨기)
(84코)
(-18코)
(84코)
2.5 (4코)
13(19코)
2-8-1
2-10-8
단 코 회
(가터뜨기)
(213코) 만들기
10 (24단)
7.5 (18단)
1 (4단)
프릴 되돌려뜨기
무늬뜨기 10코 6단 1무늬
㉔ (-19코)(176코)
① (-18코)(195코)
① (213코)
가터뜨기
♡로 이어진다
중심
□=□
▒= 마지막 단에서 코를 빠뜨리는 부분

180페이지로 이어집니다. ▶

▶ 179페이지에서 이어집니다.

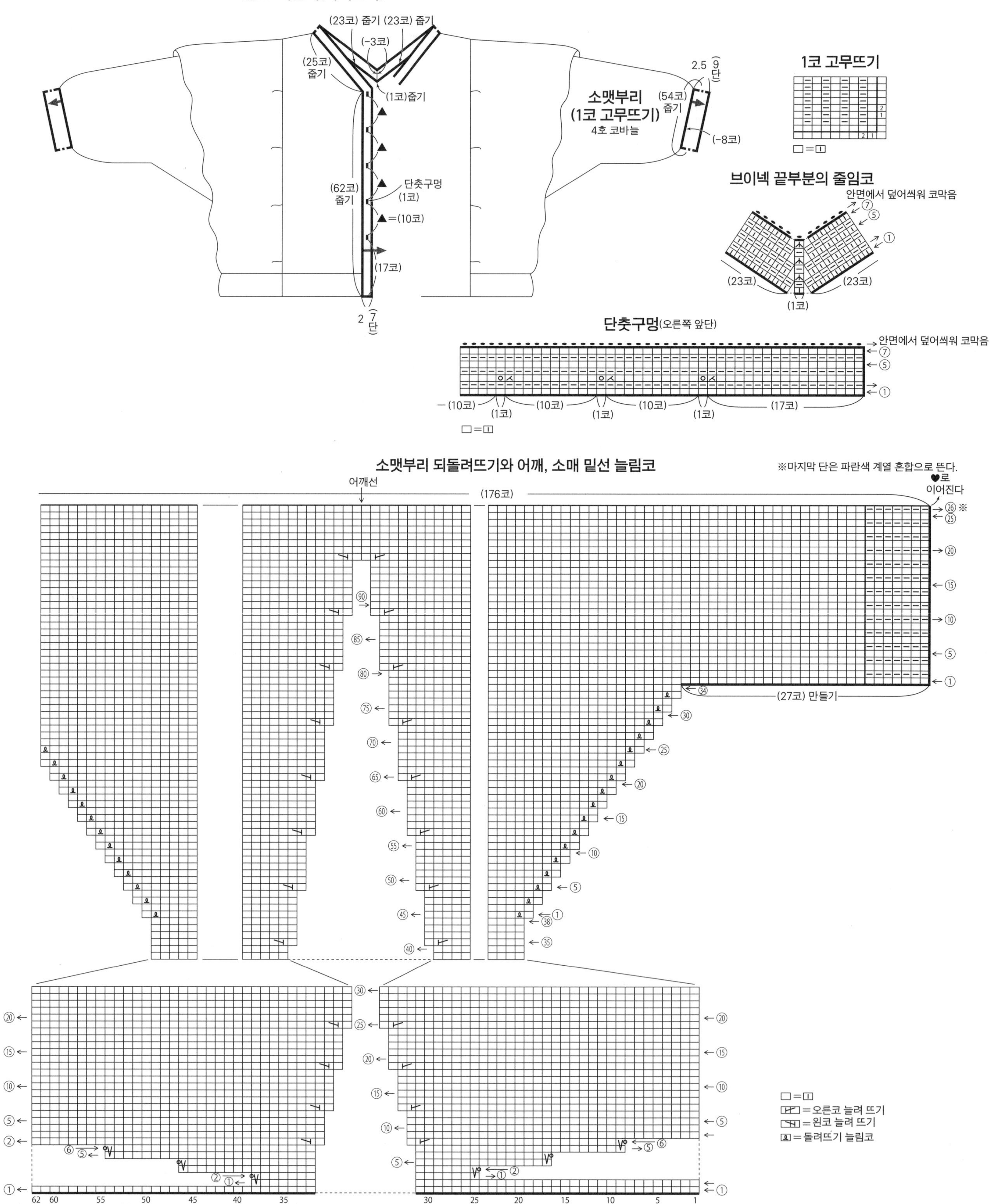

앞단 · 목둘레(가터뜨기) 5호 코바늘 파란색 계열 혼합
(23코) 줍기 (23코) 줍기
(-3코)
(25코) 줍기
(1코)줍기
(62코) 줍기
단춧구멍 (1코)
▲=(10코)
(17코)
2 (7단)
소맷부리 (1코 고무뜨기) 4호 코바늘
(54코) 줍기
2.5 (9단)
(-8코)
1코 고무뜨기
브이넥 끝부분의 줄임코
안면에서 덮어씌워 코막음
(23코)
(1코)
단춧구멍(오른쪽 앞단)
(10코)
(17코)
소맷부리 되돌려뜨기와 어깨, 소매 밑선 늘림코
※마지막 단은 파란색 계열 혼합으로 뜬다.
♥로 이어진다
어깨선
(176코)
(27코) 만들기
=오른코 늘려 뜨기
=왼코 늘려 뜨기
=돌려뜨기 늘림코

줄무늬 무늬뜨기

20
15
10
5
1
8 5 1

□=□

배색 { □ = 파란색 계열 혼합
　　 { ▨ = 라이트 그레이 계열 혼합

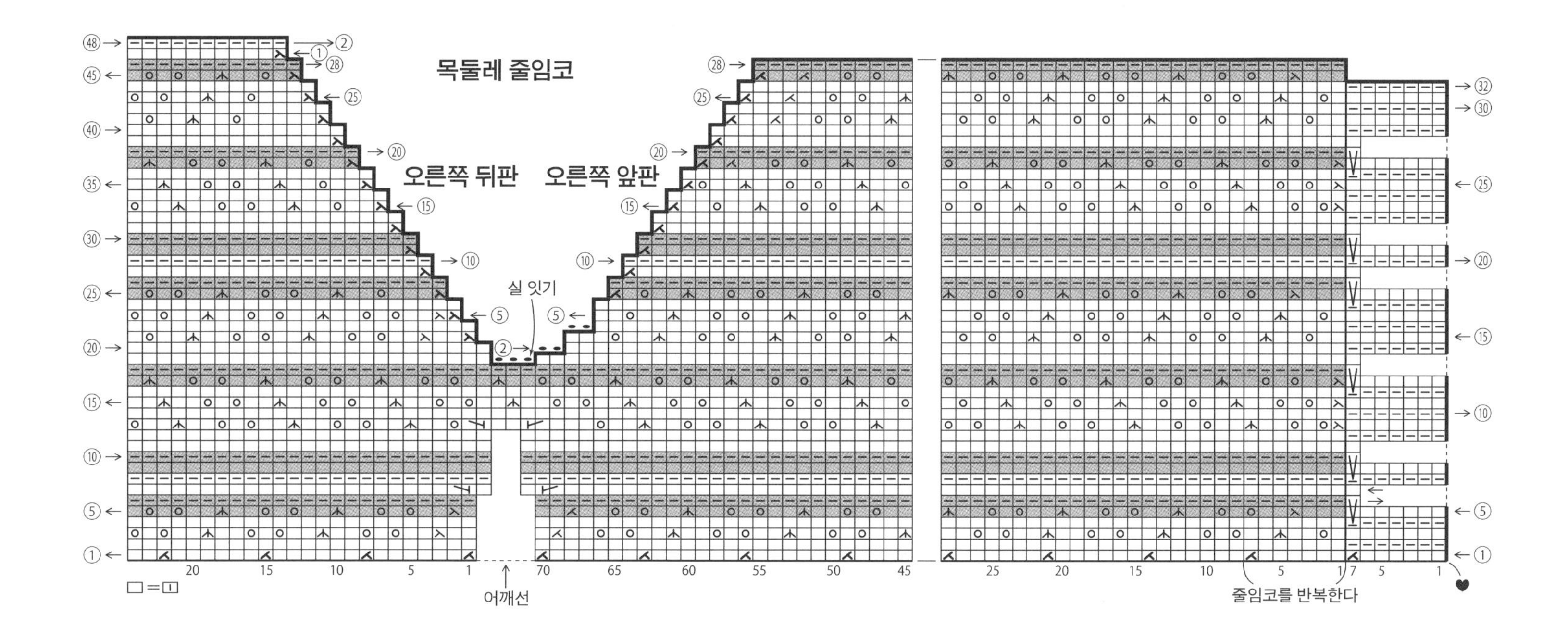

목둘레 줄임코
오른쪽 뒤판
오른쪽 앞판
실 잇기
48 → 2 1 28
45 ← 25
40 → 20
35 ← 15
30 → 10
25 ← 5 2 5 10 15 20 25 28
20 →
15 ←
10 →
5 ←
1 ←
32 30 25 20 15 10 5 1
20 15 10 5 1 70 65 60 55 50 45
25 20 15 10 5 1 7 5 1
어깨선
줄임코를 반복한다
□=□

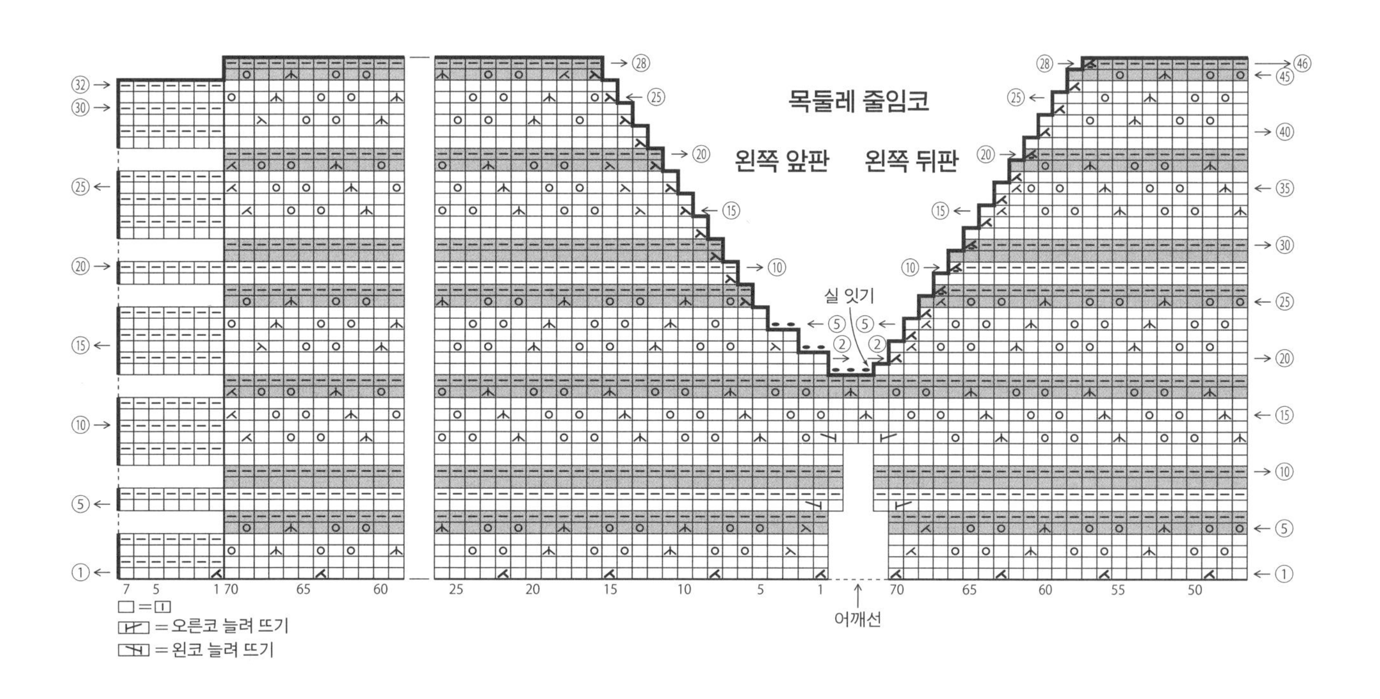

목둘레 줄임코
왼쪽 앞판
왼쪽 뒤판
실 잇기
32 30 25 20 15 10 5 1
28 25 20 15 10 5 2
2 5 10 15 20 25 28
46 45 40 35 30 25 20 15 10 5 1
7 5 1 70 65 60
25 20 15 10 5 1
70 65 60 55 50
어깨선
□=□
= 오른코 늘려 뜨기
= 왼코 늘려 뜨기

Knit+1

85 page ★★★

리조니

한길 긴 5코 팝콘뜨기

※일본어 사이트

재료

실…K'sK 리조니 베이지 계열 혼합(1) 280g 7볼, 갈색 계열 혼합(6) 155g 4볼, 분홍색 계열 혼합(7) 60g 2볼

도구

코바늘 4/0호

완성 크기

가슴둘레 111㎝, 기장 52.5㎝, 화장 51㎝

게이지(10×10㎝)

모티브 크기는 도안 참고. 무늬뜨기 22코×14단

POINT

●몸판…모티브 잇기로 뜹니다. 2장부터는 마지막 단에서 옆의 모티브와 빼뜨기로 잇습니다.

●마무리…소맷부리는 지정된 콧수만큼 주워서 테두리뜨기 A를 원형으로 뜹니다. 왼쪽 후드는 사슬뜨기 기초코로 뜨개를 시작해서 무늬뜨기로 정수리부터 뜹니다. 증감코는 도안을 참고하세요. 기초코에서 코를 주워서 오른쪽 후드를 대칭으로 뜹니다. 후드의 뒤판 중심을 떠서 꿰매기합니다. 좌우 후드에서 코를 주워서 뒤판 목둘레를 뜹니다. 후드와 몸판은 휘감아 꿰매기로 연결합니다. 후드 가장자리는 테두리뜨기 B를 뜹니다.

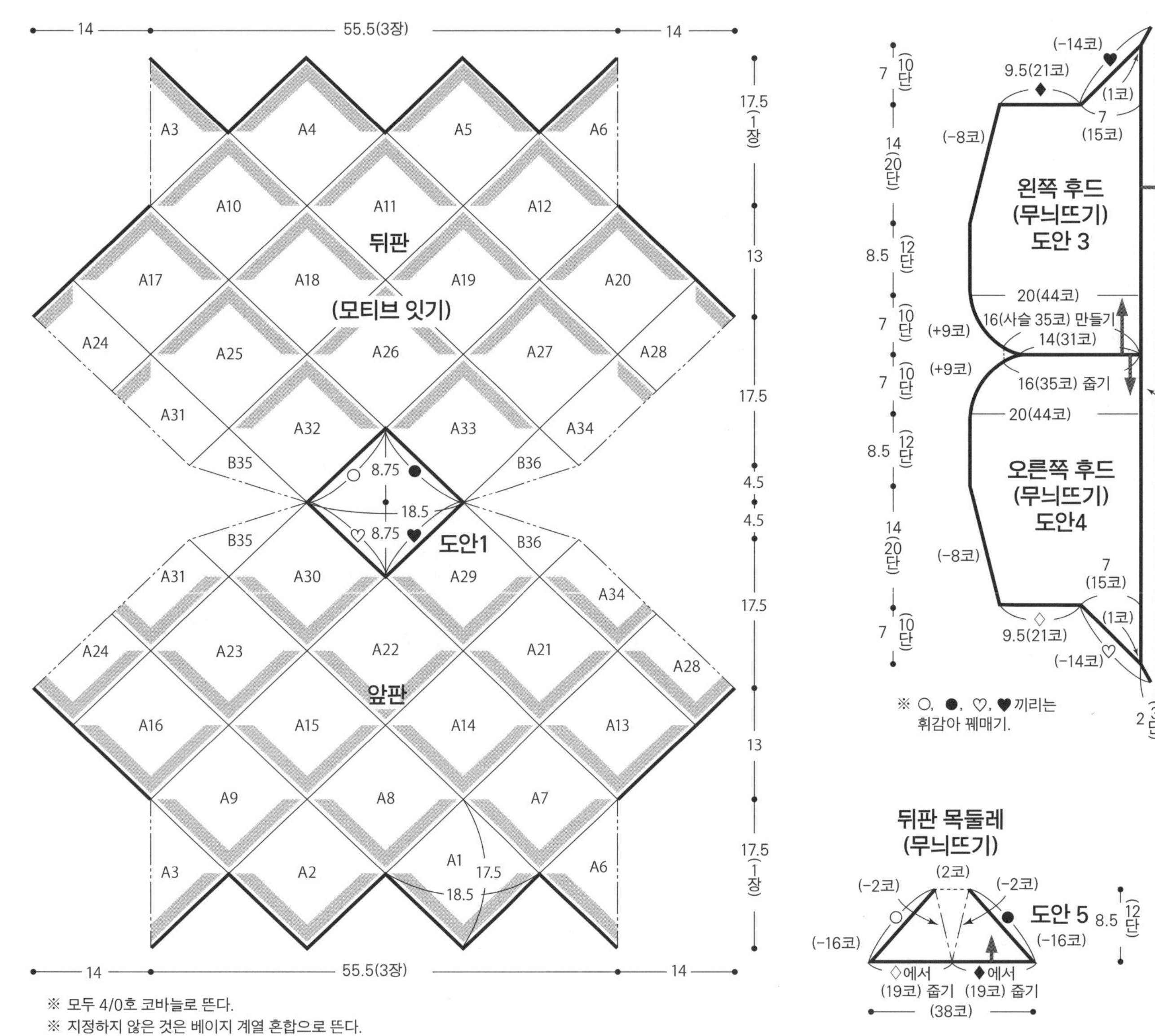

14
55.5(3장)
14
A3
A4
A5
A6
A10
A11
A12
뒤판
A17
A18
A19
A20
(모티브 잇기)
A24
A25
A26
A27
A28
A31
A32
A33
A34
B35
B36
8.75
18.5
8.75
도안1
B35
B36
A31
A30
A29
A34
A24
A23
A22
A21
A28
앞판
A16
A15
A14
A13
A9
A8
A7
A3
A2
A1
17.5
18.5
A6
17.5(1장)
13
17.5
4.5
4.5
17.5
13
17.5(1장)
※ 모두 4/0호 코바늘로 뜬다.
※ 지정하지 않은 것은 베이지 계열 혼합으로 뜬다.
※ 모티브 안의 숫자는 연결하는 순서다.
※ = 8단
7(10단)
14(20단)
8.5(12단)
7(10단)
7(10단)
8.5(12단)
14(20단)
7(10단)
(-14코)
9.5(21코)
(1코)
7(15코)
(-8코)
왼쪽 후드
(무늬뜨기)
도안 3
20(44코)
16(사슬 35코) 만들기
(+9코)
14(31코)
(+9코)
16(35코) 줍기
20(44코)
오른쪽 후드
(무늬뜨기)
도안4
(-8코)
7(15코)
(1코)
9.5(21코)
(-14코)
(5코) 만들기
(163코) 줍기
(줄무늬 테두리뜨기 B)
(5코) 만들기
2(3단)
※ ○, ●, ♡, ♥끼리는 휘감아 꿰매기.
뒤판 목둘레
(무늬뜨기)
(2코)
(-2코)
(-2코)
도안 5
8.5(12단)
(-16코)
(-16코)
◇에서 (19코) 줍기
◆에서 (19코) 줍기
(38코)

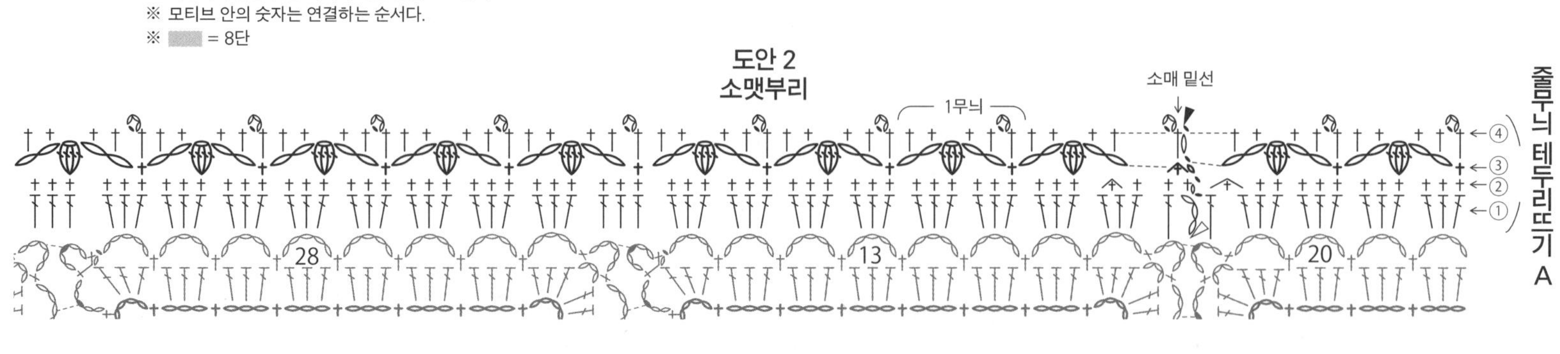

도안 2
소맷부리
1무늬
소매 밑선
④
③
②
①
28
13
20
줄무늬 테두리뜨기 A

배색 { —— =베이지 계열 혼합 / —— =갈색 계열 혼합

= 한길 긴 4코 팝콘뜨기

▷= 실 잇기

►= 실 자르기

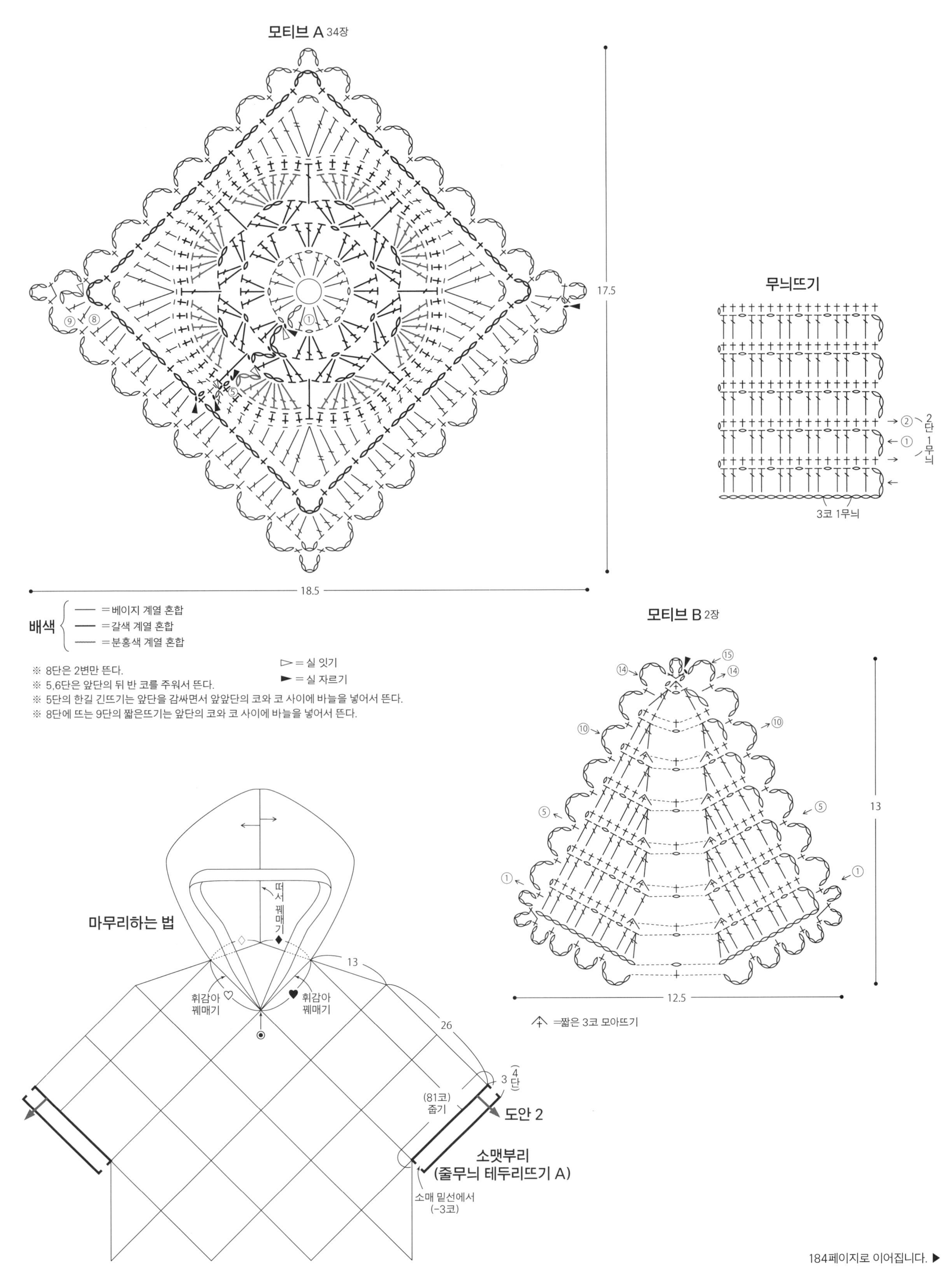
모티브 A 34장
17.5
18.5
무늬뜨기
2단
1무늬
3코 1무늬
배색
=베이지 계열 혼합
=갈색 계열 혼합
=분홍색 계열 혼합
※ 8단은 2변만 뜬다.
※ 5,6단은 앞단의 뒤 반 코를 주워서 뜬다.
※ 5단의 한길 긴뜨기는 앞단을 감싸면서 앞앞단의 코와 코 사이에 바늘을 넣어서 뜬다.
※ 8단에 뜨는 9단의 짧은뜨기는 앞단의 코와 코 사이에 바늘을 넣어서 뜬다.
▷ = 실 잇기
► = 실 자르기
모티브 B 2장
13
12.5
=짧은 3코 모아뜨기
마무리하는 법
떠서 꿰매기
휘감아 꿰매기
13
26
3 (4단)
(81코) 줍기
도안 2
소맷부리
(줄무늬 테두리뜨기 A)
소매 밑선에서 (-3코)
184페이지로 이어집니다. ▶

▶ 183페이지에서 이어집니다.

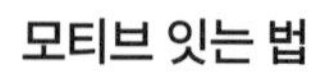
모티브 잇는 법

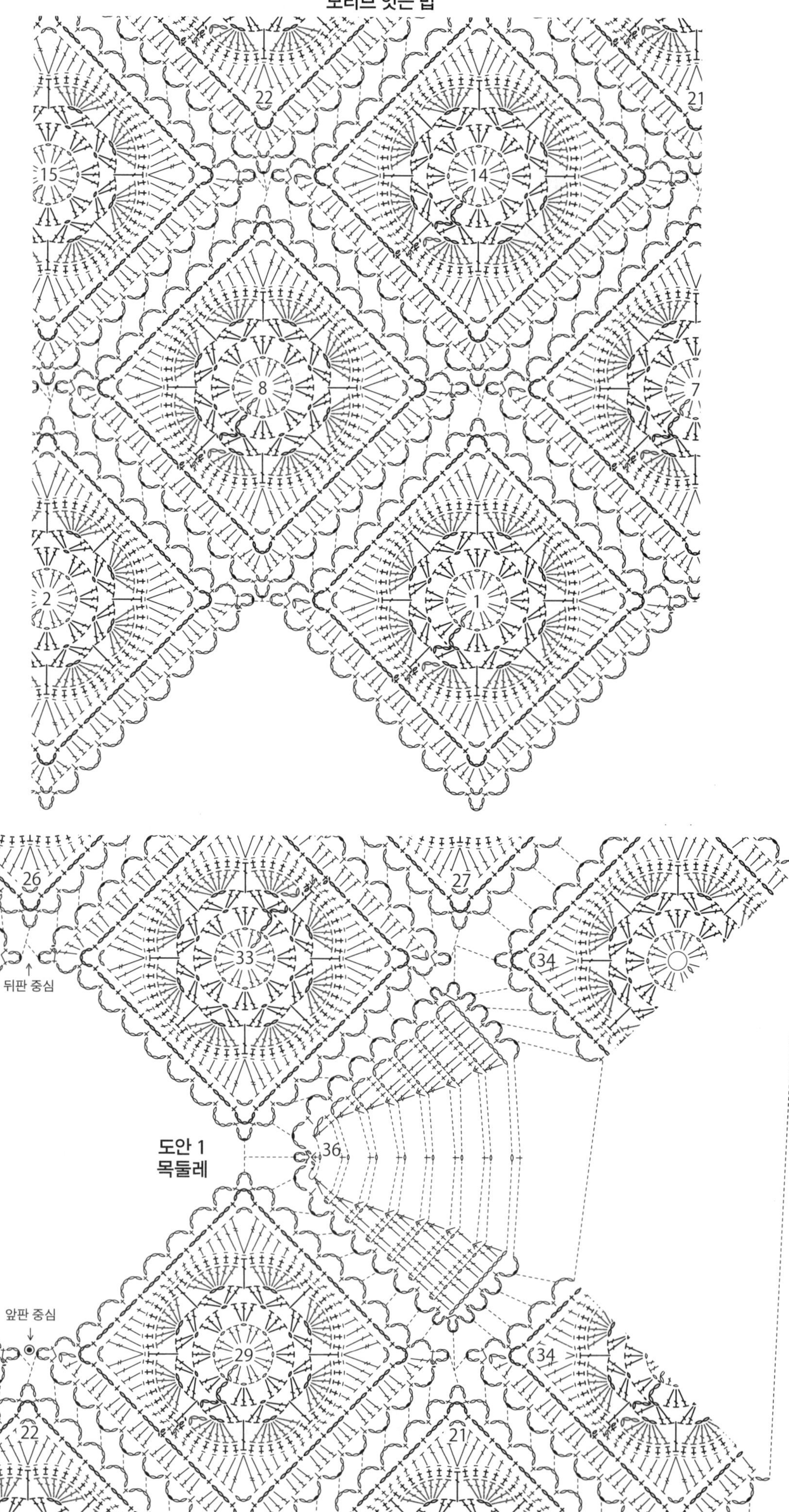
22
21
15
14
8
7
2
1
26
27
32
33
34
뒤판 중심
도안 1
목둘레
36
앞판 중심
30
29
34
22
21

◉ = 후드 줄무늬 테두리뜨기 B의 뜨개 시작

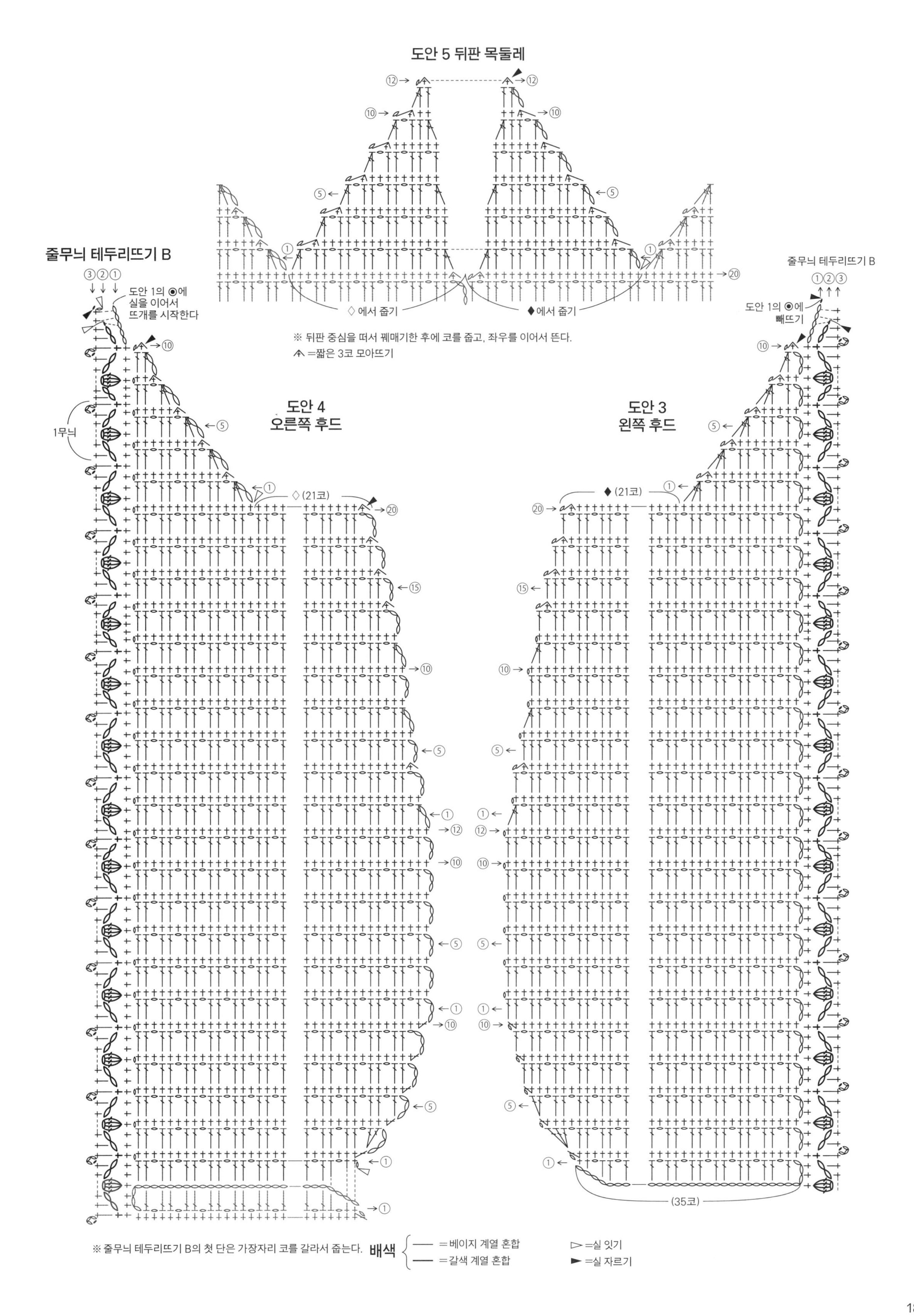
도안 5 뒤판 목둘레
◇ 에서 줍기
◆에서 줍기
※ 뒤판 중심을 떠서 꿰매기한 후에 코를 줍고, 좌우를 이어서 뜬다.
=짧은 3코 모아뜨기
줄무늬 테두리뜨기 B
도안 1의 ◉에 실을 이어서 뜨개를 시작한다
1무늬
도안 4
오른쪽 후드
◇(21코)
도안 3
왼쪽 후드
◆(21코)
줄무늬 테두리뜨기 B
도안 1의 ◉에 빼뜨기
(35코)
※ 줄무늬 테두리뜨기 B의 첫 단은 가장자리 코를 갈라서 줍는다.
배색
=베이지 계열 혼합
=갈색 계열 혼합
=실 잇기
=실 자르기

스이돈 강좌
82 page ★★
다이아 탱고
다이아 코스타 파인

재료

다이아몬드케이토 다이아 탱고 빨간색·파란색·핑크 계열 그러데이션(3203) 125g 5볼, 다이아 코스타 파인 회색(1115) 20g 1볼, 손바느질용 실 하얀색 적당히

도구

아미무메모(6.5mm), 코바늘 3/0호(빼뜨기)

완성 크기

폭 40㎝, 길이 160㎝(모티브 미포함)

게이지(10×10㎝)

무늬뜨기 23코×23단

POINT

●본체는 무늬 뜰 바늘을 꺼내서 버림실 뜨기 기초코로 뜨기 시작해 무늬뜨기로 뜹니다. 뜨개 끝은 버림실 뜨기를 하고 수편기에서 빼냅니다. 뜨개 시작 쪽과 뜨개 끝 쪽은 빼뜨기하는데, 바늘 빼기 부분은 사슬을 1코 뜹니다. 모티브는 84페이지를 참고해 뜹니다. 마무리하는 법을 참고해 손바느질용 실로 본체에 감침질로 답니다.

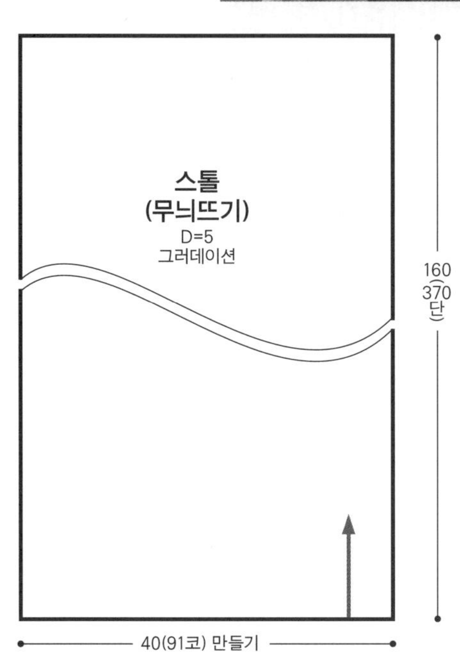
스톨
(무늬뜨기)
D=5
그러데이션
160
(370단)
40(91코) 만들기

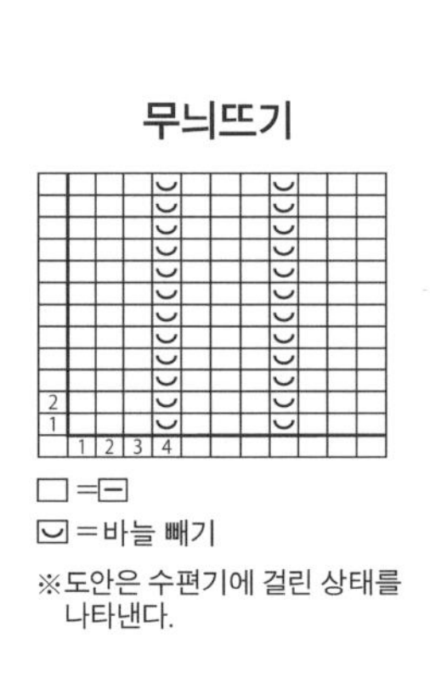
무늬뜨기
□=⊟
☑=바늘 빼기
※도안은 수편기에 걸린 상태를 나타낸다.

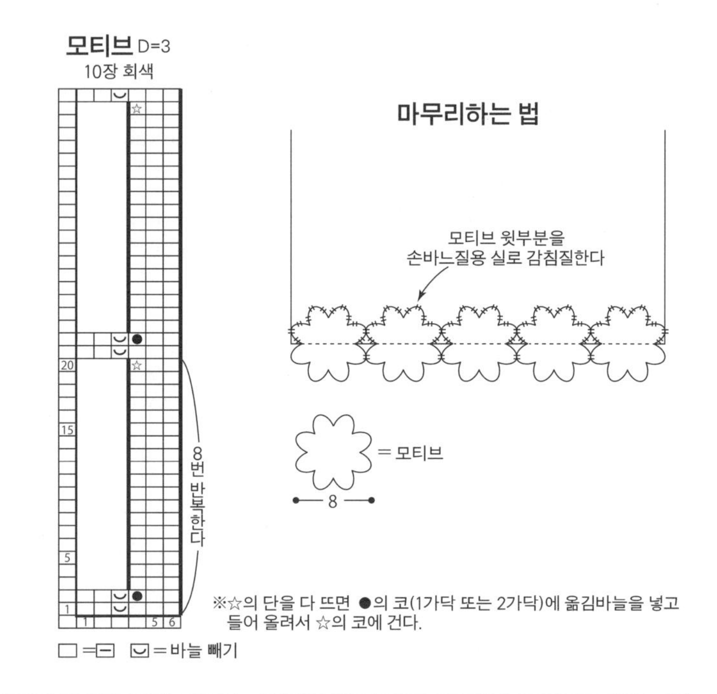
모티브 D=3
10장 회색
8번 반복하다
□=⊟ ☑=바늘 빼기
※☆의 단을 다 뜨면 ●의 코(1가닥 또는 2가닥)에 옮김바늘을 넣고 들어 올려서 ☆의 코에 건다.
마무리하는 법
모티브 윗부분을
손바느질용 실로 감침질한다
= 모티브
8

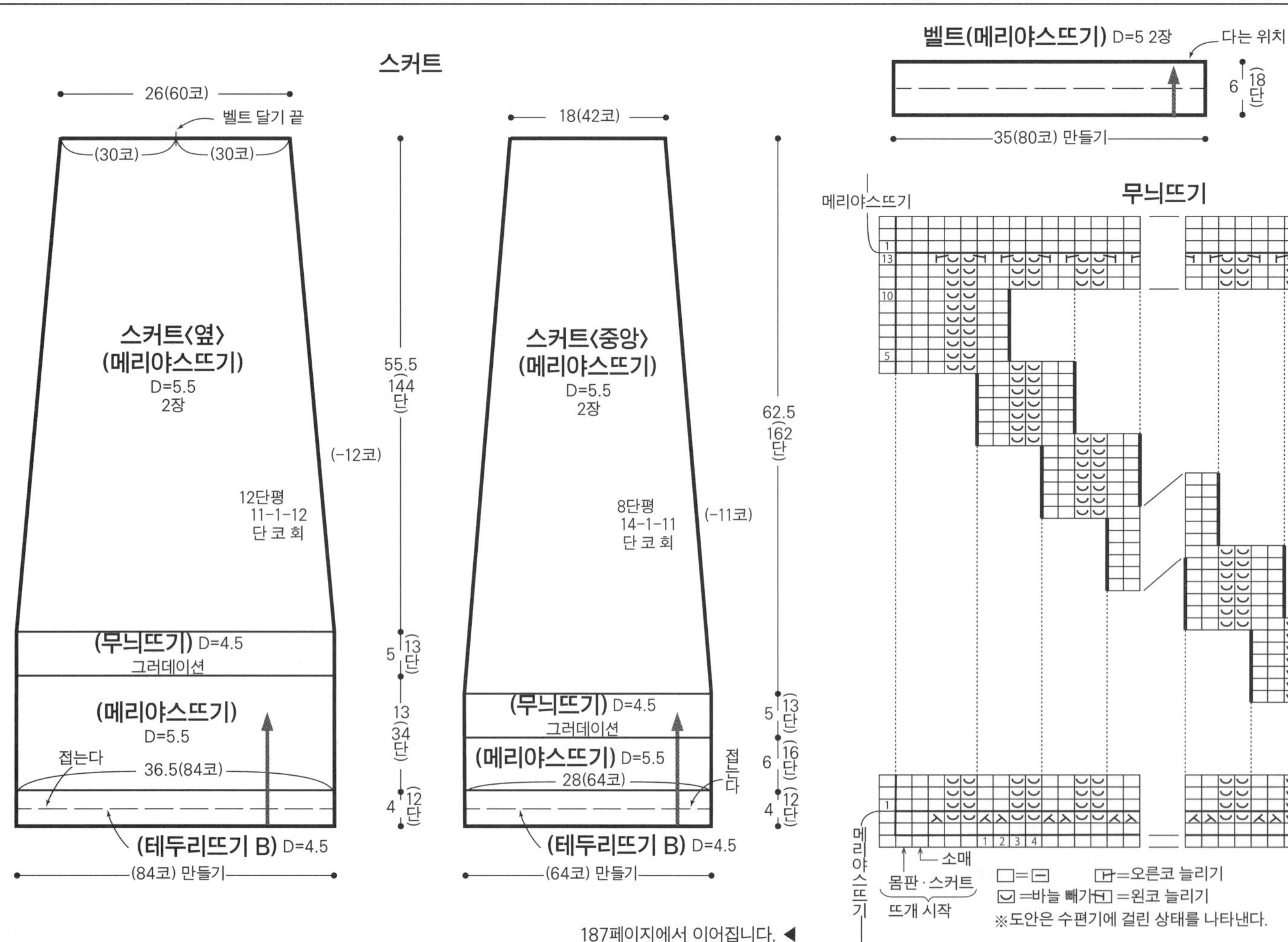
스커트
26(60코)
벨트 달기 끝
(30코) (30코)
스커트〈옆〉
(메리야스뜨기)
D=5.5
2장
55.5
(144단)
(-12코)
12단평
11-1-12
단 코 회
(무늬뜨기) D=4.5
그러데이션
5 (13단)
(메리야스뜨기)
D=5.5
13
(34단)
접는다
36.5(84코)
4 (12단)
(테두리뜨기 B) D=4.5
(84코) 만들기
18(42코)
스커트〈중앙〉
(메리야스뜨기)
D=5.5
2장
62.5
(162단)
8단평
14-1-11
단 코 회
(-11코)
(무늬뜨기) D=4.5
그러데이션
5 (13단)
(메리야스뜨기) D=5.5
6 (16단)
28(64코)
접는다
4 (12단)
(테두리뜨기 B) D=4.5
(64코) 만들기
벨트(메리야스뜨기) D=5 2장
다는 위치
6 (18단)
35(80코) 만들기
무늬뜨기
메리야스뜨기
소매
몸판·스커트
뜨개 시작
□=⊟
☑=바늘 빼기
=오른코 늘리기
=왼코 늘리기
※도안은 수편기에 걸린 상태를 나타낸다.
소매
몸판·스커트
뜨개 끝

187페이지에서 이어집니다. ◀

스이돈 강좌
83 page ★★★
다이아 코스타 우노
다이아 코스타 노바

재료

실…다이아몬드케이토 실의 색이름·색번호·사용량은 도안의 표를 참고하세요.

고무벨트…폭 30mm×길이 70㎝

도구

아미무메모(6.5mm)

완성 크기

[풀오버] 가슴둘레 108㎝, 기장 43.5㎝, 화장 60.5㎝

[스커트] 허리둘레 70㎝, 스커트 길이 78.5㎝

게이지(10×10㎝)

[풀오버] 메리야스뜨기 22코×25단, 무늬뜨기 22코×23.5단.

[스커트] 메리야스뜨기(D=5.5)·무늬뜨기 23코×26단.

POINT

●풀오버…몸판은 버림실 뜨기 기초코로 뜨기 시작해 테두리뜨기 A로 뜹니다. 10단에서 뜨기 시작 쪽 바늘 빼기 부분의 싱커 루프를 바늘에 걸어서 두 겹으로 만듭니다. 이어서 메리야스뜨기, 무늬뜨기로 뜹니다. 무늬뜨기는 85페이지를 참고하세요. 소매 달기 끝에는 실로 표시해둡니다. 앞목둘레는 2코 이상은 되돌아뜨기, 1코는 줄임코를 합니다. 어깨는 되돌아뜨기로 뜹니다. 소매는 몸판과 같은 방법으로 뜨고, 소매 밑선은 늘림코를 합니다. 뒤판 중심, 앞판 중심은 떠서 꿰매기를 하고, 오른쪽 어깨는 기계 잇기를 합니다. 목둘레는 몸판과 같은 방법으로 뜨기 시작해 테두리뜨기 A로 뜨고, 기계 잇기로 몸판과 연결합니다. 왼쪽 어깨는 기계 잇기를 합니다. 소매는 기계 잇기로 몸판과 연결합니다. 옆선·소매 밑선·목둘레 옆선은 떠서 꿰매기를 합니다.

●스커트…〈중앙〉·〈옆〉은 풀오버와 같은 방법으로 뜨고, 떠서 꿰매기로 연결합니다. 벨트는 버림실 뜨기 기초코로 뜨기 시작해 메리야스뜨기로 뜹니다. 뜨개 끝 쪽의 코에 뜨개 시작 쪽의 코를 겹쳐서 두 겹으로 만들어 〈중앙〉·〈옆〉과 기계 잇기로 연결합니다. 벨트에 고무벨트를 끼우고 2㎝ 겹쳐 꿰매서 원형으로 만듭니다. 벨트 가장자리는 떠서 꿰매기를 합니다.

실 사용량

실이름 · 색이름(색번호)	풀오버	스커트
다이아 코스타 우노 회색(519)	200g 6볼	290g 9볼
다이아 코스타 노바 회색·하늘색·노란색 계열 그러데이션(739)	25g 1볼	20g 1볼

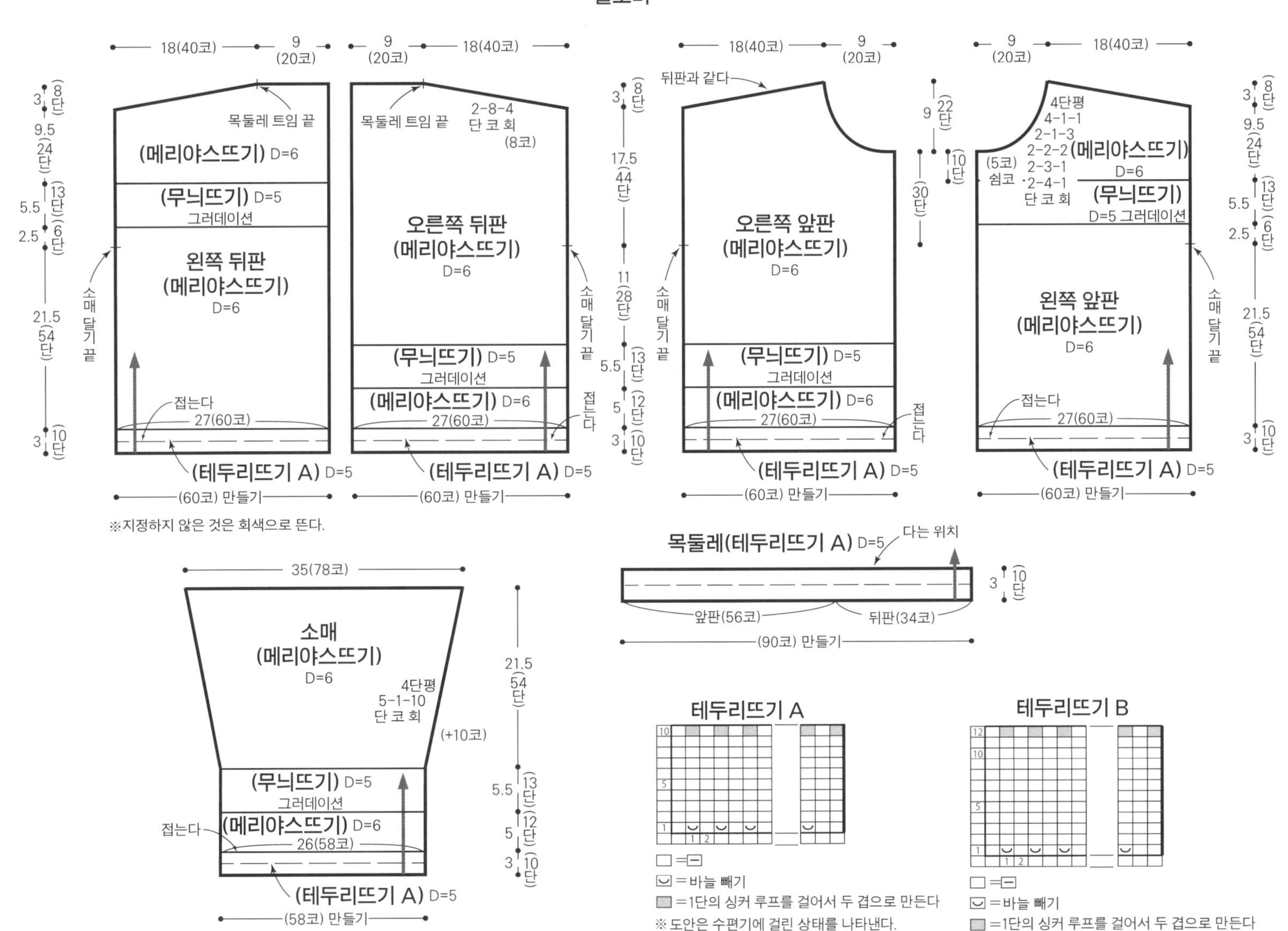

풀오버
왼쪽 뒤판 (메리야스뜨기) D=6
오른쪽 뒤판 (메리야스뜨기) D=6
오른쪽 앞판 (메리야스뜨기) D=6
왼쪽 앞판 (메리야스뜨기) D=6
18(40코)
9 (20코)
목둘레 트임 끝
2-8-4 단 코 회 (8코)
뒤판과 같다
4단평 4-1-1 2-1-3 2-2-2 2-3-1 2-4-1 단 코 회
(5코) 쉼코
(메리야스뜨기) D=6
(무늬뜨기) D=5 그러데이션
(메리야스뜨기) D=6
(테두리뜨기 A) D=5
27(60코)
(60코) 만들기
접는다
소매 달기 끝
※지정하지 않은 것은 회색으로 뜬다.
소매 (메리야스뜨기) D=6
35(78코)
4단평 5-1-10 단 코 회
(+10코)
26(58코)
(58코) 만들기
목둘레(테두리뜨기 A) D=5
다는 위치
앞판(56코)
뒤판(34코)
(90코) 만들기
테두리뜨기 A
테두리뜨기 B
□=−
=바늘 빼기
=1단의 싱커 루프를 걸어서 두 겹으로 만든다
※도안은 수편기에 걸린 상태를 나타낸다.

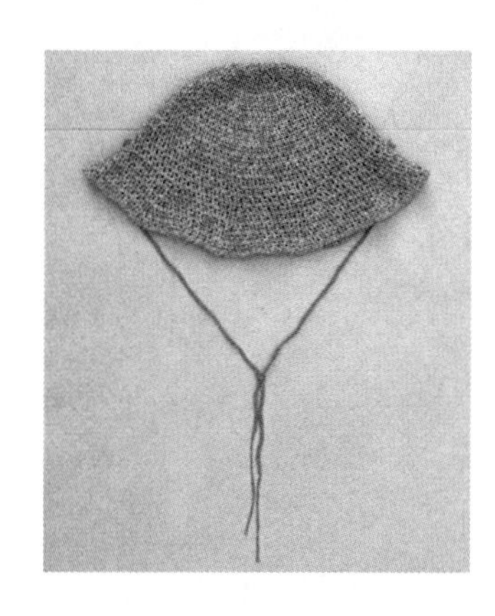

참고영상 QR

재료

낙양모사 바당 50g (911 아이보리, 914 라이트퍼플, 915 오렌지) or (902 블루오션, 905 베이비블루, 921 진초록) 각 1볼씩
M size 기준 1볼당 25~30g 정도 필요

도구

코바늘 5호(3.0mm), 가위, 돗바늘, 마커(선택)

완성 크기

M : 가로 38 × 세로 21(끈 45)cm
S : 가로 31 × 세로 17(끈 36)cm
편물을 바닥에 평평하게 눕혀 측정한 치수입니다.

게이지(10×10cm, 3합)

한길긴뜨기, 무늬뜨기 21코×10단

POINT

모자와 끈 모두 실 3합으로 뜹니다. 매직링 원형코를 만들어 정수리 부분에서 시작하여 테두리까지 도안에 따라 모아뜨기 무늬를 만들며 한 방향으로 원통뜨기합니다. 테두리단은 '바늘 돌려서 짧은뜨기' 뜨되, 사슬을 주워 뜰 때는 사슬 아래로 바늘을 찔러 넣어 뜹니다. 마지막 빼뜨기는 실을 15cm 정도 남기고 돗바늘로 정리합니다.

끈은 사슬 10코 뜬 후 첫 코에 빼뜨기하여 원형 고리를 만들고, 일정한 길이까지 사슬 뜨기합니다. 동일한 길이의 끈을 2개 떠야하므로 콧수를 꼭 체크하세요.

끈을 모자에 연결할 경우, 원하는 위치에 원형 고리 부분을 편물 안 〉 겉 〉 안으로 보내어 걸쳐주고, 원형 고리 안으로 나머지 끈을 통과시켜 끝까지 당겨줍니다.

꼬리실을 비롯한 남은 실은 편물 안쪽으로 숨겨 정리합니다.

Size M

1. 모자

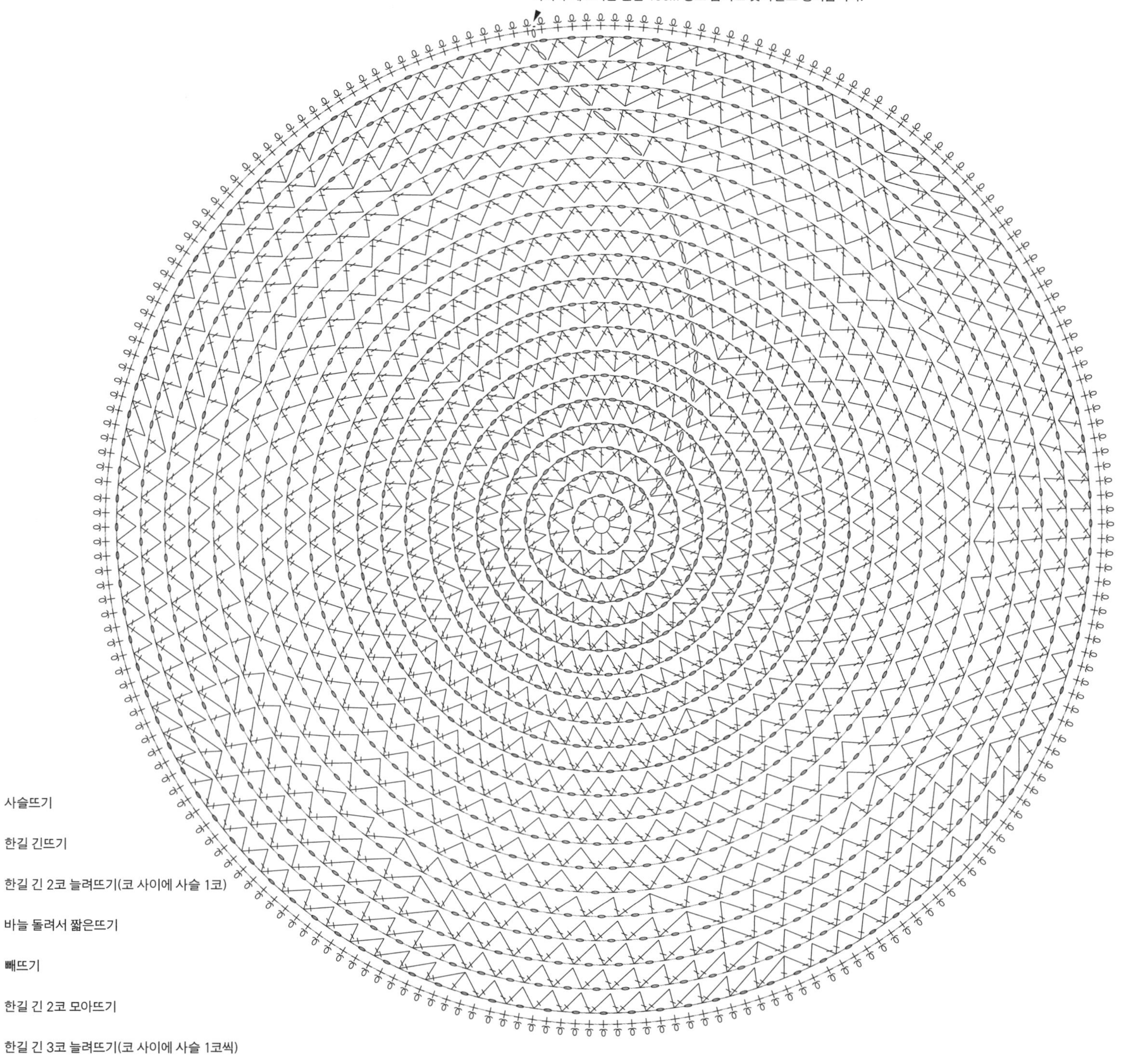
테두리단)
사슬 위치를 뜰 때는 사슬 아래로 바늘을 찔러 넣어 뜹니다.
마지막 빼뜨기는 실을 15cm 정도 남기고 돗바늘로 정리합니다.

- 사슬뜨기
- 한길 긴뜨기
- 한길 긴 2코 늘려뜨기(코 사이에 사슬 1코)
- 바늘 돌려서 짧은뜨기
- 빼뜨기
- 한길 긴 2코 모아뜨기
- 한길 긴 3코 늘려뜨기(코 사이에 사슬 1코씩)
- 실을 끊는다

2. 끈(2개)

실 3합(각 250cm 정도로 겹쳐서 시작)

끈 연결 위치 : 모자 15단

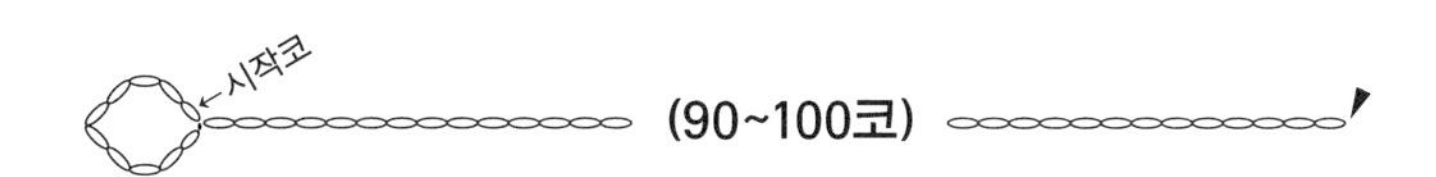

←시작코
(90~100코)

Size S

1. 모자

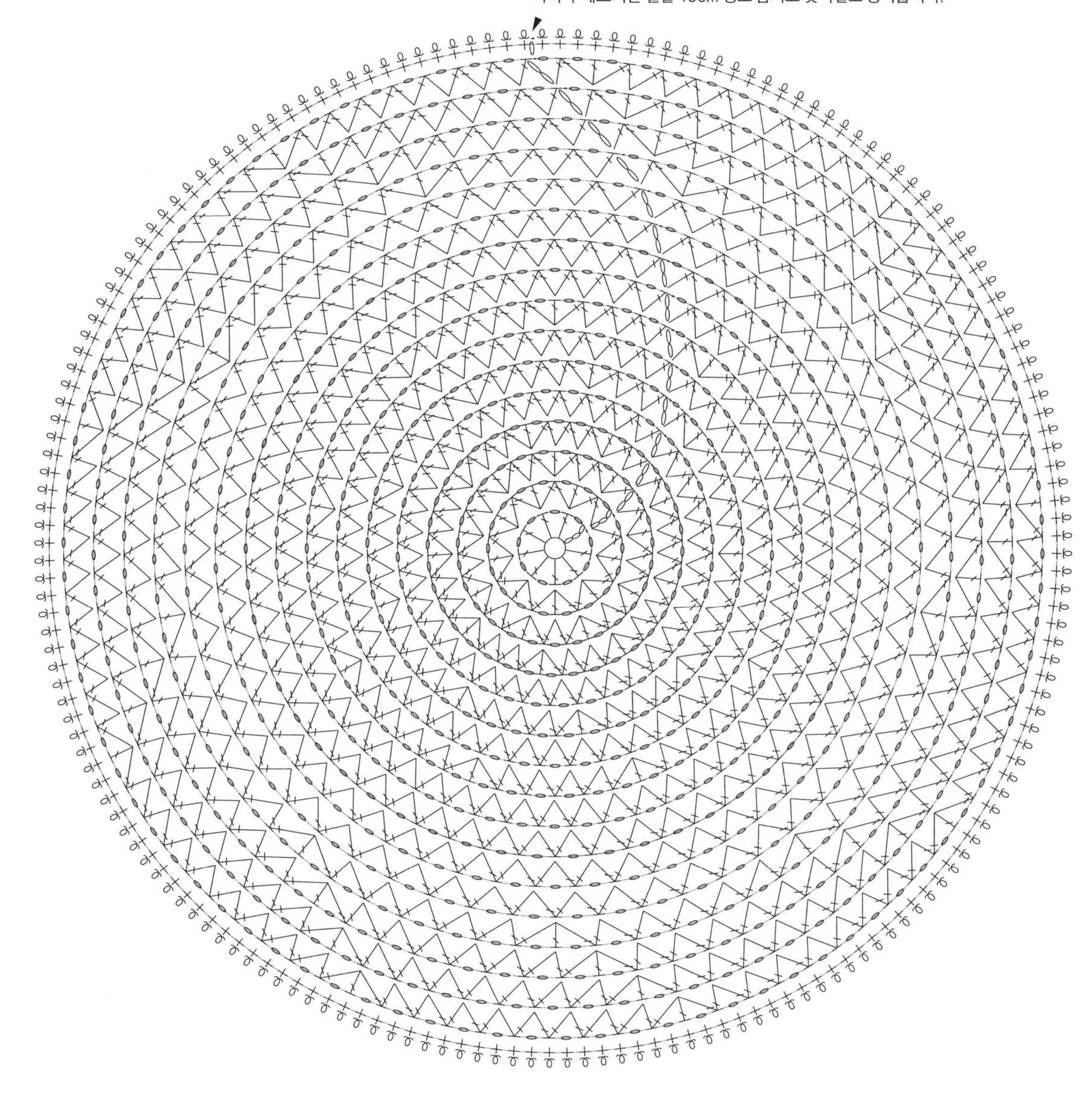

테두리단)
사슬 위치를 뜰 때는 사슬 아래로 바늘을 찔러 넣어 뜹니다.
마지막 빼뜨기는 실을 15cm 정도 남기고 돗바늘로 정리합니다.

모자 부분 콧수 참고

단	콧수	
	M	S
1	18	18
2	36	36
3	54	54
4	72	72
5	90	72
6	90	90
7	108	90
8	108	108
9	126	108
10	126	108
11	126	108
12	126	108
13	126	126
14	126	144
15	126	162
16	144	180
17	162	180
18	180	
19	198	
20	216	
21	216	

2. 끈(2개)

실 3합(각 200cm 정도로 겹쳐서 시작)

끈 연결 위치 : 모자 12단

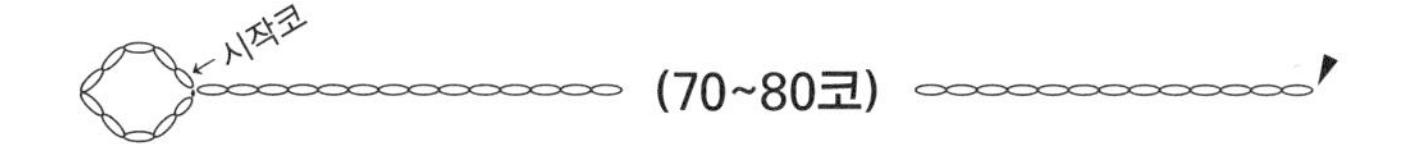

←시작코
(70~80코)

루즈 케이블 스웨터

58 page ★★

재료

Gepard Garn의 Puno

바탕실 : 1144 The Last Ember 530g

배색실 : 0334 Bright red 10g

도구

6mm 대바늘(몸통 평면뜨기, 원통뜨기 : 80~100cm 줄바늘, 소매 원통뜨기 : 40cm 줄바늘), 5mm 대바늘(허리, 소매 고무단 : 80~100cm 줄바늘, 넥밴드 : 40~60cm 줄바늘), 4.5mm 대바늘(넥밴드 : 40~60cm 줄바늘), 스티치 마커, 스티치 홀더, 돗바늘, 가위

완성 크기

가슴둘레 127cm, 기장 68cm, 소매둘레 44cm, 소매 길이 39cm

게이지(10×10cm, 6mm 대바늘)

패턴 무늬뜨기 17코×23단(세탁 후 측정)

POINT

뒤판에서 시작해 톱다운으로 진행합니다. 경사뜨기로 어깨 형태를 만들고 겨드랑이까지 뒤판을 뜬 뒤 어깨에서 코를 주워 앞판을 시작합니다. 네크라인에서 오른쪽 앞판과 왼쪽 앞판을 합치고 겨드랑이에서 뒤판을 합쳐 몸통을 원통뜨기합니다. 진동둘레를 따라 코를 주워 소매를 원통뜨기합니다. 마지막으로 네크라인을 따라 코를 주워 넥밴드를 뜨고 마무리합니다.

□ 겉면에서 겉뜨기, 안면에서 안뜨기

왼코 모아뜨기(K2TOG) : 다음 두 코에 바늘을 넣어 한꺼번에 겉뜨기

오른코 모아뜨기 : 왼쪽 바늘의 첫 번째 코에 겉뜨기 방향으로 바늘을 찔러 넣고 두 번째 코의 뒷부분에 바늘을 찔러넣어 한꺼번에 겉뜨기

왼코 늘림(M1L) : 다음 코 사이의 가로로 걸친 실을 끌어올려 뒷부분으로 겉뜨기

오른코 늘림(M1R) : 다음 코 사이의 가로로 걸친 실을 끌어올려 앞부분으로 겉뜨기

감아코

DS(더블 스티치) : 편물을 돌린 후 실을 편물의 앞에 두고 안뜨기 방향으로 걸러뜨기, 바늘비우기하듯이 실을 감아 당기기

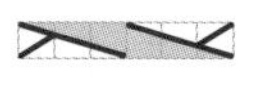

3/3 LC : 다음 세 코를 꽈배기바늘에 옮겨 편물의 앞에 두고 겉뜨기 3, 꽈배기바늘에서 겉뜨기 3

3/3 RC : 다음 세 코를 꽈배기바늘에 옮겨 편물의 뒤에 두고 겉뜨기 3, 꽈배기바늘에서 겉뜨기 3

1. 뒤판

6mm 대바늘로 104코를 잡는다. 1번째, 40번째, 65번째, 마지막 코에 개방형 마커를 걸어 어깨 구간을 표시한다.

[뒤판 차트]를 따라 65단까지 평면뜨기하고 실을 잘라 뒤판 코를 잠시 쉬어 둔다.

2. 앞판

- 왼쪽 어깨

편물의 겉면을 마주 보고 코 잡은 곳을 위로 오게 하여 왼쪽 어깨 코를 줍는다. 왼쪽에서 2번째 마커가 걸린 코부터 시작해 1번째 마커가 걸린 코까지 한 코에 하나씩 40코를 줍는다. [앞판 차트]의 왼쪽 어깨 영역을 따라 29단을 뜬다. 실을 자르고 왼쪽 어깨 코를 잠시 쉬어 둔다. 총 43코.

- 오른쪽 어깨

편물의 겉면을 마주 보고 코 잡은 곳을 위로 오게 하여 오른쪽 어깨 코를 줍는다. 오른쪽에서 1번째 마커가 걸린 코부터 시작해 2번째 마커가 걸린 코까지 한 코에 하나씩 40코를 줍는다. [앞판 차트]의 오른쪽 어깨 영역을 따라 29단을 뜬다. 30단에서 오른쪽 어깨를 뜨고 감아코 18을 만들어 왼쪽 어깨 코를 이어서 뜬다. 계속해서 [앞판 차트]를 따라 83단까지 앞판을 뜬다. 총 104코.

3. 몸통

차트에 표시된 구간을 반복해 앞판을 단 끝까지 뜬다. 감아코 4를 만들고 뒤판의 마지막 코를 남기고 앞판의 무늬와 같이 뜬다. 마커를 걸어 시작점을 표시하고 겉뜨기 1, 감아코 4를 만든다. 뒤판 가운데 길이가 56cm 또는 원하는 길이가 될때까지 무늬를 반복하여 원통뜨기한다. 겨드랑이 4코는 무늬에 포함시킨다. 마지막 단은 케이블 스티치 단으로 뜬다. 총 216코.

- 고무단

5mm 대바늘로 단 끝까지 겉뜨기한다. 이때 케이블 스티치 구간에서 *겉뜨기 1, 모아뜨기 1*를 2번 반복해 2코를 줄인다. 총 180코.

*겉뜨기 1, 안뜨기 1*을 반복해 고무단을 9cm 정도 뜨고 코를 막는다.

4. 소매

5mm 대바늘로 겨드랑이 가운데에서 2코를 줍고 진동 둘레를 따라 3단마다 2코 정도씩 주워 총 72코를 줍는다. 다시 겨드랑이에서 2코를 줍고 마커를 걸어 시작점을 표시한다. 6mm 대바늘로 바꿔서 다음과 같이 원통뜨기를 한다. 총 76코.

1~5단 : 단 끝까지 겉뜨기.

6단 : 겉뜨기 11, 마커 걸기, *3/3 RC, 겉뜨기 6* 4번 반복, 3/3 RC, 마커 걸기, 겉뜨기 11.

두 마커 사이의 54코는 몸통의 무늬를 뜨고 나머지는 메리야스뜨기를 한다. 매 12단마다 다음과 같이 코를 7번 줄인다.

코 줄임 단 : 겉뜨기 1, 왼코 모아뜨기, 마지막 3코 남을 때까지 무늬뜨기, 오른코 모아뜨기, 겉뜨기 1.

총 62코.

필요하다면 소매 길이가 겨드랑이에서부터 36cm 정도 될 때까지 코를 줄이지 않고 무늬대로 뜬다.

- 고무단

5mm 대바늘로 *겉뜨기 1, 안뜨기 1*을 반복해 고무단을 6단 뜬다. 배색실을 사용해 다음과 같이 뜬다.

1단 : 단 끝까지 *겉뜨기 1, 실 앞 걸러뜨기* 반복.

2단 : 단 끝까지 *실 뒤 걸러뜨기, 안뜨기 1* 반복.

Italian bind off로 코를 막는다.

5. 넥밴드

5mm 대바늘과 바탕실을 사용해 뒷목 오른쪽에서부터 코를 줍는다. 뒷목을 따라 한 코에 하나씩 24코, 왼쪽 어깨를 따라 3단마다 2코 정도씩 총 21코, 앞목에서 한 코에 하나씩 18코를 줍는다. 총 84코.

마커를 걸어 시작점을 표시하고 *겉뜨기 1, 안뜨기 1*을 반복해 7단을 원통뜨기한다. 4.5mm 대바늘과 배색실로 3단을 뜨고 다시 바탕실로 6단을 뜬다.

코를 주운 솔기에서 실을 끌어올려 첫 코와 함께 모아뜨기, 다음 코 겉뜨기, 오른쪽 바늘의 2번째 코를 1번째 코에 덮어씌운다. 계속해서 다음과 같이 겹단이 되도록 코를 막는다.

*솔기에서 실 끌어올리기, 첫 코와 함께 모아뜨기, 2번째 코를 1번째 코에 덮어씌우기, 다음 코 겉뜨기, 2번째 코를 1번째 코에 덮어씌우기*를 단 끝까지 반복한다. 모든 실 꼬리를 정리하고 스웨터를 세탁하여 블로킹한다.

뒤판 차트

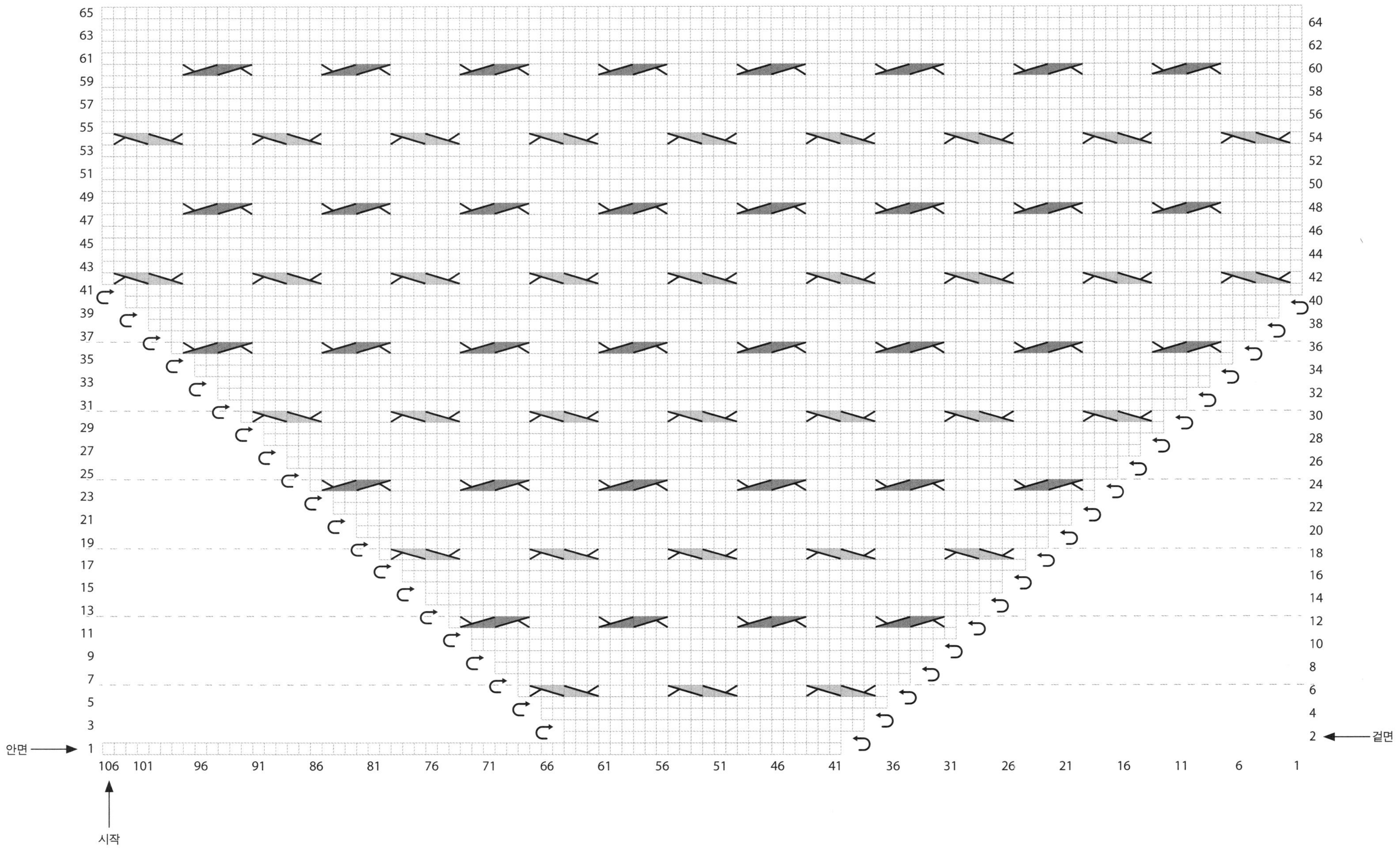

안면 → (rows 1–65, odd)
← 걸면 (rows 2–64, even)
↑ 시작

65 63 61 59 57 55 53 51 49 47 45 43 41 39 37 35 33 31 29 27 25 23 21 19 17 15 13 11 9 7 5 3 1

64 62 60 58 56 54 52 50 48 46 44 42 40 38 36 34 32 30 28 26 24 22 20 18 16 14 12 10 8 6 4 2

106 101 96 91 86 81 76 71 66 61 56 51 46 41 36 31 26 21 16 11 6 1

앞판 차트

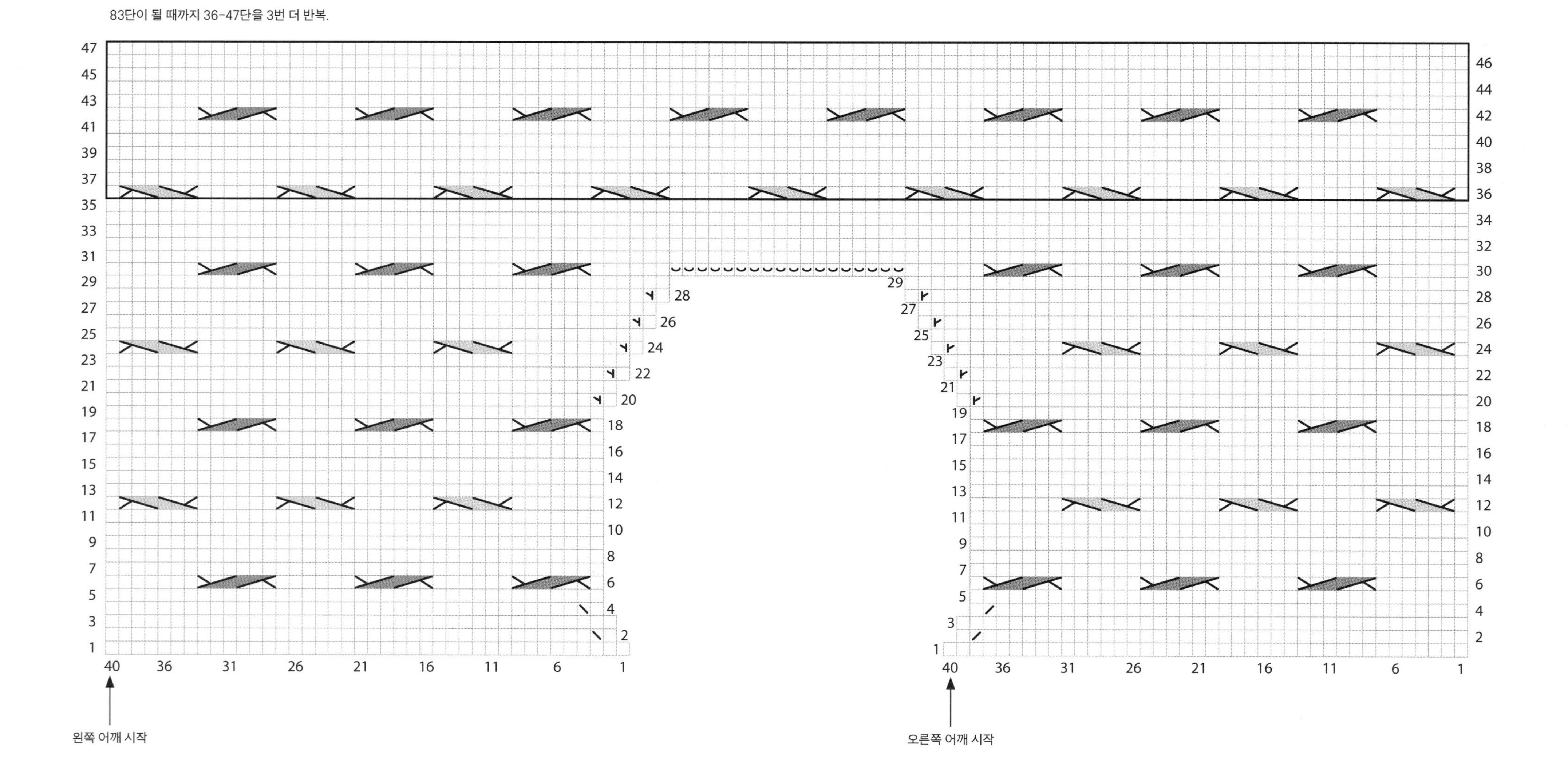

83단이 될 때까지 36-47단을 3번 더 반복.
왼쪽 어깨 시작
오른쪽 어깨 시작

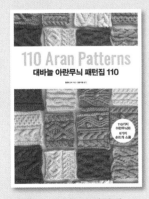

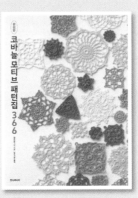

광고 및 제휴 문의
070-4678-7118
info@hansmedia.com

털실타래 Vol.11 2025년 봄호

1판 1쇄 인쇄 2025년 3월 24일
1판 1쇄 발행 2025년 3월 31일

지은이 (주)일본보그사
옮긴이 김보미, 김수연, 남가영, 배혜영
펴낸이 김기옥

편집 라이프스타일팀 이나리, 장윤선
마케터 이지수
지원 고광현, 김형식

한국어판 도안 사진 촬영 김신정
한국어판 도안 수록 작가 몬순, 숲닛츠

본문 디자인 책장점
표지 디자인 형태와내용사이
인쇄·제본 민언프린텍

펴낸곳 한스미디어(한즈미디어(주))
주소 121-839 서울시 마포구 양화로 11길 13(서교동, 강원빌딩 5층)
전화 02-707-0337 | **팩스** 02-707-0198 | **홈페이지** www.hansmedia.com
출판신고번호 제 313-2003-227호 | 신고일자 2003년 6월 25일

ISBN 979-11-93712-99-3 13590

책값은 뒤표지에 있습니다.
잘못 만들어진 책은 구입하신 서점에서 교환해드립니다.